UTB 2715

Eine Arbeitsgemeinschaft der Verlage

Beltz Verlag Weinheim · Basel
Böhlau Verlag Köln · Weimar · Wien
Wilhelm Fink Verlag München
A. Francke Verlag Tübingen und Basel
Paul Haupt Verlag Bern · Stuttgart · Wien
Lucius & Lucius Verlagsgesellschaft Stuttgart
Mohr Siebeck Tübingen
C. F. Müller Verlag Heidelberg
Ernst Reinhardt Verlag München und Basel
Ferdinand Schöningh Verlag Paderborn · München · Wien · Zürich
Eugen Ulmer Verlag Stuttgart
UVK Verlagsgesellschaft Konstanz
Vandenhoeck & Ruprecht Göttingen
Verlag Recht und Wirtschaft Frankfurt am Main
VS Verlag für Sozialwissenschaften Wiesbaden
WUV   Facultas Wien

Ingolf Terveer

BWL-Crash-Kurs
Mathematik

UVK Verlagsgesellschaft mbH

Zum Autor:
Dr. Ingolf Terveer ist Akademischer Oberrat am Institut für Wirtschafts-
informatik der Universität Münster.

Bibliografische Information der Deutschen Bibliothek
Die Deutsche Bibliothek verzeichnet diese Publikation in der
Deutschen Nationalbibliografie; detaillierte bibliografische Daten sind
im Internet über <http://dnb.ddb.de> abrufbar.

ISBN 3-8252-2715-4

© UVK Verlagsgesellschaft mbH, Konstanz 2005

Lektorat: Andrea Vogel, Zürich
Satz und Layout: Ingolf Terveer, Münster
Einbandgestaltung: Atelier Reichert, Stuttgart
Druck: Ebner & Spiegel, Ulm

UVK Verlagsgesellschaft mbH
Schützenstr. 24 · 78462 Konstanz
Tel. 07531-9053-21 · Fax 07531-9053-98
www.uvk.de

Inhalt

Vorwort

Dieses Lehrbuch richtet sich an Sie, die Studienanfängerinnen und -anfänger der Wirtschaftswissenschaften. Es ist aus Vorlesungen entstanden, die ich an der Universität Münster für Erstsemester im Fachbereich Wirtschaftswissenschaften halte, und behandelt die Grundlagen der linearen Algebra und der Analysis mit der Ausrichtung auf wirtschaftliche Anwendungen, wie sie in einer ein- bis zweisemestrigen Veranstaltung vermittelt werden.

Die gewählte Darstellung folgt der Systematik der vorgestellten Begriffe und Methoden: So kann die Optimierung nicht ohne den Ableitungs-Kalkül für Funktionen mehrerer Variablen auskommen. Dieser wiederum baut auf Vektoren, Matrizen und Folgen auf, die auch ohne den Kontext der Differentialrechnung schon wichtige Bausteine in der Ökonomie sind. Grundlegend für die meisten genannten Bereiche sind Lösungsmethoden für lineare Gleichungssysteme. Liest man diese Aneinanderreihung in umgekehrter Reihenfolge, so ergibt sich unmittelbar die Gliederung des Buches.

Nach jedem Abschnitt finden Sie zur Vertiefung zahlreiche Übungsaufgaben, von denen einige als klausurtypisch gekennzeichnet sind. Weiter hinten können Sie Lösungshinweise nachschlagen; aber bringen Sie sich nicht vorschnell um das gute Gefühl, von selbst auf eine Lösung gekommen zu sein.

Die Konzeption und Abfassung dieses Lehrbuches wäre ohne tatkräftige Hilfe von vielen Seiten nicht möglich gewesen. Vor allem danke ich Professor Dr. Ulrich Müller-Funk und Dr. Ulrich Kathöfer für zahlreiche fruchtbare Diskussionen über die Themenwahl und -ausgestaltung. In der Schlussphase haben Duc Khiem Huynh, Hermann Linder, Kerstin Schmidt, Jan Carl Stegert und Christian Wirtz Korrektur gelesen. Was an Fehlern noch übrig sein sollte, habe natürlich ich zu verantworten. Dem Verlag, namentlich Frau Preimesser und Frau Vogel, danke ich für die überaus gute Zusammenarbeit und zahlreiche Anregungen zum Layout. Bei der Manuskripterstellung mit LaTeX war mir das KOMA-Script-Paket von Markus Kohm eine große Hilfe. Dennoch ist gerade die Schlussphase sehr zeitaufwändig gewesen. Mein besonderer Dank gilt daher meiner Familie, vor allem meiner Frau Susanne, die mir in dieser Zeit den Rücken frei gehalten hat.

Münster, im August 2005   Ingolf Terveer

Lineare Wirtschaftsalgebra

1 Aufgaben der Linearen Wirtschaftsalgebra

Fragestellungen der Ökonomie betreffen häufig Zusammenhänge der Form

$$\xrightarrow{\text{Input } x} \boxed{\text{BLACK BOX}} \xrightarrow{\text{Output } y}$$

zwischen ökonomischen Größen x, y. Diese Größen können Input und Output im eigentlich produktionstechnischen Sinn sein. Denkbar ist aber auch jede Konstellation, in der durch die ökonomische Größe x eine eindeutige Festlegung der ökonomischen Größe y erfolgt. Überdies kann in Form der Symbole x und y eine Bündelung mehrerer ökonomischer Größen als Profile vorliegen. Der „Black Box" liegen sachlogische, mitunter technische Zusammenhänge zugrunde, deren Verständnis zwar hilfreich, aber für das eigentliche ökonomische Problem meist gar nicht unmittelbar erforderlich ist. Wesentlich ist, dass ein rechnerischer Zusammenhang zwischen x und y hergestellt werden kann. Ab diesem Zeitpunkt ist die Mathematik als Hilfswissenschaft der Ökonomie mit „im Spiel", stellt sie doch einen Formalapparat zur Behandlung von solchen Zuordnungsvorschriften mit Hilfe von **FUNKTIONEN** f zur Verfügung. Durch f wird dabei jedem Input x eindeutig ein rechnerischer Output $y = f(x)$ zugeordnet.

Die lineare Wirtschaftsalgebra versucht, Input-Output-Zusammenhänge der oben beschriebenen Art – wenn möglich – durch eine **LINEARE FUNKTION** f zu beschreiben. Das ist in vielen Bereichen der Wirtschaftswissenschaften möglich:

- in der Produkt-Rohstoff-Verflechtung: hier werden den verschiedenen Produkten eines derartigen Verflechtungsansatzes die benötigten Rohstoffe in einer bzw. mehreren Teilelisten zugewiesen. Bei der zunehmenden Komplexität selbst alltäglicher Produkte ist diese Verflechtung oft auch mehrstufig angelegt.

- in der Rohstoff-Produkt-Verflechtung: Hier wird – über verschiedene Rezepturen und deren Quantitäten – den Rohstoffen ein Produkt-Mix zugewiesen. Beispiele hierfür sind Verschnittprobleme.

- Kostenmodelle: In einem Produktionssegment entstehen für die verschiedenen hergestellten Artikel jeweils **VARIABLE KOSTEN** ⇨ Glossar, die sich per Saldo oft linear darstellen lassen.

- Modelle für Marktanteile: Der Markt für ein Produkt ist in der Regel auf verschiedene Anbieter aufgeteilt. Zwischen den Marktanteilen sukzessiver Verkaufsperioden lassen sich oft lineare Zusammenhänge begründen.

- Sektoren-Verflechtungsmodelle: Hierbei handelt es sich um einen Spezialfall der Produkt-Rohstoff-Verflechtung, der oft im Rahmen wechselseitig verrechneter Dienstleistungen eines Wirtschaftsbereiches auftritt. Die einzelnen Sektoren produzieren Waren, benötigen aber anteilig Warenwerte der jeweils anderen Sektoren. Zieht man alle abzugebenden Warenwerte von der Produktioin eines Sektors ab, so verbleibt die so genannte Endnachfrage (Konsum, Export).

- Approximation nichtlinearer Input-Output-Zusammenhänge durch lineare Funktionen: Manche Zusammenhänge zwischen ökonomischen Größen sind zwar nicht linear, jedoch darf man annehmen, dass sich die Inputgrößen nur geringfügig ändern. Bei der Änderung des Output darf man unter Differenzierbarkeitsannahmen dann näherungsweise von einer linearen Funktion der Inputgrößenänderung ausgehen. Schon in der Schule werden solche Linearisierungen in Form von Tangenten an Funktionsgraphen behandelt.

Häufig sucht man in einem solchen Verflechtungsansatz zu einem Output y nach dem dafür „ursächlichen" Input x. Dies entspricht mathematisch der Lösung der Gleichung $y = f(x)$ in der Unbekannten x. Wenn Input und Output nicht nur einzelne Größen, sondern ganze Profile ökonomischer Größen sind, so liegt für jede Komponente des Profils y eine Gleichung, d.h. insgesamt ein System von Gleichungen vor. Unabhängig hiervon kann man bei der Lösbarkeit zwischen zwei Fällen unterscheiden:

- Falls f eine Umkehrfunktion f^{-1} hat und $y \in W_f$, d.h. im Wertebereich von f liegt, lautet die Lösung $x = f^{-1}(y)$. Nicht immer ist die Umkehrfunktion explizit angebbar.

- Bei nicht invertierbarer Funktion f hat die Gleichung bzw. das Gleichungssystem $f(x) = y$ oft mehrere (ggf. unendlich viele) Lösungen. Unter diesen suchen Ökonomen stets die in einem von ihnen geeignet gewählten Sinne ökonomisch vorteilhafteste.

Beispiel 1.1 (Produkt-Rohstoff-Verflechtung):

Die Ikebau-GmbH stellt Massivholz-Regale der Marke „Bill" her. Es sind vier verschiedene Bausätze im Sortiment, die jeweils aus verschiedenen Anzahlen Regalträgern und -böden, Montagestiften und Querstangen (zur Stabilisierung der Regale) dienen. Die Zusammensetzung der Regale aus diesen Bauteilen wird üblicherweise in Form einer Teileliste oder als Gozintograph wie in Abbildung 1.1 angegeben. Das Unternehmen will unter vollständiger Verpackung der lagerständigen

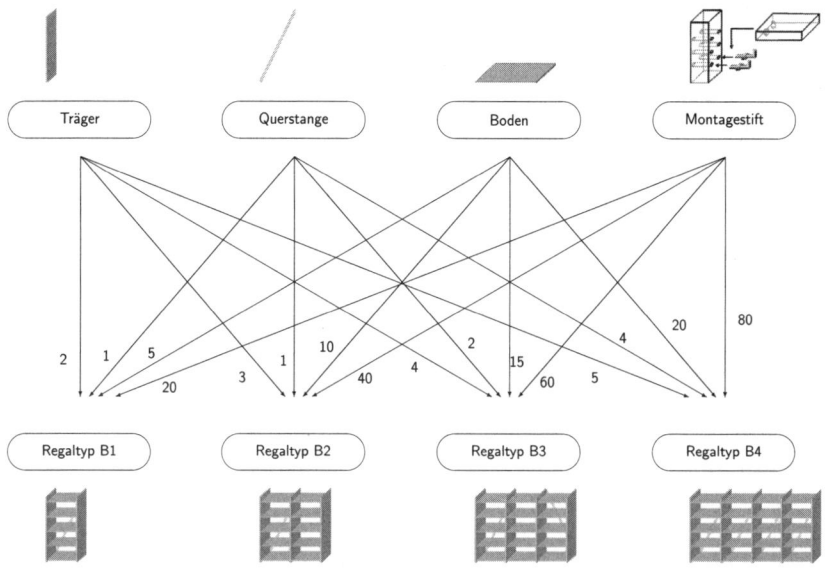

Abbildung 1.1: Gozintograph des Regal-Verpackungsproblems

Bauteile und vollständigem Verkauf der Bausätze einen möglichst hohen Gesamt-Deckungsbeitrag erzielen. Lagerbestand, Teiletabellen und Deckungsbeiträge der vier Regaltypen gibt Tabelle 1.1.

Bei Räumung des Lagers – mit Ausnahme der Montagestifte – müssen die zu produzierenden Anzahlen x_j der vier Regalbausätze das Gleichungssystem

$$
\begin{aligned}
2x_1 &+ 3x_2 &+ 4x_3 &+ 5x_4 &= 300 \\
x_1 &+ x_2 &+ 2x_3 &+ 4x_4 &= 130 \\
5x_1 &+ 10x_2 &+ 15x_3 &+ 20x_4 &= 1000
\end{aligned}
$$

lösen. Zusätzlich müssen $x_1, \ldots, x_4 \geq 0$ und ganzzahlig sein. Da es mehrere Lösungen dieses Gleichungssystems gibt, liegt das eigentliche Ziel im Auffinden der ertragreichsten Lösung, d.h. in der Maximierung des Deckungsbeitrags $65x_1 + 120x_2 + 170x_3 + 230x_4$ unter den Lösungen des Gleichungssystems.

Realistischer ist zusätzlich noch die folgende Annahme: Alle Lösungen, zu deren Herstellung die Rohstoffquantitäten ausreichen, müssen in Betracht

Produkt	Bill 1	Bill 2	Bill 3	Bill 4	
Deckungsbeitrag	65€	120€	170€	230€	
Stückliste:					Bestand
Regalträger	2	3	4	5	300
Querstangen	1	1	2	4	130
Regalböden	5	10	15	20	1000
Montagestifte	20	40	60	80	ausreichend vorhanden

Tabelle 1.1: Ausgangsdaten des Regal-Verpackungsproblems

gezogen werden. Es müssen also nicht alle Bauteile komplett aufgebraucht werden. In diesem Fall ist das Ungleichungssystem

$$
\begin{array}{rcrcrcrcl}
2x_1 & + & 3x_2 & + & 4x_3 & + & 5x_4 & \leq & 300 \\
x_1 & + & x_2 & + & 2x_3 & + & 4x_4 & \leq & 130 \\
5x_1 & + & 10x_2 & + & 15x_3 & + & 20x_4 & \leq & 1000
\end{array}
$$

zu lösen. Man formt dieses in ein Gleichungssystem um, indem diejenigen Bauteilquantitäten, die nicht verpackt werden, als so genannte **SCHLUPF-VARIABLEN** ⇨ Glossar $x_5, x_6, x_7 \geq 0$ in die Ungleichungen integriert werden. Hierdurch werden die Ungleichungen zu – leichter zu handhabenden – Gleichungen:

$$
\begin{array}{rcrcrcrcrcrcrcl}
2x_1 & + & 3x_2 & + & 4x_3 & + & 5x_4 & + & x_5 & & & & & = & 300 \\
x_1 & + & x_2 & + & 2x_3 & + & 4x_4 & & & + & x_6 & & & = & 130 \\
5x_1 & + & 10x_2 & + & 15x_3 & + & 20x_4 & & & & & + & x_7 & = & 1000
\end{array}
$$

Nach wie vor lautet der Deckungsbeitrag $65x_1 + 120x_2 + 170x_3 + 230x_4$ und ist zu maximieren. Die Schlupfvariablen finden nur mittelbar, d.h. über die linearen Verflechtungsgleichungen Eingang in die Optimierung.

Beispiel 1.2 (Verschnittproblem, Rohstoff-Produkt-Verflechtung):
Aus Papierrollen der Breite 95 cm (Typ D) müssen durch Schnitte Rollen der Breiten 60 cm (Typ A), 30 cm (Typ B) und 20 cm (Typ C) hergestellt werden. Dies ist auf sechs Arten mit unbrauchbarem Verschnitt möglich, wie in Tabelle 1.2 dargestellt wird. Aufgrund einer Bestellung müssen exakt 1440 Rollen vom Typ A, 2160 Rollen vom Typ B und 1080 Rollen vom Typ C hergestellt werden.

Für diese Bestellung will man eine kostenoptimale Schnittmuster-Vorschrift angeben, d.h. Schnittanzahlen $x_1, x_2, \ldots, x_6$ der sechs Muster, die zum einen

ergibt Anzahl	1 Rolle (95 cm) mit Schnittmuster					
Rollen vom Typ	1	2	3	4	5	6
A (60 cm)	1	1	0	0	0	0
B (30 cm)	1	0	3	2	1	0
C (20 cm)	0	1	0	1	3	4
Verschnitt	5	15	5	15	5	15

Tabelle 1.2: Schnittmöglichkeiten im Beispiel 1.2

folgendes Gleichungssystem lösen

$$
\begin{array}{rcl}
x_1 + x_2 & = & 1440 \\
x_1 + 3x_3 + 2x_4 + x_5 & = & 2160 \\
x_2 + x_4 + 3x_5 + 4x_6 & = & 1080
\end{array}
$$

zum anderen aber unter den zulässigen Lösungen dieses Gleichungssystems eine minimale Anzahl von Rollen $x_1 + x_2 + x_3 + x_4 + x_5 + x_6$ verbrauchen. Dass die Lösung zusätzlich ganzzahlig sein muss, soll hier nicht berücksichtigt werden. Realistischer ist zudem die Annahme, dass mehr als die geforderten Rollenanzahlen der Typen A,B,C hergestellt werden dürfen. Gesucht ist dann eine kostenoptimale Lösung von

$$
\begin{array}{rcl}
x_1 + x_2 & \geq & 1440 \\
x_1 + 3x_3 + 2x_4 + x_5 & \geq & 2160 \\
x_2 + x_4 + 3x_5 + 4x_6 & \geq & 1080
\end{array}
$$

Transformation in Gleichungen mittels Schlupfvariablen $x_7 \geq 0$, $x_8 \geq 0$, $x_9 \geq 0$ (die jeweils angeben, um wieviel die Bestellmengen von den Produktionsmengen überschritten werden) ergibt das Gleichungssystem

$$
\begin{array}{rcl}
x_1 + x_2 - x_7 & = & 1440 \\
x_1 + 3x_3 + 2x_4 + x_5 - x_8 & = & 2160 \\
x_2 + x_4 + 3x_5 + 4x_6 - x_9 & = & 1080
\end{array}
$$

wobei nach wie vor $x_1 + x_2 + x_3 + x_4 + x_5 + x_6$ zu minimieren ist.

Aufgaben

Stellen Sie die Sachverhalte der folgenden Aufgaben durch geeignete Input-Output-Zusammenhänge dar. Formulieren Sie sinnvolle Problemstellungen. Hinweis: Hier und in den folgenden Kapiteln sind klausurtypische Aufgaben durch „(K)" gekennzeichnet.

1. Die Schokoladennikoläuse der Schokoladenfabrik LiLa bestehen aus weißer Schokolade und Vollmilchschokolade: Es gibt einen kleinen Nikolaus (Preis 1 €) bestehend aus 200g Vollmilchschokolade. Der mittlere Nikolaus zum Preis von 3 € hat Verzierungen (u.a. Bart) aus weißer Schokolade und besteht aus 200g Vollmilchschokolade sowie 400g weißer Schokolade. Der große Nikolaus (für Schleckermäuler zum Sonderpreis von 4 €!) besteht aus 600g Vollmilchschokolade und 400 g weißer Schokolade.

2. (K) Eine Spielzeugfabrik stellt Kasperle-Mobilés her. Die benötigten Figuren werden unter Verwendung folgender Schnittmuster aus rechteckigen Spanplatten (zum Stückpreis von 50 Cent) ausgeschnitten: S1 (1 Kasper und 2 Prinzessinnen), S2 (2 Kasper und 1 Seppl), S3 (2 Kasper und 1 Zauberer), S4 (1 Prinzessin und 1 Seppl), S5 (1 Prinzessin und 1 Zauberer) und S6 (1 Seppl und 1 Zauberer). Die Fabrik stellt hieraus drei verschiedene Mobilés her:

   - Mobilé A: mit je einem Kasper, einer Prinzessin und einem Zauberer zum Preis von 5 €,

   - Mobilé B: mit je einem Kasper und einem Seppl zum Preis von 4 € und

   - Mobilé C: mit je einer Figur Kasper, Prinzessin, Seppl und Zauberer zum Preis von 6 €.

   (Hier gibt es zwei Input-Output-Zusammenhänge).

3. (K) Die drei Mathematik-Professoren G. Auß, F. Ermat und E. Uler haben eine MAWIWI-Klausur zu korrigieren. Da G. Auß meint, er habe wichtigeres als seine Kollegen im Kopf, beschließt er, jeweils ein Fünftel seiner Klausuren den beiden Kollegen unterzumogeln. F. Ermat weiß natürlich, daß nur sein Wissen ganz im Zeichen der Wissenschaft steht und so beschließt er, da er G. Auß besser leiden kann als E. Uler, letzterem zwei Fünftel seiner Klausuren zu vermachen. Als E. Uler die Mogelei seiner Kollegen zufällig bemerkt, dankt er es ihnen, indem er beiden Kollegen jeweils ein Viertel seiner ursprünglichen Klausuren zuschiebt.

2 Lineare Gleichungssysteme

In Kapitel 1 fanden sich bereits anwendungsbezogene lineare Gleichungssysteme. Sie stellen sich ganz allgemein dar mittels

- Unbekannten/Variablen $x_1, \ldots, x_n$, deren Werte zu bestimmen sind.

- m Gleichungen der Form $a_1 x_1 + \cdots + a_n x_n = b$, wobei die Werte $a_1, \ldots, a_n$ und b fest vorgegeben sind.

Definition 2.1

- Ein Gleichungssystem

$$\left. \begin{array}{ccccccc}
a_{11}x_1 & + & a_{12}x_2 & + & \ldots & + & a_{1n}x_n & = & b_1 \\
a_{21}x_1 & + & a_{22}x_2 & + & \ldots & + & a_{2n}x_n & = & b_2 \\
\vdots & & \vdots & & & & \vdots & & \vdots \\
a_{m1}x_1 & + & a_{m2}x_2 & + & \ldots & + & a_{mn}x_n & = & b_m
\end{array} \right\} \quad (*)$$

mit $a_{ij} \in \mathbb{R}$, $b_i \in \mathbb{R}$, $i = 1, \ldots, m$, $j = 1, \ldots, n$, $m \in \mathbb{N}$, $n \in \mathbb{N}$, heißt **LINEARES GLEICHUNGSSYSTEM** ⇨ Glossar mit m Gleichungen und n Variablen (bzw. Unbekannten) (kurz: LGS).

- Falls alle $b_1 = \ldots = b_m = 0$, so heißt das lineare Gleichungssystem homogen, andernfalls inhomogen.

- Unter einer Lösung des linearen Gleichungssystems $(*)$ versteht man ein n-**TUPEL** $(x_1, \ldots, x_n)$ ⇨ Glossar von n reellen Zahlen, das $(*)$ erfüllt.
  Die Lösungsmenge $\mathbb{L}$ ist die Menge aller Lösungen von $(*)$.

In diesem Abschnitt wird das Gauß'sche Eliminationsverfahren zur Lösung solcher linearer Gleichungssysteme behandelt. Dazu ist es zunächst hilfreich, sich die allgemeine Lösbarkeit von LGS anhand des einfachsten Falles zu veranschaulichen.

2.1 Lineare Gleichungssysteme in zwei Variablen

Für LGS mit zwei (und auch drei) Variablen kann man sich graphisch verdeutlichen, wie ihre Lösungsmenge $\mathbb{L}$ aussehen könnte. Ist $a_1 x_1 + a_2 x_2 = b$

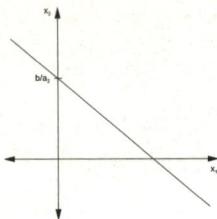

Abbildung 2.1: Lösungsmenge einer linearen Gleichung mit zwei
Unbekannten

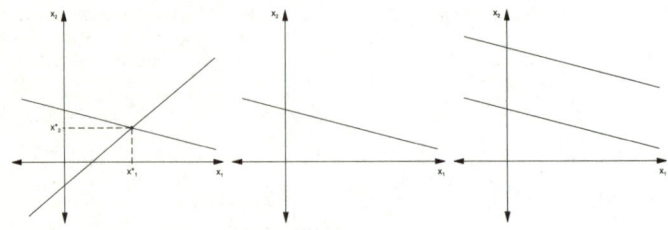

Abbildung 2.2: LGS mit zwei Gleichungen und zwei Variablen; eindeutige Lösung(links), unendliche viele Lösungen (Mitte), keine
Lösungen (rechts)

eine Gleichung des Gleichungssystems, und etwa $a_2 \neq 0$, so ergibt sich durch
Umformung nach x_2 die Gleichung $x_2 = \frac{b}{a_2} - \frac{a_1}{a_2}x_1$, d.h. jedem Wert von
x_1 lässt sich genau ein Wert für x_2 zuordnen. Sämtliche Lösungen (x_1, x_2)
der Gleichung liegen also auf einer Gerade mit der Steigung $-\frac{a_1}{a_2}$ und dem
Schnittpunkt $(0, \frac{b}{a_2})$ mit der x_2–Achse, wie in Abbildung 2.1 dargestellt.

Falls $a_2 = 0$ und $a_1 \neq 0$, so verläuft die entsprechende Gerade parallel zur
x_2–Achse. Falls $a_1 = a_2 = 0$ und $b \neq 0$, so gibt es offensichtlich keine Lösung.
Gilt schließlich $a_1 = a_2 = b = 0$, so hat die Gleichung keinerlei Aussagekraft;
eine derartige Beziehung ist immer erfüllt.

Besteht das LGS aus zwei Gleichungen $a_{11}x_1 + a_{12}x_2 = b_1$ und $a_{21}x_1 +
a_{22}x_2 = b_2$, so ergeben sich damit in der graphischen Darstellung zwei Ge-
raden. Nun gibt es drei Möglichkeiten:

- Die beiden Geraden schneiden sich in einem Punkt. Dann existiert
  genau eine Lösung, die beide Gleichungen erfüllt, nämlich der Schnittpunkt (x_1^*, x_2^*), wie in Abbildung 2.2, links.

- die beiden Geraden liegen genau aufeinander, wie in Abbildung 2.2,

Mitte. Dann ist jeder Punkt auf diesen Geraden eine Lösung, es existieren also unendlich viele Lösungen für das lineare Gleichungssystem.

- die beiden Geraden verlaufen parallel zueinander, wie in Abbildung 2.2, rechts. Dann liegt kein Punkt (x_1, x_2) auf beiden Geraden, erfüllt also beide Gleichungen. Das LGS hat keine Lösung.

Der im Spezialfall $n = m = 2$ oben geometrisch beobachtete Sachverhalt ist allgemeiner Natur. Für ein LGS trifft stets genau eine der folgenden Alternativen zu.

A1: Es existiert genau eine Lösung. Diese Alternative kommt z.B. bei $n = m$ vor, wenn keine Einzelgleichung sich aus den anderen ableiten lässt.

A2: Es existieren unendlich viele Lösungen. Dieser Fall ist etwa gegeben, wenn $m < n$ ist, d.h. die Zahl der Gleichungen geringer ist als die Zahl der Unbekannten und die Einzelgleichungen sich nicht widersprechen.

A3: Es existiert überhaupt keine Lösung. Das ist der Fall, wenn die Einzelgleichungen zueinander inkompatible Forderungen darstellen.

Aus der Schule bekannte Ansätze zur Lösung von Gleichungssystemen (mit wenigen Gleichungen und Unbekannten) sind etwa das Einsetzungs- und das Gleichsetzungsverfahren. Bei diesen formt man Gleichungen so um, dass sie zur Substitution in andere Gleichungen verwendet werden können, wobei die neuen Gleichungen weniger Variablen haben. Hat man schließlich eine Gleichung in einer Unbekannten erzeugt, so wird die Lösung in die bisher eingesetzten Gleichungen substituiert; auf diese Weise gewinnt man sukzessive auch Werte für die übrigen Variablen. Für eine algorithmische Umsetzung sind diese Verfahren eher nicht geeignet.

2.2 Das Gauß'sche Eliminationsverfahren

Zur algorithmischen Lösung von linearen Gleichungssystemen (auch mit vielen Gleichungen und Unbekannten) bietet sich das sogenannte Additionsverfahren an. Bei diesem wird die durch die Abhängigkeit der Variablen untereinander vorhandene Komplexität dadurch reduziert, dass Gleichungen voneinander subtrahiert und hierdurch Variablen eliminiert werden. Nach systematischer Anwendung des Verfahrens verbleiben Gleichungen, in denen einige Variablen als unabhängig, d.h. (prinzipiell) frei wählbar klassifiziert werden, während sich die übrigen als LINEARE FUNKTIONEN ⇨ Glossar der unabhängigen Variablen ergeben. In diesem Sinne wechselt man von einer **IMPLIZITEN** ⇨ Glossar Darstellung (nämlich durch ein LGS) zu einer **EXPLI-ZITEN** ⇨ Glossar Darstellung der Lösungsmenge.

Was bei einer linearen Gleichung in zwei Variablen eine einfache Umformung darstellt, erfordert bei mehreren Gleichungen in mehreren Variablen in der Regel eine systematische Vorgehensweise, die **GAUSS'SCHES ELIMINA-TIONSVERFAHREN** ⇨ Glossar (kurz: GEV) genannt wird. Um sowohl bei der algorithmischen Umsetzung auf DV-Systemen als auch in der händischen Rechnung den Arbeitsaufwand gering zu halten, verwendet man zunächst eine kompaktere Schreibweise für lineare Gleichungssysteme, bei der die Variablen und Rechenzeichen unterdrückt werden:

Definition 2.2

Gegeben sei das LGS (∗) aus Definition 2.1 ⇨ Seite 19. Die Matrix

$$A := \begin{bmatrix} a_{11} & a_{12} & \cdots & a_{1n} \\ a_{21} & a_{22} & \cdots & a_{2n} \\ \vdots & \vdots & \ddots & \vdots \\ a_{m1} & a_{m2} & \cdots & a_{mn} \end{bmatrix}$$

heißt **KOEFFIZIENTENMATRIX** ⇨ Glossar. Die Matrix

$$[A|b] := \left[\begin{array}{cccc|c} a_{11} & a_{12} & \cdots & a_{1n} & b_1 \\ a_{21} & a_{22} & \cdots & a_{2n} & b_2 \\ \vdots & \vdots & \ddots & \vdots & \vdots \\ a_{m1} & a_{m2} & \cdots & a_{mn} & b_m \end{array} \right]$$

heißt **GLEICHUNGSMATRIX** ⇨ Glossar des LGS.

Jede Spalte einer Koeffizientenmatrix (bzw. des linken Teils der Gleichungsmatrix) stellt die **KOEFFIZIENTEN** ⇨ Glossar jeweils genau einer Variablen dar. Bis auf die Namen dieser Variablen sind also Gleichungsmatrizen und lineare Gleichungssysteme zueinander gleichwertig. Bei der Matrix-Darstellung können aber wegen der deutlicheren Erkennbarkeit der zu einer Variablen gehörenden Koeffizienten aller Gleichungen die Additionsumformungen übersichtlicher notiert werden.

2.2.1 Zeilenumformungen eines LGS

Um die Lösungsmenge eine LGS zu bestimmen, sind Umformungen erforderlich, die das LGS in eine Form bringen, aus der man die Lösungsmenge des ursprünglichen LGS ablesen kann. Das Gauß'sche Eliminationsverfahren verwendet drei Typen von Umformungsschritten, welche jeweils die Eigenschaft haben, die Lösungsmenge eines LGS nicht zu verändern, und die das Ablesen der Lösungsmenge ermöglichen. Die Umformungsschritte lassen sich sowohl anhand der Gleichungen als auch anhand der Gleichungsmatrix eines LGS veranschaulichen:

Satz 2.1

Bei den folgenden Umformungen eines LGS bzw. der Gleichungsmatrix $[A|b]$ eines LGS, die auch ELEMENTARE ZEILENUMFORMUNGEN ⇨ Glossar genannt werden, verändert sich die Lösungsmenge nicht:

Umformungen auf LGS:

1. **Vertauschungsregel:** Zwei Gleichungen dürfen vertauscht werden.

2. **Multiplikationsregel:** Jede Gleichung darf mit einer Konstanten $\beta \neq 0$ multipliziert werden.

3. **Additionsregel:** Zu jeder Gleichung darf ein Vielfaches einer anderen Gleichung addiert werden.

Umformungen auf $[A|b]$:

1. **Vertauschungsregel:** Zwei Zeilen dürfen vertauscht werden.

2. **Multiplikationsregel:** Jede Zeile darf mit einer Konstanten $\beta \neq 0$ multipliziert werden.

3. **Additionsregel:** Zu jeder Zeile darf ein Vielfaches einer anderen Zeile addiert werden.

Beispiel 2.1 (Fortsetzung von Beispiel 1.1 ⇨ Seite 14)**:**
Angenommen, auf die Herstellung von Bill4 wird verzichtet. Die Lösung des LGS

$$
\begin{aligned}
2x_1 &+3x_2 &+4x_3 &= &300 \\
x_1 &+x_2 &+2x_3 &= &130 \\
5x_1 &+10x_2 &+15x_3 &= &1000
\end{aligned}
$$

liefert dann alle Möglichkeiten, die Bauteile zu verbrauchen. Nun werden die verschiedenen Zeilenumformungen bis zur Lösungsmenge durchgeführt:

$$
\left.
\begin{aligned}
2x_1 &+3x_2 &+4x_3 &= &300 \\
x_1 &+x_2 &+2x_3 &= &130 \\
5x_1 &+10x_2 &+15x_3 &= &1000
\end{aligned}
\right\}
\quad
\left[
\begin{array}{ccc|c}
2 & 3 & 4 & 300 \\
1 & 1 & 2 & 130 \\
5 & 10 & 15 & 1000
\end{array}
\right]
\quad I \leftrightarrow II
$$

$$
\left.
\begin{aligned}
x_1 &+x_2 &+2x_3 &= &130 \\
2x_1 &+3x_2 &+4x_3 &= &300 \\
5x_1 &+10x_2 &+15x_3 &= &1000
\end{aligned}
\right\}
\quad
\left[
\begin{array}{ccc|c}
1 & 1 & 2 & 130 \\
2 & 3 & 4 & 300 \\
5 & 10 & 15 & 1000
\end{array}
\right]
\quad III/5
$$

$$
\left.
\begin{aligned}
x_1 &+x_2 &+2x_3 &= &130 \\
2x_1 &+3x_2 &+4x_3 &= &300 \\
x_1 &+2x_2 &+3x_3 &= &200
\end{aligned}
\right\}
\quad
\left[
\begin{array}{ccc|c}
1 & 1 & 2 & 130 \\
2 & 3 & 4 & 300 \\
1 & 2 & 3 & 200
\end{array}
\right]
\quad
\begin{array}{l} II - 2I \\ III - I \end{array}
$$

$$
\left.
\begin{aligned}
x_1 &+x_2 &+2x_3 &= &130 \\
&x_2 & &= &40 \\
&x_2 &+x_3 &= &70
\end{aligned}
\right\}
\quad
\left[
\begin{array}{ccc|c}
1 & 1 & 2 & 130 \\
0 & 1 & 0 & 40 \\
0 & 1 & 1 & 70
\end{array}
\right]
$$

Jetzt ist x_1 aus den beiden letzten Gleichungen „eliminiert". Diese lassen sich nun separat lösen und die Lösungen in die erste Gleichung „rücksubstituieren".

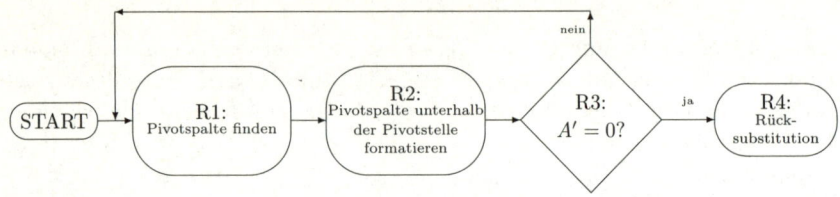

Abbildung 2.3: Fluss-Darstellung des Gauß'schen Eliminationsverfahrens

$$
\begin{aligned}
x_1 \;+x_2\; +2x_3 &= 130 \\
x_2 &= 40 \\
x_2\; +x_3 &= 70
\end{aligned}
\left.\right\}
\quad
\left[\begin{array}{ccc|c}
1 & 1 & 2 & 130 \\
0 & 1 & 0 & 40 \\
0 & 1 & 1 & 70
\end{array}\right]
\qquad III \to III - II
$$

$$
\begin{aligned}
x_1\; +x_2\; +2x_3 &= 130 \\
x_2 &= 40 \\
x_3 &= 30
\end{aligned}
\left.\right\}
\quad
\left[\begin{array}{ccc|c}
1 & 1 & 2 & 130 \\
0 & 1 & 0 & 40 \\
0 & 0 & 1 & 30
\end{array}\right]
\qquad I \to I - 2III
$$

$$
\begin{aligned}
x_1\; +x_2 &= 70 \\
x_2 &= 40 \\
x_3 &= 30
\end{aligned}
\left.\right\}
\quad
\left[\begin{array}{ccc|c}
1 & 1 & 0 & 70 \\
0 & 1 & 0 & 40 \\
0 & 0 & 1 & 30
\end{array}\right]
\qquad I \to I - II
$$

$$
\begin{aligned}
x_1 &= 30 \\
x_2 &= 40 \\
x_3 &= 30
\end{aligned}
\left.\right\}
\quad
\left[\begin{array}{ccc|c}
1 & 0 & 0 & 30 \\
0 & 1 & 0 & 40 \\
0 & 0 & 1 & 30
\end{array}\right]
$$

Es können je 30 Bausätze Bill1 und Bill3 sowie 40 Bausätze Bill2 gepackt werden.

Wie man an dem Beispiel erkennen kann, lassen sich lineare Gleichungssysteme durch systematische Anwendung der drei genannten Typen von Zeilenumformungen lösen. Das Berechnungsbeispiel folgt dabei den Leitlinien des gleich behandelten Gauß'schen Eliminationsverfahrens, auch wenn es sicher schnellere Wege zum Ziel gibt. Weitere Zeilenumformungstypen ließen sich erklären und auch anwenden, sie erhöhen die Effizienz des Lösungsverfahrens aber nicht wesentlich und bergen die Gefahr von händischen Rechenfehlern in sich, da sie oft mehrere hintereinander ausgeführte elementare Zeilenumformungen abkürzend darstellen.

2.2.2 Die Staffelform eines LGS

Die Koeffizienten der letzten drei in Beispiel 2.1 berechneten Gleichungsmatrizen ordnen sich in einer Treppen-Struktur an, die Staffelform genannt wird. Von links oben nach rechts unten treten mit wachsender Zeilenzahl immer weniger Variablen mit „kleinen" Indizes auf. Das Gauß'sche Eliminationsverfahren, graphisch in Abbildung 2.3 dargestellt, sorgt nun dafür, dass

$$
\begin{array}{ccccccccccccccc}
 & & & j_1 & & & j_2 & & & & j_k & & & & \\
 & & & \downarrow & & & \downarrow & & & & \downarrow & & & & \\
0 & \cdots & 0 & 1 & * & \cdots & * & * & \cdots & * & * & * & \cdots & * & * \\
0 & \cdots & 0 & 0 & 0 & \cdots & 0 & 1 & * & \cdots & * & * & \cdots & * & * \\
0 & \cdots & 0 & 0 & 0 & \cdots & 0 & 0 & 0 & \cdots & 0 & \ddots & * & * & \cdots & * & * \\
\vdots & & \vdots & \vdots & \vdots & & \vdots & \vdots & \vdots & & \vdots & & \vdots & \vdots & & \vdots & \vdots \\
 & & & & & & & & & & \ddots & * & * & \cdots & * & * \\
0 & \cdots & 0 & 0 & 0 & \cdots & 0 & 0 & 0 & \cdots & 0 & \cdots & 1 & * & \cdots & * & * \\
0 & \cdots & 0 & 0 & 0 & \cdots & 0 & 0 & 0 & \cdots & 0 & \cdots & 0 & 0 & \cdots & 0 & b'_{k+1} \\
\vdots & & \vdots & \vdots & \vdots & & \vdots & \vdots & \vdots & & \vdots & & \vdots & \vdots & & \vdots & \vdots \\
0 & \cdots & 0 & 0 & 0 & \cdots & 0 & 0 & 0 & \cdots & 0 & \cdots & 0 & 0 & \cdots & 0 & b'_m
\end{array}
$$

Abbildung 2.4: Staffelform eines linearen Gleichungssystems, schematisch

in einem ersten Schritt mittels elementarer Zeilenumformungen die Gleichungsmatrix in eine derartige Staffelform überführt wird:

Satz 2.2 (Schritt 1 des GEV)
Durch Anwendung elementarer Zeilenumformungen vom Typ 1., 2., 3. lässt sich jede erweiterte Koeffizientenmatrix auf die sogenannte STAFFELFORM ⇨ Glossar gemäß Abbildung 2.4 bringen (dabei bezeichnen die *–Einträge oberhalb der Treppenlinie reelle Zahlen; im Bereich der Koeffizientenmatrix unterhalb der Treppenlinie stehen nur Null–Einträge).
Die Spalten $j_1, \ldots, j_k$ (wie in der Matrix bezeichnet) heißen Basis-Spalten bzw. PIVOT-SPALTEN ⇨ Glossar. Die Stellen $(1, j_1), (2, j_2), \ldots, (k, j_k)$ heißen Pivot-Stellen der Matrix. Die Variablen $x_{j_1}, \ldots, x_{j_k}$ des zugehörigen linearen Gleichungssystems heißen Basis-Variablen bzw. Pivot-Variablen.

Die nachfolgend beschriebenen Schritte (R1), (R2) und (R3) führen dabei zur Staffelform einer Gleichungsmatrix. Das Schema erzeugt lineare Gleichungen mit von oben nach unten abnehmender Anzahl von Variablen. Die dazu vorgenommene Elimination in Schritt (R2) wird zuvor in (R1) insofern vorbereitet, dass die jeweils oberste betrachtete Gleichung auch die Variable enthält, die man aus den darunter liegenden Gleichungen entfernen will. Mit (R3) wird die an den Zeilennummern fortschreitende Elimination gesteuert und im Bedarfsfall gestoppt.

(R1) In $[A|b]$ sei j die Nummer der am weitesten links stehenden von Null verschiedenen Spalte. Man sorge mit Zeilenumformungen für $a_{1j} = 1$.

Hier gibt es oft mehrere Möglichkeiten, händisch vorzugehen. Liegt bereits ein 1-Eintrag in dieser Spalte vor, kann man durch eine Zeilenvertauschung das gewünschte Ergebnis erzeugen. Anderenfalls muss der vorhandene Nicht-Nulleintrag an der linken oberen Stelle durch einen Multiplikationsschritt normiert werden. Zuweilen sind sogar sowohl eine Zeilenvertauschung als auch ein Multiplikationsschritt erforderlich.

(R2) Durch Anwendung der Additionsregel sorge man dafür, dass die Einträge in der j-ten Spalte unterhalb der ersten Zeile alle Null werden.

Dies geschieht etwa in der i-ten Zeile, indem das a_{ij}-fache der ersten Zeile von der i-ten Zeile subtrahiert wird (dabei bezeichne a_{ij} den entsprechenden Eintrag in der aktuell vorliegenden Gleichungsmatrix).

(R3) Nach (R1),(R2) hat die Gleichungsmatrix folgende Gestalt:

$$
\left[
\begin{array}{ccccccc|c}
0 & \dots & 0 & 1 & * & \dots & * & * \\
0 & \dots & 0 & 0 & & \dots & & \\
\vdots & \ddots & \vdots & \vdots & \vdots & A' & \vdots & b' \\
0 & \dots & 0 & 0 & & \dots & &
\end{array}
\right]
$$

Falls A' keine Spalten oder nur Nullkoeffizienten hat, ist die Staffelform erreicht. Anderenfalls sind (R1) bis (R3) auf $[A'|b']$ anzuwenden.

Die Nummerierung der Zeilenumformungen nimmt dabei Bezug auf die komplette Gleichungsmatrix.

Beispiel 2.2:
Gelöst werden soll das LGS

$$
\begin{array}{rcrcrcrcrcr}
3x_1 & + & 6x_2 & + & 12x_3 & + & 15x_4 & + & 15x_5 & = & 0 \\
x_1 & + & 2x_2 & + & 5x_3 & + & 2x_4 & + & 9x_5 & = & 1 \\
-3x_1 & - & 6x_2 & - & 10x_3 & - & 21x_4 & - & 6x_5 & = & -4 \\
-2x_1 & - & 4x_2 & - & 5x_3 & - & 19x_4 & + & 3x_5 & = & -3
\end{array}
$$

Die Gleichungsmatrix wird – wie beschrieben – in Staffelform überführt:

$$
\left[
\begin{array}{ccccc|c}
3 & 6 & 12 & 15 & 15 & 0 \\
1 & 2 & 5 & 2 & 9 & 1 \\
-3 & -6 & -10 & -21 & -6 & -4 \\
-2 & -4 & -5 & -19 & 3 & -3
\end{array}
\right]
\quad
\begin{array}{l}
\frac{1}{3}I \\
(R1):
\end{array}
$$

$$
\rightarrow
\left[
\begin{array}{ccccc|c}
1 & 2 & 4 & 5 & 5 & 0 \\
1 & 2 & 5 & 2 & 9 & 1 \\
-3 & -6 & -10 & -21 & -6 & -4 \\
-2 & -4 & -5 & -19 & 3 & -3
\end{array}
\right]
\quad
\begin{array}{l}
\\
(R2): \\
\\
\end{array}
\begin{array}{l}
\\
II - I \\
III + 3 \cdot I \\
IV + 2 \cdot I
\end{array}
$$

$$
\rightarrow
\left[
\begin{array}{ccccc|c}
1 & 2 & 4 & 5 & 5 & 0 \\
0 & 0 & 1 & -3 & 4 & 1 \\
0 & 0 & 2 & -6 & 9 & -4 \\
0 & 0 & 3 & -9 & 13 & -3
\end{array}
\right]
\quad
\begin{array}{l}
\\
(R2): \\
\\
\end{array}
\begin{array}{l}
\\
\\
III - 2II \\
IV - 3 \cdot II
\end{array}
$$

$$\rightarrow \begin{bmatrix} 1 & 2 & 4 & 5 & 5 & | & 0 \\ 0 & 0 & 1 & -3 & 4 & | & 1 \\ 0 & 0 & 0 & 0 & 1 & | & -6 \\ 0 & 0 & 0 & 0 & 1 & | & -6 \end{bmatrix} \quad \begin{array}{l} (R2): \\[2ex] IV \rightarrow IV - III \end{array}$$

$$\rightarrow \begin{bmatrix} 1 & 2 & 4 & 5 & 5 & | & 0 \\ 0 & 0 & 1 & -3 & 4 & | & 1 \\ 0 & 0 & 0 & 0 & 1 & | & -6 \\ 0 & 0 & 0 & 0 & 0 & | & 0 \end{bmatrix}$$

Die Staffelform ist erreicht. Die Pivot-Variablen lauten x_1, x_3 und x_5. Das zur Staffelform gehörige LGS lautet (unter Weglassen der Null-Gleichung)

$$\begin{array}{rcl} x_1 \quad +2x_2 \quad +4x_3 \quad +5x_4 \quad +5x_5 &=& 0 \\ x_3 \quad -3x_4 \quad +4x_5 &=& 1 \\ x_5 &=& -6 \end{array}$$

Das LGS ist nicht eindeutig lösbar. Mit beliebig eingesetzten Werten für die Nicht-Pivot-Variablen x_2 und x_4 verbleibt ein LGS in drei Unbekannten, welches eindeutig gelöst werden kann. Mit $x_2 = 0$, $x_4 = 0$ bekommt man beispielsweise $x_5 = -6$, $x_3 = 1 - 4x_5 = 25$ und $x_1 = -4x_3 - 5x_5 = -70$. Andere Festlegungen von x_2 und x_4 erzeugen entsprechend andere Lösungen. Man braucht natürlich eine systematische Darstellungsform der Lösungsmenge.

Offensichtlich gibt die Staffelform eines LGS Anlass zur Klassifikation der Variablen in frei wählbare und abhängige Variablen. Außerdem können anhand ihrer Gestalt Aussagen über die Lösbarkeit des LGS getroffen werden.

Satz 2.3
Bei Vorliegen der Staffelform eines LGS gemäß Abbildung 2.4 können folgende Rückschlüsse über die Lösbarkeit des LGS gezogen werden:

1. Falls $b_i' \neq 0$ für ein $i \in \{k+1, \ldots, m\}$, so ist die zugehörige Gleichung unlösbar, d.h. $\mathbb{L} = \emptyset$.

2. Falls $b_{k+1}' = b_{k+2}' = \ldots = b_m' = 0$ und nur Pivot–Spalten in der Staffelform auftreten, so hat das LGS genau eine Lösung.

3. Falls $b_{k+1}' = b_{k+2}' = \ldots = b_m' = 0$ und wenigstens eine Nicht-Pivot-Spalte in der Staffelform auftritt, so hat das LGS unendlich viele Lösungen, denn die Nicht-Pivot-Variable kann frei „belegt" werden.

2.2.3 Die Zeilenstufenform eines LGS

Wenn das LGS lösbar ist, stellt die Staffelform einen Zustand des LGS dar, aus dem man die Lösungsmenge durch rückwärts Einsetzen ermitteln kann, wie an dem Regalbeispiel bereits verdeutlicht wurde. Diese Rücksubstitution

$$
\begin{array}{c}
\quad\quad\quad\; j_1 \quad\quad\quad\quad j_2 \quad\quad\quad\quad\quad j_k \\
\quad\quad\quad\; \downarrow \quad\quad\quad\quad\; \downarrow \quad\quad\quad\quad\quad\; \downarrow \\
\left[
\begin{array}{ccccccccccccc}
0 & \cdots & 0 & 1 & * & \cdots & * & 0 & * & \cdots & * & \cdots & 0 & * & \cdots & * & * \\
0 & \cdots & 0 & 0 & 0 & \cdots & 0 & 1 & * & \cdots & * & \cdots & 0 & * & \cdots & * & * \\
0 & \cdots & 0 & 0 & 0 & \cdots & 0 & 0 & 0 & \cdots & 0 & \ddots & 0 & * & \cdots & * & \\
\vdots & & \vdots & \vdots & \vdots & & \vdots & \vdots & \vdots & & \vdots & & \vdots & \vdots & & \vdots & \vdots \\
 & & & & & & & & & & & \ddots & 0 & * & \cdots & * & \\
0 & \cdots & 0 & 0 & 0 & \cdots & 0 & 0 & 0 & \cdots & 0 & \cdots & 1 & * & \cdots & * & * \\
0 & \cdots & 0 & 0 & 0 & \cdots & 0 & 0 & 0 & \cdots & 0 & \cdots & 0 & 0 & \cdots & 0 & 0 \\
\vdots & & \vdots & \vdots & \vdots & & \vdots & \vdots & \vdots & & \vdots & & \vdots & \vdots & & \vdots & \vdots \\
0 & \cdots & 0 & 0 & 0 & \cdots & 0 & 0 & 0 & \cdots & 0 & \cdots & 0 & 0 & \cdots & 0 & 0
\end{array}
\right]
\end{array}
$$

Abbildung 2.5: Die Zeilenstufenform eines lösbaren LGS

wird auch ganz allgemein durch folgenden Schritt auf Grundlage der bereits berechneten Staffelform geleistet:

(R4) die Einträge in den Pivotspalten oberhalb der Pivotstellen werden durch Additionsschritte in Null umgeformt.

Satz 2.4
Jedes lösbare LGS lässt sich mit elementaren Zeilenumformungen in die so genannte ZEILENSTUFENFORM ⇨ Glossar (kurz: ZSF) gemäß Abbildung 2.5 bringen. Hierzu leitet man mit den Schritten (R1) bis (R3) (s.o.) die Staffelform her und eliminiert anschließend mittels (R4) die Pivotvariablen sukzessive so lange, bis jede (nicht tautologische) Gleichung genau eine Pivotvariable enthält.

Das Verfahren zur Bestimmung der ZSF für lösbare LGS kann algorithmisch wie in Abbildung 2.3 ⇨ Seite 24 dargestellt werden. Der Schritt (R4) sei nachfolgend auf Basis der Staffelform aus Beispiel 2.2 illustriert:

Beispiel 2.3 (Fortsetzung von Beispiel 2.2 ⇨ Seite 26**):**

$$
\begin{bmatrix}
1 & 2 & 4 & 5 & 5 & | & 0 \\
0 & 0 & 1 & -3 & 4 & | & 1 \\
0 & 0 & 0 & 0 & 1 & | & -6
\end{bmatrix}
\quad
\begin{array}{l}
I \to I - 5 \cdot III \\
II \to II - 4 \cdot III
\end{array}
\quad
\begin{bmatrix}
1 & 2 & 4 & 5 & 0 & | & 30 \\
0 & 0 & 1 & -3 & 0 & | & 25 \\
0 & 0 & 0 & 0 & 1 & | & -6
\end{bmatrix}
$$

$$
\xrightarrow{\; I \to I - 4 \cdot II \;}
\begin{bmatrix}
1 & 2 & 0 & 17 & 0 & | & -70 \\
0 & 0 & 1 & -3 & 0 & | & 25 \\
0 & 0 & 0 & 0 & 1 & | & -6
\end{bmatrix}
$$

Hierbei wurde zuerst die Basisvariable x_5 aus der ersten und zweiten Gleichung eliminiert. Wenn man zuerst die Basisvariable x_3 in der ersten Gleichung eliminiert, so kommt man letzten Endes zum gleichen Ergebnis, hätte aber einen höheren händischen Rechenaufwand, weil in der zweiten Zeile, fünften Spalte der ZSF nach dem ersten Additionsschritt noch ein von Null verschiedener Eintrag stünde. Dieser müsste bei der Elimination von x_3 in die erste Gleichung weiter „gereicht" werden.

Faustregel
Am effizientesten ist spaltenweise Rücksubstitution „von rechts nach links".

Aus der Staffelform des obigen Beispiels wurde bereits die spezielle Lösung $x_1 = -70, x_2 = 0, x_3 = 25, x_4 = 0, x_6 = -6$ durch rückwärts Einsetzen ad hoc bestimmt. Diese Lösung läßt sich nun explizit aus der ZSF ablesen: Die rechte Spalte der ZSF gibt die Werte der Pivot-Variablen in dieser speziellen Lösung an. Die anderen Variablen werden gleich Null gesetzt.

Auch die Lösungsmenge kann man aus der ZSF unmittelbar ablesen. Das aus der ZSF ablesbare LGS wird nach den Pivot-Variablen aufgelöst

$$\left. \begin{aligned} x_1 + 2x_2 + 17x_4 &= -70 \\ x_3 - 3x_4 &= 25 \\ x_5 &= -6 \end{aligned} \right\} \Leftrightarrow \left\{ \begin{aligned} x_1 &= -70 - 2x_2 - 17x_4 \\ x_3 &= 25 + 3x_4 \\ x_5 &= -6 \end{aligned} \right.$$

Nun können die Nicht-Pivot-Variablen beliebig eingesetzt werden, wodurch die Pivot-Variablen fixiert werden. Insbesondere ergibt $x_2 = 0, x_4 = 0$ die „spezielle" Lösung. Die Lösung besteht also darin, das Ausgangssystem

$$\begin{aligned} 3x_1 &+& 6x_2 &+& 12x_3 &+& 15x_4 &+& 15x_5 &=& 0 \\ x_1 &+& 2x_2 &+& 5x_3 &+& 2x_4 &+& 9x_5 &=& 1 \\ -3x_1 &-& 6x_2 &-& 10x_3 &-& 21x_4 &-& 6x_5 &=& -4 \\ -2x_1 &-& 4x_2 &-& 5x_3 &-& 19x_4 &+& 3x_5 &=& -3 \end{aligned}$$

welches in einer **IMPLIZITEN FORM** ⇨ Glossar vorliegt (alle Variablen sind durch die Gleichungen aneinander gebunden), in die darüber stehende **EXPLIZITE FORM** ⇨ Glossar zu bringen, in der es freie Variablen gibt, die beliebig eingesetzt werden können, und gebundene Variablen, die von den freien Variablen abhängen. Jede Basisvariable tritt in genau einer Gleichung auf. Die Lösungsmenge des LGS besteht nun aus allen $(x_1, \ldots, x_5)$ mit $x_i \in \mathbb{R}$, welche die obigen drei Gleichungen erfüllen.

Satz 2.5 (Die Lösungsmenge eines linearen Gleichungssystems)
Für die Lösungsmenge $\mathbb{L}$ eines gegebenen LGS in den Unbekannten $x_1, \ldots, x_n$ gilt: Entweder ist $\mathbb{L}$ leer oder das LGS kann in Zeilenstufenform überführt werden. Ist das LGS dann nicht eindeutig lösbar, so kann man die Variablen in zwei Gruppen einteilen: zum einen die Nicht-Pivot-Variablen, welche frei gewählt werden dürfen, zum anderen die Pivot-Variablen, welche sich aus den Nicht-Pivot-Variablen in expliziter linearer Form ergeben. Die entsprechenden Gleichungen gewinnt man durch Auflösen der ZSF-Gleichungen nach den Pivot-Variablen. Die Lösungsmenge besteht dann aus allen n-Tupeln $(x_1, \ldots, x_n)$, welche diese Gleichungen erfüllen.

Im Rahmen der Vektorrechnung wird später die Lösungsmenge noch in Koordinaten geeigneter Basen dargestellt werden ⇨ Seite 69.

2.3 Lineare Gleichungssysteme in der linearen Optimierung

Die explizite Darstellung der Lösungsmenge eines linearen Gleichungssystems wird auch für den so genannten Simplex-Algorithmus zur Lösung linearer Optimierungsprobleme benötigt.

Beispiel 2.4 (Fortsetzung von Beispiel 1.1 ⇨ Seite 14**):**
Es soll unter vollständiger Verpackung des Lagerbestandes der Deckungsbeitrag maximiert werden. Zu der Forderung, die Bauteile komplett zu verpacken, gehört ein LGS mit einer aus der Materialverflechtungstabelle ablesbaren Gleichungsmatrix. Diese kann mit dem Gauß'schen Eliminationsverfahren in Zeilenstufenform überführt werden:

$$\begin{bmatrix} 2 & 3 & 4 & 5 & | & 300 \\ 1 & 1 & 2 & 4 & | & 130 \\ 5 & 10 & 15 & 20 & | & 1000 \end{bmatrix} \longrightarrow \begin{bmatrix} 1 & 0 & 0 & 1 & | & 30 \\ 0 & 1 & 0 & -3 & | & 40 \\ 0 & 0 & 1 & 3 & | & 30 \end{bmatrix}$$

Die Lösungsmenge des LGS besteht aus allen 4-Tupeln (x_1, x_2, x_3, x_4) mit $x_1 = 30 - x_4$, $x_2 = 40 + 3x_4$ und $x_3 = 30 - 3x_4$. Die Pivot-Variablen x_1, x_2, x_3 können daher in dem Ausdruck $65x_1 + 120x_2 + 170x_3 + 230x_4$ für den Gesamt-Deckungsbeitrag durch die Nicht-Pivot-Variable x_4 substituiert werden. Das ergibt die „reduzierte" Deckungsbeitragsfunktion

$$65(30 - x_4) + 120(40 + 3x_4) + 170(30 - 3x_4) + 230x_4 = 11850 + 15x_4$$

Man erkennt, dass der Deckungsbeitrag aufgrund des positiven Vorfaktors von x_4 dann maximal wird, wenn x_4 maximal wird, d.h. wenn möglichst viele Regale vom Typ Bill4 hergestellt werden. Auf den ersten Blick scheint das Problem daher unlösbar zu sein, da in dem LGS die Variablen x_i beliebige reelle Zahlen sein können. Jedoch muss aus ökonomischer Sicht die Auswahl auf $x_1 \geq 0, x_2 \geq 0, x_3 \geq 0, x_4 \geq 0$ begrenzt werden. Aufgrund der Lösungsmengendarstellung folgt hieraus $x_4 \geq 0$ und $x_1 = 30 - x_4 \geq 0 \Leftrightarrow x_4 \leq 30$ sowie $x_2 = 40 + 3x_4 \geq 0 \Leftrightarrow x_4 \geq -\frac{40}{3}$ und $x_3 = 30 - 3x_4 \geq 0 \Leftrightarrow x_4 \leq 10$, d.h. es dürfen höchstens 10 Regale vom Typ Bill4 verpackt werden, anderenfalls würde wenigstens ein Bauteil nicht in ausreichender Menge vorhanden sein. Fazit: Zur Deckungsbeitragsmaximierung müssen 10 Bausätze Bill4, 20 Bausätze Bill1 und 70 Bausätze Bill2 gepackt werden. Bill3 wird nicht hergestellt.

Die Zahl von $10 = \min\{30, \frac{30}{3}\}$ Bausätzen Bill4, jenseits derer keine Lösung der Verpackungsaufgabe mehr besteht, wird auch **ENGPASS** ⇨ Glossar *der Variable x_4 genannt. In der linearen Optimierung gehört zur Zeilenstufenform des linearen Gleichungssystems die spezielle Lösung $x_1 = 30$, $x_2 = 40$, $x_3 = 30$, $x_4 = 0$, welche durch „Null Setzen" der Nicht-Pivot-Variable x_4 erhalten wird. Der Koeffizient 15 zu x_4 in der „reduzierten" Deckungsbeitragsfunktion deutet an, dass die Lösung* *noch nicht optimal ist, sondern die Variable x_4 möglichst groß sein sollte. Er wird* DELTA-WERT ⇨ Glossar *der Nicht-Pivot-Variable x_4 genannt.*

Die gefundene Optimallösung $x_1 = 20$, $x_2 = 70$, $x_3 = 0$, $x_4 = 10$ mit Deckungs-beitrag 12000€ kann ebenfalls als spezielle Lösung aus einer Gleichungsmatrix abgelesen werden. Diese Gleichungsmatrix gewinnt man durch Zeilenumformungen aus der vorliegenden ZSF:

$$
\begin{bmatrix}
1 & 0 & 0 & 1 & | & 30 \\
0 & 1 & 0 & -3 & | & 40 \\
0 & 0 & 1 & 3 & | & 30
\end{bmatrix}
\rightarrow
\begin{bmatrix}
1 & 0 & 0 & 1 & | & 30 \\
0 & 1 & 0 & -3 & | & 40 \\
0 & 0 & \frac{1}{3} & 1 & | & 10
\end{bmatrix}
\rightarrow
\begin{bmatrix}
1 & 0 & -\frac{1}{3} & 0 & | & 20 \\
0 & 1 & 1 & 0 & | & 70 \\
0 & 0 & \frac{1}{3} & 1 & | & 10
\end{bmatrix}
$$

Wieder tauchen die Einheitsspalten in der resultierenden Gleichungsmatrix auf, nur hat sich die Spalte 3 der ZSF scheinbar in Spalte 4 verschoben. Wichtig: Das geschieht durch Zeilenumformungen, keinesfalls durch einen Spaltentausch, der nur einer Umnummerierung der Variablen entsprechen würde. Ordnet man nun den Variablen zu den Spalten 1, 2, 4 sukzessive die Werte auf der rechten Seite zu, und setzt die Variable $x_3 = 0$, so ergibt sich die oben bereits genannte Lösung $x_1 = 20$, $x_2 = 70$, $x_3 = 0$, $x_4 = 10$. Die Variablen tauschen ihre Rollen gemäß dieser Matrix: jetzt sind x_1, x_2 und x_4 Pivot-Variablen oder Basis-Variablen, während x_3 zu einer Nicht-Pivot-Variable oder Nicht-Basis-Variable wird. Auch lässt sich das LGS jetzt so umschreiben, dass x_3 die frei zu belegende Variable ist und sich x_1, x_2 und x_4 als Funktionen von x_3 ergeben: $x_1 = 20 + \frac{1}{3}x_3$, $x_2 = 70 - x_3$ und $x_4 = 10 - \frac{1}{3}x_3$. Substituiert man nun diese Funktionsterme in der Zielfunktion, so erhält man die reduzierte Zielfunktion von x_3

$$65(20 + \frac{1}{3}x_3) + 120(70 - x_3) + 170x_3 + 230(10 - \frac{1}{3}x_3) = 12\,000 - 5x_3$$

Die Nicht-Pivot-Variable x_3 hat jetzt den δ-Wert $-5 < 0$. Weil $x_3 \geq 0$ gefordert ist, kann der Zielwert 12000€ nicht mehr erhöht werden. An dem negativen Delta-Wert sieht man also nochmals die Optimalität der vorliegenden Lösung.

Im vorliegenden Beispiel wäre die weitere Umformung der ZSF nicht nötig, um die Optimalität der neuen Lösung nachzuweisen. Anders liegt der Fall, wenn in der ZSF mehrere Nicht-Pivot-Spalten vorkommen.

Beispiel 2.5:

Es wird nochmals das Regalbaubeispiel betrachtet. Jetzt aber müssen die Querstangen nicht komplett verpackt werden, da sie auch noch für andere Möbeltypen verwendet werden können. Daher sind die Gleichungen bzw. die Ungleichung

$$2x_1 + 3x_2 + 4x_3 + 5x_4 = 300$$
$$x_1 + x_2 + 2x_3 + 4x_4 \leq 130$$
$$5x_1 + 10x_2 + 15x_3 + 20x_4 = 1000$$

mit maximalem Deckungsbeitrag $65x_1 + 120x_2 + 170x_3 + 230x_4$ zu lösen. Es wird eine Schlupfvariable x_5 für die nicht genutzten Regalböden in der dritten Ungleichung *eingeführt, die den Deckungsbeitrag nicht verändert und die Ungleichung in eine Gleichung $x_1 + x_2 + 2x_3 + 4x_4 + x_5 = 130$ überführt. Zu dem jetzt vorliegenden LGS gehört die Gleichungsmatrix*

$$\left[\begin{array}{ccccc|c} 2 & 3 & 4 & 5 & 0 & 300 \\ 1 & 1 & 2 & 4 & 1 & 130 \\ 5 & 10 & 15 & 20 & 0 & 1000 \end{array}\right] \rightarrow \left[\begin{array}{ccccc|c} 1 & 0 & 0 & 1 & 1 & 30 \\ 0 & 1 & 0 & -3 & -2 & 40 \\ 0 & 0 & 1 & 3 & 1 & 30 \end{array}\right]$$

Aus der ZSF liest man die explizite Lösungsmenge ab: $x_4 \geq 0$ und $x_5 \geq 0$ sind prinzipiell frei wählbar, die Pivot-Variablen errechnen sich hieraus zu

$$x_1 = 30 - x_4 - x_5 \geq 0, \quad x_2 = 40 + 3x_4 + 2x_5 \geq 0, \quad x_3 = 30 - 3x_4 - x_5 \geq 0$$

Setzt man diese in die Zielfunktion ein, so ergibt sich

$$65x_1 + 120x_2 + 170x_3 + 230x_4 + 0x_5 = 15x_4 + 5x_5 + 11\,850$$

Die spezielle Lösung aus der ZSF entspricht der schon früher gefundenen $x_1 = 30$, $x_2 = 40$, $x_3 = 30$, $x_4 = 0$, bei der alle Teile verpackt werden, d.h. $x_5 = 0$. Der reduzierte Deckungsbeitrag lässt sich jetzt auf zwei Arten erhöhen:

- *Man erhöht x_4, d.h. verpackt auch Regale vom Typ Bill4 unter vollständigem Einsatz aller Bauelemente. Dann ist der x_4-Engpass $\min\{\frac{30}{1}, \frac{30}{3}\} = 10$.*

- *Man erhöht x_5, d.h. lässt möglichst viele Querstangen ungenutzt. Dann ist der x_5-Engpass $\min\{\frac{30}{1}, \frac{30}{1}\} = 30$*

Beide Variablen gleichzeitig zu erhöhen, ist problematisch, weil man nicht ohne weiteres einen simultanen Engpass dafür berechnen kann. An dieser Stelle ist also die Entscheidung zwischen zwei möglichen Vorgehensweisen zu treffen, und es ist noch nicht klar, ob eine von ihnen zum Ziel führt. Wir lassen uns davon jetzt nicht beirren, wählen die Nicht-Pivot-Variable x_4 aus und erhöhen sie bis zum Engpass $x_4 = 10$. Das ergibt wieder die Lösung $x_1 = 20$, $x_2 = 70$, $x_3 = 0$, $x_4 = 10$ und die Schlupfvariable $x_5 = 10$. Diese Lösung lässt sich auch aus einer geeigneten Gleichungsmatrix ablesen. Dazu wird wieder die ZSF mit einigen gezielten Zeilenumformungen transformiert.

$$\left[\begin{array}{ccccc|c} 1 & 0 & 0 & 1 & 1 & 30 \\ 0 & 1 & 0 & -3 & -2 & 40 \\ 0 & 0 & 1 & 3 & 1 & 30 \end{array}\right] \begin{array}{l} I \rightarrow I - \frac{1}{3}III \\ II \rightarrow II + III \\ \underrightarrow{III \rightarrow III/3} \end{array} \left[\begin{array}{ccccc|c} 1 & 0 & -\frac{1}{3} & 0 & \frac{2}{3} & 20 \\ 0 & 1 & 1 & 0 & -1 & 70 \\ 0 & 0 & \frac{1}{3} & 1 & \frac{1}{3} & 10 \end{array}\right]$$

Die Lösungsmenge hat nach dieser Gleichungsmatrix die Darstellung mit freien Nicht-Pivot-Variablen $x_3 \geq 0$, $x_5 \geq 0$ und davon abhängigen Pivot-Variablen

$$x_1 = 20 + \frac{1}{3}x_3 - \frac{2}{3}x_5 \geq 0, \quad x_2 = 70 - x_3 + x_5 \geq 0, \quad x_4 = 10 - \frac{1}{3}x_3 - \frac{1}{3}x_5 \geq 0$$

aus der sich die spezielle Lösung $x_1 = 20$, $x_2 = 70$, $x_3 = 0$, $x_4 = 10$, $x_5 = 0$ ablesen lässt. Substitution der Pivot-Variablen in der Zielfunktion ergibt

$$65x_1 + 120x_2 + 170x_3 + 230x_4 + 0x_5 = 12\,000 - 5x_3 + 0x_5$$

Man erkennt nun, dass weder eine Erhöhung von x_3 noch von x_5 zu einer Verbesserung des Deckungsbeitrages führt, d.h. die gefundene Lösung ist optimal. Es ließe sich lediglich die Anzahl der nicht verbrauchten Querstangen x_5 bis zum Engpass $x_5 = \min\{\frac{65}{\frac{2}{3}}, \frac{10}{\frac{1}{3}}\} = 30$ erhöhen, ohne den Deckungsbeitrag zu verändern.

Die obigen Beispiele verdeutlichen, wie durch eine Abfolge von Zeilenumformungen und Neuberechnungen der Zielfunktion eine Folge von speziellen Lösungen zu spezifischen Gleichungsmatrizen mit zugehörigen Delta-Werten gefunden wird, so dass am Ende eine Optimallösung des linearen Optimierungsproblems vorliegt. Die gewonnenen Gleichungsmatrizen ähneln der ZSF insofern, dass sie stets alle Einheitsspalten aufweisen; lediglich die Stufenform geht im Laufe der Rechnung verloren. Man nennt diese Gleichungsmatrizen **Basisformen** oder **erweiterte Zeilenstufenformen**. Darüber hinaus lassen sich die berechneten Delta-Werte und der Zielwert als Zeile und die Engpass-Werte als Spalte an diese Gleichungsmatrizen anfügen, wodurch ein so genanntes **Simplex-Tableau** entsteht. Die Gruppe von Pivot-Variablen zu einer Basisform wird als **Basis**, der Wechsel von einem Simplex-Tableau zum nächsten als **Pivotisierung** oder **Basiswechsel** bezeichnet. Das Simplex-Verfahren ist genau die algorithmische Umsetzung der in diesem Beispiel durchgeführten Überlegungen. Für eine detaillierte Darstellung sei auf die Literatur verwiesen [MÜLLER-FUNK/KATHÖFER, 2005].

Aufgaben

1. Lösen Sie die folgenden linearen Gleichungssysteme mit Einsetzungs- oder Gleichsetzungsverfahren (in den letzten beiden Gleichungssystemen ist die Lösung abhängig von den Parametern $a, b \in \mathbb{R}$ zu finden):

   a) $\begin{cases} 2x + 3y &= 7 \\ x - 4y &= 3 \end{cases}$

   b) $\begin{cases} x + 3y &= 1 \\ 3x + 3y &= 0 \end{cases}$

   c) $\begin{cases} x + 3y &= 1 \\ -2x - 6y &= 0 \end{cases}$

   d) $\begin{cases} 9x + 3y + z &= 1 \\ x - 2y + 3z &= 2 \\ 3x + 2y - z &= 0 \end{cases}$

   e) $\begin{cases} x + 2y &= 2 \\ x + y &= b \end{cases}$

   f) $\begin{cases} -4x + 2y &= 2 \\ x + ay &= b \end{cases}$

2. Gegeben ist das LGS $ax + by = e, cx + dy = f$ in den Unbekannten x, y. In welcher Beziehung müssen die Koeffizienten $a, b, c, d \in \mathbb{R}$ zueinander stehen, damit das LGS eindeutig lösbar ist?

3. (K) Die drei Professoren aus Aufgabe 1.3 ⇨ Seite 18 stellen fest, dass nach der Umverteilung jeder von ihnen wieder exakt die gleiche Anzahl Klausuren wie

zuvor hat. Wie viele sind es bei insgesamt 820 Klausuren?

4. Bestimmen Sie mit dem Gaußschen Eliminationsverfahren die Lösungsmenge zu dem linearen Gleichungssystem mit der folgenden Gleichungsmatrix $[A|b]$:

$$\left[\begin{array}{rrrrr|r} 1 & 2 & -1 & 1 & 1 & 1 \\ 2 & -1 & 1 & -2 & -1 & 3 \\ 1 & 1 & -1 & -1 & 1 & 3 \\ 4 & 2 & -1 & -2 & 1 & 7 \\ -1 & 3 & -2 & 3 & 2 & -2 \end{array}\right]$$

5. (K) Stellen Sie das LGS zum Verschnittproblem aus Beispiel 1.2 ⇨ Seite 16 mittels einer Gleichungsmatrix dar und beantworten Sie folgende Fragen:

a) Wie lautet die Staffelform des LGS?

b) Wie lautet die Zeilenstufenform des LGS?

c) Geben Sie die Lösungsmenge des LGS an.

d) Geben Sie eine spezielle Lösung auf Basis der ZSF an und untersuchen Sie, ob diese Lösung minimalen Verschnitt verursacht. Falls nicht, geben Sie eine bessere Lösung an.

3 Vektoren in der Ökonomie

Vektoren als mathematische Formalisierung der Bündelung von ökonomischen Größen werden in diesem Kapitel in den ökonomischen Kontext eingeordnet. Wir besprechen wesentliche Fakten rund um Linearkombinationen ⇨ Abschnitt 3.2, Seite 39 und Skalarprodukte von Vektoren ⇨ Abschnitt 3.3, Seite 49.

3.1 Vektoren und Operationen mit Vektoren

Ökonomische Größen wie Preis, Absatz, Nachfrage, Faktoreinsatzmenge können adäquat durch Verwendung reeller Zahlen oder, falls sie zunächst noch unbestimmt sind, durch reelle Variablen beschrieben werden. Vielfach ist man aber gezwungen, simultan mit mehreren dieser Größen zu rechnen:

- In der Produktion stellt die Materialverflechtung durch Teilelisten einen Zusammenhang zwischen mehreren Produkten und Rohstoffen her. Die ganzheitliche Sicht dieser Verflechtung erfordert oft, mehrere Produkte gebündelt zu betrachten. Diesen Produkten ist dann ein Bündel von zur Fertigung der Produkte erforderlichen Rohstoffquantitäten zugeordnet.

- Der Umsatz einer Unternehmung muss intern wie unter steuerlicher Beurteilung als ein Bündel von Einzelumsätzen dargestellt werden, wobei auch die zeitliche Entwicklung berücksichtigt wird.

- Ein Aktien-Portfolio stellt ein Bündel von einzelnen Kapitalanlagen dar.

- Bei einer Wahl legt erst das Bündel der Stimmzahlen bzw. -anteile aller angetretenen Parteien das Gesamtergebnis fest, oft unter Berücksichtigung der Aufteilung nach Stimmbezirken oder von Wechselwählern.

- Der so genannte Warenkorb zur Erfassung des ökonomischen Bedarfs von Haushalten ist ein besonders prägnantes Beispiel für die Beschreibung eines ökonomischen Sachverhaltes durch verschiedene Größen.

- Unternehmen verwalten einzelne Kundenprofile, welche neben persönlichen Daten den Verlauf der Geschäfte mit den Kunden beinhalten.

Die Beispiele lassen erkennen, dass zur Beschreibung des jeweiligen ökonomischen Sachverhaltes durch ein geeignetes „Profil" gebündelte Größen, oft in Form von Bündeln reeller Zahlen, erforderlich sind und die Größen eines Bündels verschiedene nicht untereinander kompatible Einheiten haben können. Sachlogisch verbietet sich dann - auch wenn rechnerisch unter Missachtung verschiedener Einheiten möglich - eine verdichtende Darstellung der Größen in dem Profil. Sogar wenn der resultierende Wert ökonomisch interpretiert werden kann, führt dies oft zu einem unerwünschten Informationsverlust. Für die gebündelte Darstellung ökonomischer Größen stellt die Mathematik ein Konzept bereit:

Definition 3.1

- Es bezeichnet $\mathbb{R}^n$ die Menge/Gesamtheit aller **SPALTENVEKTOREN** $\Rightarrow$
  Glossar mit n Komponenten $\begin{pmatrix} x_1 \\ \vdots \\ x_n \end{pmatrix}$ mit Einträgen $x_1, \ldots, x_n \in \mathbb{R}$.

- Die Menge aller reellen **ZEILENVEKTOREN** $\Rightarrow$ Glossar $(x_1, \ldots, x_n)$ wird mit $\mathbb{R}_n$ bezeichnet. Für Zeilenvektoren verwendet man auch oft die Bezeichnung **GEORDNETE** $n-$**TUPEL** $\Rightarrow$ Glossar.

- **TRANSPOSITION VON VEKTOREN** $\Rightarrow$ Glossar: Für einen Spaltenvektor
  $x \in \mathbb{R}^n$, $x = \begin{pmatrix} x_1 \\ \vdots \\ x_n \end{pmatrix}$ setzt man $x^T := (x_1, \ldots, x_n)$ (lies: „x transponiert") .

- Für einen Zeilenvektor $y = (y_1, \ldots, y_n) \in \mathbb{R}_n$ setzt man $y^T := \begin{pmatrix} y_1 \\ \vdots \\ y_n \end{pmatrix}$.

Beispiele für Vektoren in den Wirtschaftswissenschaften sollen den Vektor-Begriff veranschaulichen:

- Im Regalbau-Beispiel ist durch $(300, 130, 1000)^T$ der Vektor der zur Verfügung stehenden Rohstoffmengen „Träger, Querstangen, Regalböden" festgelegt. Der zugehörige Vektor der Endproduktmengen (Regaltypen) mit maximalem Deckungsbeitrag lautet $(20, 70, 0, 10)^T$.

- Drei Produkte eines Unternehmens erzielten im Jahr 2004 den Umsatzvektor $(35000, 17300, 40000)$ (Angaben in 1000 €).

- Am 22.10.1997 konnte man beim Schalterverkauf eines deutschen Bankhauses für 100 DM folgende Devisen erwerben (Angabe als Devisenvektor) $(54, 05 \text{ US-Dollar}; 33, 39 \text{ brit. Pfund}; 323, 62 \text{ franz. Franc})^T$.

- Bei einer Wahl stellen sich vier Parteien. Für zwei ausgezählte Stimmbezirke ergeben sich die absoluten Stimmenzahlen in Form der Vektoren $(1000, 1500, 300, 1200)^T$ und $(2000, 3000, 600, 2400)^T$.

Anbieter	Netzabdeckung in Prozent	Preis des Standardtarifs	Kundenzahl im Standardtarif		
			absolut	in Prozent	relativ
Tekom	99	12,50	3.000.000	60	$\frac{3}{5}$
E-Minus	95	10,50	500.000	10	$\frac{1}{10}$
D2$\frac{1}{2}$	97	12,00	900.000	18	$\frac{9}{50}$
Intracom	98	11,00	600.000	12	$\frac{3}{25}$
Gesamt			5.000.000	100	1

Tabelle 3.1: Markt-Daten eines (fiktiven) Mobilfunkmarktes

- Bei einer Umfrage unter Absolventen in einem wirtschaftswissenschaftlichen Studiengang werden u.a. Studiendauer, durchschnittliche monatliche finanzielle Förderung und die Abschlußnote festgehalten. Dabei wurden auch folgende zwei Profile angegeben: $(13 \text{ Semester}; 400€; 3, 3)^T$ und $(10 \text{ Semester}; 450€; 1, 7)^T$

- Auf dem Mobilkommunikations-Markt des Inselstaates Wiwinesien treten vier Anbieter auf. Im vierten Quartal 2001 ergibt eine Marktuntersuchung die in Tabelle 3.1 angegebenen Daten. Die Darstellung der Marktanteile in der letzten Spalte dieser Tabelle $\left(\frac{3}{5}, \frac{1}{10}, \frac{9}{50}, \frac{3}{25}, \right)^T \in \mathbb{R}^4$ nennt man einen stochastischen Vektor.

Definition 3.2

Ein Vektor $p = (p_1, \ldots, p_n)^T \in \mathbb{R}^n$ heißt **STOCHASTISCHER VEKTOR** ⇨ Glossar, wenn er folgende Eigenschaften hat:

- $p_i \geq 0$ für alle $i = 1, \ldots, n$,

- $p_1 + \cdots + p_n = 1$

Stochastische Vektoren als Bündel von Marktanteilen finden sich insbesondere auch in Wahlanalysen; sie werden überall da benötigt, wo Anteile bzw. relative Häufigkeiten gemessen werden. Im Rahmen der Modellierung beschreiben sie – im diskreten Kontext – subjektive bzw. objektive Wahrscheinlichkeiten; deren Interpretation setzt allerdings die Kenntnis von allgemeineren Wahrscheinlichkeitsmodellen voraus. Auch Zeilenvektoren mit den genannten Eigenschaften werden als stochastische Vektoren bezeichnet. Ferner spielen auch Vektoren $x = (p_1, p_2, \ldots)$ mit unendlich vielen Komponenten, d.h. Folgen mit $p_1 + p_2 + \cdots = 1$ eine Rolle. Beispielsweise kann bei der Modellierung der Qualität eines Werkstückes die Wahrscheinlichkeit für $1, 2, \ldots$ Ausfälle beschrieben werden – etwa mit Hilfe der so genannten Poisson-Verteilung. Schließlich werden stochastische Vektoren auch bei der Risikoberechnung eingesetzt. Betrachtet man etwa eine Investitionsmöglichkeit, deren Erfolg unter verschiedenen ökonomischen Umweltbedingungen vorausgesagt werden kann, wobei für die Szenarios individuelle Wahrscheinlichkeiten veranschlagt werden, so leitet sich als Kennzahl der Investitionsmöglichkeit ein „durchschnittlicher" Erfolg in Form einer mit den Szenario-Wahrscheinlichkeiten gewichteten Mittelbildung her.

Vektoren werden in der Schule um ihrer physikalischen Anwendungen willen zumeist analytisch-geometrisch eingeführt. Man stellt sie in der Anschauungsebene und dem Anschauungsraum mit Pfeilen dar, die einen Start- und einen Zielpunkt ausweisen. Pfeile gleicher Länge und Orientierung werden miteinander identifiziert. Im vorliegenden Lehrbuch hingegen werden Vektoren zunächst nur unter dem Aspekt der Bündelung ökonomischer Größen behandelt. Richtungen werden später in der Analysis unter Vernachlässigung des Repräsentantenkonzeptes eine Rolle spielen.

Vektoren werden erst dadurch zu einem brauchbaren Instrument der Ökonomie, dass man sie mittels geeigneter Operationen in andere ökonomische Größen bzw. Profile überführen kann. Addition und Multiplikation reeller Zahlen führen zu den wichtigsten Verknüpfungstypen für Vektoren:

Definition 3.3
- (Vektoraddition) Für $(x_1, \ldots, x_n)^T \in \mathbb{R}^n$, $y = (y_1, \ldots, y_n)^T \in \mathbb{R}^n$ setzt man $x + y := (x_1 + y_1, \ldots, x_n + y_n)^T$ (entsprechend für Zeilenvektoren)
- (Skalarmultiplikation) Für $(x_1, \ldots, x_n)^T \in \mathbb{R}^n$ und $a \in \mathbb{R}$ setzt man $ax := (ax_1, \ldots, ax_n)^T \in \mathbb{R}^n$, (entsprechend für Zeilenvektoren). $a \in \mathbb{R}$ heißt in diesem Zusammenhang **SKALAR** ⇨ Glossar.

Beispiel 3.1:
- *zur Vektoraddition: Bei der Addition der Stimmanteile der zwei Bezirke aus dem Eingangsbeispiel ergibt sich*

$$\begin{pmatrix} 1000 \\ 1500 \\ 300 \\ 1200 \end{pmatrix} + \begin{pmatrix} 2000 \\ 3000 \\ 600 \\ 2400 \end{pmatrix} = \begin{pmatrix} 1000 + 2000 \\ 1500 + 3000 \\ 300 + 600 \\ 1200 + 2400 \end{pmatrix} = \begin{pmatrix} 3000 \\ 4500 \\ 900 \\ 3600 \end{pmatrix}$$

- *zur Skalarmultiplikation: Wollte man am 22.10.1997 bei besagtem Bankhaus Devisen für 800 DM, d.h. für den achtfachen angegebenen Wert erwerben, so hätte dies für die verschiedenen Währungen folgende Beträge gegeben:*

$$8 \cdot \begin{pmatrix} 54,05 \\ 33,39 \\ 323,62 \end{pmatrix} = \begin{pmatrix} 8 \cdot 54,05 \\ 8 \cdot 33,39 \\ 8 \cdot 323,62 \end{pmatrix} = \begin{pmatrix} 432,4 \ (US\text{-}Dollar) \\ 267,12 \ (brit. \ Pfund) \\ 2588,96 \ (franz. \ Franc) \end{pmatrix}$$

Durch Operationen auf Vektoren lassen sich also anschauliche Einzelrechnungen effizient zusammenfassen. Dies ist nicht nur händisch sinnvoll, son-

dern kann gerade bei umfangreicheren Problemen auf dem Computer ausgenutzt werden, weil zahlreiche Programmiersprachen in der Lage sind, mit
Vektoren als Objekten zu operieren. Von Vorteil ist dabei, dass der übliche
reelle Additions- und Multiplikations-Kalkül auf Vektoren übertragen werden kann. Die entsprechenden Rechenregeln auf Vektoren sind intuitiv und
elementar:

Satz 3.1 (Regeln für Vektoraddition und Skalarmultiplikation)

(V1) Für alle $x, y, z \in \mathbb{R}^n$ gilt: $\quad x + (y + z) = (x + y) + z \quad$ (Assoziativgesetz)
und $\quad x + y = y + x \quad$ (Kommutativgesetz)

(V2) Der **NULLVEKTOR** ⇨ Glossar $\bar{0} := (0, \ldots, 0)^T \in \mathbb{R}^n$ erfüllt $x + \bar{0} = x$ für alle $x \in \mathbb{R}^n$. $\bar{0}$ wird auch als neutrales Element bezeichnet. Für alle $x \in \mathbb{R}^n$ ist $-x = (-1)x \in \mathbb{R}^n$ und $x + (-x) = \bar{0}$. (**INVERSES ELEMENT** ⇨ Glossar der Vektoraddition).

(V3) Für alle $a, b \in \mathbb{R}$ und alle $x \in \mathbb{R}^n$ gilt: $a(bx) = (ab)x$ und $1x = x$

(V4) Für alle $a, b \in \mathbb{R}$ und $x, y \in \mathbb{R}^n$ gilt:
$$\begin{aligned} a(x + y) &= ax + ay \\ (a + b)x &= ax + bx \end{aligned} \quad \text{(Distributivgesetze)}$$

Kann man die Menge $\mathbb{R}^n$ durch eine abstrakte Menge V ersetzen, so daß
weiterhin die Eigenschaften (V1)-(V4) gelten, so heißt V ein $\mathbb{R}$-**VEKTOR-
RAUM** ⇨ Glossar. Insbesondere kann man völlig entsprechend zum $\mathbb{R}^n$ den
Zeilenraum $\mathbb{R}_n$ als Vektorraum auffassen. Beispiele anderer $\mathbb{R}$-Vektorräume,
deren Objekte auch in der Ökonomie zur Anwendung kommen, sind

- die Menge aller $\mathbb{R}$-wertigen Folgen.

- die Menge aller Funktionen auf einem gegebenen Intervall $[a, b]$.

- jede Teilmenge des $\mathbb{R}^n$, die gegenüber den Operationen der Vektoraddition und Skalarmultiplikation abgeschlossen ist und den Nullvektor enthält.

- zahlreiche Teilmengen der genannten Räume, etwa die Menge der konvergenten Folgen, die Menge der beschränkten Folgen, die Menge der stetigen Funktionen, die Menge der einmal differenzierbaren Funktionen.

3.2 Koordinatensysteme und Untervektorräume

Zur Veranschaulichung von Vektoren greift man in der Regel auf die Darstellung in einem aus senkrecht aufeinander stehenden Achsen mit einer Mess-
skala bestehenden Koordinatensystem zurück. Hierdurch wird der Darstel-
lungsbereich auf Vektoren mit höchstens drei Komponenten, d.h. auf den

$\mathbb{R}^2$ und – mit geeigneter ebener Darstellung räumlicher Daten – den $\mathbb{R}^3$ begrenzt. Mit dem Begriff „Koordinate" ist die einer spezifischen Achse zugeordnete Komponente eines Vektors verbunden ebenso wie die im Koordinatensystem zugeordnete Achse oder der Abschnitt auf dieser Achse, der zu dem gegebenen Vektor gehört.

Falls die Koordinatenachsen mit der zugehörigen Skalierung versehen werden, so entspricht jeder Punkt einer Achse einem Vektor; insbesondere der zur „Eins" gehörige Punkt, an dem die Skalierung der Achse ausgerichtet ist, entspricht einem solchen Vektor, den man als Koordinateneinheitsvektor oder einfach **EINHEITSVEKTOR** ⇨ Glossar bezeichnet. Im $\mathbb{R}^2$ sind dies die Vektoren $(1,0)^T$ und $(0,1)^T$, im $\mathbb{R}^3$ hingegen $(1,0,0)^T$, $(0,1,0)^T$ und $(0,0,1)^T$.

Für reale oder auch nur realitätsnahe ökonomische Anwendungen reicht die Beschränkung auf Vektoren mit höchstens drei Komponenten allerdings nicht aus, da die zugrundeliegenden Profile meist deutlich aufwendiger sind. Man ist daher gezwungen, auch solche Vektoren in Koordinatensystemen darzustellen, die vier oder mehr Komponenten aufweisen.

Völlig entsprechend erkärt man daher dann für $j \in \{1,\ldots,n\}$ den j-ten **Einheitsvektor** im $\mathbb{R}^n$ als $e^{(j)} := (0,\ldots,0,1,0,\ldots,0)^T$. Dieser hat also an der j-ten Stelle eine Eins, an allen anderen Stellen eine Null als Eintrag.

Auch in den nicht mehr geometrisch vorstellbaren Vektorräumen, d.h. für $n \geq 4$, legen $e^{(1)},\ldots,e^{(n)}$ ein Koordinatensystem im folgenden Sinne fest:

1. Jeder Vektor $x = (x_1,\ldots,x_n)^T \in \mathbb{R}^n$ lässt sich durch Skalare und Einheitsvektoren des $\mathbb{R}^n$ darstellen: $x = x_1 e^{(1)} + x_2 e^{(2)} + \ldots + x_n e^{(n)}$.

2. Diese Darstellung ist eindeutig: Falls $x = a_1 e^{(1)} + \ldots + a_n e^{(n)}$ und $x = b_1 e^{(1)} + \ldots + b_n e^{(n)}$, so gilt $a_1 = b_1, \ldots, a_n = b_n$.

Die n Einheitsvektoren spannen anschaulich genau die „klassischen" senkrecht aufeinander stehenden Koordinatenachsen auf, wobei sich die Koordinaten jedes Vektors ablesen lassen. In ökonomischen Problemen ist man aber des öfteren gezwungen, im $\mathbb{R}^n$ mit nicht genau n, nicht „klassischen" (d.h. nicht rechtwinkligen) Koordinatenachsen zu arbeiten, bei denen aber die jeweils den Achsen zugehörigen Koordinatenvektoren weiterhin ähnliche Eigenschaften wie 1. (und möglichst 2.) aufweisen. Man interessiert sich vor allem dafür, welche Vektoren sich in einem solchen „schiefen" Koordinatensystem darstellen lassen, wie eine solche Darstellung aussehen kann und ob die Darstellung eindeutig ist. Dass dies auch in ökonomischem Kontext Anwendung finden kann, sei anhand zweier Beispiele aus der Produktion und der Statistik verdeutlicht:

| Tankstelle | Gewinn | Umsatz | | | |
		Kraftstoff	Autozubehör	Food	Non-Food
1	3150	6000	2100	2500	2600
2	3915	2600	1300	2400	2300
3	1810	8400	1500	2500	1100
4	3000	6500	1400	2200	2300
5	3490	9600	2500	2500	2200
6	3175	8000	1600	2700	2800

Tabelle 3.2: Gewinn- und Umsatzdaten zum Tankstellenbeispiel 3.3

Beispiel 3.2 (Fortsetzung von Beispiel 1.1 ⇨ Seite 14**):**
Hier gehören zu jedem Regaltyp Teilelisten für Stellwangen, Querstangen und Böden. Diese lassen sich regaltypabhängig als Vektoren

$$\begin{pmatrix} 2 \\ 1 \\ 5 \end{pmatrix}, \begin{pmatrix} 3 \\ 1 \\ 10 \end{pmatrix}, \begin{pmatrix} 4 \\ 2 \\ 15 \end{pmatrix}, \begin{pmatrix} 5 \\ 4 \\ 20 \end{pmatrix}$$

darstellen. Um die vorhandenen Rohstoffe in Form des Vektors $(300, 130, 1000)^T$ *aufzubrauchen, muss man das LGS*

$$\begin{array}{rcrcrcrcr} 2x_1 & + & 3x_2 & + & 4x_3 & + & 5x_4 & = & 300 \\ x_1 & + & x_2 & + & 2x_3 & + & 4x_4 & = & 130 \\ 5x_1 & + & 10x_2 & + & 15x_3 & + & 20x_4 & = & 1000 \end{array}$$

lösen. Dies ist gleichbedeutend damit, den Rohstoffvektor im Koordinatensystem der Teilelisten-Vektoren darzustellen:

$$\begin{pmatrix} 300 \\ 130 \\ 1000 \end{pmatrix} = x_1 \begin{pmatrix} 2 \\ 1 \\ 5 \end{pmatrix} + x_2 \begin{pmatrix} 3 \\ 1 \\ 10 \end{pmatrix} + x_3 \begin{pmatrix} 4 \\ 2 \\ 15 \end{pmatrix} + x_4 \begin{pmatrix} 5 \\ 4 \\ 20 \end{pmatrix}$$

Zusätzlich muss im ökonomischen Kontext $x_i \geq 0$ *gelten. Die Darstellung ist nicht eindeutig, weshalb zusätzlich eine ökonomisch vorteilhafte Darstellung gesucht wird, etwa diejenige mit maximalem Deckungsbeitrag.*

Beispiel 3.3 (Statistik):
Der Inhaber einer Kette von sechs freien Tankstellen möchte wissen, wie sich der Gewinn der Tankstellen aus den von ihm angebotenen Sparten Kraftstoffe (K), Autozubehör (A), Food (F) und Non-Food (N) zusammensetzt. Hieraus erhofft er sich Informationen über die Rentabilität eventueller Investitionen in den vier Bereichen (z.B. weitere Kraftstoffe, frische Brötchen im Food-Bereich usw.). Aus den sechs – von Lage und Ausstattung gleichwertigen – Tankstellen liegen Informationen über die Umsätze sowie den Gewinn eines speziellen Monats vor, die in Tabelle 3.2 wiedergegeben sind. Stellt man die Gewinne in einem Vektor $g \in \mathbb{R}^6$ *und die*

Umsätze der vier Sparten in Vektoren $u_K, u_A, u_F, u_N \in \mathbb{R}^6$ dar, so könnte ein Erklärungsversuch lauten, den Gewinn der i-ten Tankstelle, d.h. g_i in der Form

$$g_i = g_0 + k \cdot u_{K,i} + a \cdot u_{A,i} + f \cdot u_{F,i} + n \cdot u_{N,i}$$

mit einem „Sockelgewinn" g_0 und geeigneten für alle sechs Tankstellen gültigen Faktoren $k, a, f, n \in \mathbb{R}$ zu schreiben. Je Sparte gibt dieser Faktor den Anteil des jeweiligen Spartenumsatzes an, der als Gewinn anfallen wird, wenn das Modell gültig ist. Gerade in der Investitionsplanung ist man manchmal nur an einem Planspiel zu Prognosezwecken und nicht an der formal korrekten Verbuchung von Umsätzen und Kosten interessiert. Dann kann das angegebene Modell rechnerische Vorteile gegenüber einem komplexeren Gewinn- und Verlustmodell für jede einzelne Tankstelle haben. Fasst man die insgesamt sechs Erklärungsgleichungen zusammen, so lautet obige Darstellung in Vektorschreibweise

$$\begin{pmatrix} 3150 \\ 3915 \\ 1810 \\ 3000 \\ 3490 \\ 3175 \end{pmatrix} = g_0 \begin{pmatrix} 1 \\ 1 \\ 1 \\ 1 \\ 1 \\ 1 \end{pmatrix} + k \begin{pmatrix} 6000 \\ 2600 \\ 8400 \\ 6500 \\ 9600 \\ 8000 \end{pmatrix} + a \begin{pmatrix} 2100 \\ 1300 \\ 1500 \\ 1400 \\ 2500 \\ 1600 \end{pmatrix} + f \begin{pmatrix} 2500 \\ 2400 \\ 2500 \\ 2200 \\ 2500 \\ 2700 \end{pmatrix} + n \begin{pmatrix} 2600 \\ 2300 \\ 1100 \\ 2300 \\ 2200 \\ 2800 \end{pmatrix}$$

Ziel ist also – aus mathematischer Sicht – eine Darstellung des Gewinnvektors g in Koordinaten, die sich – mit Ausnahme des Sockelgewinns – aus den Umsätzen der vier Sparten ergeben. Diese Aufgabe kann aber aus verschiedenen Gründen nicht elementar gelöst werden:

- *Zum einen sind zur „problemlosen" Koordinatendarstellung eines Vektors $x \in \mathbb{R}^n$ mindestens n Koordinatenvektoren erforderlich wie z.B. die Koordinateneinheitsvektoren. Im Beispiel liegen nur fünf Koordinatenvektoren vor, es soll aber ein Vektor im $\mathbb{R}^6$ dargestellt werden. Die Darstellbarkeit von g wäre also rein zufällig.*

- *Selbst wenn hinreichend viele Koordinatenvektoren zur Verfügung stünden – in diesem Beispiel würde das durch die Aufnahme weiterer Umsatzsparten in das Modell geleistet, etwa durch Aufschlüsselung der gegebenen vier Sparten – wäre das Problem auf diese Weise nicht zu lösen; denn es ist nicht ersichtlich, ob sich die aus der Darstellung gewonnenen Gewinnkoeffizienten g_0, k, a, f, n auf die Umsatz- und Gewinnergebnisse eines anderen Monats übertragen lassen. Statistiker nennen die mit der gehäuften Einbindung von Erklärungsgrößen paradoxerweise verbundene Verringerung des Erklärungsgehaltes der entsprechenden Modelle auch „curse of dimensionality". Die Auswahl einer moderaten, aber noch ausreichenden Anzahl von Erklärungsgrößen (den so genannten Faktoren) ist ein eigenständiges Problem der Statistik. Manchmal werden die Faktoren rein technisch gewonnen (z.B. in der so genannten Faktoranalyse), manchmal auch durch Reduktion aus einer vorliegenden Gruppe von Faktoren.*

Um zumindest das erste Problem zu beheben, nimmt man an, dass der tatsächliche Zusammenhang noch von einem Zufallseffekt überlagert, d.h. von der Form

$$g_i = g_0 + k \cdot u_{K,i} + a \cdot u_{A,i} + f \cdot u_{F,i} + n \cdot u_{N,i} + e_i$$

ist, wobei e_i einen nicht beobachtbaren, aber unter statistischer Kontrolle befindlichen „Fehlerterm" bezeichnet. Das Modell lautet dann in Vektorschreibweise

$$
\begin{pmatrix} g_1 \\ g_2 \\ \vdots \\ g_6 \end{pmatrix}
= g_0 \begin{pmatrix} 1 \\ 1 \\ \vdots \\ 1 \end{pmatrix}
+ k \begin{pmatrix} u_{K,1} \\ u_{K,2} \\ \vdots \\ u_{K,6} \end{pmatrix}
+ a \begin{pmatrix} u_{A,1} \\ u_{A,2} \\ \vdots \\ u_{A,6} \end{pmatrix}
+ f \begin{pmatrix} u_{F,1} \\ u_{F,2} \\ \vdots \\ u_{F,6} \end{pmatrix}
+ n \begin{pmatrix} u_{N,1} \\ u_{N,2} \\ \vdots \\ u_{N,6} \end{pmatrix}
+ \begin{pmatrix} e_1 \\ e_2 \\ \vdots \\ e_6 \end{pmatrix}
$$

Jetzt ist die Darstellung des Gewinns in Umsatzkoordinaten zwar möglich, indem die Fehlerterme passend gewählt werden; eben diese Freiheitsgrade sorgen aber für eine derartige Vielfalt von Lösungen, dass man i.d.R. nur zu einer willkürlichen, sachlogisch nicht verwendbaren Belegung der Parameter $g_0, k, a, f, n \in \mathbb{R}$ gelangt. Die Lösung des Problems besteht vielmehr darin, die Koordinatendarstellung

$$
g_0 \begin{pmatrix} 1 \\ 1 \\ \vdots \\ 1 \end{pmatrix}
+ k \begin{pmatrix} u_{K,1} \\ u_{K,2} \\ \vdots \\ u_{K,6} \end{pmatrix}
+ a \begin{pmatrix} u_{A,1} \\ u_{A,2} \\ \vdots \\ u_{A,6} \end{pmatrix}
+ f \begin{pmatrix} u_{F,1} \\ u_{F,2} \\ \vdots \\ u_{F,6} \end{pmatrix}
+ n \begin{pmatrix} u_{N,1} \\ u_{N,2} \\ \vdots \\ u_{N,6} \end{pmatrix}
$$

mit geeigneten Parametern $g_0, k, a, f, n \in \mathbb{R}$ dem Gewinnvektor möglichst genau anzupassen. Eine – insgesamt geringe – Abweichung bei jeder Tankstelle wird erlaubt und als Realisierung des erwähnten Fehlerterms interpretiert (sog. Residuum). Das in der Statistik an dieser Stelle vorwiegend verwendete Anpassungsverfahren wird als METHODE DER KLEINSTEN QUADRATE ⇨ Glossar *bezeichnet und im folgenden Abschnitt an diesem und einem weiteren Beispiel erläutert. Die allgemeine Einordnung der Methode der kleinsten Quadrate in die Regressionsanalyse würde über den Rahmen dieser Einführung hinaus gehen und ist eher Thema von Lehrbüchern zur Statistik [*SCHIRA, *2003].*

In der Mathematik hat sich für die in den Beispielen genannten Koordinatendarstellungen der Begriff „Linearkombination" eingebürgert:

Definition 3.4 (Linearkombinationen von Vektoren)
Es seien $a^{(1)}, \ldots, a^{(m)}$ Vektoren des $\mathbb{R}^n$. Jeder Vektor $x \in \mathbb{R}^n$, der sich in der Form

$$x = \alpha_1 a^{(1)} + \ldots + \alpha_m a^{(m)}$$

mit reellen Zahlen („Skalaren") $\alpha_1, \ldots, \alpha_m$ schreiben lässt, heißt LINEARKOMBINATION ⇨ Glossar (kurz: LK) von $a^{(1)}, \ldots, a^{(m)}$. Die Menge aller Linearkombinationen von $a^{(1)}, \ldots, a^{(m)}$ heißt LINEARE HÜLLE ⇨ Glossar von $a^{(1)}, \ldots, a^{(m)}$ (Symbol: Span($a^{(1)}, \ldots, a^{(m)}$)).

Schon das Regalbaubeispiel macht deutlich: die Frage nach der Darstellbarkeit eines Vektors x als Linearkombination $x = \alpha_1 a^{(1)} + \ldots + \alpha_m a^{(m)}$ ist gleichwertig zu der Frage nach der Lösbarkeit des linearen Gleichungssystems, welches die Gleichungsmatrix

$$\left[a^{(1)} \ldots a^{(m)} | x\right]$$

hat, wobei $a^{(1)}, \ldots, a^{(m)}, x$ die Spalten der Gleichungsmatrix sind. Das Lösungsverhalten linearer Gleichungssysteme steht also in unmittelbarem Zusammenhang zu dem Verhalten von Koordinatensystemen in Bezug auf die Darstellbarkeit von Vektoren:

Beispiel 3.4:

Im $\mathbb{R}^3$ seien Vektoren $a^{(1)} = \begin{pmatrix} 1 \\ 2 \\ 1 \end{pmatrix}$, $a^{(2)} = \begin{pmatrix} 1 \\ 1 \\ -1 \end{pmatrix}$, und $a^{(3)} = \begin{pmatrix} 2 \\ 3 \\ -1 \end{pmatrix}$ gege-

ben. Ob sich beispielsweise $b = \begin{pmatrix} 2 \\ 1 \\ 0 \end{pmatrix}$ als Linearkombination von $a^{(1)}, a^{(2)}, a^{(3)}$

darstellen lässt, d.h. ob es $\alpha_1, \alpha_2, \alpha_3 \in \mathbb{R}$ gibt mit

$$\alpha_1 \begin{pmatrix} 1 \\ 2 \\ 1 \end{pmatrix} + \alpha_2 \begin{pmatrix} 1 \\ 1 \\ -1 \end{pmatrix} + \alpha_3 \begin{pmatrix} 2 \\ 3 \\ -1 \end{pmatrix} = \begin{pmatrix} 2 \\ 1 \\ 0 \end{pmatrix}$$

ist gleichwertig zu der Frage nach der Lösbarkeit des LGS

$$\alpha_1 + \alpha_2 + 2\alpha_3 = 2$$
$$2\alpha_1 + \alpha_2 + 3\alpha_3 = 1$$
$$\alpha_1 - \alpha_2 - \alpha_3 = 0$$

dessen Lösung mit dem GAUSS'SCHEN ELIMINATIONSVERFAHREN ⇨ *Glossar*
berechnet werden kann:

$$\begin{bmatrix} 1 & 1 & 2 & | & 2 \\ 2 & 1 & 3 & | & 1 \\ 1 & -1 & -1 & | & 0 \end{bmatrix} \rightarrow \begin{bmatrix} 1 & 0 & 0 & | & 3 \\ 0 & 1 & 0 & | & 7 \\ 0 & 0 & 1 & | & -4 \end{bmatrix}$$

Hieraus gewinnt man die eindeutig bestimmte Lösung $\alpha_1 = 3, \alpha_2 = 7, \alpha_3 = -4$. Es gibt also nur eine Art der Linearkombination, nämlich

$$3\begin{pmatrix} 1 \\ 2 \\ 1 \end{pmatrix} + 7\begin{pmatrix} 1 \\ 1 \\ -1 \end{pmatrix} - 4\begin{pmatrix} 2 \\ 3 \\ -1 \end{pmatrix} = \begin{pmatrix} 2 \\ 1 \\ 0 \end{pmatrix}$$

Zu diesem Beispiel ist anzumerken (nachrechnen!)

- *jeder beliebige Vektor $x = \begin{pmatrix} x_1 \\ x_2 \\ x_3 \end{pmatrix} \in \mathbb{R}^3$ lässt sich auf genau eine Art und*
Weise als Linearkombination der angegebenen Vektoren $a^{(1)}, a^{(2)}, a^{(3)}$ darstellen.

- *Keiner der drei angegebenen Vektoren $a^{(1)}, a^{(2)}, a^{(3)}$ lässt sich als Linearkombination der beiden anderen darstellen.*

Beispiel 3.5:

Gegeben seien im $\mathbb{R}^2$ die Vektoren $a^{(1)} = \begin{pmatrix} 1 \\ 2 \end{pmatrix}, a^{(2)} = \begin{pmatrix} 2 \\ 3 \end{pmatrix}$ und $a^{(3)} = \begin{pmatrix} 2 \\ 2 \end{pmatrix}$.

Welche Vektoren $\begin{pmatrix} x_1 \\ x_2 \end{pmatrix}$ lassen sich als Linearkombination von $a^{(1)}, a^{(2)}, a^{(3)}$ darstellen? Auch hier muss wieder ein LGS gelöst werden, dessen Gleichungsmatrix lautet:

$$\left[\begin{array}{ccc|c} 1 & 2 & 2 & x_1 \\ 2 & 3 & 2 & x_2 \end{array} \right] \longrightarrow \left[\begin{array}{ccc|c} 1 & 2 & 2 & x_1 \\ 0 & -1 & -2 & -2x_1 + x_2 \end{array} \right]$$

$$\longrightarrow \left[\begin{array}{ccc|c} 1 & 2 & 2 & x_1 \\ 0 & 1 & 2 & 2x_1 - x_2 \end{array} \right]$$

$$\longrightarrow \left[\begin{array}{ccc|c} 1 & 0 & -2 & -3x_1 + 2x_2 \\ 0 & 1 & 2 & 2x_1 - x_2 \end{array} \right]$$

*Aus der **ZEILENSTUFENFORM** ⇨ Glossar liest man ab, dass das Gleichungssystem lösbar ist mit allgemeiner Lösung $(-3x_1 + 2x_2 + 2\alpha, 2x_1 - x_2 - 2\alpha, \alpha)$, wobei der Skalar $\alpha \in \mathbb{R}$ beliebig gewählt sein kann. Daraus lässt sich verschiedenes folgern:*

- *Eine spezielle Darstellung von $\begin{pmatrix} x_1 \\ x_2 \end{pmatrix}$ lautet (mit $\alpha = 0$)*

$$\begin{pmatrix} x_1 \\ x_2 \end{pmatrix} = (-3x_1 + 2x_2) \begin{pmatrix} 1 \\ 2 \end{pmatrix} + (2x_1 - x_2) \begin{pmatrix} 2 \\ 3 \end{pmatrix}$$

- *Die allgemeine Darstellung von $\begin{pmatrix} x_1 \\ x_2 \end{pmatrix}$ lautet (mit $\alpha \in \mathbb{R}$)*

$$\begin{pmatrix} x_1 \\ x_2 \end{pmatrix} = (-3x_1 + 2x_2 + 2\alpha) \begin{pmatrix} 1 \\ 2 \end{pmatrix} + (2x_1 - x_2 - 2\alpha) \begin{pmatrix} 2 \\ 3 \end{pmatrix} + \alpha \begin{pmatrix} 2 \\ 2 \end{pmatrix}$$

- *Der Vektor $a^{(3)} = \begin{pmatrix} 2 \\ 2 \end{pmatrix}$ lässt sich selbst als Linearkombination der anderen beiden Vektoren darstellen, und zwar genau auf die Art*

$$\begin{pmatrix} 2 \\ 2 \end{pmatrix} = (-2) \begin{pmatrix} 1 \\ 2 \end{pmatrix} + 2 \begin{pmatrix} 2 \\ 3 \end{pmatrix}$$

Auch die anderen beiden Vektoren lassen sich jeweils als Linearkombinationen der übrigen zwei Vektoren darstellen (nachrechnen!).

- *Der **NULLVEKTOR** ⇨ Glossar lässt sich als Linearkombination von $a^{(1)}$, $a^{(2)}$ und $a^{(3)}$ schreiben, und zwar speziell die sogenannte triviale Lösung*

$$\begin{pmatrix} 0 \\ 0 \end{pmatrix} = 0 \begin{pmatrix} 1 \\ 2 \end{pmatrix} + 0 \begin{pmatrix} 2 \\ 3 \end{pmatrix} + 0 \begin{pmatrix} 2 \\ 2 \end{pmatrix}$$

sowie allgemein (mit $\alpha \in \mathbb{R}$)

$$\begin{pmatrix} 0 \\ 0 \end{pmatrix} = (2\alpha) \begin{pmatrix} 1 \\ 2 \end{pmatrix} + (-2\alpha) \begin{pmatrix} 2 \\ 3 \end{pmatrix} + \alpha \begin{pmatrix} 2 \\ 2 \end{pmatrix}$$

In diesem Beispiel gibt es also neben der Darstellung $\bar{0} = 0 \cdot a^{(1)} + \cdots + 0 \cdot a^{(m)}$ andere Linearkombinationen des Nullvektors (Dies gilt ebenso für jeden anderen darstellbaren Vektor). Außerdem lässt sich einer der drei Vektoren aus den anderen beiden linear kombinieren. Jede dieser drei Eigenschaften ist gleichwertig zu den anderen und hat zu einer Begriffsbildung geführt:

Definition 3.5 (Lineare Abhängigkeit/Unabhängigkeit)
Vektoren $a^{(1)}, \ldots, a^{(m)}$ des $\mathbb{R}^n$ heißen **LINEAR ABHÄNGIG** ⇨ Glossar, kurz: l.a., wenn eine der nachfolgenden gleichwertigen Eigenschaften zutrifft:

A1. Einer der Vektoren $a^{(1)}, \ldots, a^{(m)}$ ist LK der übrigen Vektoren.

A2. $\bar{0}$ lässt sich auf verschiedene Arten als LK von $a^{(1)}, \ldots, a^{(m)}$ schreiben.

A3. Lässt sich ein Vektor $x \in \mathbb{R}^n$ linear aus $a^{(1)}, \ldots, a^{(m)}$ kombinieren, so geht dies auf mehrere Arten.

Andernfalls heißen $a^{(1)}, \ldots, a^{(m)}$ **LINEAR UNABHÄNGIG** ⇨ Glossar (kurz: l.u.). Dies ist also der Fall, wenn eine der nachfolgenden gleichwertigen Eigenschaften gilt:

U1. Keiner der Vektoren $a^{(1)}, \ldots, a^{(m)}$ ist LK der übrigen Vektoren.

U2. $\bar{0} = 0 \cdot a^{(1)} + \cdots + 0 \cdot a^{(m)}$ lässt sich nur so als LK von $a^{(1)}, \ldots, a^{(m)}$ schreiben.

U3. Lässt sich ein Vektor $x \in \mathbb{R}^n$ linear aus $a^{(1)}, \ldots, a^{(m)}$ kombinieren, so geht dies auf genau eine Art.

Nach dieser Sprechweise sind im ersten der beiden vorangegangenen Beispiele die drei Vektoren $a^{(1)}, a^{(2)}, a^{(3)} \in \mathbb{R}^3$ linear unabhängig; im zweiten Beispiel sind die drei Vektoren $a^{(1)}, a^{(2)}, a^{(3)} \in \mathbb{R}^2$ linear abhängig.

Mit der linearen Hülle $Span(a^{(1)}, \ldots, a^{(m)})$ gegebener Koordinatenvektoren $a^{(1)}, \ldots, a^{(m)}$ des $\mathbb{R}^n$ lässt sich rechnen wie mit dem $\mathbb{R}^n$ selbst. Dabei führt die Addition und skalare Multiplikation solcher Vektoren nicht aus der linearen Hülle hinaus. Mathematiker sagen, die lineare Hülle sei abgeschlossen gegenüber den beiden elementaren Vektorraumoperationen. Man kann sich das etwa so vorstellen, dass bei der Addition von Vektoren aus einer durch $\bar{0}$ verlaufenden Ebene diese Ebene nicht verlassen wird.

Darüber hinaus besteht zwischen dem Konzept der linearen Hülle und der Lösungsmenge homogener linearer Gleichungssysteme ein enger Zusammenhang: Jede als lineare Hülle darstellbare Teilmenge des $\mathbb{R}^n$ lässt sich als Lösungsmenge eines geeigneten homogenen linearen Gleichungssystems darstellen. Hierzu gilt auch die Umkehrung.

Beispiel 3.6:
Die beiden Vektoren $a^{(1)} = (-2, 1, 0)^T$, $a^{(2)} = (-4, 0, 1)^T$ des $\mathbb{R}^3$ sind linear unabhängig. Welche Vektoren $x = (x_1, x_2, x_3)^T$ des $\mathbb{R}^3$ sich als Linearkombinationen von $a^{(1)}, a^{(2)}$ darstellen lassen, ist gleichwertig zu der Frage, für welche $x_1, x_2, x_3 \in \mathbb{R}$

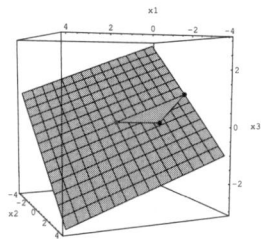

Abbildung 3.1: Die von $(-2, 1, 0)^T$ und $(-4, 0, 1)^T$ erzeugte Ebene durch $(0, 0, 0)^T$ (Ausschnitt).

das zu $\alpha_1 a^{(1)} + \alpha_2 a^{(2)} = (x_1, x_2, x_3)^T$ gehörige LGS in den Unbekannten α_1, α_2 lösbar ist. Mit zwei Zeilenvertauschungen und zwei Additionsschritten wird die zugehörige Gleichungsmatrix in die Zeilenstufenform überführt:

$$
\begin{bmatrix}
-2 & -4 & | & x_1 \\
1 & 0 & | & x_2 \\
0 & 1 & | & x_3
\end{bmatrix}
\longrightarrow
\begin{bmatrix}
1 & 0 & | & x_2 \\
0 & 1 & | & x_3 \\
-2 & -4 & | & x_1
\end{bmatrix}
\longrightarrow
\begin{bmatrix}
1 & 0 & | & x_2 \\
0 & 1 & | & x_3 \\
0 & 0 & | & x_1 + 2x_2 + 4x_3
\end{bmatrix}
$$

also ist x als LK von $a^{(1)}, a^{(2)}$ darstellbar genau dann, wenn $x_1 + 2x_2 + 4x_3 = 0$. Die Darstellbarkeit ist gleichbedeutend mit der Lösbarkeit eines geeigneten homogenen LGS. Die Lösungsmenge dieses LGS ist genau die lineare Hülle von $a^{(1)}, a^{(2)}$. Dieser Sachverhalt lässt sich verallgemeinern. Insbesondere lässt sich zu jedem homogenen LGS die Lösungsmenge als lineare Hülle linear unabhängiger Vektoren schreiben. Diese Vektoren lassen sich schematisch aus der Zeilenstufenform des LGS herleiten.

Das elementare Rechnen mit Linearkombinationen gegebener Vektoren führt nicht aus dieser Menge von Linearkombinationen heraus. Im vorliegenden Beispiel seien etwa die Linearkombinationen $(-6, 1, 1)^T = a^{(1)} + a^{(2)}$ und $(6, 1, -2)^T = a^{(1)} - 2a^{(2)}$ gegeben. Dann ist beispielsweise

$$(0, 2, -1)^T = (-6, 1, 1)^T + (6, 1, -2)^T = a^{(1)} + a^{(2)} + a^{(1)} - 2a^{(2)} = 2a^{(1)} - a^{(2)}$$

ebenfalls in der linearen Hülle von $a^{(1)}, a^{(2)}$. Ebenso ist $\bar{0} = (0, 0, 0)^T = 0a^{(1)} + 0a^{(2)}$ in der linearen Hülle von $a^{(1)}$ und $a^{(2)}$, des weiteren jedes skalar Vielfache eines Vektors aus $Span(a^{(1)}, a^{(2)})$. Anschaulich handelt es sich bei $Span(a^{(1)}, a^{(2)})$ um eine Ebene im $\mathbb{R}^3$, wie auch Abbildung 3.1 verdeutlicht.

Nur Vektorsysteme, die sich durch Koordinatenvektoren als lineare Hüllen aufspannen lassen, haben derartige Eigenschaften. Mathematiker nennen sie Untervektorräume. Am obigen Beispiel lässt sich auch der enge Zusammenhang zur Darstellbarkeit als Lösungsmenge homogener linearer Gleichungssysteme erkennen. Dahinter steckt ein allgemeiner Sachverhalt:

Satz 3.2

Für eine Teilmenge $\mathbb{L} \neq \{\bar{0}\}$ von Vektoren des $\mathbb{R}^n$ sind die folgenden drei Eigenschaften (a), (b), (c) gleichwertig (d.h. hat $\mathbb{L}$ irgendeine der drei Eigenschaften, so hat $\mathbb{L}$ auch die anderen beiden):

a. Es gibt linear unabhängige Vektoren $a^{(1)}, \ldots, a^{(m)} \in \mathbb{L}$, so dass $\mathbb{L}$ die lineare Hülle von $a^{(1)}, \ldots, a^{(m)}$ ist. Die Zahl m ist hierdurch eindeutig bestimmt und heißt **DIMENSION** ⇨ Glossar von $\mathbb{L}$ (in Zeichen: $\dim \mathbb{L} = m$). $a^{(1)}, \ldots, a^{(m)}$ heißt **BASIS** ⇨ Glossar von $\mathbb{L}$.

b. $\mathbb{L}$ ist Lösungsmenge eines geeigneten homogenen linearen Gleichungssystems. Ist A die Koeffizientenmatrix dieses LGS, so schreibt man auch $\mathbb{L} = Kern(A)$ und nennt $\mathbb{L}$ den **KERN** ⇨ Glossar oder Nullraum von A.

c. $\mathbb{L}$ ist **UNTERVEKTORRAUM** ⇨ Glossar des $\mathbb{R}^n$, d.h. hat folgende Eigenschaften:

U1. $\bar{0} \in \mathbb{L}$.

U2. Falls $x, y \in \mathbb{L}$, so auch $x + y \in \mathbb{L}$.

U3. Falls $x \in \mathbb{L}$ und $\alpha \in \mathbb{R}$, so auch $\alpha x \in \mathbb{L}$.

Von einer vollständigen mathematischen Begründung dieses Sachverhaltes – etwa in Form eines Ringschlusses – sei hier abgesehen; die Implikation b.⇒a. lässt sich aber mit folgender Konstruktion begründen:

Man überführe das homogene LGS in Zeilenstufenform A. Falls A etwa $n - m$ **PIVOTSPALTEN** ⇨ Glossar und m Nicht-Pivotspalten hat, so hat $\mathbb{L}$ die Dimension m (in der linearen Algebra heißt dieser Sachverhalt **DIMENSIONSFORMEL** ⇨ Glossar) und man liest eine mögliche Basis wie folgt ab: zur Nicht-Pivotspalte mit Spaltenindex j gehört ein Basis-Vektor der Form $x^{(j)} = (x_1^{(j)}, \ldots, x_n^{(j)})^T$, wobei

$$
x_\ell^{(j)} = \begin{cases} -1 & \text{falls } \ell = j \\ a_{p,j} & \text{falls } \ell = j_p \text{ ein Pivotspaltenindex ist} \\ 0 & \text{sonst} \end{cases}
$$

Beispiel 3.7:

Die ZSF eines homogenen LGS sei $A =$
$$
\begin{array}{c} j = 1 \quad 2 \quad 3 \quad 4 \quad 5 \quad 6 \quad 7 \\ \begin{bmatrix} 1 & 0 & 3 & 0 & 4 & 0 & 5 \\ 0 & 1 & -2 & 0 & -9 & 0 & 7 \\ 0 & 0 & 0 & 1 & 6 & 0 & 1 \\ 0 & 0 & 0 & 0 & 0 & 1 & 8 \end{bmatrix} \end{array}.
$$

$\dim \mathbb{L} = 3$

Die Matrix hat sieben Spalten und vier Pivot-Spalten (Spalten 1, 2, 4 und 6), die Lösungsmenge hat also die Dimension $3 = 7 - 4$ und drei Basisvektoren sind z.B. $(3, -2, -1, 0, 0, 0, 0)^T$ *sowie* $(4, -9, 0, 6, -1, 0, 0)^T$ *und* $(5, 7, 0, 1, 0, 8, -1)^T$.

Kreditkunde	Einkommen	Jahre	Kreditkunde	Einkommen	Jahre
Tourenziel	W/O	N/S	Tourenziel	W/O	N/S
S. Arrus	19	16	H. Ilbert	37	7
E. Uklid	7	14	C. Auchy	12	9
N. Ewton	18	22	G. Auß	14	19
T. Hales	14	7	H. Esse	5	11
L. Eibniz	21	14	E. Uler	29	20

Tabelle 3.3: Daten zu den Beispielen 3.8 und 3.9

Der voranstehende Satz ist grundlegend für die Behandlung von Untervektorräumen. Ohne noch weiter in Details zu gehen, sei hierzu angemerkt:

- Man kann in Eigenschaft (a) auf die lineare Unabhängigkeit verzichten. Dann ist aber die Anzahl m nicht eindeutig bestimmt. Vielmehr besteht ein Erzeugendensystem stets aus mindestens $\dim(\mathbb{L})$ Vektoren.

- Mehr als n linear unabhängige Vektoren kann es im $\mathbb{R}^n$ nicht geben, denn der von ihnen erzeugte Untervektorraum hätte als Lösung eines geeigneten homogenen linearen Gleichungssystems in n Variablen gleichzeitig – nach dem oben erwähnten Schema – eine Basis von höchstens n Vektoren. Dies würde der Eindeutigkeit des Dimensionsbegriffes widersprechen.

- Der kleinste Untervektorraum nach Eigenschaft (c) ist $\{\overline{0}\}$. Hierfür setzt man als sinnvolle Erweiterung des Dimensionsbegriffes $\dim\{\overline{0}\} = 0$.

- Größter Untervektorraum des $\mathbb{R}^n$ ist $\mathbb{R}^n$; $\dim(\mathbb{R}^n) = \dim(\mathbb{R}_n) = n$.

3.3 Abstand und Winkel: Geometrie mit Vektoren

Die geometrische Darstellung von Vektoren des $\mathbb{R}^2$ bzw. $\mathbb{R}^3$ im kartesischen Koordinatensystem führt dazu, dass man dort auch die Orientierung von Vektoren zueinander misst. Hiermit sind zahlreiche Fakten der Elementargeometrie wie z.B die Distanzmessung verbunden. An einem einfachen Beispiel aus der – in den Wirtschaftswissenschaften oft eingesetzten – Diskriminanzanalyse wird erläutert, dass geometrische Grundbegriffe auch zum mathematischen Handwerkszeug der Ökonomie gehören:

Beispiel 3.8:
Bei der SG-Direktbank liegt ein Antrag von E. Uler auf Gewährung eines Kredites vor. Dem Antrag entnimmt die Bank unter anderem, in wie vielen Jahren der Kunde ins Rentenalter eintritt, sowie sein frei verfügbares Nettoeinkommen

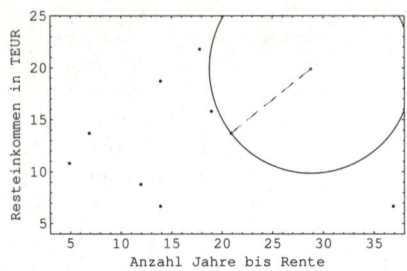

Abbildung 3.2: Darstellung der zehn Kundenprofile aus Beispiel 3.8

(in Tausend €). Anhand der Darlehensunterlagen sollen die Bedingungen für das Darlehen demjenigen unter den letzten neun abgeschlossenen Verträge entsprechen, dessen Daten dem aktuellen Antrag am nächsten liegen. Die Daten dieser Kreditnehmer und die von E. Uler liegen in Tabelle 3.3 vor. Trägt man die Kundenprofile in einem Koordinatensystem ab, so könnte man die Affinität durch Berechnung des minimalen – euklidischen – Abstandes ermitteln ⇨ vgl. Abbildung 3.2. *Demnach sind die Konditionen des Vertrages mit L. Eibniz zu übernehmen.*

Das Beispiel erfasst einige Grundaufgaben der Diskriminanzanalyse, bei der Objekte anhand ihrer Profile in vorgegebene Klassen eingeordnet werden müssen; hier wird die Zuordnung zu einem von neun Idealtypen vorgenommen. In jedem Fall ist die Affinität zu den Klassen anhand eines geeigneten Abstandsmaßes zu bestimmen. Im Kreditbeispiel wird die euklidische Distanz verwendet.

Nun enthalten realistische Profile, welche zur Kundenbeschreibung gewöhnlich verwendet werden, in aller Regel doch wesentlich mehr Informationen, d.h. stammen aus höherdimensionalen Vektorräumen. Auch dafür wird man geeignete Abstandsmaße benötigen, zumal die intuitive Abstandsmessung mittels Lineal in der Anschauungsebene oder Maßband im Anschauungsraum nicht mehr verwendet werden kann. Aber selbst bei einem einfachen Datensatz wie dem vorliegenden ist der sachlogische Kontext, aus dem die Daten gewonnen werden, entscheidend für die Wahl des Abstandsmaßes. Um dies zu verdeutlichen, verwenden wir den gleichen Datensatz in einem völlig anderen Kontext, nämlich der Routenplanung:

Beispiel 3.9:
Der Fahrradkurier E. Uler hat in der Stadt Quadropolis neun verschiedene Aufträge zu erledigen. Sowohl von seinem Startpunkt als auch den neun anzufahrenden Zielen liegen ihm GPS-Daten in Form von Koordinaten gemäß Tabelle 3.3 vor. Mit den Koordinaten will E. Uler zunächst das am nächsten liegende Ziel bestimmen

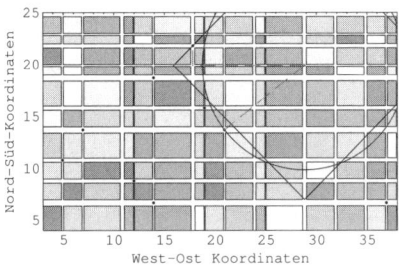

Abbildung 3.3: Stadtplan mit Zielorten und Startpunkt aus Beispiel 3.9

und ansteuern. Dabei muss er allerdings dem Verlauf der in Quadropolis rechtwink-
lig angeordneten Straßen folgen ⇨ vgl. Abbildung 3.3. *Die Distanzen zu den Kunden*
*muss E. Uler mit der so genannten City-Block-*METRIK ⇨ Glossar *anstelle der eu-*
klidischen Distanz ermitteln. Danach ist der nächstliegende Kunde N. Ewton. Auf
dem in Abbildung 3.3 zuätzlich ausschnittweise dargestellten Rand des Quadrates
mit Mittelpunkt (29|20), dem Startpunkt von E. Uler, liegen alle Punkte, zu denen
der Weg längs der Koordinatenachsen stets dieselbe Länge hat wie der Weg zu N.
Ewton. Alle anderen Punkte liegen außerhalb dieses Quadrates, haben also eine
größere City-Block-Distanz zu E. Uler. Könnte sich E. Uler auf direktem Wege –
der so genannten Vogelflug-Distanz – bewegen, so wäre wiederum L. Eibniz der
nächste anzusteuernde Kunde. Das ist in diesem Kontext aber nicht realistisch.

Im Kontext der Routenplanung erfolgt also die Auswahl des nächsten Zie-
les ganz anders als bei der Kreditvergabe, obwohl die gleichen Zahlenwerte
zugrunde lagen. Ursächlich hierfür ist allein das aus sachlogischen Gründen
zu verwendende Distanzmaß.

Dabei ist in Beispiel 3.8 noch nicht einmal klar, wieso die euklidische Distanz verwendet werden sollte. Möglicherweise will die Bank das frei verfüg-
bare Nettoeinkommen höher bewerten als die Zeit bis zum Renteneintritt.
Dann müssten die Differenzen in beiden Merkmalen unterschiedlich gewich-
tet Eingang in die Zuordnungsprozedur finden. In Beispiel 3.9 könnten die
Nord-Süd-Straßen aufgrund von Ampelschaltungen vorrangig befahrbar sein.
Dann müsste die Distanz in West-Ost-Richtung stärker berücksichtigt werden. Überträgt man die Situation des Fahrradkuriers in eine reale Stadt, so
findet sich nur selten – sieht man einmal von prominenten Beispielen wie New
York, Chicago oder auch Mannheim ab – ein auch nur ausschnittweise derart regelmäßiger Stadtplan. Statt mit der City-Block-Metrik wird dann mit
Routenplanern die Distanz zwischen zwei Punkten zu ermitteln sein. Schließlich wird – anders als bei der City-Block-Metrik – die Distanz zwischen zwei
Punkten von der Richtung abhängen, in der man sich bewegt. Überdies ist

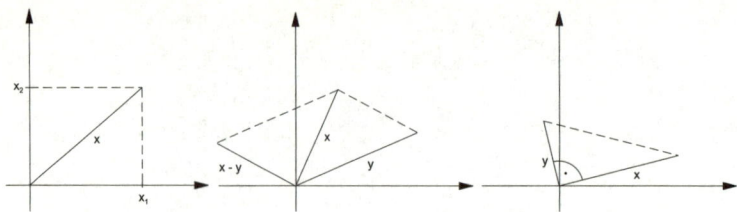

Abbildung 3.4: Länge, Abstand und rechter Winkel im $\mathbb{R}^2$

bei der Routenplanung natürlich in der Regel die Gesamt-Tourenlänge zu minimieren; dies erreicht man im Regelfall nicht durch sukzessive Ansteuerung des nächsten Kunden.

Fazit dieser Überlegungen ist, dass in der Diskriminanzanalyse zur Auswahl des richtigen Verfahrens, mit dem man klassifizieren will, auch die Bestimmung eines adäquaten Distanzmaßes gehört. Die klassische Mathematik stellt verschiedene „Prototypen" hierfür bereit, die gleich noch behandelt werden und allesamt in den Standard-Programmpaketen der Diskriminanzanalyse Anwendung finden.

Zunächst aber soll das „klassische" euklidische Distanzmaß für Vektoren des $\mathbb{R}^n$ behandelt werden. Diesem liegt das so genannte Skalarprodukt – ein unnormiertes Winkelmaß zwischen Vektoren des $\mathbb{R}^n$ – zugrunde. Die auftretenden Formeln lassen sich allerdings schon im $\mathbb{R}^2$ veranschaulichen:

Beispiel 3.10 (Geometrische Grundbegriffe im $\mathbb{R}^2$):

- *Unter der (euklidischen) Länge eines Vektors $x = (x_1, x_2)^T \in \mathbb{R}^2$ versteht man den Wert $\|x\| := \sqrt{x_1^2 + x_2^2}$. Siehe Abbildung 3.4, links.*

- *Unter dem (euklidischen) Abstand zwischen Vektoren $x, y \in \mathbb{R}^2$ versteht man $\|x - y\| = \sqrt{(x_1 - y_1)^2 + (x_2 - y_2)^2}$, d.h. die Länge des Vektors $x - y$. Siehe Abbildung 3.4, Mitte.*

- *Zwei Vektoren $x = (x_1, x_2)^T$ und $y = (y_1, y_2)^T$ stehen senkrecht aufeinander (siehe Abbildung 3.4, rechts), genau dann wenn in dem von $\bar{0}$, x und y erzeugten Dreieck der Satz des Pythagoras gilt, d.h.*

$$\|x\|^2 + \|y\|^2 = \|x - y\|^2 \iff x_1^2 + x_2^2 + y_1^2 + y_2^2 = (x_1 - y_1)^2 + (x_2 - y_2)^2$$
$$\iff x_1 y_1 + x_2 y_2 = 0$$

- *Der Winkel zwischen zwei Vektoren der Länge 1 im $\mathbb{R}^2$ ist erklärt durch seinen Kosinus. Aus Abbildung 3.5 ergibt sich aufgrund des Additionstheorem des*

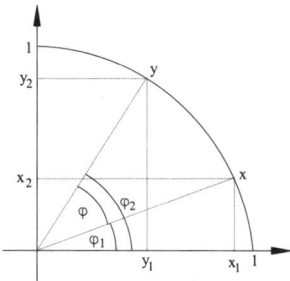

Abbildung 3.5: Winkel zwischen Vektoren im $\mathbb{R}^2$

Kosinus und der Symmetrieeigenschaften der Sinus- und Cosinus-Funktion:

$$\begin{aligned}
\cos(\varphi) &= \cos(\varphi_2 - \varphi_1) \\
&= \cos(\varphi_2)\cos(-\varphi_1) - \sin(\varphi_2)\sin(-\varphi_1) \\
&= \cos(\varphi_1)\cos(\varphi_2) + \sin(\varphi_1)\sin(\varphi_2) \\
&= x_1 \cdot y_1 + x_2 \cdot y_2
\end{aligned}$$

Für beliebige, von $\bar{0}$ verschiedene $x, y \in \mathbb{R}^2$ ergibt sich $\cos\varphi = \frac{x_1 y_1 + x_2 y_2}{\|x\| \cdot \|y\|}$

Bei den verschiedenen aufgezeigten geometrischen Grundbegriffen trat immer wieder eine „Operation" zwischen zwei Vektoren auf, bei der zueinander passende Komponenten miteinander multipliziert wurden und anschließend die Summe dieser Produkte gebildet wurde. Man nennt diesen Ausdruck das Skalarprodukt der beiden Vektoren. Im $\mathbb{R}^n$ nimmt die natürliche Verallgemeinerung dieser „Produktsumme" die Rolle des Skalarproduktes ein, anhand dessen die geometrischen Grundbegriffe im $\mathbb{R}^n$ gebildet werden:

Definition 3.6 (Skalarprodukt und euklidische Norm im $\mathbb{R}^n$)

- Für $x = (x_1, \ldots, x_n)^T \in \mathbb{R}^n$, $y = (y_1, \ldots, y_n)^T \in \mathbb{R}^n$ ist das **SKALARPRODUKT** ⇨ Glossar (bzw. inneres Produkt) von x und y definiert als

$$\langle x, y \rangle := x_1 y_1 + \cdots + x_n y_n$$

- $\|x\| := \sqrt{\langle x, x \rangle} = \sqrt{x_1^2 + \cdots + x_n^2}$ heißt **EUKLIDISCHE NORM** ⇨ Glossar von $x \in \mathbb{R}^n$.

- $x, y \in \mathbb{R}^n$ heißen **ORTHOGONAL** ⇨ Glossar (kurz: $x \perp y$), wenn $\langle x, y \rangle = 0$. Sie heißen **ORTHONORMAL** ⇨ Glossar, wenn zusätzlich $\|x\| = \|y\| = 1$.

Beispiel 3.11:

- *Das Skalarprodukt $\langle x, y \rangle$ lässt sich nur bilden, wenn Vektoren x, y gleich viele Komponenten haben. $\langle (1,2)^T, (0,3,1)^T \rangle$ ist also nicht gestattet.*

- *Im $\mathbb{R}^3$ seien $x = (1, 4; -0, 8; 2, 3)^T$ $y = (4, 1; 1, 2; -0, 4)^T$, $z = (1, 2; 2, 1; 0)^T$. Dann gilt: $\langle x, y \rangle = 3, 86 = \langle y, x \rangle$, $\langle x, z \rangle = 0 = \langle z, x \rangle$, d.h. x, z sind orthogonal, $\langle y, z \rangle = 7, 44 = \langle z, y \rangle$, $\|x\| \approx 2, 81$, $\|y\| \approx 4, 29$, $\|z\| \approx 2, 42$.*

- *Im $\mathbb{R}^3$ betrachten wir $a^{(1)} = (\frac{3}{5}, \frac{4}{5}, 0)^T$, $a^{(2)} = (\frac{4}{5}, -\frac{3}{5}, 0)^T$, $a^{(3)} = (0, 0, 1)^T$. Je zwei dieser Vektoren sind orthonormal: $\langle a^{(1)}, a^{(2)} \rangle = \langle a^{(1)}, a^{(3)} \rangle = \langle a^{(2)}, a^{(3)} \rangle = 0$ und $\|a^{(1)}\| = \|a^{(2)}\| = \|a^{(3)}\| = 1$. Man sagt dann auch: $a^{(1)}$, $a^{(2)}$, $a^{(3)}$ sind paarweise orthonormal.*

- *Im $\mathbb{R}^n$ sind die Einheitsvektoren $e^{(1)}, \ldots, e^{(n)}$ paarweise orthonormal.*

Skalarprodukt und euklidische Norm haben einige angenehme rechnerische Eigenschaften. Zunächst ist das Skalarprodukt ein Beispiel für eine binäre Operation auf Vektoren, die in der Mathematik als positive symmetrische Bilinearform bezeichnet wird:

Satz 3.3 (Eigenschaften des Skalarproduktes)
(S1) („Positiv") Für alle $x \in \mathbb{R}^n$ gilt: $\langle x, x \rangle \geq 0$.
Außerdem ist $x = \bar{0} \iff \langle x, x \rangle = 0$

(S2) („Symmetrisch") Für alle $x, y \in \mathbb{R}^n$ gilt: $\langle x, y \rangle = \langle y, x \rangle$.

(S3) („Bilinear") Für alle $x, y, z \in \mathbb{R}^n$, $\alpha \in \mathbb{R}$ gilt:

(a) $\langle x, y + z \rangle = \langle x, y \rangle + \langle x, z \rangle$ und $\langle x + y, z \rangle = \langle x, z \rangle + \langle y, z \rangle$

(b) $\langle x, \alpha y \rangle = \alpha \langle x, y \rangle = \langle \alpha x, y \rangle$

Bei der Motivation des Skalarproduktes im $\mathbb{R}^2$ war bereits deutlich geworden, dass der Wert $\frac{\langle x, y \rangle}{\|x\| \|y\|}$ selber als Kosinus des Winkels zwischen den Strahlen, die von x und y erzeugt werden, interpretiert werden kann. Damit dies auch im geometrisch nicht mehr darstellbaren $\mathbb{R}^n$ möglich ist, muss sichergestellt sein, dass dieser Bruch auch in der allgemeinen Form stets zwischen -1 und 1 liegt. Dies ist in der Tat der Fall:

Satz 3.4 (Cauchy-Schwarz-Ungleichung)
Für alle $x, y \in \mathbb{R}^n$ gilt $|\langle x, y \rangle| \leq \|x\| \cdot \|y\|$. Anders ausgedrückt: Falls $x \neq \bar{0}, y \neq \bar{0}$, so ist $-1 \leq \frac{\langle x, y \rangle}{\|x\| \cdot \|y\|} \leq 1$.

Zur Begründung: Falls $y = \bar{0}$, so folgt die Ungleichung sofort. Anderenfalls gilt für $\alpha = \frac{\langle x, y \rangle}{\|y\|^2}$ aus (S2) und (S3)

$$0 \leq \langle x - \alpha y, x - \alpha y \rangle = \langle x, x \rangle - 2\alpha \langle x, y \rangle + \alpha^2 \langle y, y \rangle$$

$$= \|x\|^2 - 2\alpha \langle x, y \rangle + \alpha^2 \|y\|^2 = \|x\|^2 - \frac{\langle x, y \rangle^2}{\|y\|^2}$$

also $\langle x, y \rangle^2 \leq \|x\|^2 \cdot \|y\|^2$. Mit Wurzelziehen auf beiden Seiten dieser Beziehung erhält man die Cauchy–Schwarz–Ungleichung.

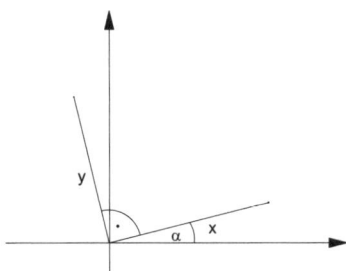

Abbildung 3.6: Orthogonale Vektoren im $\mathbb{R}^2$

Mit der Cauchy-Schwarz-Ungleichung wird später die Interpretation des so genannten Gradienten einer differenzierbaren Funktion als Richtung des steilsten Anstiegs möglich werden. Außerdem hilft die Ungleichung bei dem rechnerischen Nachweis der Dreiecksungleichung der euklidischen Norm:

Satz 3.5 (Eigenschaften der Norm)

(N1) Für alle $x \in \mathbb{R}^n$ gilt: $\|x\| \geq 0$. Ferner gilt: $x = \bar{0} \Longleftrightarrow \|x\| = 0$.

(N2) Für alle $x \in \mathbb{R}^n$, $\alpha \in \mathbb{R}$ gilt: $\|\alpha x\| = |\alpha| \cdot \|x\|$.

(N3) Dreiecksungleichung: Für alle $x, y \in \mathbb{R}^n$ gilt: $\|x + y\| \leq \|x\| + \|y\|$.

Zur Begründung: (N1) und (N2) sind unmittelbare Konsequenzen von (S1) und (S3). Die Dreiecksungleichung folgt mit Hilfe der Cauchy-Schwarz-Ungleichung:

$$\|x + y\|^2 = \|x\|^2 + 2\langle x, y \rangle + \|y\|^2 \overset{(CS)}{\leq} \|x\|^2 + 2\|x\| \cdot \|y\| + \|y\|^2 = (\|x\| + \|y\|)^2$$

Für $n = 1$ wird aus der Norm der Absolutbetrag einer reellen Zahl. Dann sind (N1) bis (N3) wohlbekannte Eigenschaften des Absolutbetrages.

Die Anschauungsebene und den Anschauungsraum kann man sich vermöge eines Systems von aufeinander senkrecht stehenden Koordinatenachsen vorstellen. Die Eigenschaft der Achsen, paarweise aufeinander senkrecht zu stehen, ermöglicht das effiziente Ablesen von Koordinaten, weil den Achsen die orthonormalen **EINHEITSVEKTOREN** ⇨ Glossar zugrunde liegen.

Sind zwei Vektoren $x = (x_1, x_2)^T$, $y = (y_1, y_2)^T$ des $\mathbb{R}^2$ zueinander orthogonal und vom Nullvektor verschieden, so liegt die Situation aus Abbildung 3.6 vor. Die beiden Vektoren bilden eine um einen Winkel α aus dem Standard-Koordinatensystem „gedrehte" Basis des $\mathbb{R}^2$. Hier und allgemein bei orthogonalen Basen im $\mathbb{R}^n$ lassen sich fast genau so einfach Koordinaten ablesen wie im Koordinatensystem der Einheitsvektoren.

Satz 3.6 (Orthogonalität und Koordinatensysteme)

a) Sind $a^{(1)}, \ldots, a^{(m)}$ vom Nullvektor verschiedene Vektoren des $\mathbb{R}^n$ und paarweise orthogonal, so sind sie linear unabhängig.

b) Ein System vom Nullvektor verschiedener orthogonaler Vektoren des $\mathbb{R}^n$ besteht aus höchstens n Vektoren.

c) Sind $a^{(1)}, \ldots, a^{(n)} \in \mathbb{R}^n$ paarweise orthonomal, so gilt für jeden Vektor $x \in \mathbb{R}^n$ die Koordinatendarstellung $x = \langle a_1, x \rangle a_1 + \cdots + \langle a_n, x \rangle a_n$.

Zur Begründung: Es sei $\alpha_1 a^{(1)} + \ldots + \alpha_m a^{(m)} = \bar{0}$ eine Linearkombination des Nullvektors aus $a^{(1)}, \ldots, a^{(m)}$; zu zeigen ist $\alpha_1 = \ldots = \alpha_m = 0$. Für alle $i \in \{1, \ldots, m\}$ gilt:

$$0 = \langle \bar{0}, a^{(i)} \rangle = \langle \alpha_1 a^{(1)} + \ldots + \alpha_m a^{(m)}, a^{(i)} \rangle$$

$$= \alpha_1 \langle a^{(1)}, a^{(i)} \rangle + \ldots + \alpha_m \langle a^{(m)}, a^{(i)} \rangle = \alpha_i \langle a^{(i)}, a^{(i)} \rangle = \alpha_i \|a^{(i)}\|^2$$

Wegen $a^{(i)} \neq \bar{0}$ folgt $\|a^{(i)}\|^2 \neq 0$, also $\alpha_i = 0$. Da $i \in \{1, \ldots, m\}$ beliebig war, folgt $\alpha_1 = \ldots = \alpha_m = 0$. Das ergibt a). b) folgt, weil es nicht mehr als n linear unabhängige Vektoren im $\mathbb{R}^n$ gibt. Zu c) sei der Vektor $y := x - (\langle a_1, x \rangle a_1 + \cdots + \langle a_n, x \rangle a_n)$. Dann gilt für jedes $i = 1, \ldots, n$:

$$\langle y, a_i \rangle = \langle x - (\langle a_1, x \rangle a_1 + \cdots + \langle a_n, x \rangle a_n), a_i \rangle$$

$$= \langle x, a_i \rangle - (\langle a_1, x \rangle \langle a_1, a_i \rangle + \cdots + \langle a_n, x \rangle \langle a_n, a_i \rangle)$$

$$= \langle x, a_i \rangle - \langle a_i, x \rangle \langle a_i, a_i \rangle = 0$$

denn $\langle a_i, a_i \rangle = 1$ aufgrund der Orthonormalität der a_i. Also ist $y \perp a_i$ für alle i. y muss daher wegen b) der Nullvektor sein. Es folgt die gesuchte Darstellung in c).

Beispiel 3.12:

Betrachtet werden noch einmal die drei paarweise orthonormalen Vektoren $a^{(1)} = (\frac{3}{5}, \frac{4}{5}, 0)^T$, $a^{(2)} = (\frac{4}{5}, -\frac{3}{5}, 0)^T$, $a^{(3)} = (0, 0, 1)^T$ *aus Beispiel 3.11* ⇨ Seite 53. *Für jeden Vektor* $x = (x_1, x_2, x_3)^T \in \mathbb{R}^3$ *gilt:*

$$\langle x, a^{(1)} \rangle = \frac{3}{5}x_1 + \frac{4}{5}x_2, \quad \langle x, a^{(2)} \rangle = \frac{4}{5}x_1 - \frac{3}{5}x_2, \quad \langle x, a^{(3)} \rangle = x_3$$

Die Koordinaten von x *im von* $a^{(1)}, a^{(2)}, a^{(3)}$ *erzeugten* $\mathbb{R}^3$ *lesen sich dann ab als*

$$x = \begin{pmatrix} x_1 \\ x_2 \\ x_3 \end{pmatrix} = (\frac{3}{5}x_1 + \frac{4}{5}x_2) \begin{pmatrix} \frac{3}{5} \\ \frac{4}{5} \\ 0 \end{pmatrix} + (\frac{4}{5}x_1 - \frac{3}{5}) \begin{pmatrix} \frac{4}{5} \\ -\frac{3}{5} \\ 0 \end{pmatrix} + x_3 \begin{pmatrix} 0 \\ 0 \\ 1 \end{pmatrix}$$

$$= \langle x, a^{(1)} \rangle a^{(1)} + \langle x, a^{(2)} \rangle a^{(2)} + \langle x, a^{(3)} \rangle a^{(3)}$$

Im Falle einer orthonormalen Basis ist also die Darstellung in diesem Koordinatensystem unmittelbar möglich. Die Koordinatendarstellung in Orthonormalsystemen ist ein Hauptgrund für die Beliebtheit orthonormaler Basen. Sie

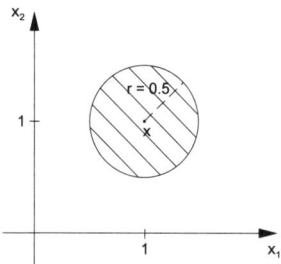

Abbildung 3.7: Beispiel einer offenen Kugel mit Radius $\frac{1}{2}$ um $(1,1)^T$

werden später noch bei der Untersuchung von Eigenwertproblemen auftreten. Dies ergibt dann die so genannte Hauptachsentransformation, die z.B. in der Hauptkomponentenzerlegung, einem Zweig der explorativen Statistik zur Anwendung kommt. Ferner behält die vorstehende Koordinatendarstellung auch in komplexeren Räumen mit Skalarprodukt – den so genannten Hilbert-Räumen – ihre Gültigkeit und ist im Rahmen der Fourier-Analyse Grundlage der Reihenentwicklung von Funktionen.

Zum Abschluss dieses Abschnitts sei die Diskussion über den Abstandsbegriff im $\mathbb{R}^n$ noch einmal wieder aufgenommen.

Definition 3.7 (euklidischer Abstand)

a) $d(x,y) := \|x - y\|$ euklidischer Abstand zwischen $x, y \in \mathbb{R}^n$.

b) Für $x \in \mathbb{R}^n$, $r \geq 0$ heißt $B(x,r) := \{y \in \mathbb{R}^n : d(x,y) = \|x - y\| < r\}$ offener Ball (offene Kugel) um $x \in \mathbb{R}^n$ **mit Radius** $r \geq 0$. Speziell heißt $B(\bar{0}, 1)$ Einheitsball (Einheitskugel).

Die offenen Kugeln haben im $\mathbb{R}^n$ die gleiche Rolle wie die Kreise im $\mathbb{R}^2$. Sie erklären gleichsam „Anziehungsbereiche" von Vektoren. Alle Punkte innerhalb einer gegebenen offenen Kugel mit Radius r haben vom Zentrum der Kugel einen Abstand kleiner als r.

Beispiel 3.13:

a) Im $\mathbb{R}^3$ haben $x = (3,1,5)^T$, $y = (0,5,5)^T$ den euklidischen Abstand

$$d(x,y) = \sqrt{(3-0)^2 + (1-5)^2 + (5-5)^2} = \sqrt{9+16} = \sqrt{25} = 5$$

b) Die zu $x = (1,1)^T$, $r = \frac{1}{2}$ gehörige offene Kugel $B(x,r)$ im $\mathbb{R}^2$ ist in Abbildung 3.7 skizziert. Achtung: $\{y \in \mathbb{R}^2 : d(x,y) = r\}$ ist der „Rand" von $B(x,r)$ und gehört per definitionem nicht zu $B(x,r)$!

Aus den Eigenschaften der euklidischen Norm folgen sofort einige wichtige und elementare Rechenregeln für den euklidischen Abstand:

Satz 3.7

(D1) Für alle $x, y \in \mathbb{R}^n$ gilt: $\quad d(x, y) \geq 0$. Ferner ist $d(x, y) = 0 \iff x = y$

(D2) Für alle $x, y \in \mathbb{R}^n$ gilt: $\quad d(x, y) = d(y, x)$

(D3) Für alle $x, y, z \in \mathbb{R}^n$ gilt: $\quad d(x, z) \leq d(x, y) + d(y, z)$

(D4) Für alle $x, y, z \in \mathbb{R}^n$ gilt: $\quad d(x, z) \geq |d(x, y) - d(y, z)|$

Zur Begründung: (D1), (D2) und (D3) folgen aus den Eigenschaften (N1), (N2) und (N3) ⇨ Seite 55. Für (D4) nutzt man (D2) und (D3) aus: Einerseits ist $d(x, y) \leq d(x, z) + d(z, y) \Rightarrow d(x, z) \geq d(x, y) - d(y, z)$. Andererseits ist $d(y, z) \leq d(y, x) + d(x, z) \Rightarrow -d(x, z) \leq d(x, y) - d(y, z)$. Insgesamt ergibt sich $-d(x, z) \leq d(x, y) - d(y, z) \leq d(x, z)$. Das ist aber gleichbedeutend mit (D4).

Neben der euklidischen Distanz gibt es zahlreiche andere Abstandsmaße – auch auf anderen Vektorräumen –, welche die Eigenschaften (D1) bis (D3) besitzen. Sie werden **METRIKEN** ⇨ Glossar genannt.

Als prominente, im Kontext der Diskriminanzanalyse oft verwendete Beispiele solcher Metriken auf dem $\mathbb{R}^n$ seien genannt:

- l_p–Metriken: für $x = (x_1, \ldots, x_n)^T \in \mathbb{R}^n$, $y = (y_1, \ldots, y_n)^T \in \mathbb{R}^n$, $p > 0$

$$d_p(x, y) := \left(\sum_{i=1}^{n} |x_i - y_i|^p \right)^{\frac{1}{p}} = \sqrt[p]{\sum_{i=1}^{n} |x_i - y_i|^p}$$

In Statistik-Programmen wie z.B. SPSS heißt diese Metrik Minkowski-Metrik. Zu ihr gehört die l_p–Norm $\|x\|_p := \left(\sum_{i=1}^{n} |x_i|^p \right)^{\frac{1}{p}} = \sqrt[p]{\sum_{i=1}^{n} |x_i|^p}$.

Der Fall $p = 1$ (Summe der absoluten Differenzen) wurde bereits in Beispiel 3.9 ⇨ Seite 50 eingeführt; die zugehörige Metrik heißt üblicher Weise (City-)Block-Metrik oder Manhattan-Distanz.

- l_∞–Metrik: für $x = (x_1, \ldots, x_n)^T \in \mathbb{R}^n$, $y = (y_1, \ldots, y_n)^T \in \mathbb{R}^n$

$$d_\infty(x, y) := \max \{ |x_i - y_i| : 1 \leq i \leq n \}$$

(auch als Tschebytscheff-Distanz bezeichnet). Zu dieser Metrik gehört die l_∞–Norm $\|x\|_\infty := \max \{ |x_i| : 1 \leq i \leq n \}$.

Um eine Vorstellung von der Art zu bekommen, wie mit diesen Metriken Distanzen zwischen Vektoren gemessen werden, werden folgend die Einheitskugeln $B_p(\bar{0}, 1)$ für den Fall des $\mathbb{R}^2$ dargestellt, die sich ergeben, wenn man anstelle der gewöhnlichen euklidischen Distanz eine l_p-Metrik verwendet: Für

p	Name der Metrik	Formel für die Einheitskugeln
$\frac{1}{2}$		$\sqrt{|x|} + \sqrt{|y|} < 1$
1	City-Block	$|x| + |y| < 1$
2	Euklid	$x^2 + y^2 < 1$
3		$|x|^3 + |y|^3 < 1$
∞	Tschebyscheff	$\max\{|x|, |y|\} < 1$

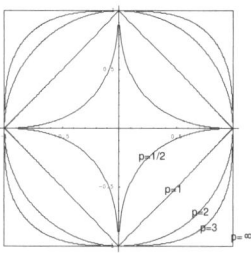

Abbildung 3.8: Einheitskugeln der l_p-Metrik im $\mathbb{R}^2$ für die Fälle
$p = \frac{1}{2}, 1, 2, 3, \infty$

$p < \infty$ liegen alle Punkte $(x, y)^T \in \mathbb{R}^2$ in der Einheitskugel $B_p(\bar{0}, 1)$, für die $\|(x, y)^T - (0, 0)^T\|_p < 1$ gilt. Dies ist gleichbedeutend mit $\sqrt[p]{|x|^p + |y|^p} < 1 \Leftrightarrow |x|^p + |y|^p < 1$. Es ergeben sich beispielsweise für die Fälle $p = \frac{1}{2}, p = 1, p = 2, p = 3$ und $p = \infty$ die in Abbildung 3.8 links stehenden Ungleichungen: Löst man die Gleichungen $|x|^p + |y|^p = 1$ nach y auf, so erhält man unterschiedliche Formeln für die Begrenzungslinien der Einheitskugeln in den vier Quadranten des $\mathbb{R}^2$. Die entsprechenden Einheitskugeln sind in Abbildung 3.8 rechts dargestellt.

Die Abstandsmessung mit dem euklidischen Abstand ist Grundlage einer statistischen Technik, die im vorangegangenen Abschnitt schon einmal angesprochen wurde: die Kleinste-Quadrate-Methode (KQ-Methode). Dabei soll im einfachsten Fall ein Input-Output-Zusammenhang $y = f(x)$ zwischen zwei – ökonomischen – reellen Variablen geklärt werden. Der Zusammenhang muss strukturell bekannt sein, d.h. die Entscheidung, ob die Funktion f linear ($f(x) = ax + b$), quadratisch ($f(x) = ax^2 + bx + c$) oder von einer anderen spezifischen Struktur ist, muss bereits gefällt sein. Dann verbleibt die Aufgabe, die richtigen Koeffizienten für die Funktion zu finden.

Der einfachste Fall linearer Zusammenhänge $y = ax + b$ läuft darauf hinaus, die noch nicht spezifizierten Koeffizienten, d.h. Geradensteigung a und Achsenabschnitt b so festzulegen, dass der tatsächliche Input-Output-Zusammenhang möglichst gut beschrieben wird. Sachlogisch wird dies i.d.R. nicht möglich sein. Vielmehr liegen oft Daten in Form von beobachteten Input-Output-Konstellationen $(x_1, y_1), \ldots, (x_n, y_n)$ vor, die sich auch zu zwei Datenprofilen der Form $x = (x_1, \ldots, x_n)^T$, $y = (y_1, \ldots, y_n)^T$ zusammenfassen lassen. Die KQ-Methode legt nun durch die Datenpunkte (x_i, y_i) eine „Ausgleichsgerade" $y = ax + b$ derart, dass die – vertikalen – Abstände der Datenpunkte zu der Gerade möglichst gering werden. Dabei ist die gleich-

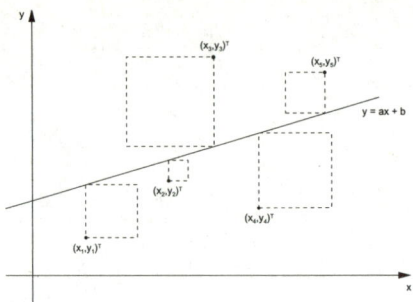

Abbildung 3.9: Graphische Veranschaulichung des KQ-Ansatzes

wertige Berücksichtigung aller verschiedener Punkten erforderlich; erreicht wird dies dadurch, dass die Abstandssumme über alle Punkte möglichst gering gehalten wird. Außerdem wird zur Vermeidung der Aufhebung negativer (Punkte unterhalb der Gerade) gegen positive (Punkte oberhalb der Gerade) Abstände und um das Problem rechnerisch der Differentialrechnung zugänglich zu machen, der Abstand jeweils quadriert. Dies ist in Abbildung 3.9 dargestellt. Zusammengefasst besteht die KQ-Methode darin, den Ausdruck $\sum_{i=1}^{n}(y_i - (ax_i + b))^2$ in den Parametern a, b zu minimieren.

Dieser Term lässt sich unter Verwendung des euklidischen Abstandes auch anders schreiben, nämlich als $\|y - (ax + b\mathbf{1})\|^2$, wobei $\mathbf{1} = (1, \ldots, 1)^T \in \mathbb{R}^n$. Erkennbar ist an dieser Darstellung der bereits in Beispiel 3.3 ⇨ Seite 41 angesprochene Versuch, den Outputvektor y als Linearkombination geeigneter Vektoren – der so genannten Regressoren – darzustellen. Weil dies in aller Regel nicht möglich ist, da die Datenpunkte (x_i, y_i) nur in Ausnahmefällen schon auf einer Geraden liegen, kann man nur den Abstand zu einer geeigneten Linearkombination gering halten. Mathematisch entspricht dies der Projektion auf einen geeigneten Untervektorraum des $\mathbb{R}^n$.

Die gewählte Vorgehensweise wird auch als einfache lineare Regression bezeichnet. Mittels der Differentialrechnung mehrerer Variablen ⇨ Seite 239 kann man zeigen:

Satz 3.8 (Formeln der einfachen linearen Regression)
$\sum_{i=1}^{n}(y_i - (ax_i + b))^2$ wird minimal, wenn gilt:

$$a = \frac{\sum_{i=1}^{n}(x_i - \bar{x})(y_i - \bar{y})}{\sum_{i=1}^{n}(x_i - \bar{x})^2} = \frac{\left(\sum_{i=1}^{n} x_i y_i\right) - n\bar{x}\bar{y}}{\left(\sum_{i=1}^{n} x_i^2\right) - n\bar{x}^2}, \qquad b = \bar{y} - a\bar{x}$$

(mit den Bezeichnungen $\bar{x} := \frac{1}{n}\sum_{i=1}^{n} x_i$ und $\bar{y} := \frac{1}{n}\sum_{i=1}^{n} y_i$)

Stelle	p	y	$q = \ln p$	$w = \ln y$	q^2	qw
1	$1,15$	$21,0$	$0,1398$	$3,04452$	$0,01953$	$0,432$
2	$1,20$	$21,0$	$0,1823$	$3,04452$	$0,0332$	$0,5551$
3	$1,20$	$20,0$	$0,1823$	$2,9957$	$0,03324$	$0,5462$
4	$1,30$	$17,5$	$0,2624$	$2,8622$	$0,0688$	$0,7509$
5	$1,35$	$16,5$	$0,3001$	$2,8034$	$0,0901$	$0,8413$
6	$1,40$	$15,0$	$0,3365$	$2,7080$	$0,1132$	$0,9112$
Summe			$1,4034$	$17,4584$	$S_{q^2} = 0,3581$	$S_{qw} = 4,0302$

Tabelle 3.4: Daten und Hilfsstatistiken zum Umsatzbeispiel 3.14

Da in den Formeln nur Saldi von Daten, Datenquadraten und Datenprodukten vorkommen, ist die einfache lineare Regression im Funktionsumfang handelsüblicher nichtprogrammierbarer wissenschaftlicher Taschenrechner enthalten. Mittels der beschriebenen KQ-Methode kann man sogar etliche nichtlineare Zusammenhänge näherungsweise quantifizieren:

Beispiel 3.14 (Umsatz als Funktion des Preises):
Der Zusammenhang zwischen Preis und Tagesumsatz bei einem Produkt werde als als $y = b \cdot p^a$ mit unbekanntem b und a angenommen, es liegen Preis- und Umsatzdaten aus Tabelle 3.4 vor. Durch Logarithmieren kann man zu einem linearen Modell von Preis und Tagesumsatz gelangen. Mit $w := \ln y$ und $q := \ln p$ gilt

$$w = \ln y = \ln\left(b \cdot p^a\right) = \ln b + a \ln p = \ln b + a \cdot q$$

mit den unbekannten Parametern $\ln b$ und a. Es müssen also nur die Umsatz- und Preisdaten logarithmiert werden; für die entstehenden Daten ist der oben vorgestellte KQ-Ansatz durchzuführen und die Geradenparameter durch die entsprechenden Datensaldi zu berechnen. Die zugehörigen transformierten Daten und Summenstatistiken finden sich in Tabelle 3.4. Hieraus ergibt sich

$$a = \frac{S_{qw} - n\bar{q}\bar{w}}{S_{q^2} - n\bar{q}^2} = \frac{4,0302 - 6\frac{1,40335}{6}\frac{17,4584}{6}}{0,358127 - 6\left(\frac{1,40335}{6}\right)^2} = -1,77808$$

und $\ln b = \frac{17,4584}{6} - (-1,77808)\frac{1,40335}{6} = 3,3256$, d.h. $b = 27,8157$. Der gesuchte Zusammenhang kann also in der Form $y = 27,8157 \cdot p^{-1,77808}$ veranschlagt werden, um beispielsweise zukünftige Tagesumsätze zu prognostizieren und Entscheidungen bezüglich der Preisgestaltung zu treffen.

Der KQ-Ansatz führt zu einem Minimierungsproblem, welches sich als „Projektionsaufgabe" darstellen lässt. Die Lösung in Form einer Projektion auf einen UNTERVEKTORRAUM ⇨ Glossar ergibt sich dann als Lösung eines geeigneten linearen Gleichungssystems, den Normalengleichungen.

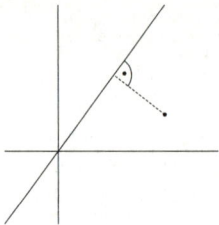

Abbildung 3.10: Projektion eines Punktes auf eine Gerade im $\mathbb{R}^2$. Es entsteht ein rechter Winkel, d.h. der „Verbindungsvektor" steht senkrecht auf der Gerade.

Beispiel 3.15 (Fortsetzung von Beispiel 3.3 ⇨ Seite 41**):**
Aus den Informationen der Tabelle 3.2 ⇨ Seite 41 *soll zwischen dem hypothetischen Gewinn einer Tankstelle und den Umsätzen aus den vier angegebenen Sparten Kraftstoffe, Autozubehör, Food und Non-Food ein affiner Zusammenhang der Form*

$$g_i \approx g_0 + k \cdot u_{K,i} + a \cdot u_{A,i} + f \cdot u_{F,i} + n \cdot u_{N,i}$$

mit geeigneten Parametern g_0, k, a, f, n bestimmt werden. Nach der Methode der kleinsten Quadrate sind zu den aus Tabelle 3.2 gegebenen Gewinn- und Umsatzprofilen

$$e = \begin{pmatrix} 1 \\ \vdots \\ 1 \end{pmatrix}, g = \begin{pmatrix} g_1 \\ \vdots \\ g_6 \end{pmatrix}, u_K = \begin{pmatrix} u_{K,1} \\ \vdots \\ u_{K,6} \end{pmatrix}, u_A = \begin{pmatrix} u_{A,1} \\ \vdots \\ u_{A,6} \end{pmatrix}, u_F = \begin{pmatrix} u_{F,1} \\ \vdots \\ u_{F,6} \end{pmatrix}, u_N = \begin{pmatrix} u_{N,1} \\ \vdots \\ u_{N,6} \end{pmatrix}$$

Parameter g_0, k, a, f, n so zu bestimmen, dass sich die Vektoren g und $\tilde{g} = g_0 e + k \cdot u_K + a \cdot u_A + f \cdot u_F + n \cdot u_N$ möglichst nahe sind. $\tilde{g}$ ist also derjenige Vektor $\tilde{g} \in \mathbb{L} = Span(e, u_K, u_A, u_F, u_N)$ mit dem geringsten (euklidischen) Abstand zu g. Man nennt diesen Vektor $\tilde{g}$ die Projektion auf den Untervektorraum $\mathbb{L}$. Wie man sich am Beispiel der Projektion eines Punktes auf eine Gerade in Abbildung 3.10 verdeutlichen kann, ist dieser Punkt genau dadurch festgelegt, dass die Verbindungsstrecke zum Ausgangspunkt senkrecht auf der Geraden liegt. Mathematisch lässt sich das so fassen, dass der Vektor $g - \tilde{g}$ orthogonal zu jedem Vektor aus $\mathbb{L}$ liegen muss. Da aber $\mathbb{L}$ von den Umsatzprofilen erzeugt wird, genügt es, einen Vektor $\tilde{g}$ zu finden, der senkrecht zu allen Koordinatenachsen von $\mathbb{L}$ liegt, d.h. $\tilde{g}$ muss folgende Eigenschaften erfüllen:

$$0 = \langle g, e \rangle - (g_0 \langle e, e \rangle + k \langle u_K, e \rangle + a \langle u_A, e \rangle + f \langle u_F, e \rangle + n \langle u_N, e \rangle)$$
$$0 = \langle g, u_K \rangle - (g_0 \langle e, u_K \rangle + k \langle u_K, u_K \rangle + a \langle u_A, u_K \rangle + f \langle u_F, u_K \rangle + n \langle u_N, u_K \rangle)$$
$$0 = \langle g, u_A \rangle - (g_0 \langle e, u_A \rangle + k \langle u_K, u_A \rangle + a \langle u_A, u_A \rangle + f \langle u_F, u_A \rangle + n \langle u_N, u_A \rangle)$$
$$0 = \langle g, u_F \rangle - (g_0 \langle e, u_F \rangle + k \langle u_K, u_F \rangle + a \langle u_A, u_F \rangle + f \langle u_F, u_F \rangle + n \langle u_N, u_F \rangle)$$
$$0 = \langle g, u_N \rangle - (g_0 \langle e, u_N \rangle + k \langle u_K, u_N \rangle + a \langle u_A, u_N \rangle + f \langle u_F, u_N \rangle + n \langle u_N, u_N \rangle)$$

Dies ist ein lineares Gleichungssystem von fünf Gleichungen – den so genannten Normalengleichungen – in den fünf Unbekannten g_0, k, a, f, n. Die Koeffizienten des LGS sind jeweils Skalarprodukte der Umsatz– bzw. Gewinnprofile untereinander. Diese können aus Tabelle 3.2 berechnet werden. Es ergibt sich das LGS mit der Gleichungsmatrix

$$\left[\begin{array}{ccccc|c}
6 & 41100 & 10400 & 14800 & 13300 & 18540 \\
41100 & 311730000 & 74480000 & 102140000 & 89290000 & 122687000 \\
10400 & 74480000 & 19120000 & 25770000 & 23300000 & 32424500 \\
14800 & 102140000 & 25770000 & 36640000 & 32890000 & 45693500 \\
13300 & 89290000 & 23300000 & 32890000 & 31230000 & 42653500
\end{array}\right]$$

Eine händische Lösung dieses LGS mit dem Gauß'schen Eliminationsverfahren ist ziemlich aufwändig. Numerisch ergeben sich für die Koeffizienten folgende Werte

$$g_0 \approx 2450, \quad k \approx -0,17, \quad a \approx 0,64, \quad f \approx -0,31, \quad n \approx 0,64$$

*Also kann die Tankstellenkette von einem Sockelgewinn von etwa 2.440.000 € ausgehen. Jeder Euro zusätzlichen Umsatzes in einer der Sparten ergibt die durch die übrigen Parameter festgelegten Gewinnzuwächse oder -abnahmen, beispielsweise 0,64 € Gewinn je 1 € Umsatz im Non-Food-Bereich. Dieser Wert ist natürlich unrealistisch hoch, er basiert – abgesehen davon, dass das Beispiel fiktiv ist – darauf, dass für fünf unbekannte Parameter nur sechs Datensätze zur Verfügung stehen und die zufallsbedingten Schwankungen zwischen den Datensätzen noch deutliche Auswirkungen auf die Schätzungen haben. Die erhaltenen Parameterschätzungen sind also mit Vorsicht zu interpretieren. Vor allem sollte man sich stets davor hüten, die Ergebnisse zur Extrapolation zu verwenden, d.h. zur Vorhersage für Umsatzbereiche, die mehr oder weniger weit von den Umsatzzahlen des vorliegenden Datensatzes entfernt liegen. Eine weiter gehende Interpretation der vorliegenden Daten im Rahmen der KQ-Methode soll an dieser Stelle nicht erfolgen; das notwendige Handwerkszeug findet man in Lehrbüchern zur Statistik [*SCHIRA, 2003*].*

Aufgaben

1. Es seien $a = \begin{pmatrix} 1 \\ 2 \end{pmatrix}$, $b = \begin{pmatrix} 2 \\ 3 \end{pmatrix}$, $c = \begin{pmatrix} 1 \\ 2 \\ 3 \end{pmatrix}$, $d = \begin{pmatrix} 2 \\ 3 \\ 4 \end{pmatrix}$, $\lambda_1 = 3, \lambda_2 = 2$.

   a) Berechnen Sie, falls jeweils möglich, folgende Ausdrücke: $a + b$, $b - a$, $a + b^T$, $a^T + b^T$, $b^T - a^T$, $a - c$, $d^T - c$ und $\lambda_1 a + \lambda_1 b$, $\lambda_2 b - \lambda_2 a$, $\lambda_1 c + \lambda_2 c$, $\lambda_1 a - \lambda_2 b^T$.

   b) Welche Vektoren $x = (x_1, x_2, x_3)^T \in \mathbb{R}^3$ (bzw. $x = (x_1, x_2)^T \in \mathbb{R}^2$) lassen sich als Linearkombination von c und d (bzw. von a und b) darstellen? Ist diese Darstellung immer eindeutig? Wenn ja, was bedeutet das für c und d (bzw. a und b)?

c) Finden Sie denjenigen Vektor x in der linearen Hülle von a (bzw. von c und d), der von b (bzw. von $(1,1,1)^T$) den kleinsten (euklidischen) Abstand hat.

2. Berechnen Sie für die folgenden LGS $[A|b]$ in Matrixform jeweils eine Basis von $Kern(A)$ und stellen Sie damit die Lösungsmenge dar:

$$\begin{bmatrix} 1 & 2 & -3 & | & 2 \\ 2 & 1 & 0 & | & 1 \\ 3 & 1 & 1 & | & 1 \end{bmatrix}, \begin{bmatrix} 1 & 2 & -1 & | & 2 \\ 2 & 1 & 1 & | & 1 \\ 3 & 1 & 2 & | & t \end{bmatrix}, \begin{bmatrix} 1 & 0 & 0 & 2 & 0 & 1 & | & 4 \\ -2 & 3 & 0 & -1 & 0 & 7 & | & -5 \\ -2 & 1 & 2 & 1 & 0 & 9 & | & -1 \\ -1 & -3 & 3 & 1 & 2 & 4 & | & 6 \end{bmatrix}$$

3. Hubert hält sich in den Semesterferien in Ägypten auf. Auf dem Basar hat er bisher folgende fünf Einkäufe getätigt:
3 kg Bananen und 2 kg Orangen für 2,60 ägyptische Pfund, 2 kg Bananen und 1 kg Orangen für 1,8 ägyptische Pfund, 4 kg Bananen für 2,7 ägyptische Pfund, 1 kg Bananen und 1 kg Orangen für 1,7 ägyptische Pfund und 2 kg Bananen und 1 kg Orangen für 1,8 ägyptische Pfund.
Hubert ist klar, dass den gezahlten Beträgen neben den kg-Preisen noch ein Sympathie-Bonus und eine Sprachproblem-Pauschale zugrunde liegen. Deshalb möchte er „durchschnittliche" kg-Preise für die beiden Obst-Sorten ermitteln, um bei zukünftigen Einkäufen erfolgreich feilschen zu können.

   a) Stellen Sie den Sachverhalt in Vektor-Schreibweise dar.

   b) Berechnen Sie die mutmaßlichen kg-Preise für Bananen und Orangen mit der KQ-Methode.

   c) Auf welchen Preis sollte sich Hubert bei seinen Verhandlungen einstellen, wenn er 1 kg Bananen und 1 kg Orangen kaufen will?

4. Überprüfen Sie folgende Aussagen auf ihren Wahrheitsgehalt:

   a) Summation von stochastischen Vektoren ergibt stochastische Vektoren.

   b) Ist $c \in \mathbb{R}^n$ eine Linearkombination von a und b, so ist auch a eine Linearkombination von b und c.

   c) Sind $x, y \in \mathbb{R}^n$ linear unabhängig, so auch x und $x + y$.

   d) Sind $x, y \in \mathbb{R}^n$ linear unabhängig, so auch x, y und $x - y$.

   e) Sind $x, y \in \mathbb{R}^n$ orthogonal, so ist $\|x + y\|^2 = \|x\|^2 + \|y\|^2$.

   f) Für orthonormale Vektoren $u, v, w \in \mathbb{R}^3$ und jeden Vektor $x \in \mathbb{R}^3$ gilt $\|x\|^2 = \langle x, u \rangle^2 + \langle x, v \rangle^2 + \langle x, w \rangle^2$

   g) Zwei beliebige Vektoren $x, y \in \mathbb{R}^n$ sind orthogonal genau dann, wenn $\|x - y\| = \|x + y\|$.

   h) Orthogonale Vektoren sind stets linear unabhängig.

4 Matrizen in der Ökonomie

Wie Vektoren sind auch Matrizen unverzichtbare mathematische Objekte zur Modellierung in ökonomischen Fragestellungen. Sie bilden Produktionsstufen, Verschnittpläne, Wanderungsbewegungen, Risiko-Sachverhalte und viele weitere Anwendungssituationen in einfach strukturierte mathematische Modelle ab, in denen sie eine einfache Form von Zuordnung rechnerisch beschreiben. Neben der unmittelbaren Verflechtung zwischen ökonomischen Profilen in Form des Matrix-Vektor-Produktes ⇨ Abschnitt 4.1, Seite 65 werden wir mehrstufige Verflechtungen als Hintereinanderausführung von durch Matrizen beschriebenen linearen Abbildungen kennen lernen ⇨ Abschnitt 4.2, Seite 70. Ein größerer Teil dieses Kapitels behandelt die technischen Grundlagen wie Inversion ⇨ Abschnitt 4.3, Seite 75, Determinanten ⇨ Abschnitt 4.4, Seite 79 und Eigenwerte ⇨ Abschnitt 4.5, Seite 86 der in Anwendungen häufig verwendeten quadratischen Matrizen. Mit den Leontief- und den Markoff-Modellen ⇨ Abschnitt 4.6, Seite 91 schließen zwei Anwendungsmodelle der mathematischen Ökonomie dieses Kapitel ab.

4.1 Matrix-Vektor-Verflechtungen

Vektoren, die ökonomische Profile beschreiben, werden im Laufe ökonomischer Prozesse meist transformiert, d.h. ihnen werden andere Vektoren zugeordnet, beispielsweise wird in der Produktion dem Endproduktvektor der Rohstoffvektor zugeordnet; im Rahmen der Marktforschung werden zeitliche Veränderungen von Marktanteilsvektoren behandelt (ähnlich für Warenkorb, Stimmvektoren o.ä.). Diese Zuordnung lässt sich in vielen Fällen, wie etwa dem folgenden Beispiel der Materialverflechtung, mathematisch durch Matrizen beschreiben.

Beispiel 4.1 (Fortsetzung von Beispiel 1.1 ⇨ Seite 14**):**
Bei der Herstellung der vier Regaltypen bezeichne $x = (x_1, x_2, x_3, x_4)^T \in \mathbb{R}^4$ den Vektor der herzustellenden Regalquantitäten und $y = (y_1, y_2, y_3)^T \in \mathbb{R}^3$ den Vektor der Bauelementquantitäten, die hierfür benötigt werden. Aus dem Gozintograph

ergibt sich die **Funktion** $f \Rightarrow$ *Glossar mit dem Funktionsterm*

$$
y = \begin{pmatrix} y_1 \\ y_2 \\ y_3 \end{pmatrix} = f\left(\begin{pmatrix} x_1 \\ \vdots \\ x_4 \end{pmatrix} \right) = \begin{pmatrix} 2x_1 + 3x_2 + 4x_3 + 5x_4 \\ x_1 + x_2 + 2x_3 + 4x_4 \\ 5x_1 + 10x_2 + 15x_3 + 20x_4 \end{pmatrix}
$$

Zur Darstellung von f reicht die Angabe der Materialverflechtungsmatrix

$$
\begin{bmatrix} 2 & 3 & 4 & 5 \\ 1 & 1 & 2 & 4 \\ 5 & 10 & 15 & 20 \end{bmatrix}
$$

völlig aus. Der benötigte Rohstoffvektor ergibt sich durch eine rechnerische Verknüpfung der Materialverflechtungsmatrix mit dem Vektor der Endproduktquantitäten, welche man als **Matrix-Vektor-Produkt** $\Rightarrow$ Glossar *bezeichnet.*

Beispiel 4.2 (Übergangsmatrizen in Marktforschungsmodellen):

Ein spezielles Produkt wird von zwei Anbietern A_1, A_2 auf dem Markt zur Verfügung gestellt. Durch eine detailierte Marktbeobachtung über mehrere Monate ist man zu folgenden Schlüssen bezüglich der Markentreue der Kunden gekommen:

- *Von A_2 zu A_1 wechselt innerhalb eines Monats jeder dritte Kunde.*
- *Von A_1 zu A_2 wechselt innerhalb eines Monats jeder fünfte Kunde.*

Bezeichnet nun x_i den Kundenanteil, den Anbieter A_i bindet, $i = 1, 2$, so ergeben sich hypothetisch nach einem Monat neue Kundenanteile y_1, y_2 wie folgt:

$$
y_1 = \frac{4}{5} \cdot x_1 + \frac{1}{3} \cdot x_2, \quad y_2 = \frac{1}{5} \cdot x_1 + \frac{2}{3} \cdot x_2
$$

Sind beispielsweise zu Beginn $x_1 = \frac{1}{3}$ der Kunden Käufer bei A_1 und $x_2 = \frac{2}{3}$ der Kunden Käufer bei A_2, so ergeben sich nach einem Monat die Marktanteile

$$
y_1 = \frac{4}{5} \cdot \frac{1}{3} + \frac{1}{3} \cdot \frac{2}{3} = \frac{22}{45}, \quad y_2 = \frac{1}{5} \cdot \frac{1}{3} + \frac{2}{3} \cdot \frac{2}{3} = \frac{23}{45}
$$

Nach einem weiteren Monat sind die Marktanteile

$$
z_1 = \frac{4}{5} \cdot \frac{22}{45} + \frac{1}{3} \cdot \frac{23}{45} = \frac{379}{675}, \quad z_2 = \frac{1}{5} \cdot \frac{22}{45} + \frac{2}{3} \cdot \frac{23}{45} = \frac{296}{675}
$$

Die größere Markentreue bei Anbieter 1 hat dazu geführt, dass das Kundenverhältnis 1 : 2 zu Beginn sich nach zwei Monaten in ein Kundenverhältnis 379 : 296, d.h. ca. 1, 3 : 1 geändert hat.

Man könnte vermuten, dass dies schließlich zum Verschwinden des Anbieters 2 vom Markt führt. Tatsächlich führt aber die Proportionalität der Wechselströme zum aktuellen Marktanteilvektor bei längerer Fortschreibung zu einer Stabilisierung der Marktanteile im Verhältnis 5 : 3, und zwar unabhängig von der Anfangsverteilung. Ob der Anbieter 2 tatsächlich auf dem Markt bleiben wird, ist daher nicht

eine Frage der mathematischen Fortschreibung der Kundenanteile, sondern richtet sich danach, ob das stabile Verhältnis für ihn einen ökonomisch rentablen Zustand darstellt.
Mathematisch wird die Kundenwanderung mit Hilfe der Funktion

$$f : \mathbb{R}^2 \to \mathbb{R}^2, \qquad f(x_1, x_2) := (\frac{4}{5}x_1 + \frac{1}{3}x_2, \frac{1}{5}x_1 + \frac{2}{3}x_2)^T$$

modelliert; die Funktion f selbst wird vollständig beschrieben durch die Matrix

$$A = \begin{bmatrix} \frac{4}{5} & \frac{1}{3} \\ \frac{1}{5} & \frac{2}{3} \end{bmatrix}$$

Die Marktanteile des Folgemonats ergeben sich durch eine Verflechtung der Übergangsmatrix mit den Marktanteilen des aktuellen Monats, die ebenfalls als Produkt einer Matrix mit einem Vektor beschrieben werden kann.

Definition 4.1 (Matrix-Vektor-Produkt)

- Ein Feld

$$A = [a_{i,j}] = [a_{i,j}]_{\substack{1 \le i \le m \\ 1 \le j \le n}} = \begin{bmatrix} a_{11} & \cdots & a_{1n} \\ \vdots & \ddots & \vdots \\ a_{m1} & \cdots & a_{mn} \end{bmatrix}$$

bestehend aus m Zeilen und n Spalten mit Einträgen $a_{ij} \in \mathbb{R}$ heißt reelle $m \times n$-MATRIX ⇨ Glossar.

- Mit $\mathbb{R}^{m \times n}$ wird die Menge aller reellen $m \times n$-Matrizen bezeichnet.

- Sei A eine solche reelle $m \times n$-Matrix und $x = (x_1, \ldots, x_n)^T \in \mathbb{R}^n$ ein Vektor. Das Produkt von A und x ist ein Vektor im $\mathbb{R}^m$ und erklärt als

$$Ax := \begin{pmatrix} a_{11}x_1 + a_{12}x_2 + \ldots + a_{1n}x_n \\ \vdots \\ a_{m1}x_1 + a_{m2}x_2 + \ldots + a_{mn}x_n \end{pmatrix}$$

Produkte von Matrizen und Vektoren treten in der Ökonomie in mannigfaltiger Form auf, z.B. in den Bereichen Material- und Sektorenverflechtung, Kostenrechnung, Marktforschung, Portfoliomanagement (Volatilität, Korrelation von Aktienkursen), Marginalanalyse (Krümmungsverhalten von Funktionen mehrerer Variablen) und Risikotheorie (Verlustfunktionen). Ihr eigentlicher Vorteil besteht in der kompakten Darstellung multipler Verflechtungen, wobei sich dann der von der Mathematik zur Verfügung gestellte Kalkül im Umgang mit solchen Produkten ausnutzen lässt. Einige Beispielrechnungen sollen das Matrix-Vektor-Produkt illustrieren.

Beispiel 4.3:

- $\begin{bmatrix} 0 & 3 & 3 & 9 \\ 2 & 2 & 6 & 0 \\ 6 & 1 & 8 & 5 \end{bmatrix} \cdot \begin{pmatrix} 7 \\ 3 \\ 8 \\ 5 \end{pmatrix} = \begin{pmatrix} 0 \cdot 7 + 3 \cdot 3 + 3 \cdot 8 + 9 \cdot 5 \\ 2 \cdot 7 + 2 \cdot 3 + 6 \cdot 8 + 0 \cdot 5 \\ 6 \cdot 7 + 1 \cdot 3 + 8 \cdot 8 + 5 \cdot 5 \end{pmatrix} = \begin{pmatrix} 78 \\ 68 \\ 134 \end{pmatrix}$

- *(Übergangsmatrix aus Beispiel 4.2)*

$$\begin{bmatrix} \frac{4}{5} & \frac{1}{3} \\ \frac{1}{5} & \frac{2}{3} \end{bmatrix} \cdot \begin{pmatrix} \frac{1}{3} \\ \frac{2}{3} \end{pmatrix} = \begin{pmatrix} \frac{4}{5} \cdot \frac{1}{3} + \frac{1}{3} \cdot \frac{2}{3} \\ \frac{1}{5} \cdot \frac{1}{3} + \frac{2}{3} \cdot \frac{2}{3} \end{pmatrix} = \begin{pmatrix} \frac{22}{45} \\ \frac{23}{45} \end{pmatrix}$$

$$\begin{bmatrix} \frac{4}{5} & \frac{1}{3} \\ \frac{1}{5} & \frac{2}{3} \end{bmatrix} \cdot \begin{pmatrix} \frac{5}{8} \\ \frac{3}{8} \end{pmatrix} = \begin{pmatrix} \frac{4}{5} \cdot \frac{5}{8} + \frac{1}{3} \cdot \frac{3}{8} \\ \frac{1}{5} \cdot \frac{5}{8} + \frac{2}{3} \cdot \frac{3}{8} \end{pmatrix} = \begin{pmatrix} \frac{5}{8} \\ \frac{3}{8} \end{pmatrix}$$

Dieses letzte Zahlenbeispiel zeigt auf, dass die Marktanteile $\frac{5}{8}, \frac{3}{8}$ der Anbieter A_1, A_2 beim Übergang zum nächsten Monat erhalten bleiben; dies entspricht einem Gleichgewichtsverhältnis von 5 : 3 der Marktanteile.

- *Die Multiplikation Ax einer Matrix mit einem Vektor darf nur durchgeführt werden, wenn A genau so viele Spalten besitzt, wie x Einträge hat. Es ist also z.B. nicht gestattet (und auch nicht sinnvoll), das Produkt*

$$\begin{bmatrix} 1 & 2 \\ 2 & 4 \\ 8 & 6 \end{bmatrix} \cdot \begin{pmatrix} 6 \\ 2 \\ 10 \end{pmatrix}$$

zu bilden. Außerdem muss man darauf achten, dass das Produkt einer Matrix A und eines Spaltenvektors x immer in der Form Ax und nicht in der Form xA geschrieben wird (die Schreibweise xA hat eine eigenständige Bedeutung, auf die später eingegangen wird ⇨ Seite 73).

Die Multiplikation einer $m \times n$–Matrix A mit einem Vektor $x \in \mathbb{R}^n$ ergibt stets einen Vektor $y := Ax \in \mathbb{R}^m$. Jede Matrix A legt also eine Abbildung $f : \mathbb{R}^n \to \mathbb{R}^m$ fest durch $f(x) := Ax$. Diese Abbildung ist mit den üblichen Vektorraumoperationen „verträglich":

Satz 4.1 (Matrizen als lineare Abbildungen)

Sei A eine $m \times n$–Matrix und $f : \mathbb{R}^n \to \mathbb{R}^m$, $f(x) := Ax$. Dann gilt:

(L1) $f(x + y) = f(x) + f(y)$ für alle $x, y \in \mathbb{R}^n$, d.h. $A(x + y) = Ax + Ay$.

(L2) $f(\alpha x) = \alpha f(x)$ für alle $x \in \mathbb{R}^n, \alpha \in \mathbb{R}$, d.h. $A(\alpha x) = \alpha(Ax)$.

Eine Abbildung $f : \mathbb{R}^n \to \mathbb{R}^m$, die (L1), (L2) erfüllt, heißt **LINEAR** ⇨ Glossar.

Jede Matrix gibt also Anlass zu einer linearen Abbildung zwischen zwei geeigneten Vektorräumen.

Umgekehrt lässt sich zu jeder linearen Abbildung $f : \mathbb{R}^n \to \mathbb{R}^m$ eine Matrix $A \in \mathbb{R}^{m \times n}$ finden, so dass $f(x) = Ax$ für alle $x \in \mathbb{R}^n$ gilt. Diese Matrix hat als Spalten gerade die Bilder $f(e^{(1)}), \ldots, f(e^{(n)})$ der **EINHEITSVEKTO-REN** ⇨ Glossar des $\mathbb{R}^n$:

$$f(x) = x_1 f(e^{(1)}) + \cdots + x_n f(e^{(n)})) = \left[f(e^{(1)}) \ldots f(e^{(n)}) \right] \begin{pmatrix} x_1 \\ \vdots \\ x_n \end{pmatrix}$$

Zusammenfassend entsprechen also lineare Abbildungen $f : \mathbb{R}^n \to \mathbb{R}^m$ und Matrizen $A \in \mathbb{R}^{m \times n}$ einander eineindeutig.

Das Matrix-Vektor-Produkt kann auch dafür verwendet werden, **LINEARE GLEICHUNGSSYSTEME** ⇨ Glossar in einer anderen kompakten Form darzustellen. Neben der **GLEICHUNGSMATRIX** $[A|b]$ ⇨ Glossar eines LGS mit n Unbekannten $x_1, \ldots, x_n$ und m Gleichungen kann man die Matrix-Vektor-Produkt-Darstellung $Ax = b$ wählen, wobei $x = (x_1, \ldots, x_n)^T$. Vorteil gegenüber der Gleichungsmatrix ist die Einbindung der Variablen in Form eines Vektors. Außerdem kann man den weiter unten behandelten Matrix-Kalkül einsetzen, um „quadratische" lineare Gleichungssysteme schematisch unter Verwendung inverser Matrizen zu lösen.

Schließlich ist die Lösungsmenge $\mathbb{L} = \{x \in \mathbb{R}^n : Ax = b\}$ eines LGS eine Teilmenge des $\mathbb{R}^n$, die schon in der Schule zuweilen mittels Punkt-Ebenen-Darstellung repräsentiert wird. Eine solche Darstellung gibt es auch für allgemeine lineare Gleichungssysteme:

Bestimmung der Lösungsmenge $\mathbb{L}$ eines allgemeinen LGS $Ax = b$:

1) Aufstellen der Gleichungsmatrix $[A|b]$

2) Herleitung der Staffelform

3) Falls das lineare Gleichungssystem lösbar ist: Herleitung der Zeilenstufenform $[\tilde{A}|\tilde{b}]$, sonst: STOP

4) Eine spezielle Lösung $x^{(0)}$ wird aus der rechten Spalte $\tilde{b}$ abgelesen

5) Mit einer Basis $a^{(1)}, \ldots, a^{(r)}$ von $Kern(A)$ gemäß Satz 3.2 ⇨ Seite 48 gilt $\mathbb{L} = \{x^{(0)} + \alpha_1 a^{(1)} + \ldots + \alpha_r a^{(r)} : \alpha_1, \ldots, \alpha_r \in \mathbb{R}\}$

Es lässt sich nämlich jede andere Lösung x mit $Ax = b$ als Summe von $x = x^{(0)} + x^{(1)}$ mit einem geeigneten Vektor $x^{(1)} \in Kern(A)$ schreiben. Sind etwa $x, x^{(0)} \in \mathbb{L}$, so folgt für $x^{(1)} = x - x^{(0)}$: $Ax^{(1)} = Ax - Ax^{(0)} = b - b = \bar{0}$. Also ist $x^{(1)}$ eine Lösung von $Ax = \bar{0}$ mit $x = x^{(0)} + x^{(1)}$. Umgekehrt gilt für jede Lösung $x^{(1)}$ von $Ax = \bar{0}$, dass $A(x^{(0)} + x^{(1)}) = Ax^{(0)} + Ax^{(1)} = b + \bar{0} = b$.

4.2 Matrix-Matrix-Verflechtungen

Matrizen können – wie oben beschrieben – in der Ökonomie Prozesse wie Produktionsabläufe und Kundenwanderungen modellieren. Oft muss jedoch die zugehörige Verflechtung mehrstufig abgebildet werden, wobei auf jeder Stufe eine Modellmatrix zum Einsatz kommt. Dies ist beispielsweise in der mehrstufigen Produktion oder bei der Untersuchung eines Marktes über mehrere Zeiteinheiten erforderlich. Die sachlogische Hintereinanderschaltung kann dann oft mittels des so genannten Matrix-Produktes beschrieben werden.

Beispiel 4.4 (Fortsetzung von Beispiel 1.1 ⇨ Seite 14)**:**
Die Ikebau-GmbH stellt interessierten Möbelhäusern zwei Muster-Zimmer, ausgestattet mit Bill-Regalen zur Verfügung:

- *Zimmer Z_1 mit einem Regal Bill1 und drei Regalen Bill4*

- *Z_2 mit je zwei Regalen Bill2 und Bill3.*

Zu der Materialverflechtungsmatrix

$$A = \begin{bmatrix} 2 & 3 & 4 & 5 \\ 1 & 1 & 2 & 4 \\ 5 & 10 & 15 & 20 \end{bmatrix}$$

zwischen den Rohstoffen Stellwange, Querstange, Regalboden und den Produkten Bill1, Bill2, Bill3, Bill4 gesellt sich eine zweite Verflechtungsmatrix

$$B = \begin{bmatrix} 1 & 0 \\ 0 & 2 \\ 0 & 2 \\ 3 & 0 \end{bmatrix}$$

die die „Teilliste" für den Zusammenhang zwischen den Endprodukten „Zimmer" und den Zwischenprodukten „Bill-Regale" beschreibt. Für den Möbelhersteller ist zur produktionstechnischen Darstellung der Zimmer eine Materialverflechtungsmatrix erforderlich, die den Zusammenhang zwischen den Zimmertypen und den drei Ausgangsteilen Stellwange, Querstange und Regalboden modelliert. Diese Matrix lässt sich leicht gewinnen: Für ein Zimmer Z_1 wird der Zwischenproduktvektor $x^{(1)} = (1, 0, 0, 3)^T$ benötigt. Der zugehörige Aufwand an Rohstoffen ist

$$Ax^{(1)} = \begin{bmatrix} 2 & 3 & 4 & 5 \\ 1 & 1 & 2 & 4 \\ 5 & 10 & 15 & 20 \end{bmatrix} \cdot \begin{pmatrix} 1 \\ 0 \\ 0 \\ 3 \end{pmatrix} = \begin{pmatrix} 17 \\ 13 \\ 65 \end{pmatrix}$$

Für ein Zimmer Z_2 wird der Zwischenproduktvektor $x^{(2)} = (0, 2, 2, 0)^T$ benötigt.

Der zugehörige Aufwand an Rohstoffen ist

$$Ax^{(2)} = \begin{bmatrix} 2 & 3 & 4 & 5 \\ 1 & 1 & 2 & 4 \\ 5 & 10 & 15 & 20 \end{bmatrix} \cdot \begin{pmatrix} 0 \\ 2 \\ 2 \\ 0 \end{pmatrix} = \begin{pmatrix} 14 \\ 6 \\ 50 \end{pmatrix}$$

Die Materialverflechtungsmatrix zwischen den Endprodukten Z_1, Z_2 und den Rohstoffen R_1, R_2, R_3 ist also

$$C = \begin{bmatrix} 17 & 14 \\ 13 & 6 \\ 65 & 50 \end{bmatrix}$$

Die Spalten von C ergeben sich dadurch, dass man die Spalten von B als Spaltenvektoren auffasst, jeweils das Produkt von A mit diesen Spaltenvektoren bildet und die entstehenden Spalten wieder zu einer Matrix zusammensetzt. Genau diese rechnerische Verknüpfung der beiden Matrizen A, B wird **MATRIX-PRODUKT** ⇨ Glossar *genannt.*

Beispiel 4.5 (Fortsetzung von Beispiel 4.2 ⇨ Seite 66**):**
Die Kundenmigration eines Monats für ein spezielles Produkt mit zwei Anbietern A_1, A_2 ist gegeben durch die Übergangsmatrix

$$A = \begin{bmatrix} \frac{4}{5} & \frac{1}{3} \\ \frac{1}{5} & \frac{2}{3} \end{bmatrix}$$

Nun soll das Übergangsverhalten für einen 2-Monats-Zyklus modelliert werden. Aus einem Marktanteilvektor $x = (x_1, x_2)^T$ wird nach einem Monat der Marktanteilvektor $y = (y_1, y_2)^T$ mit

$$\begin{pmatrix} y_1 \\ y_2 \end{pmatrix} = Ax = \begin{bmatrix} \frac{4}{5} & \frac{1}{3} \\ \frac{1}{5} & \frac{2}{3} \end{bmatrix} \cdot \begin{pmatrix} x_1 \\ x_2 \end{pmatrix} = \begin{pmatrix} \frac{4}{5}x_1 + \frac{1}{3}x_2 \\ \frac{1}{5}x_1 + \frac{2}{3}x_2 \end{pmatrix} = x_1 \begin{pmatrix} \frac{4}{5} \\ \frac{1}{5} \end{pmatrix} + x_2 \begin{pmatrix} \frac{1}{3} \\ \frac{2}{3} \end{pmatrix}$$

Nach zwei Monaten ergibt sich der Marktanteilvektor $z = (z_1, z_2)^T$ mit

$$z = A \left(x_1 \begin{pmatrix} \frac{4}{5} \\ \frac{1}{5} \end{pmatrix} + x_2 \begin{pmatrix} \frac{1}{3} \\ \frac{2}{3} \end{pmatrix} \right) = x_1 A \begin{pmatrix} \frac{4}{5} \\ \frac{1}{5} \end{pmatrix} + x_2 A \begin{pmatrix} \frac{1}{3} \\ \frac{2}{3} \end{pmatrix}$$

$$= x_1 \begin{pmatrix} \frac{53}{75} \\ \frac{22}{75} \end{pmatrix} + x_2 \begin{pmatrix} \frac{22}{45} \\ \frac{23}{45} \end{pmatrix} = \begin{bmatrix} \frac{53}{75} & \frac{22}{45} \\ \frac{22}{75} & \frac{23}{45} \end{bmatrix} \begin{pmatrix} x_1 \\ x_2 \end{pmatrix} =: Bx$$

Mit der Übergangsmatrix

$$B = \begin{bmatrix} \frac{53}{75} & \frac{22}{45} \\ \frac{22}{75} & \frac{23}{45} \end{bmatrix}$$

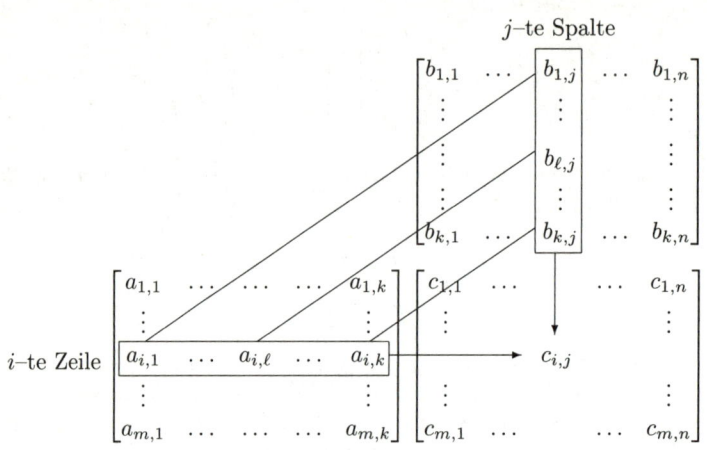

Abbildung 4.1: Falk-Schema zur Matrix-Multiplikation

ergibt sich der Marktanteilvektor nach zwei Monaten als Bx. Die Matrix B erhält man, indem jeweils das Produkt von A mit den Spalten(-vektoren) aus A gebildet wird und man die Ergebnisse zu einer Matrix zusammensetzt. Der 2-Monats-Übergang wird also durch eine Übergangsmatrix B beschrieben, die als Produkt der Matrix A mit sich selbst aufgefasst werden kann.

Gemeinsam haben die beiden Beispiele die rechnerische Vorgehensweise zur Bestimmung der kumulativen Verflechtung.

Definition 4.2

Das Matrix-Produkt $A \cdot B$ zweier Matrizen $A \in \mathbb{R}^{m \times k}$, $B \in \mathbb{R}^{k \times n}$ ist diejenige Matrix $C \in \mathbb{R}^{m \times n}$, welche sich ergibt, wenn die Matrix-Vektorprodukte von A mit jeder Spalte von B gebildet und zu einer Matrix zusammengefasst werden. Die Matrix C hat dann die Einträge

$$c_{i,j} = a_{i,1}b_{1,j} + a_{i,2}b_{2,j} + \ldots + a_{i,k}b_{k,j} = \sum_{\ell=1}^{k} a_{i,\ell}b_{\ell,j}$$

Zur Einübung des Matrix-Produktes zweier konkreter Matrizen sollte anfangs auf das so genannte **FALK-SCHEMA** ⇨ Glossar in Abbildung 4.1 zurückgegriffen werden; dann fällt die Zuordnung der Formel für die Zell-Einträge von C zu den benötigten Zeilen bzw. Spalten von A bzw. B leichter.

Das Matrixprodukt $A \cdot B$ kann nur dann gebildet werden, wenn A genau so viele Spalten wie B Zeilen hat. Das kann bei ökonomischen Anwendungen der Matrizenrechnung häufig schon im Sachzusammenhang erkannt werden.

Mathematisch entspricht das Matrix-Produkt AB der Bestimmung einer Matrix für die **Hintereinanderausführung** zweier linearer Abbildungen, repräsentiert durch die Matrizen A und B.

Man sollte daher eher von der Matrix-Verkettung sprechen. Dass man den Begriff „Produkt" verwendet, obwohl in der Rechenvorschrift sowohl Summen- als auch Produktbildungen auftreten, suggeriert, dass die rechnerischen Eigenschaften der Operation denen der Multiplikation von reellen Zahlen ähneln. Prinzipiell stimmt das; es gibt aber einige Besonderheiten im Umgang mit Produkten von Matrizen, mit denen man erst vertraut werden sollte.

Beispiel 4.6:

Die folgenden Beispiele sollten jeweils anhand des Bildungsgesetzes für Matrixprodukte überprüft werden:

- $$\begin{bmatrix} 3 & 2 & 0 & 1 \\ 1 & 0 & 2 & 0 \\ 4 & 4 & -1 & -3 \end{bmatrix} \cdot \begin{bmatrix} 3 & 2 \\ 3 & 5 \\ 1 & 0 \\ 2 & 0 \end{bmatrix} = \begin{bmatrix} 17 & 16 \\ 5 & 2 \\ 17 & 28 \end{bmatrix} \quad und \quad \begin{bmatrix} 2 & 0 & 1 \\ 0 & 3 & 2 \end{bmatrix} \cdot \begin{bmatrix} 3 & 2 \\ 3 & 0 \\ 1 & 5 \end{bmatrix} = \begin{bmatrix} 7 & 9 \\ 11 & 10 \end{bmatrix}$$

- $$\begin{bmatrix} 3 & 2 \\ 3 & 5 \end{bmatrix} \cdot \begin{bmatrix} 3 & 0 \\ 1 & 3 \\ 4 & 1 \end{bmatrix} \quad und \quad \begin{bmatrix} 3 & 2 \\ 3 & 5 \\ 1 & 0 \\ 2 & 0 \end{bmatrix} \cdot \begin{bmatrix} 3 & 2 & 0 & 1 \\ 1 & 0 & 2 & 0 \\ 4 & 4 & -1 & -3 \end{bmatrix} \quad \textit{dürfen nicht gebildet werden.}$$

- *Selbst wenn sowohl $A \cdot B$ als auch $B \cdot A$ gebildet werden können, muss nicht $A \cdot B = B \cdot A$ gelten:*
$$\begin{bmatrix} 1 & 2 \\ 0 & 0 \end{bmatrix} \cdot \begin{bmatrix} 0 & 0 \\ 0 & 1 \end{bmatrix} = \begin{bmatrix} 0 & 2 \\ 0 & 0 \end{bmatrix}, \quad aber \quad \begin{bmatrix} 0 & 0 \\ 0 & 1 \end{bmatrix} \cdot \begin{bmatrix} 1 & 2 \\ 0 & 0 \end{bmatrix} = \begin{bmatrix} 0 & 0 \\ 0 & 0 \end{bmatrix}$$

- *$A \cdot B$ und $B \cdot A$ haben, selbst wenn sie gebildet werden können, im allgemeinen nicht einmal gleich viele Zeilen bzw. Spalten:*
$$\begin{bmatrix} 2 & 0 & 1 \\ 0 & 3 & 2 \end{bmatrix} \cdot \begin{bmatrix} 1 & 0 \\ 1 & -1 \\ 0 & 1 \end{bmatrix} = \begin{bmatrix} 2 & 1 \\ 3 & -1 \end{bmatrix}, \quad aber \quad \begin{bmatrix} 1 & 0 \\ 1 & -1 \\ 0 & 1 \end{bmatrix} \cdot \begin{bmatrix} 2 & 0 & 1 \\ 0 & 3 & 2 \end{bmatrix} = \begin{bmatrix} 2 & 0 & 1 \\ 2 & -3 & -1 \\ 0 & 3 & 2 \end{bmatrix}$$

Treten im Matrix-Produkt ausgeartete Matrizen mit einer Zeile oder einer Spalte auf, so sind die Ergebnissse konsistent mit früheren Begriffsbildungen:

- Produkt $A \cdot b$ einer Matrix A mit einem Spaltenvektor b, den man als Matrix mit einer Spalte auffassen kann.

- Produkt $b \cdot A$ eines Zeilenvektors, den man als Matrix mit einer Zeile auffassen kann, mit einer Matrix A.

- Produkt eines Zeilenvektors a mit einem Spaltenvektor b, d.h.

$$(a_1, \ldots, a_n)(b_1, \ldots, b_n)^T = a_1 b_1 + \cdots + a_n b_n$$

Dies ist vergleichbar mit dem Skalarprodukt, abgesehen davon, dass dort zwei Spaltenvektoren „multipliziert" wurden.

In Verallgemeinerung der entsprechenden Operationen für Vektoren lassen sich auch für Matrizen Addition, Skalarmultiplikation und Transposition einführen:

- Für Matrizen $A = [a_{i,j}], B = [b_{i,j}] \in \mathbb{R}^{m \times n}$ ist die Summe der Matrizen komponentenweise erklärt: $A + B := [a_{i,j} + b_{i,j}]_{\substack{1 \leq i \leq m \\ 1 \leq j \leq n}}$

- Für eine Zahl $\alpha \in \mathbb{R}$ und eine Matrix $A = [a_{i,j}] \in \mathbb{R}^{m \times n}$ ist die (skalare) Multiplikation von α und A komponentenweise erklärt: $\alpha A := [\alpha a_{i,j}]_{\substack{1 \leq i \leq m \\ 1 \leq j \leq n}}$

- Für eine Matrix $A = [a_{i,j}] \in \mathbb{R}^{m \times n}$ ist die transponierte Matrix wie folgt erklärt: $A^T := [a_{i,j}]_{\substack{1 \leq j \leq n \\ 1 \leq i \leq m}} \in \mathbb{R}^{n \times m}$

Beim Rechnen mit Matrizen zeigt sich, dass Matrixprodukt und Summe fast genau so verträglich zueinander sind wie die vergleichbaren Operationen auf reellen Zahlen. In der Tat gelten folgende Rechenregeln, bei denen einzelne Matrizen auch einzeilig bzw. einspaltig sein können, so dass sich Rechenregeln für das Verflechten von Matrizen mit Vektoren ergeben:

Satz 4.2

1) (Distributivgesetze) Für $A, B \in \mathbb{R}^{m \times k}$, $C, D \in \mathbb{R}^{k \times n}$ gilt

$$(A + B) \cdot C = (A \cdot C) + (B \cdot C), \quad A \cdot (C + D) = (A \cdot C) + (A \cdot D)$$

2) Für alle $A \in \mathbb{R}^{m \times k}$, $B \in \mathbb{R}^{k \times n}$, $\alpha \in \mathbb{R}$ gilt: $\alpha(A \cdot B) = A(\alpha \cdot B) = (\alpha A) \cdot B$

3) (Assoziativgesetz) Für alle $A \in \mathbb{R}^{m \times k}$, $B \in \mathbb{R}^{k \times n}$, $C \in \mathbb{R}^{n \times p}$ gilt

$$(A \cdot B) \cdot C = A \cdot (B \cdot C)$$

4) Für alle $A, B \in \mathbb{R}^{m \times k}$ und $\alpha \in \mathbb{R}$ gilt: $(A + B)^T = A^T + B^T$ und $(\alpha A)^T = \alpha(A^T)$

5) Für alle $A \in \mathbb{R}^{m \times k}$, $B \in \mathbb{R}^{k \times n}$ gilt (!) $(A \cdot B)^T = B^T \cdot A^T$

Vorsicht: Das Transpositionszeichen darf nicht einfach ohne Vertauschung der Faktoren in die Klammer gezogen werden! Es gilt i.a. $(AB)^T \neq (A^T B^T)$. Sollte dies doch für Matrizen ausnahmsweise erfüllt sein, so sagt man, dass diese beiden Matrizen kommutieren.

4.3 Quadratische Matrizen und Inversion von Matrizen

In vielen Anwendungen der Matrizenrechnung haben die zugrundeliegenden Matrizen gleiche Zeilen- und Spaltenzahl, weil die Input- und Output–Vektoren der zugehörigen Verflechtungsmodelle gleich viele Komponenten haben. Das war z.B. der Fall in dem behandelten Kundenwanderungsmodell aus der Marktforschung. Daneben sind auch Produktionsmodelle zuweilen von einer derartigen Struktur. Später werden hierzu die so genannten Sektor-Verflechtungsmodelle (Leontief-Modelle, ⇨ Unterabschnitt 4.6.1, Seite 92) vorgestellt. Schließlich finden solche Matrizen mit identischer Zeilen- und Spaltenzahl Verwendung bei der Untersuchung ökonomischer Funktionen mehrerer Variablen im Rahmen der Analysis. Dort fasst man beispielsweise die Ableitungen zweiter Ordnung in den verschiedenen Variablen zu derartigen Matrizen zusammen.

Im Folgenden sollen speziell auf solche quadratischen Matrizen zugeschnittene mathematische Operationen behandelt werden. Formal bezeichnet man eine Matrix als **QUADRATISCH** ⇨ Glossar, wenn ihre Zeilenzahl m mit ihrer Spaltenzahl n übereinstimmt, d.h. $n = m$. Unter den quadratischen Matrizen gibt es einige wichtige Spezialfälle:

Definition 4.3

- Eine quadratische Matrix $A \in \mathbb{R}^{n \times n}$ heißt **SYMMETRISCH** ⇨ Glossar, falls gilt $A = A^T$.

- Eine quadratische Matrix $A \in \mathbb{R}^{n \times n}$ heißt **DIAGONALMATRIX** ⇨ Glossar, falls $a_{ij} = 0$ für alle $i \neq j$, $i, j \in \{1, \dots, n\}$ (d.h. höchstens die Einträge $a_{11}, \dots, a_{nn}$ der sogenannten Hauptdiagonale sind von Null veschieden).

- $I_n := \begin{bmatrix} 1 & 0 & \dots & \dots & 0 \\ 0 & 1 & & & 0 \\ \vdots & & \ddots & & \vdots \\ 0 & 0 & \dots & 1 & 0 \\ 0 & 0 & \dots & 0 & 1 \end{bmatrix} \in \mathbb{R}^{n \times n}$ wird als **EINHEITSMATRIX** ⇨ Glossar bezeichnet.

Eine Besonderheit bei quadratischen Matrizen besteht darin, dass das Produkt $C = AB$ zweier quadratischer $n \times n$–Matrizen A, B wiederum eine quadratische $n \times n$-Matrix ist. Insofern bleibt man beim Addieren und Multiplizieren quadratischer $n \times n$-Matrizen in der gleichen Gruppe von Matrizen (Mathematiker nennen eine solche Objektmenge, in der die Regel 1) und 3) von Satz 4.2 ⇨ Seite 74 gelten, eine $\mathbb{R}$-Algebra). In Beispiel 4.2 ⇨ Seite 66 wurde bereits berechnet, dass durch das Produkt

$$A \cdot A = \begin{bmatrix} \frac{4}{5} & \frac{1}{3} \\ \frac{1}{5} & \frac{2}{3} \end{bmatrix} \cdot \begin{bmatrix} \frac{4}{5} & \frac{1}{3} \\ \frac{1}{5} & \frac{2}{3} \end{bmatrix} = \begin{bmatrix} \frac{53}{75} & \frac{22}{45} \\ \frac{22}{75} & \frac{23}{45} \end{bmatrix}$$

die Zwei-Schritt-Übergangsmatrix bestimmt wird. Gerade für diese so genannte Markoff-Modelle sind auch n Schritt-Übergangsmatrizen von Interesse, bei denen man die Multiplikation $n-1$ mal wiederholt.

Ist allgemein $A \in \mathbb{R}^{n \times n}$, so vereinbart man daher die folgenden **Potenzschreibweisen**: $A^0 := I_n$ sowie

$$A^k := \underbrace{A \cdot A \cdots A}_{k \text{ Faktoren}}$$

Beim Umgang mit reellen Zahlen und den zugehörigen Grundrechenarten Addition und Multiplikation sind die Zahlen Null und Eins besonders ausgezeichnet als **NEUTRALE ELEMENTE** ⇨ Glossar, die darüber hinaus die Zahlbereichserweiterung von den natürlichen zu den ganzen Zahlen und von den ganzen Zahlen zu den rationalen Zahlen motivieren, indem die Frage nach inversen Größen aufgeworfen wird.

Gleiches kann man für quadratische Matrizen versuchen. Während die Null-Matrix – d.h. eine Matrix mit lauter Null-Einträgen – für die Addition die Rolle des neutralen Elementes übernimmt, so leistet dies für die Matrix-Multiplikation die Einheitsmatrix; für jede (quadratische) Matrix $A \in \mathbb{R}^{n \times n}$ gilt $A \cdot I_n = A, \quad I_n \cdot A = A$. Die „Kehrwertbildung" reeller von Null verschiedener Zahlen ist allerdings im Matrix-Kalkül nicht für jede von der Null-Matrix verschiedene Matrix durchführbar:

Definition 4.4
Wenn es zu einer (quadratischen) Matrix $A \in \mathbb{R}^{n \times n}$ eine (quadratische) Matrix $B \in \mathbb{R}^{n \times n}$ gibt, so dass gilt

$$A \cdot B = I_n = B \cdot A,$$

dann heißt A invertierbar und B heißt **INVERSE MATRIX** ⇨ Glossar zu A. Man verwendet das Symbol A^{-1}, um die inverse Matrix zu A zu beschreiben.

Nicht jede quadratische Matrix ist invertierbar; mithin kann man nicht immer die inverse Matrix bilden, insbesondere erfolgt die Inversion nicht durch komponentenweise Kehrwertbildung. Darüber hinaus genügt es, eine der Eigenschaften $AB = I_n$ und $BA = I_n$ zu überprüfen, um nachzuweisen, dass B die zu A inverse Matrix ist.

Beispiel 4.7:

*In den folgenden Beispielen soll zunächst die definierenden Eigenschaft $AA^{-1} = I_n$
bzw. $A^{-1}A = I_n$ verifiziert werden:*

- *$A = \begin{bmatrix} 1 & 0 \\ 0 & 2 \end{bmatrix}$ ist invertierbar, $A^{-1} = \begin{bmatrix} 1 & 0 \\ 0 & \frac{1}{2} \end{bmatrix}$. $A = \begin{bmatrix} 2 & 3 \\ 1 & 1 \end{bmatrix}$ ist invertierbar,*

  *$A^{-1} = \begin{bmatrix} -1 & 3 \\ 1 & -2 \end{bmatrix}$. Hingegen ist $A = \begin{bmatrix} 2 & 4 \\ 1 & 2 \end{bmatrix}$ nicht invertierbar. Erkennbar ist
  das daran, dass die Zeilen – und auch die Spalten – von A linear abhängig sind.*

- *$A = \begin{bmatrix} 3 & 0 & 0 \\ 0 & 2 & 0 \\ 0 & 0 & 4 \end{bmatrix}$ ist invertierbar mit $A^{-1} = \begin{bmatrix} \frac{1}{3} & 0 & 0 \\ 0 & \frac{1}{2} & 0 \\ 0 & 0 & \frac{1}{4} \end{bmatrix}$. Allgemein gilt für
  Diagonalmatrizen mit von Null verschiedenen Hauptdiagonal-Einträgen*

$$\begin{bmatrix} a_{1,1} & \cdots & 0 \\ & \ddots & \\ 0 & \cdots & a_{n,n} \end{bmatrix}^{-1} = \begin{bmatrix} \frac{1}{a_{1,1}} & \cdots & 0 \\ & \ddots & \\ 0 & \cdots & \frac{1}{a_{n,n}} \end{bmatrix}$$

*Das schematische Invertieren der Hauptdiagonale ist aber nur bei Diagonalma-
trizen ein gangbarer Weg zur Inversenbestimmung. Bei diesen ergibt sich das
Matrix-Produkt eben auch als ein komponentenweises Produkt der Elemente der
Hauptdiagonale, so dass auch die Inversion vergleichsweise einfach ist. In der
Regel stellen Matrix-Produkte aber aufwändige Summenbildungen dar, deshalb
kann man nicht von einer einfachen Rechenvorschrift zur Inversion ausgehen.*

- *$A = \begin{bmatrix} 1 & 1 & 2 \\ 2 & 1 & 3 \\ 1 & -1 & -1 \end{bmatrix}$ ist invertierbar mit $A^{-1} = \begin{bmatrix} 2 & -1 & 1 \\ 5 & -3 & 1 \\ -3 & 2 & -1 \end{bmatrix}$*

- *$A = \begin{bmatrix} 1 & 1 & 2 \\ 1 & 1 & 3 \\ 1 & -1 & 1 \end{bmatrix}$ ist invertierbar mit $A^{-1} = \frac{1}{2}\begin{bmatrix} 4 & -3 & 1 \\ 2 & -1 & -1 \\ -2 & 2 & 0 \end{bmatrix}$*

- *$A = \begin{bmatrix} 0 & 4 & 1 \\ 2 & 1 & 1 \\ 2 & 5 & 2 \end{bmatrix}$ ist nicht invertierbar. Erkennbar ist das hier beispielsweise
  daran, dass die dritte Zeile von A die Summe der ersten beiden Zeilen ist. Durch
  Zeilenumformungen lässt sich also eine Nullzeile erzeugen. Bei invertierbaren
  Matrizen ist das nicht möglich.*

Inverse Matrizen können zur Lösung von **LINEAREN GLEICHUNGSSYS-
TEMEN** ⇨ Glossar verwendet werden, die gleich viele Variablen und Gleichungen haben. Sie ermöglichen nämlich eine rein schematische Lösung der Gleichung $Ax = b$, ganz genau wie bei einer Gleichung $ax = b$ in einer Variablen.
Dazu muss lediglich die Matrix A invertierbar sein.

Satz 4.3

Es sei $A \in \mathbb{R}^{n \times n}$ eine quadratische, invertierbare Matrix und $b \in \mathbb{R}^n$. Dann hat das lineare Gleichungssystem $Ax = b$ genau eine Lösung, und zwar $x = A^{-1}b$.

Zur Begründung: $Ax = b$ ist gleichwertig zu $A^{-1}Ax = A^{-1}b \Leftrightarrow Ix = A^{-1}b \Leftrightarrow x = A^{-1}b$

Beispiel 4.8:

Zu der Matrix $A = \begin{bmatrix} 1 & 1 & 2 \\ 2 & 1 & 3 \\ 1 & -1 & -1 \end{bmatrix}$ *ist* $A^{-1} = \begin{bmatrix} 2 & -1 & 1 \\ 5 & -3 & 1 \\ -3 & 2 & -1 \end{bmatrix}$. *Etwa für*

$b = (2, 5, 7)^T$ *ist Lösung von* $Ax = b$ *daher*

$$x = A^{-1}b = \begin{bmatrix} 2 & -1 & 1 \\ 5 & -3 & 1 \\ -3 & 2 & -1 \end{bmatrix} \begin{pmatrix} 2 \\ 5 \\ 7 \end{pmatrix} = \begin{pmatrix} 6 \\ 2 \\ -3 \end{pmatrix}$$

Zur Berechnung einer Matrix B mit $AB = I_n$ sind Vektoren $b^{(j)} \in \mathbb{R}^n$ als Spalten von B so zu bestimmen, dass $A \cdot b^{(j)} = e^{(j)}$ (dabei ist $e^{(j)} = j$–ter **EINHEITSVEKTOR** ⇨ Glossar). Die so erhaltenen Vektoren $b^{(j)}$ ergeben dann „zusammengesetzt" die Inverse $B = A^{-1}$. Das Gleichungssystem $A \cdot b^{(j)} = e^{(j)}$ kann man leicht lösen, indem man das **GAUSSSCHE ELIMINATIONSVER-FAHREN** ⇨ Glossar anwendet, d.h. $[A|e^{(j)}]$ auf **ZEILENSTUFENFORM** ⇨ Glossar bringt. Da aber bei jedem dieser Gleichungssysteme die selben – nur auf A basierenden – Umformungen ausgeführt werden müssen, kann die Bestimmung der $b^{(j)}$ und somit von A^{-1} simultan erfolgen:

Satz 4.4 (Verfahren zur Matrixinversion von $A \in \mathbb{R}^{n \times n}$)

Man bilde aus A und der Einheitsmatrix I_n die Matrix

$$[A|I_n] = \begin{bmatrix} a_{11} & \cdots & a_{1n} & 1 & & 0 \\ \vdots & \ddots & \vdots & & \ddots & \\ a_{n1} & \cdots & a_{nn} & 0 & & 1 \end{bmatrix}$$

Diese Matrix wird durch elementare Zeilenumformungen auf Zeilenstufenform gebracht. Wenn die ZSF von der Form $[I_n|B]$ ist (d.h. links steht die Einheits-matrix), so ist A invertierbar und $B = A^{-1}$. Andernfalls ist A nicht invertierbar.

Beispiel 4.9:

$$\begin{bmatrix} 1 & 1 & 2 & 1 & 0 & 0 \\ 2 & 1 & 3 & 0 & 1 & 0 \\ 1 & -1 & -1 & 0 & 0 & 1 \end{bmatrix} \longrightarrow \begin{bmatrix} 1 & 1 & 2 & 1 & 0 & 0 \\ 0 & -1 & -1 & -2 & 1 & 0 \\ 0 & -2 & -3 & -1 & 0 & 1 \end{bmatrix}$$

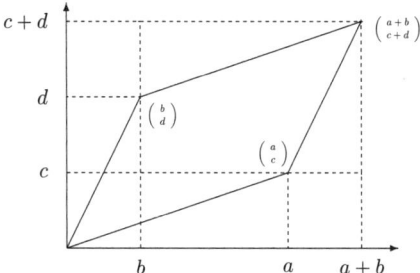

Abbildung 4.2: Illustration der Determinante als Flächenänderungsfaktor

$$\longrightarrow \left[\begin{array}{ccc|ccc} 1 & 1 & 2 & 1 & 0 & 0 \\ 0 & 1 & 1 & 2 & -1 & 0 \\ 0 & -2 & -3 & -1 & 0 & 1 \end{array}\right] \quad \longrightarrow \left[\begin{array}{ccc|ccc} 1 & 1 & 2 & 1 & 0 & 0 \\ 0 & 1 & 1 & 2 & -1 & 0 \\ 0 & 0 & -1 & 3 & -2 & 1 \end{array}\right]$$

$$\longrightarrow \left[\begin{array}{ccc|ccc} 1 & 1 & 2 & 1 & 0 & 0 \\ 0 & 1 & 1 & 2 & -1 & 0 \\ 0 & 0 & 1 & -3 & 2 & -1 \end{array}\right] \quad \longrightarrow \left[\begin{array}{ccc|ccc} 1 & 1 & 0 & 7 & -4 & 2 \\ 0 & 1 & 0 & 5 & -3 & 1 \\ 0 & 0 & 1 & -3 & 2 & -1 \end{array}\right]$$

$$\longrightarrow \left[\begin{array}{ccc|ccc} 1 & 0 & 0 & 2 & -1 & 1 \\ 0 & 1 & 0 & 5 & -3 & 1 \\ 0 & 0 & 1 & -3 & 2 & -1 \end{array}\right]$$

Also ist $\begin{bmatrix} 1 & 1 & 2 \\ 2 & 1 & 3 \\ 1 & -1 & -1 \end{bmatrix}^{-1} = \begin{bmatrix} 2 & -1 & 1 \\ 5 & -3 & 1 \\ -3 & 2 & -1 \end{bmatrix}$. *Hingegen ist* $A = \begin{bmatrix} 0 & 4 & 1 \\ 2 & 1 & 1 \\ 2 & 5 & 2 \end{bmatrix}$
nicht invertierbar, da $Rang(A) = 2 < 3$; *die Einheitsmatrix kann beim schematischen Invertieren durch Zeilenumformungen nicht erzeugt werden.*

4.4 Determinanten

Die **DETERMINANTE** $\det(A)$ ⇨ Glossar ist eine Kennzahl einer quadratischen Matrix A mit vielfältigen Verwendungsmöglichkeiten. Mit ihr begründen sich z.B. zahlreiche Volumen- und Inhaltsformeln der Geometrie:

Beispiel 4.10:
Das Einheitsquadrat mit den Eckpunkten $x^{(1)} = (0,0)^T$, $x^{(2)} = (1,0)^T$, $x^{(3)} = (0,1)^T$ *und* $x^{(4)} = (1,1)^T$ *besitzt den Flächeninhalt 1. Nun transformiert man die Eckpunkte zu* $y^{(i)} = Ax^{(i)}$, *wobei* $A = \begin{bmatrix} a & b \\ c & d \end{bmatrix}$; *das ergibt die Punkte* $(0,0)^T$, $(a,c)^T$, $(b,d)^T$ *und* $(a+b,c+d)^T$, *die ein Parallelogramm wie in Abbildung 4.2 festlegen. Der Skizze liegt die Annahme zugrunde, dass* $a > b > 0$ *und* $d > c > 0$

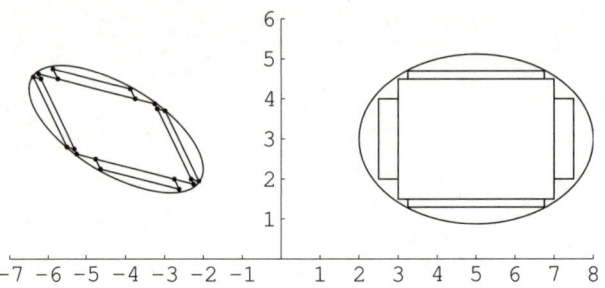

Abbildung 4.3: Flächeninhalt einer linear transformierten Ellipse

(andere Fälle lassen sich vergleichbar skizzieren). Der Flächeninhalt dieses Parallelogramms beträgt $(a+b)(c+d) - ac - bd - 2bc = ad - bc$; dieser Wert wird ganz allgemein als die Determinante $\det(A)$ der Matrix A bezeichnet.

Lässt man die Forderungen $a > b > 0$ und $d > c > 0$ fallen, so ergibt sich als Flächeninhalt des bei der Transformation entstandenen Parallelogramms $|\det(A)|$; wenn es sich bei der Ausgangsfigur allgemein um ein Rechteck mit den Seitenlängen ℓ_1 und ℓ_2 handelt, so überführt die Transformation mittels der Matrix A das Rechteck in ein Parallelogramm mit dem Flächeninhalt $|\det(A)|\ell_1\ell_2$: die Determinante gibt also betragsmäßig den Inhalts-Änderungsfaktor bei linearer Transformation des Ausgangsrechtecks an.

Handelt es sich bei der Ausgangsfigur um eine kompliziertere Fläche, so wird diese zerlegt bzw. ausgeschöpft durch Rechtecke, welche in Parallelogramme transformiert werden, deren Flächeninhalte sich als Flächen der Ausgangsrechtecke multipliziert mit dem Faktor $|\det(A)|$ ergeben. In Abbildung 4.3 ist dies anhand der Transformation der rechts stehenden Ellipse – mit dem Brennpunkt $(5,3)$ mittels der Matrix $A = \begin{bmatrix} -0,25 & -1 \\ 0,5 & 0,25 \end{bmatrix}$ mit der Determinante $\frac{7}{16}$ in die links stehende Ellipse dargestellt. Jedes der transformierten Rechtecke wird zu einem Parallelogramm mit $\frac{7}{16}$ des ursprünglichen Flächeninhaltes. Dann hat auch die entstehende Ellipse $\frac{7}{16}$ des Flächeninhaltes der Ausgangsfigur, d.h. auch hier stellt die Determinante den Änderungsfaktor für den Flächeninhalt dar.

Solche Volumen– oder Flächenänderungen lassen sich auch dann berechnen, wenn die Transformation der Menge nicht mehr mittels einer Matrix A, sondern aufgrund einer nichtlinearen Abbildung geschieht. Der Änderungsfaktor wird dann jeweils „lokal" auf Basis der so genannten Funktionaldeterminante dieser Abbildung bestimmt. Dies führt zu der wichtigen Substitutionsregel der Integralrechnung (Satz 7.29 ⇨ Seite 219).

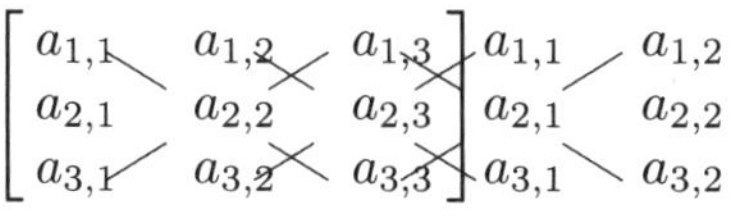

$$\begin{bmatrix} a_{1,1} & a_{1,2} & a_{1,3} \\ a_{2,1} & a_{2,2} & a_{2,3} \\ a_{3,1} & a_{3,2} & a_{3,3} \end{bmatrix} \begin{array}{cc} a_{1,1} & a_{1,2} \\ a_{2,1} & a_{2,2} \\ a_{3,1} & a_{3,2} \end{array}$$

Abbildung 4.4: Graphische Illustration der Sarrus-Regel

Aus ökonomischer Sicht liegen die Hauptanwendungsgebiete der Determinante allerdings eher bei der Lösung linearer Gleichungssysteme und Invertierbarkeitsfragen für quadratische Matrizen. Außerdem lassen sich mit ihr Kennziffern von Funktionen mehrerer Variablen angeben (Marginalanalyse, Funktionskrümmung, Extremwerte). Bei so vielen verschiedenen Anwendungen kann man nicht erwarten, dass die Determinante eine grundsätzlich leicht zu berechnende Kenngröße ist. Explizite Formeln für die Determinante einer allgemeinen quadratischen Matrix wie etwa die hier nicht behandelte Leibniz-Formel sind nur für $n = 1, 2, 3$ numerisch sinnvoll, ab $n = 4$ kann die Determinante aber unter Einsatz von Zeilenumformungen oder rekursiv mit der so genannten Laplace-Entwicklung, die im Folgenden noch dargestellt wird, berechnet werden.

Definition 4.5 (Determinaten von $n \times n$-Matrizen für $n \leq 3$)

1. $n = 1$, d.h. $A = [a_{1,1}]$. Dann ist $\det(A) := a_{1,1}$

2. $n = 2$, d.h. $A = \begin{bmatrix} a_{1,1} & a_{1,2} \\ a_{2,1} & a_{2,2} \end{bmatrix}$. Dann ist $\det(A) := a_{1,1}a_{2,2} - a_{2,1}a_{1,2}$

3. $n = 3$, d.h. $A = \begin{bmatrix} a_{1,1} & a_{1,2} & a_{1,3} \\ a_{2,1} & a_{2,2} & a_{2,3} \\ a_{3,1} & a_{3,2} & a_{3,3} \end{bmatrix}$. Dann ist $\det A = a_{1,1}a_{2,2}a_{3,3} + a_{1,2}a_{2,3}a_{3,1} + a_{1,3}a_{2,1}a_{3,2} - a_{3,1}a_{2,2}a_{1,3} - a_{3,2}a_{2,3}a_{1,1} - a_{3,3}a_{2,1}a_{1,2}$.

Dies wird als **SARRUS-REGEL** ⇨ Glossar bezeichnet.

Beispiel 4.11:

$$\det\left(\begin{bmatrix} 1 & 2 \\ 2 & 5 \end{bmatrix}\right) = 1 \cdot 5 - 2 \cdot 2 = 1$$

$$\det\left(\begin{bmatrix} 3 & 1 & 0 \\ 2 & 1 & 2 \\ 1 & 5 & 3 \end{bmatrix}\right) = 9 + 2 + 0 - 0 - 30 - 6 = -25$$

Die Sarrus-Regel orientiert sich an dem – nur im Falle $n = 3$ – anwendbaren „Jägerzaun"-Schema aus Abbildung 4.4. Die Werte jeweils längs der Diagonalen werden multipliziert. Die Ergebnisse werden addiert (Diagonalen von links oben nach rechts unten) bzw. subtrahiert (Diagonalen von links unten nach rechts oben).

Für Determinanten von quadratischen Matrizen mit mehr als 3 Zeilen und Spalten gibt es keine effizienten Schemata à la Sarrus-Regel; man kann zwar die Determinante mit der so genannten LEIBNIZ-Formel definieren; diese Formel besteht aber bei einer $n \times n$-Matrix aus $n! = 1 \cdot 2 \cdots n$ Summanden, die jeweils Produkte von n Faktoren sind. Viel einfacher lässt sich die Determinante rekursiv erklären, d.h. aufbauend auf den – als bekannt vorausgesetzten – Möglichkeiten, die Determinante von $(n-1) \times (n-1)$-Matrizen zu berechnen, soll ein Berechnungsschema für Determinanten einer $n \times n$-Matrix A angegeben werden. Dieses so genannte Entwicklungsschema kann für jede beliebige Zeile bzw. Spalte von A angegeben werden und es ergibt sich in jedem Falle der gleiche Wert – diesen Sachverhalt können wir an dieser Stelle nicht verifizieren. Dabei bestimmt man zunächst für die i-te Zeile (bzw. j-te Spalte) sämtliche Streichungsmatrizen, die sich durch Streichen der i-ten Zeile und sukzessive der ersten, zweiten, ..., n-ten Spalte (bzw. der ersten, zweiten, ..., n-ten Zeile) ergeben. Schematisch lauten die Streichungsmatrizen

$$
A = \left[\begin{array}{c|c|c} & a_{1,j} & \\ B & \vdots & C \\ & a_{i-1,j} & \\ \hline a_{i,1} \cdots a_{i,j-1} & a_{i,j} & a_{i,j+1} \cdots a_{i,n} \\ \hline & a_{i+1,j} & \\ D & \vdots & E \\ & a_{n,j} & \end{array}\right] \quad \Rightarrow \quad A_{i,j} := \left[\begin{array}{c|c} B & C \\ \hline D & E \end{array}\right]
$$

So hat z.B. $A = \begin{bmatrix} 1 & 4 & 3 & 2 \\ 6 & 2 & 3 & 0 \\ 2 & 5 & 5 & 1 \\ 9 & 7 & 4 & 3 \end{bmatrix}$ eine Streichungsmatrix $A_{2,3} = \begin{bmatrix} 1 & 4 & 2 \\ 2 & 5 & 1 \\ 9 & 7 & 3 \end{bmatrix}$.

Satz 4.5 (Entwicklungssatz von Laplace)

Für alle $n \in \mathbb{N}$ wird die Determinante von $A \in \mathbb{R}^{n \times n}$ durch das rekursive Entwicklungsschema

- $\det(A) := \sum\limits_{j=1}^{n} (-1)^{i+j} a_{i,j} \det(A_{i,j})$. (Entwicklung nach der i-ten Zeile)

- $\det(A) := \sum\limits_{i=1}^{n} (-1)^{i+j} a_{i,j} \det(A_{i,j})$ (Entwicklung nach der j-ten Spalte)

erklärt, welches für jede Zeilen- bzw. Spaltenauswahl bei der Entwicklung stets dasselbe Resultat liefert.

Die **ENTWICKLUNGSFORMEL VON LAPLACE** ⇨ Glossar stellt eine Möglichkeit dar, die $n!$ Summanden der LEIBNIZ'schen Entwicklungsformel durch geeignetes Ausklammern in einer Reihenfolge zu schreiben, bei der der Berechnungsaufwand gering gehalten werden kann, etwa indem man nach einer Zeile oder Spalte entwickelt, die möglichst viele Null-Einträge enthält.

Beispiel 4.12:

$$\det\left(\begin{bmatrix} 1 & 2 & 2 & 2 \\ 1 & 1 & 2 & 1 \\ 1 & 1 & 1 & 0 \\ 1 & 3 & 0 & 0 \end{bmatrix}\right) = 1 \cdot \det\begin{bmatrix} 1 & 2 & 1 \\ 1 & 1 & 0 \\ 3 & 0 & 0 \end{bmatrix} - 2 \cdot \det\begin{bmatrix} 1 & 2 & 1 \\ 1 & 1 & 0 \\ 1 & 0 & 0 \end{bmatrix}$$

$$+ 2 \cdot \det\begin{bmatrix} 1 & 1 & 1 \\ 1 & 1 & 0 \\ 1 & 3 & 0 \end{bmatrix} - 2 \det\begin{bmatrix} 1 & 1 & 2 \\ 1 & 1 & 1 \\ 1 & 3 & 0 \end{bmatrix}$$

$$= 1 \cdot (-3) - 2 \cdot (-1) + 2 \cdot 2 - 2 \cdot 2 = -1$$

Wie man sieht, mussten vier Determinanten nach Sarrus berechnet werden. Je mehr Null–Einträge allerdings in einer Zeile bzw. Spalte stehen, um so eher ist sie für die Entwicklung geeignet. So liefert die Entwicklung nach der vierten Spalte im obigen Beispiel dasselbe Ergebnis, aber mit etwa dem halben Rechenaufwand:

$$\det\left(\begin{bmatrix} 1 & 2 & 2 & 2 \\ 1 & 1 & 2 & 1 \\ 1 & 1 & 1 & 0 \\ 1 & 3 & 0 & 0 \end{bmatrix}\right) = (-2) \cdot \det\begin{bmatrix} 1 & 1 & 2 \\ 1 & 1 & 1 \\ 1 & 3 & 0 \end{bmatrix} + 1 \cdot \det\begin{bmatrix} 1 & 2 & 2 \\ 1 & 1 & 1 \\ 1 & 3 & 0 \end{bmatrix} = -1$$

Für spezielle Matrizen lassen sich Determinanten viel einfacher angeben als mittels Entwicklungsformel:

Satz 4.6 (Determinanten von speziellen Matrizen)

1. Wenn $A \in \mathbb{R}^{n \times n}$ eine Blockmatrix mit der Gestalt $A = \begin{bmatrix} B & * \\ 0 & C \end{bmatrix}$ mit quadratischen Matrizen B, C hat, so gilt $\det(A) = \det(B) \cdot \det(C)$.

2. (Δ-Matrizen) $\det\begin{bmatrix} \alpha_1 & * & * & * \\ 0 & \alpha_2 & * & * \\ \vdots & & 0 & \ddots & * \\ 0 & \dots & 0 & \alpha_n \end{bmatrix} = \alpha_1 \cdot \alpha_2 \cdot \dots \cdot \alpha_n.$

3. Sind A, B zwei quadratische $n \times n$-Matrizen, so gilt: $\det(AB) = \det(A)\det(B)$.

Oft kann man mit einigen wenigen **ZEILENUMFORMUNGEN** ⇨ Glossar eine quadratische Matrix so umgestalten, dass eine Matrix einer der oben genannten Formen entsteht, ohne dass sich die Determinante wesentlich verändert. Das ist dann von Vorteil, wenn die entstandene Matrix eine leichter zu berechnende Determinante hat:

Satz 4.7 (Determinante und elementare Zeilenumformungen)

1) Wenn $B \in \mathbb{R}^{n \times n}$ aus $A \in \mathbb{R}^{n \times n}$ durch eine Zeilenvertauschung entsteht, so gilt $\det(B) = -\det(A)$.

2) Wenn $B \in \mathbb{R}^{n \times n}$ aus $A \in \mathbb{R}^{n \times n}$ durch Multiplikation einer Zeile mit einer Konstanten α entsteht, so gilt $\det(B) = \alpha \cdot \det(A)$.

3) Wenn $B \in \mathbb{R}^{n \times n}$ aus $A \in \mathbb{R}^{n \times n}$ durch Addition eines Vielfachen einer Zeile zu einer anderen Zeile entsteht, so gilt $\det(B) = \det(A)$.

4) Verhalten bei Transpositionen: Wenn $A \in \mathbb{R}^{n \times n}$, so gilt $\det(A^T) = \det(A)$.

Diese Transformationseigenschaften der Determinante machen sie dem Kalkül der Zeilenumformungen zugänglich. Mit einigen Standardumformungen bringt man die Matrix A in eine der Staffelform ähnliche Gestalt oder erzeugt eine Zeile bzw. Spalte mit nur einem von Null verschiedenen Eintrag. Dann wird die Entwicklungsformel angewendet, um anschließend eine Determinante einer Matrix geringerer Dimension nach dem gleichen Schema zu berechnen. In dieser Form ist die Determinantenberechnung auch für größere Matrizen mittels Computer effizient durchzuführen.

Beispiel 4.13:
Der Vorteil auch bei händischer Rechnung sei anhand einer etwas größeren Matrix verdeutlicht, bei welcher durch Zeilenumformungen des Typs „Addition" zunächst eine Spalte mit nur einem von Null verschiedenen Eintrag erzeugt wird. Dadurch verändert sich die Determinante nicht:

$$A = \begin{bmatrix} 1 & 2 & 1 & 2 & 1 \\ 2 & 3 & 4 & 3 & 3 \\ 1 & 2 & 2 & 2 & 1 \\ 1 & 2 & 3 & 3 & 1 \\ 1 & 2 & 0 & 2 & 0 \end{bmatrix} \to B = \begin{bmatrix} 1 & 2 & 1 & 2 & 1 \\ 0 & -1 & 2 & -1 & 1 \\ 0 & 0 & 1 & 0 & 0 \\ 0 & 0 & 2 & 1 & 0 \\ 0 & 0 & -1 & 0 & -1 \end{bmatrix}$$

Also ist

$$\det(A) = \det(B) = \det \begin{bmatrix} -1 & 2 & -1 & 1 \\ 0 & 1 & 0 & 0 \\ 0 & 2 & 1 & 0 \\ 0 & -1 & 0 & -1 \end{bmatrix} = (-1) \det \begin{bmatrix} 1 & 0 & 0 \\ 2 & 1 & 0 \\ -1 & 0 & -1 \end{bmatrix} = 1$$

Bei alleiniger Verwendung der Entwicklungsformeln (selbst bei Entwickeln nach der fünften Zeile) wäre der Rechenaufwand erheblich größer.

Eine früher bedeutsame, aber auch in speziellen Anwendungsbereichen heute noch interessante Anwendung der Determinanten stellt die so genannte CRAMER'SCHE REGEL ⇨ Glossar dar. Sie ermöglicht es, bei einem linearen Gleichungssystem $Ax = b$ mit quadratischer invertierbarer Koeffizientenmatrix A einzelne Komponenten des Lösungsvektors x zu berechnen, ohne die anderen mitbestimmen zu müssen. Dies ist von Bedeutung in größeren ökonomischen Modellen etwa der Sektorenverflechtung, bei denen viele technische Komponenten in dem zu bestimmenden Profil x auftreten, die für Ökonomen nachrangige Bedeutung haben.

Satz 4.8

Für eine quadratische Matrix $A = \begin{bmatrix} a_{11} & \cdots & a_{1n} \\ \vdots & \ddots & \vdots \\ a_{n1} & \cdots & a_{nn} \end{bmatrix} \in \mathbb{R}^{n \times n}$ und einen Vektor $b = (b_1, \ldots, b_n)^T \in \mathbb{R}^n$ gilt:

- A ist invertierbar $\iff$ $\det(A) \neq 0$

- Falls $\det(A) \neq 0$, so hat das lineare Gleichungssystem $Ax = b$ genau eine Lösung $x = (x_1, \ldots, x_n)^T = A^{-1}b$ und es gilt für $j = 1, \ldots, n$:

$$x_j = \frac{\det \begin{bmatrix} a_{1,1} & \cdots & a_{1,j-1} & b_1 & a_{1,j+1} & \cdots & a_{1,n} \\ \vdots & \ddots & \vdots & \vdots & \cdots & \ddots & \vdots \\ a_{n,1} & \cdots & a_{n,j-1} & b_n & a_{n,j+1} & \cdots & a_{n,n} \end{bmatrix}}{\det(A)}$$

d.h. im Zähler steht die Determinante derjenigen Matrix, die entsteht, indem man die j–te Spalte von A durch den Vektor b ersetzt.

Beispiel 4.14:

Für die Matrix $A = \begin{bmatrix} 1 & 2 & -1 \\ 0 & 3 & 2 \\ 1 & 1 & 0 \end{bmatrix}$ *gilt (etwa mit der Sarrus-Regel)* $\det(A) = 5$,
d.h. A ist invertierbar.

Für $b = (3, 2, 4)^T$ *hat das LGS $Ax = b$ mit $x = (x_1, x_2, x_3)^T$ die Lösungen*

$$x_1 = \frac{\det \begin{bmatrix} 3 & 2 & -1 \\ 2 & 3 & 2 \\ 4 & 1 & 0 \end{bmatrix}}{\det A} = \frac{20}{5} = 4 \qquad x_2 = \frac{\det \begin{bmatrix} 1 & 3 & -1 \\ 0 & 2 & 2 \\ 1 & 4 & 0 \end{bmatrix}}{\det A} = \frac{0}{5} = 0$$

$$x_2 = \frac{\det \begin{bmatrix} 1 & 2 & 3 \\ 0 & 3 & 2 \\ 1 & 1 & 4 \end{bmatrix}}{\det A} = \frac{5}{5} = 1$$

Der Nutzen der Cramer-Regel sinkt mit der Anzahl der Komponenten von x, die auf diese Weise simultan berechnet werden müssen. Ist gar zur Berechnung der Determinante von A eine gleich große Anzahl von Zeilenumformungen erforderlich wie bei Durchführung des Gauß'schen Eliminationsverfahrens zur Bestimmung von A^{-1}, so sollte man auf die Cramer'sche Regel verzichten. Dies ist zumeist dann der Fall, wenn die komplette Lösung des LGS auf diese Weise angegeben werden soll.

Angesichts der Tatsache, dass die Bestimmung der Inversen einer Matrix darauf hinaus läuft, simultan mehrere lineare Gleichungssysteme zu lösen, sollte es nicht verwundern, dass man Matrizen auch mittels Determinantenformeln (über die so genannte adjungierte Matrix) bestimmen kann. Die entsprechenden Formeln sind aber eher aufwändig und sollen nur für 2×2-Matrizen geschildert werden:

Beispiel 4.15:
Sei die Matrix $A = \begin{bmatrix} a & b \\ c & d \end{bmatrix} \in \mathbb{R}^{2 \times 2}$ *invertierbar. Dann gilt:*

$$A^{-1} = \frac{1}{ad - bc} \cdot \begin{bmatrix} d & -b \\ -c & a \end{bmatrix}$$

Die Determinante der Matrix A tritt dabei als normierender Faktor der Inversen auf, ähnlich wie bei der Cramer-Regel. Dies ist charakteristisch für die allgemeine Determinantenformel von A^{-1}.

4.5 Eigenwerte und Eigenvektoren

Verflechtungen mit quadratischen Matrizen überführen Vektoren in andere Vektoren mit gleicher Komponentenzahl. Dabei sind manchmal solche Vektoren von Interesse, die sich bei der Verflechtung nicht verändern, z.B.

- der „steady-state" bei der Kundenwanderung

- das geschlossene Sektor-Verflechtungsmodell nach Leontief

Stabilität solcher Systeme zeigt sich oft auch in Kollinearität von Input- und Output-Vektor. Die Suche nach derartigen Input-Vektoren ist ein Hilfsmittel bei der Berechnung von Matrix-Produkten hoher Ordnung ebenso wie in der Marginalanalyse ökonomischer Funktionen mehrerer Variablen.

Beispiel 4.16 (Fortsetzung von Beispiel 4.2 $\Rightarrow$ Seite 66**):**
Betrachtet werde nochmals das Beispiel eines Produktes, welches von zwei Herstellern auf dem Markt angeboten wird, wobei der erste Anbieter monatlich einen von fünf Kunden an den zweiten verliert, der zweite hingegen jeden dritten Kunden an den ersten Anbieter abgibt. Es sei jetzt angenommen, dass der Markt für dieses Produkt expandiert, was dadurch abgebildet werden soll, dass jeder fünfte Kunde eines Anbieters einen Neukunden, der das Produkt bisher noch nicht konsumiert hat, für den folgenden Monat gewinnt. Sind x_1 *bzw.* x_2 *die Anteile der Anbieter am Markt, lauten die Kundenzahlen in der folgenden Periode also*

$$\begin{pmatrix} y_1 \\ y_2 \end{pmatrix} = \begin{pmatrix} \frac{4}{5}x_1 + \frac{1}{3}x_2 + \frac{1}{5}x_1 \\ \frac{1}{5}x_1 + \frac{2}{3}x_2 + \frac{1}{5}x_2 \end{pmatrix} = \begin{pmatrix} x_1 + \frac{1}{3}x_2 \\ \frac{1}{5}x_1 + \frac{13}{15}x_2 \end{pmatrix} = \begin{bmatrix} 1 & \frac{1}{3} \\ \frac{1}{5} & \frac{13}{15} \end{bmatrix} \begin{pmatrix} x_1 \\ x_2 \end{pmatrix}$$

In dieser Situation können sich die absoluten Kundenanteile natürlich nicht sta-
bilisieren (ein realistischeres Modell müsste den Sättigungsgrad des Marktes durch
eine zeitabhängige Modellierung des Neukundenanteils berücksichtigen). Dennoch
verändert sich auch jetzt ein einmal erreichtes Kundenverhältnis 5:3 nicht mehr,
wenngleich die absoluten Kundenzahlen zunehmen. Es gilt nämlich z.B.

$$
\begin{bmatrix} 1 & \frac{1}{3} \\ \frac{1}{5} & \frac{13}{15} \end{bmatrix} \begin{pmatrix} 5 \\ 3 \end{pmatrix} = \begin{pmatrix} 6 \\ \frac{18}{5} \end{pmatrix} = \frac{6}{5} \cdot \begin{pmatrix} 5 \\ 3 \end{pmatrix}
$$

und beide Marktanteil-Vektoren haben Komponenten im Verhältnis 5:3. Gleichzei-
tig haben sich beide Kundenanteile um jeweils 20% erhöht. Informell gesprochen
liegt dann ein Wachstumsprozess vor, bei dem die Kundenverhältnisse zwischen
den Anbietern konstant bleiben, und innerhalb einer Periode jeweils um den glei-
chen Prozentsatz steigen. Jeder zu $(5,3)^T$ skalar-vielfache Vektor $(5\alpha, 3\alpha)^T$ besitzt
dieselbe gleichförmige Wachstumseigenschaft mit dem Wachstumsfaktor $\frac{6}{5}$.

Definition 4.6
Man nennt $\lambda \in \mathbb{R}$ einen EIGENWERT ⇨ Glossar von $A \in \mathbb{R}^{n \times n}$, wenn es einen
vom NULLVEKTOR ⇨ Glossar verschiedenen Vektor $x \in \mathbb{R}^n$ gibt, so dass gilt

$$Ax = \lambda x$$

Ein solcher Vektor heißt dann Eigenvektor zum Eigenwert λ.

Zunächst ist festzuhalten, dass es wie bei der Matrix-Inversion und der
Determinantenrechnung nur Sinn macht, von Eigenwerten bzw. Eigenvektoren einer Matrix zu sprechen, wenn diese Matrix quadratisch ist. Weiterhin sind Eigenvektoren per Definition keine Nullvektoren, denn es gilt stets
$A\bar{0} = \bar{0} = \lambda\bar{0}$ (d.h. jede Zahl $\lambda \in \mathbb{R}$ wäre Eigenwert) und es wären bei sämtlichen Anwendungen der Eigenwerttheorie genau so mühselige wie nutzlose
Fallunterscheidungen erforderlich.

Das Anwendungsspektrum für Eigenwerte ist breit gefächert, so dass wir
hier nur exemplarisch darauf eingehen können, lässt sich aber eher nicht
auf der sachlogischen Ebene formulieren. So stellen Eigenvektoren die Achsen eines Koordinatensystems dar, welche unter der linearen Abbildung A
erhalten bleiben, sie erleichtern danach den numerischen Umgang mit Matrixpotenzen der Form A^n, sie ermöglichen einen sinnvollen numerischen
Umgang mit dem Krümmungsverhalten von Funktionen mehrerer Veränderlichen. Ihr Anwendungsbereich in ökonomisch relevanten Teilgebieten der
Mathematik und Statistik umfasst die Faktorenanalyse, Hauptkomponentenzerlegung, Diskriminanzanalyse nach R.A. FISHER, die Versuchsplanung
und viele weitere Bereiche. Eigenwerte und Eigenvektoren sind allerdings in
aller Regel nicht händisch, sondern nur noch numerisch unter Einsatz von

geeigneter Software zu berechnen. Dennoch lohnt es sich, mit diesem Bereich der linearen Algebra ein wenig vertraut zu werden.

Beispiel 4.17:

Betrachtet werde nochmals das modifizierte Marktwanderungsbeispiel mit der Übergangsmatrix $A = \begin{bmatrix} 1 & \frac{1}{3} \\ \frac{1}{5} & \frac{13}{15} \end{bmatrix}$.

- *Hier ist* $\lambda = \frac{6}{5}$ *ein Eigenwert von A. Ein Eigenvektor ist u.a.* $(5,3)^T$.

- *Ein weiterer Eigenwert von A ist* $\mu = \frac{2}{3}$. *Es gilt nämlich*

$$\begin{bmatrix} 1 & \frac{1}{3} \\ \frac{1}{5} & \frac{13}{15} \end{bmatrix} \begin{pmatrix} -1 \\ 1 \end{pmatrix} = \begin{pmatrix} -\frac{2}{3} \\ \frac{10}{15} \end{pmatrix} = \begin{pmatrix} -\frac{2}{3} \\ \frac{2}{3} \end{pmatrix} = \frac{2}{3} \cdot \begin{pmatrix} -1 \\ 1 \end{pmatrix}$$

Ökonomisch ist dieser Eigenwert zunächst nutzlos, da jeder Eigenvektor hierzu ein Vielfaches des berechneten Eigenvektors ist und damit mindestens eine negative Komponente hat, also nicht als Marktanteil interpretiert werden kann.

Das Auffinden eines bzw. aller Eigenwerte λ einer gegebenen quadratischen Matrix A ist grundsätzlich schnell beschrieben: λ ist genau dann ein Eigenwert von A zum Eigenvektor $x \neq \bar{0}$, wenn gilt $x \neq \bar{0}$ und $Ax = \lambda x \Leftrightarrow (A - \lambda I_n)x = \bar{0}$. Es hat dann das homogene LGS $(A - \lambda I_n)x = \bar{0}$ eine von Null verschiedene Lösung, ist also nicht eindeutig lösbar. Das ist dann und nur dann möglich, wenn $\det(A - \lambda I_n) = 0$.

Man bestimmt die Determinante der Matrix $A - \lambda I_n$. Diese ist ein Polynom in λ und heißt **CHARAKTERISTISCHES POLYNOM** ⇨ Glossar von A. Die Nullstellen dieses Polynoms sind dann die **EIGENWERTE** ⇨ Glossar von A.

Beispiel 4.18:

Das charakteristische Polynom der Matrix $A = \begin{bmatrix} 1 & \frac{1}{3} \\ \frac{1}{5} & \frac{13}{15} \end{bmatrix}$ *lautet*

$$\det(A - \lambda I_2) = \det\left(\begin{bmatrix} 1 & \frac{1}{3} \\ \frac{1}{5} & \frac{13}{15} \end{bmatrix} - \lambda \begin{bmatrix} 1 & 0 \\ 0 & 1 \end{bmatrix} \right) = \det\left(\begin{bmatrix} 1-\lambda & \frac{1}{3} \\ \frac{1}{5} & \frac{13}{15}-\lambda \end{bmatrix} \right)$$

$$= (1-\lambda)\left(\frac{13}{15} - \lambda\right) - \frac{1}{3} \cdot \frac{1}{5} = \lambda^2 - \frac{28}{15}\lambda + \frac{4}{5} = \frac{1}{15}(3\lambda - 2)(5\lambda - 6)$$

Nullstellen und damit Eigenwerte von A sind die oben angegebenen Werte $\frac{6}{5}$ *und* $\frac{2}{3}$. *Um zugehörige Eigenvektoren zu bestimmen, muss man für jeden dieser beiden Eigenwerte das zur Matrix* $A - \lambda I_n$ *gehörige homogene lineare Gleichungssystem* $A - \lambda I_n$ *bilden und lösen, etwa durch Angabe einer* **BASIS** ⇨ *Glossar des* **KERNS**

⇨ **Glossar** der Matrix $A - \lambda I_n$. Für den Eigenwert $\frac{6}{5}$ lautet die Koeffizientenmatrix etwa

$$A - \lambda I_2 = \begin{bmatrix} -\frac{1}{5} & \frac{1}{3} \\ \frac{1}{5} & -\frac{1}{3} \end{bmatrix} \rightarrow \begin{bmatrix} \frac{1}{5} & -\frac{1}{3} \\ 0 & 0 \end{bmatrix} \rightarrow \begin{bmatrix} 1 & -\frac{5}{3} \\ 0 & 0 \end{bmatrix}$$

Lösung ist also jeder skalar vielfache Vektor von $x^{(1)} = (\frac{5}{3}, 1)^T$, d.h. auch der vorher angegebene Vektor $(5,3)^T$.

Beispiel 4.19:

Nicht jede Matrix muss überhaupt mehrere Eigenwerte haben. Beispielsweise lautet das charakteristische Polynom der Matrix $A = \begin{bmatrix} -1 & 1 & 1 \\ -8 & 4 & 0 \\ 1 & 0 & 1 \end{bmatrix}$

$$\det(A - \lambda I_3) = \det \begin{bmatrix} -1-\lambda & 1 & 1 \\ -8 & 4-\lambda & 0 \\ 1 & 0 & 1-\lambda \end{bmatrix} = -\lambda \left(6 - 4\lambda + \lambda^2\right)$$

Die einzige (reelle) Nullstelle dieses Polynoms ist $\lambda = 0$. Der abgespaltete quadratische Faktor $6 - 4\lambda + \lambda^2$ hat keine reelle Nullstelle. Null ist also der einzige (reelle) Eigenwert von A. Einen Eigenvektor von A ermittelt man wie folgt: Die Matrix $A - \lambda I_3 = A$ (hier mit $\lambda = 0$) wird zunächst in die Zeilenstufenform überführt:

$$\begin{bmatrix} -1-\lambda & 1 & 1 \\ -8 & 4-\lambda & 0 \\ 1 & 0 & 1-\lambda \end{bmatrix} = \begin{bmatrix} -1 & 1 & 1 \\ -8 & 4 & 0 \\ 1 & 0 & 1 \end{bmatrix} \rightarrow \begin{bmatrix} 1 & 0 & 1 \\ 0 & 1 & 2 \\ 0 & 0 & 0 \end{bmatrix}$$

Ein Eigenvektor von A ist gerade ein Basisvektor von $Kern(A - 0I_n) = Kern(A)$, also beispielsweise $x^{(1)} = (1, 2, -1)^T$.

Zur Bestimmung von Eigenwerten ist die Herleitung von Nullstellen von Polynomen (die man auch Wurzeln der Polynome nennt) erforderlich. Da dies nicht für alle reellen Polynome in der Menge der reellen Zahlen möglich ist, muss eine quadratische Matrix keine reellen Eigenwerte besitzen. Geht man jedoch über zur Menge der komplexen Zahlen, so hat jede quadratische Matrix wenigstens einen (komplexen) Eigenwert. Hintergrund ist der so genannte Fundamentalsatz der Algebra, ein klassisches Resulate der Reinen Mathematik: Jedes nichtkonstante Polynom mit komplexen Zahlen als Koeffizienten hat wenigstens eine komplexe Nullstelle.

Von Interesse sind jedoch zumeist die reellen Eigenwerte. Abgesehen davon kann man aufgrund des Zusammenhangs zur Lösbarkeit von polynomialen Nullstellengleichungen nicht immer den bzw. die Eigenwerte explizit berechnen. Dies ist unter Anwendung der $p - q$-Formel für 2×2-Matrizen und der so genannten **CARDANO-FORMELN** ⇨ Glossar für 3×3- und 4×4-Matrizen noch prinzipiell möglich. Darüber hinaus – und dies ist eines der bekanntesten Ergebnisse der klassischen Reinen Mathematik – gibt es für Polynome vom Grad 5 und höher keine Verfahren zur Explikation ihrer Wurzeln, sondern man muss auf numerische Verfahren wie etwa das **NEWTON-VERFAHREN** ⇨ Glossar zurückgreifen. Es ist nur ausnahmsweise möglich, Nullstellen eines Polynoms zu erraten.

Ob überhaupt ein Eigenwert existiert, ist aber in den meisten ökonomischen Anwendungen nicht problematisch, da man dort zumeist mit **SYMMETRISCHEN MATRIZEN** ⇨ Glossar arbeitet. Diese haben ausschließlich reelle (ggf. numerisch zu bestimmende) Eigenwerte. Das charakteristische Polynom lässt dann nämlich – zumindest prinzipiell – eine Faktorisierung

$$\det(A - \lambda I_n) = c(\lambda - \lambda_1) \cdots (\lambda - \lambda_n)$$

mit reellen Zahlen $\lambda_1, \ldots, \lambda_n$ zu, welche dann die Eigenwerte von A sind. Diese Eigenwerte sind aber nicht unbedingt voneinander verschieden. (Man spricht dann von Eigenwerten mit Vielfachheit>1.)

Darüber hinaus stellen die Eigenvektoren zu verschiedenen Eigenwerten einer symmetrischen Matrix ein Koordinatensystem aus sogar paarweise **ORTHOGONALEN VEKTOREN** ⇨ Glossar dar. Deshalb kann man eine symmetrische Matrix A stets in der folgenden Form schreiben:

$$A = M \Delta M^T = \sum_{i=1}^{n} \lambda_i x_i^T x_i$$

wobei Δ eine Diagonalmatrix mit den Eigenwerten $\lambda_1, \ldots, \lambda_n$ (mit Vielfachheit gezählt!) ist und die Spalten der Matrix M aus Eigenvektoren $x_1, \ldots, x_n$ von A der Länge 1 bestehen, die paarweise orthogonal sind. Das bedeutet insbesondere $MM^T = I_n$ (solche Matrizen heißen orthogonal).

Diese Darstellung von A wird als **HAUPTACHSENTRANSFORMATION** ⇨ Glossar bezeichnet, und ist ein wichtiger Ansatz zur Berechnung von Matrixprodukten der Form A^k für große Werte von k. Gerade diese Eigenwertstruktur symmetrischer Matrizen wird außerdem in vielen Anwendungen der Analysis und Statistik im Rahmen komplizierterer ökonomischer Probleme benötigt.

Beispiel 4.20:

Die Matrix $A = \begin{bmatrix} 1 & 2 \\ 2 & 4 \end{bmatrix}$ *hat das charakteristische Polynom* $\lambda^2 - 5\lambda$ *mit den*

Wurzeln 0 und 5. Aus den beiden entsprechenden homogenen LGS

$$\begin{bmatrix} 1-0 & 2 \\ 2 & 4-0 \end{bmatrix} \rightarrow \begin{bmatrix} 1 & 2 \\ 0 & 0 \end{bmatrix}, \quad \begin{bmatrix} 1-5 & 2 \\ 2 & 4-5 \end{bmatrix} \rightarrow \begin{bmatrix} 1 & -\frac{1}{2} \\ 0 & 0 \end{bmatrix}$$

ergeben sich die zueinander orthogonalen Eigenvektoren

$$x^{(1)} = (2, -1)^T, \quad x^{(2)} = \left(-\frac{1}{2}, -1\right)^T$$

Normiert man nun diese beiden Vektoren mit ihren respektiven Längen, d.h. geht über zu den Vektoren

$$y^{(1)} := \frac{1}{\|x^{(1)}\|} x^{(1)} = \frac{1}{\sqrt{5}} \begin{pmatrix} 2 \\ -1 \end{pmatrix}, \quad y^{(2)} := \frac{1}{\|x^{(2)}\|} x^{(2)} = \frac{2}{\sqrt{5}} \begin{pmatrix} -\frac{1}{2} \\ -1 \end{pmatrix}$$

so erhält man ein System orthonormaler Eigenvektoren, die zu einer Matrix

$$M = \frac{1}{\sqrt{5}} \begin{bmatrix} 2 & -1 \\ -1 & -2 \end{bmatrix}$$

zusammengefasst werden. Dann gilt $MM^T = M^T M = \begin{bmatrix} 1 & 0 \\ 0 & 1 \end{bmatrix}$ *und* $\begin{bmatrix} 1 & 2 \\ 2 & 4 \end{bmatrix} =$ $M \begin{bmatrix} 0 & 0 \\ 0 & 5 \end{bmatrix} M^T$, *wovon man sich durch Nachrechnen überzeugen sollte.*

Schließlich ermöglicht diese Hauptachsentransformation das leichte Berechnen von Matrixpotenzen. Für die vorliegende Matrix A gilt wegen $M^T M = I_2$

$$\begin{bmatrix} 1 & 2 \\ 2 & 4 \end{bmatrix}^n = \underbrace{M \begin{bmatrix} 0 & 0 \\ 0 & 5 \end{bmatrix} M^T M \begin{bmatrix} 0 & 0 \\ 0 & 5 \end{bmatrix} M^T \cdots M \begin{bmatrix} 0 & 0 \\ 0 & 5 \end{bmatrix} M^T}_{n \text{ Faktoren}}$$

$$= M \begin{bmatrix} 0 & 0 \\ 0 & 5 \end{bmatrix}^n M^T = M \begin{bmatrix} 0 & 0 \\ 0 & 5^n \end{bmatrix} M^T = 5^{n-1} \begin{bmatrix} 1 & 2 \\ 2 & 4 \end{bmatrix}$$

4.6 Anwendungen der Matrizenrechnung

Zu den bekanntesten ökonomischen Modellen, welche den Matrix-Kalkül ausnutzen, gehören die **LEONTIEF-MODELLE** ⇨ Glossar und die Ein-Schritt-Übergangsmodelle für theoretische und empirische Wahrscheinlichkeiten. Dem Begründer der Input-Output-Analyse, WASSILY LEONTIEF, brachten seine Überlegungen 1973 sogar den Nobelpreis für Wirtschaftswissenschaften ein.

von Sektor	an Sektor 1	an Sektor 2	$\cdots$	an Sektor n	Endnachfrage (Output,Konsum)	Produktion (Input)
1	$x_{1,1}$	$x_{1,2}$		$x_{1,n}$	y_1	x_1
2	$x_{2,1}$	$x_{2,2}$		$x_{2,n}$	y_2	x_2
$\vdots$	$\vdots$	$\vdots$	$\ddots$	$\vdots$	$\vdots$	$\vdots$
n	$x_{n,1}$	$x_{n,2}$		$x_{n,n}$	y_n	x_n

Tabelle 4.1: Darstellung der Sektorverflechtung als Input-Output-Tabelle

4.6.1 Input-Output-Analysen und Leontief-Modelle

LEONTIEF unterstellte in seinen Modellen jeweils einen Wirtschaftsbereich der in verschiedene **SEKTOREN** ⇨ Glossar zerfällt; jeder dieser Sektoren stellt ein individuelles Gut her und benötigt zu dessen Herstellung seinerseits wechselseitig Güter der anderen Sektoren. Im Sinne der Produkt-Rohstoff-Verflechtung lassen sich diese Güter dann als Rohstoff-Inputs interpretieren.

Eines der bekanntesten Resultate von LEONTIEFS Studien war das nach ihm benannte Paradoxon: Mittels der Input-Output-Analyse wies LEONTIEF nach, dass der Export der USA im Jahr 1947 hauptsächlich aus arbeitsintensiven Gütern bestand. Dies stand im Widerspruch zur damals vorherrschenden Ansicht, dass sich kapitalstarke Länder nur auf den Export kapitalintensiver Güter spezialisieren würden.

Den Ansatzpunkt eines Leontief-Modells stellt die Ist-Analyse der Verwendung der Produktion $x_1, \ldots, x_n$ der verschiedenen Sektoren dar, d.h. die Darstellung der sektoralen Bewegung der Wirtschaftsgüter in der so genannten **INPUT-OUTPUT-TABELLE** ⇨ Glossar (Tabelle 4.1): Die Restproduktion eines Sektors nach Abzug aller Anteile, die in anderen Sektoren benötigt werden, wird als **ENDNACHFRAGE** ⇨ Glossar (Konsum) des Sektors bezeichnet. Dieses Modell wird anhand eines bewusst einfach gehaltenen Beispiels erläutert:

Beispiel 4.21:
Auf der Wiwinesischen Insel Costania treten die drei Mobilfunkanbieter Tekom, E-Minus und D$2\frac{1}{2}$ auf, deren Netzverfügbarkeit dort nicht überall gleich hoch ist. Daher benötigen sie im Rahmen des „Roaming" Netzkapazitäten von ihren jeweiligen Mitkonkurrenten. Andererseits wird – um eine Überlastung des Mobilfunknetzes zu vermeiden – ein Teil der Netzkapazität jedes Anbieters als „interne Reserve" nicht oder nur für Zwecke der „maintenance" verwendet. Für einen konkreten Tag ergab sich folgende Gesamtbilanz (in Gesprächsstunden)

von Anbieter	an Anbieter Tekom	E-Minus	$D2\frac{1}{2}$	geführte Gespräche (Output,Konsum)	gesamt (Input)
Tekom	200	0	160	640	1000
E-Minus	0	1000	0	1000	2000
$D2\frac{1}{2}$	400	0	320	80	800

Die Grundannahme im Leontief-Modell besteht darin, dass die tatsächlich aus dem Wirtschaftsbereich in den Konsum gelangenden Quantitäten $y_1, \dots, y_n$ aus der um den internen Bedarf reduzierten Produktion resultieren, d.h. $y_i = x_i - (x_{i,1} + x_{i,2} + \cdots + x_{i,n})$. Dabei kann der interne Bedarf jedes Sektors an der Produktion eines anderen Sektors anhand der Ist-Werte – innerhalb plausibler Bereiche der Produktion – als proportional zu seiner eigenen Produktion veranschlagt werden. Infolge der Leontief-Annahme gibt es also für alle i, j ein $a_{i,j}$ mit $x_{i,j} = a_{i,j} x_j$ (sofern $x_{i,j}$ und x_j innerhalb sinnvoll gewählter Bereiche variieren).

Definition 4.7
Die Matrix $A = [a_{i,j}]_{1 \leq i,j \leq n} \in \mathbb{R}^{n \times n}$ mit $a_{i,j} = \frac{x_{i,j}}{x_j}$ wird auch **TECHNOLOGISCHE MATRIX** ⇨ Glossar oder **INPUT-MATRIX** ⇨ Glossar genannt.

Beispiel 4.22 (Fortsetzung von Beispiel 4.21):
Unterstellt man im Mobilfunk-Beispiel ein Leontief-Modell, lautet die Input-Matrix:

$$A = \begin{bmatrix} \frac{200}{1000} & 0 & \frac{160}{800} \\ 0 & \frac{1000}{2000} & 0 \\ \frac{400}{1000} & 0 & \frac{320}{800} \end{bmatrix} = \begin{bmatrix} \frac{1}{5} & 0 & \frac{1}{5} \\ 0 & \frac{1}{2} & 0 \\ \frac{2}{5} & 0 & \frac{2}{5} \end{bmatrix}$$

Für das Leontief-Modell ist eine Darstellung in Matrix-Form möglich, die eine bequeme Global-Betrachtung des Modells ermöglicht: Mit der Input-Matrix A lautet der Zusammenhang zwischen Input und Output im Leontief-Modell

$$y = \begin{pmatrix} y_1 \\ \vdots \\ y_n \end{pmatrix} = \begin{pmatrix} x_1 \\ \vdots \\ x_n \end{pmatrix} - \begin{pmatrix} a_{1,1}x_1 + a_{1,2}x_2 + \cdots + a_{1,n}x_n \\ \vdots \\ a_{n,1}x_1 + a_{n,2}x_2 + \cdots + a_{n,n}x_n \end{pmatrix}$$

$$= x - Ax = I_n x - Ax = (I_n - A)x$$

Satz 4.9
Zwischen Produktion x und Endnachfrage y besteht im Leontief-Modell der Zusammenhang $y = (I_n - A)x$, wobei A die technologische Matrix des Leontief-Modells beschreibt.

LEONTIEF war gerade an der Beantwortung der Frage interessiert, mit welcher Produktion x ein gegebener Endnachfragevektor y erreicht werden kann. Falls $(I_n - A)$ invertierbar ist, so lautet die Antwort

$$y = (I_n - A)x \iff x = (I_n - A)^{-1} y$$

Definition 4.8
Falls im Leontief-Modell die Matrix $(I_n - A)$ invertierbar ist, so wird $(I_n - A)^{-1}$ als **LEONTIEF-INVERSE** ⇨ Glossar zur Input-Matrix A bezeichnet.

Die Leontief-Inverse lässt sich auf vielfältige Art nutzen:

- Bei gleichbleibendem Leontief-Ansatz können unterschiedliche Endnach-fragevektoren darauf geprüft werden, ob sie im vorliegenden Sektormodell (mit positiven Produktionsquantitäten der Sektoren) realisierbar sind.

- Wenn man die Möglichkeit hat, die einzelnen Sektoren hinsichtlich ihrer Produktion zu steuern, ist es möglich, eine Optimierung des Konsums z.B. durch Methoden der linearen Programmierung durchzuführen; die Zielfunktion des LP-Ansatzes wird dann eine lineare Nutzenfunktion $c^T y$ des Konsumvektors sein, die Nebenbedingungen ergeben sich als System $(I - A)^{-1} y \leq x_{\max}$ linearer Ungleichungen mit einer typischen Produk-tionskapazität $x_{\max,i}$ in den einzelnen Sektoren i.

Beispiel 4.23 (Fortsetzung von Beispiel 4.21):
Mit der Input-Matrix des auf dem Mobilfunk-Markt von Costania unterstellten Leontief-Modell lautet die Leontief-Inverse:

$$\left(\begin{bmatrix} 1 & 0 & 0 \\ 0 & 1 & 0 \\ 0 & 0 & 1 \end{bmatrix} - \begin{bmatrix} \frac{1}{5} & 0 & \frac{1}{5} \\ 0 & \frac{1}{2} & 0 \\ \frac{2}{5} & 0 & \frac{2}{5} \end{bmatrix} \right)^{-1} = \begin{bmatrix} \frac{4}{5} & 0 & -\frac{1}{5} \\ 0 & \frac{1}{2} & 0 \\ -\frac{2}{5} & 0 & \frac{3}{5} \end{bmatrix}^{-1} = \begin{bmatrix} \frac{3}{2} & 0 & \frac{1}{2} \\ 0 & 2 & 0 \\ 1 & 0 & 2 \end{bmatrix}$$

Das Leontief-Modell $y = (I_n - A)x$ hat etliche Spezialfälle. Es heißt z.B.

- **GESCHLOSSEN** ⇨ Glossar für x, wenn gilt $(I_n - A)\, x = 0$,

- **PRODUKTIV** ⇨ Glossar für x, wenn alle Sektoren nichtnegative Endnach-frage haben. Im Mobilfunkbeispiel etwa werden die genannten Gesprächs-stunden auf Costania durch ein produktives Leontief-Modell beschrieben.

Das hier dargestellte Leontief-Modell weist zahlreiche Schwachstellen hin-sichtlich der Modellierung auf. Vor allem ist nicht einsichtig, weshalb die Proportionalitätsfaktoren aus der technologischen Matrix im Laufe der Zeit stets die gleichen bleiben. Daher beschäfigt sich die Ökonomie auch mit Ver-allgemeinerungen in Form so genannter zeit-rekursiver Leontief-Modelle.

4.6.2 Übergangsmatrizen und Markoff-Ketten

Verflechtungsmodelle, die sich durch zeitliche Fortschreibung von Anteilsvektoren ergeben, sind in der Mathematik besonders genau untersucht worden. Das **MATRIX-PRODUKT** ⇨ Glossar in iterierter Form wird hier eingesetzt, um das langfristige Verhalten solcher Modelle zu untersuchen.

Beispiel 4.24 (Fortsetzung aus Abschnitt 3.1 ⇨ Seite 37**):**
Im Mobilfunkbeispiel aus Abschnitt 3.1 wurden vier Anbieter eines Standard-Tarifes hinsichtlich ihrer Marktanteile verglichen. Die Kunden in Wiwinesien können die Verträge jeweils zum Quartalsende kündigen und zu einem anderen Anbieter wechseln. Aufgrund dessen haben Marktforscher das Wechselverhalten der Kunden über mehrere Quartale beobachtet und folgende durchschnittlichen Übergänge festgestellt:

Es wechseln von	nach	Tekom	E-Minus	$D2\frac{1}{2}$	Intracom
Tekom		$\frac{3}{4}$	0	$\frac{1}{8}$	$\frac{1}{8}$
E-Minus		$\frac{1}{8}$	$\frac{3}{4}$	0	$\frac{1}{8}$
$D2\frac{1}{2}$		$\frac{1}{2}$	0	$\frac{1}{2}$	0
Intracom		0	0	$\frac{1}{4}$	$\frac{3}{4}$

Definition 4.9
Eine Matrix $P = [p_{i,j}] \in \mathbb{R}^{n \times n}$ heißt **STOCHASTISCHE MATRIX** ⇨ Glossar, wenn ihre Zeilen stochastische Vektoren sind, d.h.

- $p_{ij} \geq 0$ für alle $i, j = 1, \ldots, n$,
- $p_{i1} + \cdots + p_{in} = 1$ für alle $j = 1, \ldots, n$

Stochastische Matrizen wurden bereits an anderer Stelle **ÜBERGANGS-MATRIZEN** ⇨ Glossar genannt, dort aber in transponierter Schreibweise verwendet. Sie treten in vielen ökonomischen Gebieten auf, z.B. als Modell bei Marktanalysen, bei der Beschreibung von Systemen, deren Zustand sich regelmäßig verändert, z.B. Bedienungs-, Lagerhaltungssystemen, aber auch bei stochastischen Verfahren zur Optimierung, wie dem Simulated Annealing [AARTS/KORST, 1989] und den Genetischen Algorithmen [NISSEN, 1997]. Sie beschreiben für ein endliches System, wie sich der Systemzustand von einem Referenz-Zeitpunkt zum nächsten verändern kann. Entscheidend dabei ist die Zufälligkeit dieser Zustandsänderung und dass die Änderung zwar abhängig vom aktuellen Zustand, nicht aber vom aktuellen Zeitpunkt erfolgt.

Definition 4.10

- Ein System mit einer Menge $S = \{1, \ldots, n\}$ von Zuständen, dessen Zustands-Übergangs-Mechanismus durch eine stochastische Matrix P festgelegt ist, heißt (homogene) **MARKOFF-KETTE** ⇨ Glossar.

- Die Matrix P heißt (Ein-Schritt-)Übergangsmatrix.

- Lässt sich für das System ein stochastischer Vektor $x^{(0)} \in \mathbb{R}^n$ finden, der den Ausgangszustand des Systems beschreibt (d.h. $x_i^{(0)}$ beschreibt die initiale Wahrscheinlichkeit für das Vorliegen des Zustandes i bzw. den Anteil an Objekten des betrachteten Systems, die sich anfangs in Zustand i befinden), so heißt dieser Vektor **STARTVERTEILUNG** ⇨ Glossar.

Wenn ein solches Markoff-System einen eindeutig gekennzeichneten Startzustand $i \in \{1, \ldots, n\}$ hat, so ist die Startverteilung durch den i-ten **EINHEITSVEKTOR** ⇨ Glossar gegeben.

Die – oft willkürlich – kodierte Menge $S = \{1, \ldots, n\}$ der realen „Zustände" des Systems wird **ZUSTANDSRAUM** ⇨ Glossar genannt. Mit ihr lässt sich eine andere Repräsentation einer stochastischen Matrix in Form des sogenannten **ZUSTANDSGRAPHEN** ⇨ Glossar realisieren: Dieser ist ein gerichteter Graph mit der Knotenmenge S und der Menge $K = \{(i, j) \in S^2 : p_{ij} > 0\}$ bewerteter Kanten. Umgekehrt legt ein Zustandsgraph mit Bewertungen $b_{i,j} \geq 0$ derart, dass die Bewertungen, die von einer Kante wegführen, sich zu Eins summieren, stets eine stochastische Matrix fest.

Beispiel 4.25 (Fortsetzung von Beispiel 4.24 ⇨ Seite 95)**:**

Im Mobilbeispiel etwa könnte man die Anbieter wie folgt kodieren: Tekom $\hat{=} 1$, E-Minus $\hat{=} 2$, D2$\frac{1}{2}$ $\hat{=} 3$, Intracom $\hat{=} 4$. Mit der zugehörigen Übergangsmatrix $P =$

$$
\begin{bmatrix}
\frac{3}{4} & 0 & \frac{1}{8} & \frac{1}{8} \\
\frac{1}{8} & \frac{3}{4} & 0 & \frac{1}{8} \\
\frac{1}{2} & 0 & \frac{1}{2} & 0 \\
0 & 0 & \frac{1}{4} & \frac{3}{4}
\end{bmatrix}
$$
ergibt sich der Zustandsgraph aus Abbildung 4.5.

Beispiel 4.26:

Wir gehen von einem Glücksspielgerät aus, welches zwei rotierende Walzen mit je vier gleich großen Sektoren besitzt, auf denen die Symbole Joker, Apfel, Erdbeere, Banane angebracht sind. Die Walzen stoppen zufällig; in einem Sichtfenster erscheint je ein Sektor jeder Walze. Der Gewinnplan für die Walzenresultate befindet sich in Tabelle 4.2. Erzielte Sonderspiele werden für die jeweils nächste Runde in einem Sonderspielzähler festgehalten; wird ein Sonderspiel erzielt, so findet dieses in der nächsten Runde statt, andernfalls findet in der nächsten Runde kein Sonderspiel statt.

Falls der Zufallsmechanismus der Walzen keine sich beeinflussenden Walzenstellungen liefert, so bildet die Folge der Sonderspiel-Zählerstände eine homoge-

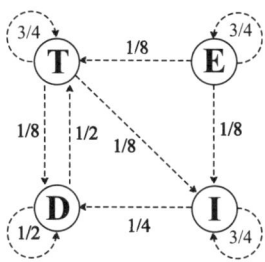

Abbildung 4.5: Zustandsgraph zum Beispiel 4.24

Walze 1	Walze 2	W-keit	Ausz.	Ausz. in SSP
Apfel	Apfel	$\frac{1}{16}$	10 Cent	30 Cent
Erdbeere	Erdbeere	$\frac{1}{16}$	20 Cent	30 Cent
Banane	Banane	$\frac{1}{16}$	30 Cent	30 Cent
„Obst"	Joker	$\frac{3}{16}$	10 Cent	30 Cent
Joker	„Obst"	$\frac{3}{16}$	10 Cent	30 Cent
Joker	Joker	$\frac{1}{16}$	20 Cent + 1 SSP	30 Cent+ 1 SSP

Tabelle 4.2: Gewinnplan zum Beispiel 4.26

ne Markoff-Kette zum Zustandsraum $S = \{0,1\}$ mit der Übergangsmatrix $P =$
$\begin{bmatrix} \frac{15}{16} & \frac{1}{16} \\ \frac{15}{16} & \frac{1}{16} \end{bmatrix}$, *und es gilt $P^n = P$ für alle $n \in \mathbb{N}$.*

Stochastische Vektoren beschreiben oftmals, wie die Ausprägungen eines Merkmals (z.B. in Bezug auf ein Gut die Wahl der Marke) innerhalb einer Population verteilt sind. In regelmäßigen Zeitabständen verändert sich dieser Anteilsvektor. Die Gesetzmäßigkeiten hierfür sind oft durch Übergangsmatrizen beschrieben und mittels des **MATRIX-VEKTOR-PRODUKTES** ⇨ Glossar zu berechnen. Zumeist interessiert man sich aber für die längerfristige Entwicklung der Merkmalsausprägungen und insbesondere dafür, ob es einen stabilen Systemzustand gibt, der sich nicht verändert.

Beispiel 4.27 (Fortsetzung von Beispiel 4.24 ⇨ Seite 95):
Es ergibt sich aus dem Marktanteilvektor $x = (x_1, x_2, x_3, x_4)^T = \left(\frac{3}{5}, \frac{1}{10}, \frac{9}{50}, \frac{3}{25}\right)^T$ die Prognose für den Marktanteilvektor des nächsten Quartals, indem für jeden Anbieter die Kundenanteile saldiert werden, die bei ihm verbleiben und die von an-

deren Anbietern kommen. Dies ergibt den nachstehenden neuen Marktanteilvektor

$$\begin{pmatrix} y_1 \\ y_2 \\ y_3 \\ y_4 \end{pmatrix} = \begin{pmatrix} \frac{3}{4}\cdot\frac{3}{5} + \frac{1}{8}\cdot\frac{1}{10} + \frac{1}{2}\cdot\frac{9}{50} + 0\cdot\frac{3}{25} \\ 0\cdot\frac{3}{5} + \frac{3}{4}\cdot\frac{1}{10} + 0\cdot\frac{9}{50} + 0\cdot\frac{3}{25} \\ \frac{1}{8}\cdot\frac{3}{5} + 0\cdot\frac{1}{10} + \frac{1}{2}\cdot\frac{9}{50} + \frac{1}{4}\cdot\frac{3}{25} \\ \frac{1}{8}\cdot\frac{3}{5} + \frac{1}{8}\cdot\frac{1}{10} + 0\cdot\frac{9}{50} + \frac{3}{4}\cdot\frac{3}{25} \end{pmatrix} = \begin{bmatrix} \frac{3}{4} & \frac{1}{8} & \frac{1}{2} & 0 \\ 0 & \frac{3}{4} & 0 & 0 \\ \frac{1}{8} & 0 & \frac{1}{2} & \frac{1}{4} \\ \frac{1}{8} & \frac{1}{8} & 0 & \frac{3}{4} \end{bmatrix} \begin{pmatrix} \frac{3}{5} \\ \frac{1}{10} \\ \frac{9}{50} \\ \frac{3}{25} \end{pmatrix}$$

Der neue Marktanteilvektor ergibt sich also als

$$y = P^T \cdot x \Leftrightarrow y^T = x^T P$$

Um das Transpositionszeichen zu vermeiden, werden bei Markoff-Ketten die stochastischen Anteilsvektoren oft als Zeilenvektoren geschrieben.

Bleibt die Marktübergangsmatrix für die folgenden Quartale erhalten, so ergibt sich ausgehend vom aktuellen Marktanteilvektor $x = x^{(0)} \in \mathbb{R}_n$ die nachstehende Folge von Marktanteilvektoren

$$x^{(1)} = x^{(0)}P$$
$$x^{(2)} = x^{(1)}P = (x^{(0)}P)P = x^{(0)}P^2$$
$$\vdots$$
$$x^{(k)} = x^{(k-1)}P = \cdots = x^{(0)}P^k$$

Die dabei auftretenden Matrix-Potenzen $P^k = \underbrace{P \cdot P \cdots \cdots P}_{k \text{ Faktoren}}$ haben eine einfache Bedeutung: Es bezeichne $p_{ij}^{(k)}$ den Eintrag in P^k an der i-ten Zeile und j-ten Spalte. Für eine Markt-Übergangsmatrix P gibt $p_{ij}^{(k)}$ denjenigen Anteil der Kunden von Anbieter i an, der nach k Quartalen bei Anbieter j liegt.

Beispiel 4.28:
Im Beispiel 4.24 ⇨ Seite 95 des Mobilfunkmarktes sei etwa der Anteil der Kunden des Anbieters Tekom (Zustand 1) gesucht, der nach zwei Quartalen bei D2$\frac{1}{2}$ (Zustand 3) ist. Aus dem Zustandsgraph in Abbildung 4.5 ergeben sich folgende Möglichkeiten, nach zwei Quartalen von „T" zu „D" zu gelangen:

- $T\rightarrow T\rightarrow D$: $\frac{3}{4}$ *der Kunden von „T" verbleiben erst bei „T"; von diesen wechseln dann* $\frac{1}{8}$ *der Kunden zu D. Insgesamt* $\frac{3}{4}\cdot\frac{1}{8} = \frac{3}{32}$ *der Kunden von „T" nehmen diesen Weg.*

- $T\rightarrow D\rightarrow D$: $\frac{1}{8}$ *der Kunden von „T" wechseln sofort zu „D"; von diesen verbleiben dann* $\frac{1}{2}$ *bei D. Insgesamt* $\frac{1}{8}\cdot\frac{1}{2} = \frac{1}{16}$ *der Kunden von „T" nehmen diesen Weg.*

- $T \rightarrow I \rightarrow D$: $\frac{1}{8}$ der Kunden von „T" wechseln sofort zu „I", von diesen wechseln $\frac{1}{4}$ zu „D". Insgesamt $\frac{1}{8} \cdot \frac{1}{4} = \frac{1}{32}$ der Kunden von „T" nehmen diesen Weg.

Es wechseln insgesamt $\frac{3}{4} \cdot \frac{1}{8} + \frac{1}{8} \cdot \frac{1}{2} + \frac{1}{8} \cdot \frac{1}{4} = \frac{3}{16}$ der Kunden von Anbieter „T" innerhalb von zwei Quartalen zu Anbieter „D". Dieser Wert ergibt sich auch als Eintrag in der ersten Zeile und 3. Spalte des Matrix-Produktes P^2, wie man dem **FALK-SCHEMA** ⇨ Glossar zum Matrix-Produkt P^2 entnehmen kann.

Aufgaben

1. Es seien

$$
A = \begin{bmatrix} 1 & -4 \\ -2 & 5 \\ 3 & -6 \end{bmatrix}, B = \begin{bmatrix} 1 & 3 & 2 \\ 2 & 1 & 3 \end{bmatrix}, C = \begin{bmatrix} 1 & 0 & 0 \\ 0 & 2 & 0 \\ 0 & 0 & 3 \end{bmatrix}
$$

$$
a = \begin{pmatrix} 1 \\ 2 \end{pmatrix}, b = \begin{pmatrix} 2 \\ 1 \\ 3 \end{pmatrix}, x = \begin{pmatrix} x \\ y \\ z \end{pmatrix}
$$

Berechnen Sie - so weit das möglich ist - die folgenden Ausdrücke

a) $A^T A, A A^T, A^2, AB, BA, AC, A^T C, CA, BCA$

b) $Aa, b^T Aa, a^T Bb, a^T A^T Aa, x^T Cx$

2. Gegeben seien die Matrizen

$$
A = \begin{bmatrix} 1 & 3 & 2 & 4 \\ 2 & 6 & 3 & 3 \\ 4 & 2 & 1 & 0 \end{bmatrix}, S = \begin{bmatrix} 2 & 0 & 0 \\ 0 & 1 & 0 \\ 0 & 0 & 1 \end{bmatrix}, Q = \begin{bmatrix} 1 & 0 & 0 \\ 0 & 1 & 2 \\ 0 & 0 & 1 \end{bmatrix}, P = \begin{bmatrix} 1 & 0 & 0 \\ 0 & 0 & 1 \\ 0 & 1 & 0 \end{bmatrix}
$$

Bilden Sie: $S \cdot A$, $Q \cdot A$, $P \cdot A$. Schließen Sie aus Ihrem Ergebnis, was sich für $S \cdot (Q \cdot (P \cdot A))$ ergibt? Welche Umformungstypen werden durch derartige Matrixprodukte dargestellt?

3. (K) Die Logidig GmbH stellt zwei Varianten von CVD-Abspielgeräten (P_1 und P_2) her. Dabei werden die eingekauften Bauteile T_1 und T_2 zunächst zu Baugruppen G_1, G_2 und G_3 (gemäß der linken Bedarfstabelle) zusammengesetzt. Aus diesen Baugruppen entstehen P_1 und P_2 (gemäß der rechten Tabelle). Weitere Kleinteile, die in beiden Schritten eingehen, werden hier aus Vereinfachungsgründen nicht betrachtet.

	G_1	G_2	G_3
T_1	4	2	1
T_2	1	3	0

	P_1	P_2
G_1	3	1
G_2	0	3
G_3	2	4

a) Errechnen Sie die Matrix, die den Bedarf an eingekauften Bauteilen für die Endprodukte ausdrückt.

b) Berechnen Sie für jeweils ein Produkt P_1 und P_2 die Kosten des Einkaufs, wenn ein Bauteil T_1 2 Euro, ein Bauteil T_2 3 Euro kostet.

c) Wie viele Bauteile T_1 und T_2 werden benötigt, um 10 Abspielgeräte P_1 und 5 Geräte P_2 zu produzieren?

4. (K) Das mittelständische Unternehmen H. Elau GmbH stellt unter anderen Vergnügungsartikeln für die närrische Zeit auch drei Typen von Luftschlangen her und setzt zur Färbung die Grundfarben Rot, Gelb und Blau in unterschiedlichen Quantitäten ein: Für je eine Industriepalette Luftschlangen werden bei Typ 1 je 1kg Rot und 2kg Gelb, bei Typ 2 je 2kg Rot, 6kg Gelb und 3kg Blau sowie bei Typ 3 je 3kg Gelb und 5kg Blau eingesetzt.

Es ist ferner angedacht, die Farbintensität der Luftschlangen zu verbessern, indem die eingesetzten Farbmengen bei den Luftschlangen vom Typ 1 verdoppelt, beim Typ 2 verdreifacht und beim Typ 3 verfünffacht werden.

a) Es seien $A = \begin{bmatrix} 1 & 2 & 0 \\ 2 & 6 & 3 \\ 0 & 3 & 5 \end{bmatrix}$, $B = \begin{bmatrix} 2 & 0 & 0 \\ 0 & 3 & 0 \\ 0 & 0 & 5 \end{bmatrix}$. Berechnen Sie die Matrizen $10A, A+B, A^2, AB, A^{-1}$. Welche lässt sich im obigen Sachzusammenhang interpretieren?

b) Berechnen Sie die Determinante von A und die Determinante von AB.

c) Es sei $C = B^{-1}A^{-1}$. Vereinfachen Sie den Ausdruck $(AB)C$ so weit wie möglich, ohne B^{-1} und A^{-1} explizit zu berechnen. In welcher Beziehung steht C zu AB?

5. Für welche Zahlen $a, b \in \mathbb{R}$ ist $\begin{bmatrix} 2 & -1 & -1 \\ a & 1/4 & b \\ 1/8 & 1/8 & -1/8 \end{bmatrix} = \begin{bmatrix} 1 & 2 & 4 \\ 0 & 1 & 6 \\ 1 & 3 & 2 \end{bmatrix}^{-1}$?

6. Invertieren Sie - wenn möglich - folgende Matrizen:

$$\begin{bmatrix} 7 & 8 & 9 \\ 4 & 5 & 6 \\ -1 & 2 & 3 \end{bmatrix}, \begin{bmatrix} 1 & 2 & 3 \\ 2 & 3 & 4 \\ 3 & 5 & 7 \end{bmatrix}, \begin{bmatrix} -2 & 3 & 1 \\ 1 & 1 & 2 \\ 5 & 2 & -1 \end{bmatrix}, \begin{bmatrix} 1 & 1 & 1 & 0 \\ 1 & 1 & 0 & 1 \\ 1 & 0 & 1 & 1 \\ 0 & 1 & 1 & 1 \end{bmatrix}$$

Überprüfen Sie die Korrektheit Ihrer Berechnung!

7. Berechnen Sie (falls möglich) die Determinanten der folgenden Matrizen.

a)
$$\begin{bmatrix} 3 & 2 & 3 \\ 2 & 7 & 2 \\ 9 & 11 & 9 \end{bmatrix}$$

d)
$$\begin{bmatrix} 8 & 8 & 10 & 4 \\ 7 & 2 & 0 & 0 \\ 1 & 0 & 3 & 0 \\ 7 & 8 & 9 & 4 \end{bmatrix}$$

b)
$$\begin{bmatrix} 2 & 3 \\ 7 & 1 \end{bmatrix}$$

c)
$$\begin{bmatrix} 1 & 2 & 2 \\ 4 & 3 & 7 \\ 1 & 4 & 1 \end{bmatrix}$$

e)
$$\begin{bmatrix} a_1(a_1-1) & a_1a_2 & a_1a_3 & a_1a_4 \\ x_1^2 & x_1x_2 & x_1x_3 & x_1x_4 \\ a_2a_1 & a_2(a_2-1) & a_2a_3 & a_2a_4 \\ x_2x_1 & x_2^2 & x_2x_3 & x_2x_4 \\ a_3a_1 & a_3a_2 & a_3(a_3-1) & a_3a_4 \\ x_3x_1 & x_3x_2 & x_3^2 & x_3x_4 \\ a_4a_1 & a_4a_2 & a_4a_3 & a_4(a_4-1) \\ x_4x_1 & x_4x_2 & x_4x_3 & x_4^2 \end{bmatrix}$$

8. Neues aus Stenkelfeld: Friedhelm Pötter, Leiter der „Jürgen-Koppelin-Bildungs-stätte" veranstaltet ein siebentägiges Esoterik-Seminar, dessen sieben Teilnehmer in der Reihenfolge ihrer Anmeldung nach von 1 bis 7 durchnummeriert sind. Die tägliche Sitzordnung für das Seminar folgt der Planungsmatrix

$$A = \begin{bmatrix} a_{1,1} & a_{1,2} & a_{1,3} & a_{1,4} & a_{1,5} & a_{1,6} & a_{1,7} \\ a_{2,1} & a_{2,2} & a_{2,3} & a_{2,4} & a_{2,5} & a_{2,6} & a_{2,7} \\ a_{3,1} & a_{3,2} & a_{3,3} & a_{3,4} & a_{3,5} & a_{3,6} & a_{3,7} \\ a_{4,1} & a_{4,2} & a_{4,3} & a_{4,4} & a_{4,5} & a_{4,6} & a_{4,7} \\ a_{5,1} & a_{5,2} & a_{5,3} & a_{5,4} & a_{5,5} & a_{5,6} & a_{5,7} \\ a_{6,1} & a_{6,2} & a_{6,3} & a_{6,4} & a_{6,5} & a_{6,6} & a_{6,7} \\ a_{7,1} & a_{7,2} & a_{7,3} & a_{7,4} & a_{7,5} & a_{7,6} & a_{7,7} \end{bmatrix}$$

(jede Zeile steht für die Sitzordnung eines Tages, erfasst also jeweils die Zahlen von 1 bis 7 in einer geeigneten Reihenfolge). Um dem Seminar ein geeignetes esoterisches „Flair" zu verleihen, möchte Pötter einen Sitzplan erarbeiten, bei dem $\det(A) = 7$ ist. Helfen Sie Herrn Pötter, d.h. geben Sie eine Lösung an oder begründen Sie, weshalb das Problem nicht lösbar ist.

9. Bestimmen Sie die Eigenwerte von $\begin{bmatrix} 1 & 2 \\ 2 & 3 \end{bmatrix}$, $\begin{bmatrix} 2 & 1 & 0 \\ 1 & 1 & 0 \\ 0 & 0 & 1 \end{bmatrix}$, $\begin{bmatrix} 0 & 1 & 1 & 1 \\ 1 & 0 & 1 & 1 \\ 1 & 1 & 0 & 1 \\ 1 & 1 & 1 & 0 \end{bmatrix}$

10. a) Wie viele Eigenwerte hat die Matrix $\begin{bmatrix} 1 & -t \\ t & t \end{bmatrix}$, $t \in \mathbb{R}$?

b) Zeigen Sie, dass eine symmetrische Matrix $\begin{bmatrix} a & b \\ b & c \end{bmatrix}$ mit $a, b, c \in \mathbb{R}$ wenigstens einen reellen Eigenwert besitzt.

11. (K) Bäcker Becker kämpft mit den Konkurrenten Doppel und Back um die Gunst der Kunden. 45% der Gesamtkunden kaufen bei Bäcker Becker, 30% bei Doppel und 25% bei Back. Durch aggressive Werbestrategien wechseln jede Woche je 10% von Bäcker Becker zu beiden Konkurrenten. Aber auch Bäcker

Doppel muss 20% seiner Kunden an Bäcker Becker abgeben und 15% an Becker Back. Letzterer verliert wöchentlich 15% der Kunden an Bäcker Becker und 5% an Bäcker Doppel.

a) Stellen Sie die Änderungen der Kundenzahlen in einer Matrix dar!

b) Wie sieht der Marktanteil nach einer Woche aus?

c) Wie würde sich die Marktsituation nach zwei Wochen darstellen?

d) Bei welcher Marktsituation würden sich die Marktanteile nicht ändern?

12. (K) Im Inselstaat Wiwinesien erzeugen die drei Elektrizitätskonzerne E-Off, Jello und Viba Strom. Es bezeichnen $y_E \geq 0$, $y_J \geq 0$ und $y_V \geq 0$ die Abgabemengen der drei Anbieter in den Export. Um diese erzeugen zu können, müssen sich die drei Anbieter aufgrund häufig auftretender Engpässe jedes einzelnen Anbieters bei der Abgabe an die Wiwinesischen Kunden gegenseitig unterstützen. Ferner muss jeder der drei Anbieter noch einen Teil seiner Produktion als Rücklage speichern (etwa in Form von Wasserkraft, durch Speicherung in Brennstoffzellen etc.), um seine Engpässe zumindest teilweise auszugleichen. Die tatsächlichen Produktionsmengen $x_E \geq 0$, $x_J \geq 0$ und $x_V \geq 0$ der drei Anbieter bei Abgabe von $y_E \geq 0$, $y_J \geq 0$ und $y_V \geq 0$ in den Export sind aufgrund der o.g. wechselseitigen Versorgung von der Form

$$x_E = 2y_E + y_J + y_V$$
$$x_J = 2y_E + 4y_J + 3y_V$$
$$x_V = 2y_E + 3y_J + 4y_V$$

Die maximale Produktionskapazität beträgt bei E-Off 200 Megawatt, bei Jello 1.000 Megawatt und Viba 1.000 Megawatt.

a) Der Wiwinesischen Energieverflechtung liegt ein Leontiefmodell der Form $y = (I - A)x$ mit $y = (y_E, y_J, y_V)^T$ und $x = (x_E, x_J, x_V)^T$ zugrunde. Bestimmen Sie aus den vorliegenden Informationen die technologische Matrix A.

b) Finden Sie einen Produktionsvektor y, für den das Leontief-Modell produktiv ist.

Analysis

5 Aufgaben der Analysis in der Ökonomie

Viele ökonomisch relevante Probleme lassen sich unter Verwendung von **FUNKTIONEN** ⇨ Glossar einer oder mehrerer Veränderlicher beschreiben, indem diese die quantitativen Zusammenhänge zwischen verschiedenen ökonomischen Größen darstellen. Beispielsweise legen Preise die (erwarteten) Absatzmengen eines Produktes fest; aus dem Faktoreinsatz ergeben sich in der Fertigung die **VARIABLEN KOSTEN** ⇨ Glossar, der Rohstoffinput ergibt sich aufgrund einer Teileliste aus den herzustellenden Quantitäten des Produktes. Oft sind die absoluten Werte gar nicht von Bedeutung. Fast immer versucht man statt dessen Aufschluss über das „Änderungsverhalten" solcher ökonomischer Funktionen zu bekommen. Typische Fragestellungen sind:

- „Um wieviel Prozent steigt der Gewinn bei einer Senkung des Preises um 5 Prozent?"

- „Wie muss der Preis verändert werden, um die Nachfrage bei geänderten Preisen der Konkurrenz zu halten?"

Aber auch Fragen nach Optimalkonstellationen ökonomischer Sachverhalte lassen sich mit Änderungsraten behandeln, etwa:

- „Bei welchem Preis eines Produktes wird sein Umsatz maximal?"

- „Wie groß ist die Produktionskapazität, wenn die Produktionskosten höchstens 1,5 Mio. Euro betragen dürfen?"

Solche und ähnliche Fragen setzen zunächst ein adäquates mathematisches Modell voraus, welches die betrachteten ökonomischen Größen durch Funktionen aufeinander abbildet. Im einfachsten Fall sind die benötigten Funktionen nur von jeweils einer ökonomischen Variablen abhängig. Dies soll nachfolgend im Produktionskontext etwas genauer dargestellt werden ⇨ Abschnitt 5.1. Wie die **ABLEITUNG** ⇨ Glossar von Funktionen Anwendung in der Ökonomie findet, wird danach erläutert ⇨ Abschnitt 5.2, Seite 112, ehe abschließend auf Modelle für Funktionen mehrerer Variablen in der Ökonomie eingegangen wird ⇨ Abschnitt 5.3, Seite 116.

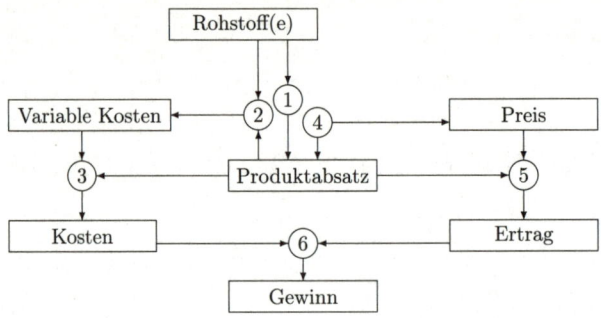

Abbildung 5.1: Darstellung der Zuordnungsvorschriften im Produktionsgefüge; Nummern entsprechen den folgenden Unterabschnitten 5.1.1 bis 5.1.6

5.1 Funktionen einer Variablen in der Ökonomie

Der Fertigung und dem Absatz eines Gutes liegen verschiedene Zuordnungsvorschriften zwischen diversen ökonomischen Größen zugrunde; diese Vorschriften sind in Abbildung 5.1 dargestellt.

5.1.1 Produktionsfunktionen

Durch eine **PRODUKTIONSFUNKTION** ⇨ Glossar wird der quantitative Zusammenhang zwischen einem Produktionsinput (Rohstoff) $r > 0$ (gemessen in Mengeneinheiten) und dem hergestellten Output $x > 0$ (gemessen in Mengeneinheiten), auch genannt Ertrag, in der Form $x = h(r)$ beschrieben.

Produktionsfunktion sind in ihrem Definitionsbereich meist monoton wachsend. In der Ökonomie werden verschiedene Typen von Produktionsfunktionen verwendet. Diese können durch geeignete Wahl von Parametern a, b, c, $\alpha > 0$ auf den konkreten Sachverhalt „maßgeschneidert" werden, wobei ggf. der Definitionsbereich noch verkleinert werden muss, um ein sachlogisch einwandfreies Modell zu bekommen.

- ertragsgesetzliche Produktionsfunktion: z.B. $h(r) = -r^3 + ar^2 + br$. Als Produktionsinputs kommen nur Werte $r > 0$ in Frage. Zudem ist die Funktion nur auf dem Intervall $\left]0; \frac{a+\sqrt{a^2+3b}}{3}\right[$ monoton wachsend.

- **COBB–DOUGLAS–PRODUKTIONSFUNKTION** ⇨ Glossar $h(r) = cr^\alpha$

- **CES–PRODUKTIONSFUNKTION** ⇨ Glossar $h(r) = \frac{1}{(c+r^{-1/\alpha})^\alpha}$

5.1.2 Variable Kosten

Für die verschiedenen Produktionsfaktoren (Arbeit, Rohstoffeinsatz, Kapital etc.) liegen – zumeist lineare – Kostenansätze vor. Mittels der Produktionsfunktion ergeben diese Faktoren (Produktionsbatch) die **VARIABLEN KOSTEN** ⇨ Glossar je hergestellter Einheit des Produktes.

5.1.3 Kostenfunktionen

Mit einer **KOSTENFUNKTION** ⇨ Glossar wird der quantitative Zusammenhang zwischen dem Produktionsertrag $x > 0$ (in Mengeneinheiten) und den Gesamtkosten $y > 0$, welche die Erbringung dieses Ertrages verursacht, in der Form $y = f(x)$ dargestellt.

Häufig verwendete Funktionstypen sind

- die ertragsgesetzliche Kostenfunktion: $f(x) = ax^3 + bx^2 + cx + d$
- die neoklassische Kostenfunktion: $f(x) = ax^2 + d$
- die (affin) lineare Kostenfunktion: $f(x) = ax + d$

Hierbei treten oft (z.B. in Form von Personalkosten) sogenannte **FIXE KOSTEN** ⇨ Glossar auf, die von dem Produktionsertrag (weitgehend) unabhängig sind. Die Behandlung von Fixkosten im Rahmen der Kostenrechnung ist ein eigenständiges Problem [SCHNEIDER, 2006].

5.1.4 Nachfragefunktionen

Unter einer **NACHFRAGEFUNKTION** ⇨ Glossar versteht man eine Funktion, welche den (erwarteten) quantitativen Zusammenhang zwischen dem (Stück-)Preis $p > 0$ eines Produktes und dem Absatz bzw. der Nachfrage $x > 0$ des Produktes (in fester Bezugsperiode) in der Form $x = f(p)$, beschreibt. Sie wird auch **PREIS–ABSATZ–FUNKTION** ⇨ Glossar genannt.

Die in den Wirtschaftswissenschaften gängigsten Typen von Nachfragefunktionen lauten (mit Parametern $a, b, c, \alpha, \beta > 0$)

- $f(p) = b - ap, \quad p \in \,]0, \frac{b}{a}]$,
- $f(p) = cp^{-\alpha}, \quad p > 0$,
- $f(p) = c\exp(-\alpha p), \quad p > 0$,

Welche Nachfragefunktion der Produktionsplanung zugrunde gelegt werden muss, ist oftmals nicht unmittelbar zu beantworten. Als sinnvoll hat sich herausgestellt, zunächst den grundsätzlichen mathematischen Typ (s.o.) anhand struktureller Erwägungen über die Entwicklung der Nachfrage zu bestimmen und die Parameter z.B. mittels der KLEINSTE-QUADRATE-METHODE ⇨ Glossar anhand von Marktuntersuchungen festzulegen (Regression) oder aus Eckdaten der vermuteten Nachfrage zu bestimmen (Interpolation, Steckbriefaufgaben).

Nachfragefunktionen sind in der Regel streng monoton fallend. In diesem Fall kann man zumindest vom Prinzip her deren Umkehrfunktionen bilden, die gerade jeder „erwünschten" Absatzmenge den erforderlichen Preis je Mengeneinheit zuordnen; diese Funktionen heißen ABSATZ-PREIS-FUNKTIONEN ⇨ Glossar.

5.1.5 Erlösfunktionen

Die ERLÖSFUNKTION ⇨ Glossar (bzw. Umsatzfunktion) beschreibt den quantitativen Zusammenhang zwischen abgesetzter Gütermenge $x > 0$ (in Mengeneinheiten) und Stückpreis $p > 0$ auf der einen Seite und dem hieraus erzielten Umsatz y (in Geldeinheiten) auf der anderen Seite.

In der Regel ist der Erlös das Produkt von abgesetzter Gütermenge und Stückpreis. Weil Preis und Absatz aber über die Nachfragefunktion aneinander gebunden sind, ist eine Erlösfunktion absatz- oder preisabhängig darstellbar als

- $y = E(x) = xp(x)$ mit einer Absatz–Preis–Funktion $x \mapsto p(x)$ oder
- $y = E(p) = px(p)$ mit einer Preis–Absatz–Funktion $p \mapsto x(p)$.

Aus einem Preis-Absatz-Modell in Form einer geeigneten Nachfragefunktion ergibt sich somit eine spezifische Erlösfunktion.

5.1.6 Gewinnfunktionen

Aus Erlös E und Kosten K berechnet sich durch Differenzenbildung der Gewinn $G = E - K$. Wird der Gewinn rechnerisch der eingesetzten Rohstoffmenge r oder der abgesetzten Gütermenge y oder dem festgelegten Stückpreis p zugeordnet, so spricht man von einer GEWINNFUNKTION ⇨ Glossar.

Die in die Differenz $E - K$ eingesetzten Erlös- und Kostenfunktionen müssen selbstverständlich auf dem gleichen Definitionsbereich erklärt sein, d.h.

beide preisabhängig oder beide absatzabhängig oder beide rohstoffabhängig. Damit ergeben sich u.a. folgende drei Möglichkeiten für die Gewinnfunktion

- in Abhängigkeit vom verlangten Stückpreis p in der Form $G(p) = px(p) - K(x(p))$ mit der vorliegenden Preis-Absatz-Funktion

- in Abhängigkeit von der abgesetzten Gütermenge x in der Form $G(x) = xp(x) - K(x)$

- in Abhängigkeit von der eingesetzten Rohstoffmenge r in der Form $G(r) = h(r)p(h(r)) - K(h(r))$

5.1.7 Durchschnittsbildung bei ökonomischen Funktionen

Vielfach ist es erforderlich, zu einer ökonomischen Funktion $f :]0; \infty[\to]0; \infty[$ Durchschnittswerte zu bestimmen. Dies geschieht formal durch den Übergang zur so genannten „Durchschnittsfunktion"

$$\bar{f} :]0; \infty[\to]0; \infty[\qquad \bar{f}(x) = \frac{f(x)}{x}$$

Auf diese Weise gelangt man z.B. vom Gewinn zum durchschnittlichen Gewinn je abgesetzter Mengeneinheit, vom Erlös zum Durchschnittserlös und von den Kosten zu den Durchschnittskosten.

Die hier behandelten Typen ökonomischer Funktionen einer Variablen reichen, wie man sich leicht vorstellen kann, in den meisten ökonomischen Problemen nicht aus. In der Regel wird z.B. der Ertrag von mehreren Inputs, die Nachfrage von mehreren Preisen (z.B. auch von denen der Konkurrenz), der Erlös, die Kosten und der Gewinn von den Ertragsmengen mehrerer Produkte abhängig sein; deshalb werden später auch Funktionen mehrerer Variablen behandelt werden.

5.1.8 Ein ökonomisches Beispiel

Das Regal Bill1 der Firma Ikebau ⇨ vgl. Beispiel 1.1, Seite 14 soll zu demjenigen Preis $p > 0$ am Markt abgesetzt werden, für den der monatliche Gewinn des Unternehmens maximal wird.

Gemäß dem Gozintographen in Abbildung 1.1 ⇨ Seite 15 besteht das Regal aus zwei Regalträgern, für die Materialkosten von je 5 € veranschlagt werden, fünf Böden zu je 3 €, einer Querstange zu 1 € und 20 Montagestiften zu je 0, 20 €. Die variablen Kosten je Regal betragen also $c_p = 30$ €. Aus der rechnerischen Umschichtung der fixen Kosten aus Personal, Maschinen und Raum auf die einzelnen Produkte des Unternehmens ergeben sich Fixkosten von $c_f = 1000$ € pro Monat. Ferner lassen sich monatlich maximal $x_{\max} = 2000$ Regale des Typs Bill1 fertigen. Für die Nachfrage nach dem Regal nimmt der Hersteller an, dass diese Maximalproduktion bei Herstellungspreis $p_{\min} = 30$ € komplett abgesetzt wird, dass jedoch das Regal nicht teurer als $p_{\max} = 160$ € sein darf, da anderenfalls keine Nachfrage besteht.

Zur Bestimmung des gewinnmaximalen Preises ist der Gewinn abhängig vom Regalpreis darzustellen, d.h. in der Form

$$G(p) = E(p) - K(p) = pf(p) - (c_f + c_p f(p)) = (p - c_p)f(p) - c_f$$

Wenn stattdessen der Gewinn in Abhängigkeit von der produzierten Stückzahl modelliert wird, so ist hierzu die Umkehrfunktion der Nachfragefunktion erforderlich. Es ergibt sich die Gewinnfunktion

$$\tilde{G}(x) = x \cdot f^{-1}(x) - (c_f + c_p \cdot x)$$

Der zugehörige Gewinn maximierende Punkt der Nachfragefunktion, d.h. $(x^* | f^{-1}(x^*))$ heißt **COURNOT'SCHER PUNKT** ⇨ Glossar.

Die einzig noch nicht festgelegte Größe in dieser Formel ist die Nachfragefunktion $f(p)$. Bei Festlegung auf eine (affin) lineare Nachfragefunktion genügen zwei Punkte auf dem Graph von f, um die Gerade und damit den Funktionsterm zu bestimmen. Derartige Informationen sind durch das Absatzverhalten bei den Schwellenpreisen $p_{\min} = 30$ ($f(30) = 2000$) und $p_{\max} = 160$ ($f(160) = 0$) vorhanden.

Allgemein ergibt sich aus dem linearen Ansatz $f(p) = a + b \cdot p$ mit $f(p_{\min}) = x_{\max}$ und $f(p_{\max}) = 0$ die **Formel für die lineare Nachfragefunktion:**

$$f(p) = x_{\max} \frac{p_{\max} - p}{p_{\max} - p_{\min}} = \frac{x_{\max} p_{\max}}{p_{\max} - p_{\min}} - \frac{p_{\max}}{p_{\max} - p_{\min}} p$$

Mit den konkreten Werten für Bill1 ($c_f = 1000$, $p_{\min} = c_p = 30$, $p_{\max} = 160$, $x_{\max} = 2000$) folgt:

$$f(p) = \frac{1}{13}(32000 - 200p) \quad \text{bzw.} \quad f^{-1}(x) = 160 - \frac{13}{200}x$$

$$G(p) = p \cdot f(p) - (c_f + c_p \cdot f(p)) = \frac{1}{13}(-200p^2 + 38000p - 973000)$$

bzw. bei Modellierung in Abhängigkeit vom Absatz $\tilde{G}(x) = -\frac{13}{200}x^2 + 130x - 100$. Es liegt also eine nach unten geöffnete Gewinnparabel vor, deren Scheitelpunkt jeweils den maximalen Gewinn mit dem zugehörigen Preis bzw.

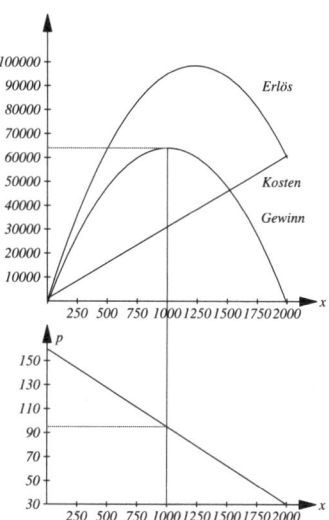

Abbildung 5.2: Graphische Bestimmung des Cournot-Punktes im Regalbaubeispiel

der zugehörigen Nachfrage ergibt. Für Bill1 lässt sich ein maximaler Gewinn von 64000 € erzielen bei einem Regalpreis von 95 € und einer abgesetzten Menge von 1000 Stück. Die Bestimmung des Cournot-Punktes $(x^*|f^{-1}(x^*))$ kann auch an dem Graph aus Abbildung 5.2 – zumindest näherungsweise – nachvollzogen werden. Gewinnfunktion auf Basis des Absatzes und Absatz-Preis-Funktion werden in zwei vertikal zueinander passenden Koordinatensystemen dargestellt. Die vertikale Verschiebung des Scheitelpunktes der Gewinnparabel auf die Absatz-Preis-Funktion ergibt den Cournot-Punkt.

Bisher wurde nur die Produktion von Bill1 geplant. Eine sinnvolle Unternehmensstrategie von Ikebau würde darin bestehen, den Produktmix aller vier möglichen Regale zu einem Gewinnmaximum zu führen. Dabei müssten die Produktionskapazitäten auf die vier Fertigungsmöglichkeiten aufgeteilt werden. Deshalb führt die Aufgabe, den Gewinn zu maximieren, in dieser allgemeineren Formulierung zum einen auf eine Gewinnfunktion mehrerer Entscheidungsvariablen, welche zum anderen durch eine Produktionsrestriktion aneinander gebunden sind. Derartige Fragestellungen werden später besprochen. Schließlich ist durch die Wahl einer linearen Nachfragefunktion ein möglicherweise zu unrealistisches Modell gegeben. Ansätze, bei denen etwa die Nachfrage im Maximalpreis p_{max} auspendelt, müssen mit komplizierteren

Modellen behandelt werden, die nicht mehr zu einer quadratischen Gewinn-funktion führen und daher nicht mehr mit elementaren schulmathematischen Mitteln behandelt werden können, sondern auf Methoden der Differential-rechnung angewiesen sind.

5.2 Der Ableitungsbegriff für ökonomische Funktionen einer Variablen

Mit der Gewinnfunktion für das Regal Bill1 wurde ein Modell angegeben, bei dem die Antwort auf die ökonomische Fragestellung unter Zuhilfenahme des elementaren Parabelbegriffes gefunden werden konnte. Das ist aber in mehrfacher Hinsicht eher untypisch:

- Unter Verwendung einer nichtlinearen – etwa einer quadratischen – Nach-fragefunktion, ergibt sich schon keine Parabel mehr, das Gewinnmaxi-mum ist mithin nicht mehr elementar zu bestimmen.

- Typische Fragestellungen der Ökonomie behandeln darüber hinaus das Änderungsverhalten einer ökonomischen Funktion. So könnte im Regal-baubeispiel gefragt sein, wie sensitiv der gefundene Optimal-Preis bzw. der maximale Gewinn auf eine Änderung der Fertigungskosten oder des maximal zu vertretenden Verkaufspreises reagiert (derartige Fragestellun-gen behandelt die „Komparative Statik" ⇨ Abschnitt 8.4, Seite 273).

In beiden Fragestellungen untersucht man das Änderungsverhalten mathe-matischer Funktionen einer Veränderlichen $f : \mathbb{D} \subseteq \mathbb{R} \to \mathbb{R}$ mit Hilfe der

ABLEITUNG $f'(x_0) := \lim\limits_{\substack{x \to x_0 \\ x \neq x_0}} \dfrac{f(x) - f(x_0)}{x - x_0}$ ⇨ Glossar

Wirtschaftswissenschaftler bezeichnen die Ableitung auch als (MARGINA-LE) ÄNDERUNGSRATE VON f ⇨ Glossar bzw. kennzeichnen die Ableitung einer gegebenen ökonomischen Funktion durch „Vorschalten" des Ausdrucks „Grenz-". So nennt man die Ableitung einer Nachfragefunktion auch Grenz-nachfrage und die Ableitung einer Produktionsfunktion auch Grenzproduk-tivität. Dies geschieht zur Bezeichnung sowohl der Ableitung in einem spe-ziellen Punkt als auch der Ableitung als Funktion. Die Untersuchung einer ökonomischen Funktion anhand ihrer Ableitung mit anschließender ökono-mischer Würdigung wird auch als MARGINALANALYSE ⇨ Glossar bezeich-net.

Bei ökonomischen Aussagen zur Änderung einer Funktion f wird die Ab-leitung $f'(x_0)$ gerne wie folgt eingesetzt: für Werte $x = x_0 + \Delta x$ mit sehr kleinem $\Delta x \approx 0$ stimmt sie – weil durch einen Grenzprozess bestimmt – näherungsweise mit dem Quotienten $\frac{f(x_0+\Delta x)-f(x_0)}{\Delta x}$ überein, d.h. es gilt

$$f(x_0 + \Delta x) \approx f(x_0) + f'(x_0)\Delta x$$

Ändert sich also x_0 um den Wert Δx, so ändert sich $f(x_0)$ näherungsweise um den Wert $f'(x_0)\Delta x$. Man nennt einen derartigen Ansatz auch Linearisierung der Funktion f im Punkt x_0, da das Verhalten von f in x_0 durch dasjenige einer Geraden ersetzt wird, die auf dem Punkt $(x_0|f(x_0))$ liegt und die Steigung $f'(x_0)$ hat. Je näher Δx bei Null liegt, um so genauer stimmt diese Näherung mit der tatsächlichen Änderung überein. Ökonomen sehen zuweilen – und nicht immer gerechtfertigt – den Wert $\Delta x = 1$ als ausreichend nahe bei Null an und fassen dann $f'(x_0)$ als – näherungsweise – Änderung des Funktionswertes $f(x_0)$ bei Änderung von x_0 um eine Einheit auf. Vorzuziehen ist allerdings ein Wert von Δx, der von der Skala unabhängig als klein zu bezeichnen ist. Je stärker der Funktionsgraph in der Nähe von x_0 gekrümmt ist, desto kleiner sollte Δx gewählt werden; in der Praxis sind die Näherungsrechnungen bei Änderungen von 1% des Referenzwertes x_0 jedoch meist brauchbar.

5.2.1 Beispiel einer Marginalanalyse

Für ein spezielles Produkt, welches sich in einem Lager befindet, beschreibe die Funktion $f :]0; \infty[\to \mathbb{R}$, $f(x) = \frac{a}{x} + bx + c$, die Lagerhaltungskosten pro Einheit in Abhängigkeit vom Bestand $x > 0$. Um verschiedenen Produkten und Lagerbedingungen Rechnung zu tragen, werden dabei die Größen a, b, $c > 0$ nicht weiter spezifiziert (so genannte (exogene) Parameter). Sie unterscheiden sich insofern von dem Lagerbestand x, der unmittelbar verändert werden kann. Um sich über die Modellierung der Lagerhaltungskosten einen Überblick zu verschaffen, wird eine Marginalanalyse durchgeführt.

- Nullstellen von f in $]0; \infty[$: keine

- Pole/Asymptoten: $\lim\limits_{x \to 0} f(x) = \lim\limits_{x \to \infty} f(x) = +\infty$

- Extremwerte: 1. Ableitung: $f'(x) = -\frac{a}{x^2} + b$, 2. Ableitung: $f''(x) = \frac{2a}{x^3}$, $f'(x) = 0 \iff x = \sqrt{\frac{a}{b}}$. Wegen $f''\left(\sqrt{\frac{a}{b}}\right) > 0$ und des asymptotischen Verhaltens der Funktion hat f in $\sqrt{\frac{a}{b}}$ ein globales Minimum.

- Krümmungsverhalten von f: Es ist $f''(x) > 0$ für alle $x > 0$, d.h. f' ist streng monoton wachsend, d.h. f ist konvex (linksgekrümmt)

113

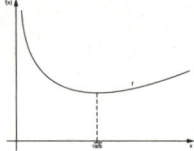

Abbildung 5.3: Graph der durchschnittlichen Lagerhaltungskosten

Zumeist erfolgt noch eine Skizze des Funktionsgraphen, wie in Abbildung 5.3 dargestellt. Im Beispiel könnte man sich für die minimalen (durchschnittlichen) Lagerhaltungskosten, d.h. $f\left(\sqrt{\frac{a}{b}}\right) = \frac{a}{\sqrt{\frac{a}{b}}} + b\sqrt{\frac{a}{b}} + c = 2\sqrt{ab} + c$, interessieren. Die Parameter a, b, c sind im Allgemeinen vom Betreiber des Lagers durch geeignete Rahmenbedingungen variierbar. Man kann durch Ableiten nach diesen Parametern das Änderungsverhalten der minimalen (durchschnittlichen) Lagerhaltungskosten analysieren.

5.2.2 Die Elastizität einer ökonomischen Funktion

Ein weiteres Anwendungsgebiet des Ableitungskonzeptes, welches vor allem in den Wirtschaftswissenschaften große Bedeutung hat, ergibt sich unmittelbar aus einem praktischen Nachteil der Ableitung. Dazu sei wieder das Beispiel der Firma Ikebau mit dem Regal Bill1 aufgegriffen. Bekanntlich gibt die Ableitung $G'(p)$ der Gewinnfunktion $G(p)$ den näherungsweisen Grenzgewinn bei Änderung des Preises um eine Einheit an. Dieser Wert ist in Euro angegeben, ebenso wie der Preis des Regals. Die Firma Ikebau vertreibt das Regal allerdings weltweit und setzt die entsprechende Nachfragefunktion demzufolge auch in den USA an. Soll nun eine in Europa erstellte Sensitivitätsanalyse auf dem US-amerikanischen Markt präsentiert werden, so sind alle Währungen umzurechnen. Vorteilhafter wäre es, wenn man stattdessen nur prozentuale Änderungen vorliegen hätte, denn die würden dies- und jenseits des Atlantik übereinstimmen. Genau dies wird von der so genannten Elastizität geleistet.

Definition 5.1
Die **ELASTIZITÄT** ⇨ Glossar einer differenzierbaren Funktion $f : \mathbb{D} \to]0; \infty[$ im Punkt $x_0 \in \mathbb{D}$ ist erklärt als $\varepsilon_f(x_0) := \dfrac{f'(x_0)}{f(x_0)} \cdot x_0$

Ersetzt man in der rechten Seite dieses Ausdrucks die Ableitung näherungsweise durch den Differenzenquotienten so lässt sich der entstandene

Ausdruck durch Umordnen überführen in $\frac{(f(x)-f(x_0))\cdot x_0}{f(x_0)\cdot(x-x_0)} = \frac{\frac{f(x)-f(x_0)}{f(x_0)}}{\frac{x-x_0}{x_0}}$.

Daher gilt für kleine Änderungen $\Delta x = x - x_0 \approx 0$ näherungsweise

$$\frac{f(x_0 + \Delta x) - f(x_0)}{f(x_0)} \approx \varepsilon_f(x_0)\frac{\Delta x}{x_0}$$

Je 1% Änderung des Input x_0 ändert sich also der Output $f(x_0)$ um näherungsweise $\varepsilon_f(x_0)\%$. Die Elastizität gibt also die Möglichkeit, Änderungen von ökonomischen Größen einheitenunabhängig darzustellen.

Beispielsweise ergibt sich die Elastizität einer linearen Nachfragefunktion $f : [0, \frac{b}{a}[\to \mathbb{R}, f(p) = b - ap$ mit $a, b > 0$ wegen $f'(p) = -a$ zu $\varepsilon_f(p) = \frac{-ap}{b-ap} = \frac{ap}{ap-b}$. Ökonomen sprechen in diesem Kontext auch von der Nachfrageelastizität. Ganz allgemein wird der Übergang zur Elastizität gerne durch das Nachschalten dieses Begriffes an die entsprechende ökonomische Funktion bezeichnet (Produktionselastizität, Gewinnelastizität etc.)

5.2.3 Lösung von Optimierungsaufgaben mit Ableitungen

Ein wichtiges Anwendungsgebiet des Ableitungsbegriffes in der Ökonomie ist durch die Optimierung gegeben. Wenn für eine ökonomische Situation ein mathematisches Modell etwa in Form einer geeigneten Funktion einer Variablen erstellt wurde, schließt sich zumeist unmittelbar die Frage an, wie dieses Modell optimal gestaltet werden kann; dies bedeutet in aller Regel, die hergeleitete Funktion zu maximieren oder zu minimieren. Diese Optimierungsaufgaben können sich auf unmittelbar ökonomisch interpretierbare oder auch rein technisch-mathematische Funktionen beziehen:

Beispiel 5.1 (Verpackungsprobleme):

Bei gegebenem Inhalt $v_0 > 0$ soll der Verpackungsaufwand einer zylindrischen Dose mit Radius r, Höhe h minimiert werden. Dieser lässt sich näherungsweise durch die Oberfläche eines Zylinders wie folgt darstellen: $O(r,h) = 2\pi r^2 + 2\pi rh$.

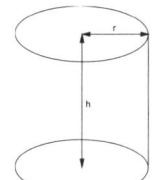 *Die Oberfläche als Funktion der Variablen Radius und Höhe ist so noch nicht zu minimieren. Erst wenn die Nebenbedingung an das Volumen v_0, d.h. $V(r,h) = \pi r^2 h = v_0$ nach einer der Variablen, etwa nach $h = \frac{v_0}{\pi r^2}$ aufgelöst und dies in die Oberflächenfunktion eingesetzt wird, kann man zur Minimierung übergehen. Es ergibt sich nämlich die jetzt nur noch vom Radius abhängige Oberflächenfunktion $f :]0; \infty[\to \mathbb{R}, \quad f(r) := O(r, \frac{v_0}{\pi r^2}) = 2\pi r^2 + \frac{2v_0}{r}$*

Nullsetzen der 1. Ableitung, d.h. von $f'(r) = 4\pi r - \frac{2v_0}{r^2}$ führt zu einem Kandidaten für ein Oberflächenminimum in Form von $r = \sqrt[3]{\frac{v_0}{2\pi}} = \left(\frac{v_0}{2\pi}\right)^{\frac{1}{3}}$. Da die erste Ableitung hier gleichzeitig einen Vorzeichenwechsel von $-$ nach $+$ hat, ist der gefundene

krititsche Punkt ein lokales Minimum. Durch Untersuchung von f am Rand erhält man, dass in $r = \left(\frac{v_0}{2\pi}\right)^{\frac{1}{3}}$ sogar ein absolutes Minimum vorliegt.

Das hier kursorisch dargestellte Substitutionsverfahren – die Volumen-Nebenbedingung wurde in die Oberflächen-Zielfunktion eingesetzt – findet eher sporadisch Anwendung, weil das Auflösen der Nebenbedingung u.U. schwierig, wenn nicht sogar rechnerisch unmöglich ist. Die später noch ausführlich behandelte **LAGRANGE-METHODE** ⇨ Glossar kann hier einen Ausweg bieten und ermöglicht zudem eine „What If"-Analyse des Problems.

Beispiel 5.2 (Optimaler Messwert):

$y_1, \ldots, y_n$ seien beobachtete Daten (z.B. Verkaufszahlen aufeinanderfolgender Monate). Der allen Daten am nächsten kommende Wert x errechnet sich gemäß der Methode der kleinsten Quadrate ⇨ Seite 59 als Minimalstelle der Funktion $f : \mathbb{R} \to \mathbb{R}$, $f(x) := \sum_{i=1}^{n}(y_i - x)^2$. Dabei sind die Werte $y_1, \ldots, y_n$ als fest, aber nicht genauer spezifiziert anzusehen. Leitet man die Funktion nach x ab, so ergibt sich $f'(x) = \sum_{i=1}^{n} 2(y_i - x) = 2\left(\sum_{i=1}^{n} y_i\right) - n \cdot x$. Einen Kandidaten für den optimalen Messwert erhält man nun durch Nullsetzen der ersten Ableitung und Auflösen nach x. Dies führt zu $x^{(0)} := \frac{1}{n}\sum_{i=1}^{n} y_i$. Wir haben gleichzeitig ein globales Minimum erreicht, weil f eine quadratische Funktion in x ist und mit $(x_0|f(x_0))$ der Scheitelpunkt der nach oben geöffneten Funktions-Parabel gefunden wurde. Also ist das arithmetische Mittel $\frac{1}{n}\sum_{i=1}^{n} y_i$ im Sinne der KQ-Methode die den Daten $y_1, \ldots, y_n$ „am nächsten kommende" Konstante.

Beim letzten Beispiel ist die zu minimierende Funktion nicht mehr ökonomisch interpretierbar, sondern aus dem Zwang, die Lage der Daten durch eine Zahl zu beschreiben, als mathematischer Ansatz gewonnen.

5.3 Funktionen mehrerer Variablen in der Ökonomie

Aus den vielfältigsten Gründen sind die in den beiden vorangegangenen Abschnitten behandelten Funktionen einer Variablen meist für ökonomische Anforderungen nicht mehr ausreichend:

- Zur Produktion eines Gutes sind i.d.R. mehrere Rohstoffe erforderlich. Meist wird auch die Produktion mehrerer Produkte simultan geplant.

- Bei den Gesamtkosten in der Produktion einer Unternehmung müssen die Fixkosten sowie die variablen Kosten bei der Herstellung jedes der Unternehmensprodukte berücksichtigt werden.

- Der Absatz eines Produktes hängt neben dem eigenen Preis auch von dem Preis anderer Konkurrenz-Produkte ab.

Daher muss man zur Modellierung auch solche Funktionen zulassen, die mehr als ein Argument beinhalten. Solche Funktionen nennt man Funktionen mehrerer Variablen. Im Folgenden seien Beispiele solcher Funktionen behandelt. Diese traten z.t. schon in linearen Verflechtungsmodellen auf, gehen zum größeren Teil aber über lineare Ansätze hinaus.

5.3.1 Lineare Funktionen in der Ökonomie

Im Bereich der linearen Algebra wurden bereits Verflechtungsansätze behandelt, bei denen mehreren Argumenten (Input-Variablen) ein oder auch mehrere Ergebnisse zugewiesen wurden:

- Im **linearen Produktionsmodell** aus Kapitel 1 (Regalbau der Firma Ikebau) ist die Materialverflechtung durch die Matrix

$$A = \begin{bmatrix} 2 & 3 & 4 & 5 \\ 1 & 1 & 2 & 4 \\ 5 & 10 & 15 & 20 \end{bmatrix} \in \mathbb{R}^{3 \times 4}$$

gegeben. Jeder Kombination von Produktquantitäten $x_1, \ldots, x_4$ der vier Regaltypen werden die erforderlichen Quantitäten der drei Produktionsfaktoren Regalträger, Regalboden und Querstange zugewiesen. Zugrunde liegt die (lineare) Funktion $f : \mathbb{R}^4 \to \mathbb{R}^3$, $f(x) = A \cdot x$.

- In der linearen Algebra lassen sich auch lineare Kostenmodelle darstellen; es mögen z.b. bei der Herstellung von n Produkten $P_1, \ldots, P_n$ je Einheit des Produktes P_i **VARIABLE KOSTEN** $c_i > 0 \Rightarrow$ Glossar entstehen. Die gesamten variablen Kosten stellen sich dann mit der linearen Funktion $f : \mathbb{R}^n \to \mathbb{R}^1$, $f(x) = \langle c, x \rangle = c_1 x_1 + \ldots + c_n x_n$ mit $c = (c_1, \ldots, c_n)^T$ dar. Dabei bezeichnen die x_i die Quantitäten der Produkte P_i.

5.3.2 Nachfragefunktionen mehrerer Variablen

Lineare bzw. affin lineare Ansätze waren schon bei der Modellierung von Nachfragesituationen, etwa für das Regal Bill1, aufgetreten. Aber auch Nachfragemodelle erfordern in aller Regel die Berücksichtung eines ganzen Bündels von Entscheidungsvariablen. Die gegenseitige Berücksichtigung von Gütern in der Nachfragemodellierung kennt verschiedene Typen von Abhängigkeiten:

- Falls die Produkte in direkter Konkurrenz zueinander stehen, so spricht man von **SUBSTITUTIONSGÜTERN** $\Rightarrow$ Glossar. Bei diesen steigt mit dem

Preis eines Gutes die Nachfrage nach dem anderen Gut, während die Nachfrage nach dem eigenenen Gut abnimmt.

- Falls die Produkte gegenseitig benötigt werden, nennt man sie **KOMPLE-MENTÄRGÜTER** ⇨ Glossar. Beispiele hierfür stellen etwa Kraftfahrzeuge und Kraftstoffe oder Medienträger und die dafür benötigten Abspielgeräte dar. Steigt der (Durchschnitts-)Preis eines der beiden Güter, so bewirkt dies für beide Güter einen Absatzrückgang.

Für beide Arten von Gütern müssen geeignete Typen von Nachfragefunktionen verwendet werden.

Beispiel 5.3:

Der Möbelbauer Ikebau hat festgestellt, dass die Festlegung des Preises für sein Regal Bill1 auf $p = 95$ € nicht zur gewünschten Erhöhung des Gewinns geführt hat. Als Ursache hat eine Befragung bei Kunden ergeben, dass das Regal im Vergleich zu dem Regal Bill2 als zu teuer empfunden wird, weshalb die Kunden aufgrund des besseren Preis-Leistungsverhältnisses für Bill2 dieses bevorzugen. Gleichzeitig hat die erhöhte Nachfrage nach Bill2 zu Lieferengpässen bei diesem Regaltyp und zu Lagerengpässen bei Bill1 geführt. Für Ikebau stellen sich daher als Substitutionsgüter dar, deren Preise so passend zueinander gewählt werden müssen, dass die genannten Probleme nicht mehr auftreten. Nunmehr soll der Gesamtgewinn bzw. -deckungsbeitrag aus dem Absatz der beiden Regale maximiert werden und die dabei ermittelten Absatzmengen zur Grundlage der Kapazitätsplanung gemacht werden.

Zunächst ergeben sich mit den Informationen ⇨ Seite 109 für Bill2 die variablen Stückkosten 54 €, für Bill1 wie berechnet 30 €. Danach muss bei Ikebau eine Nachfragefunktion $f_1(p, q)$ für die Nachfrage nach Bill1 bzw. $f_2(p, q)$ für die Nachfrage nach Bill2 ermittelt werden. Beide Funktionen müssen aufgrund der obigen Beobachtungen über die gegenseitige Einflussnahme der Absatzmengen sowohl vom Preis p des Typs Bill1 als auch vom Preis q des Regaltyps Bill2 abhängig sein. Mit diesen Nachfragefunktionen ermittelt sich dann der Deckungsbeitrag für den gemeinsamen Absatz der beiden Regale zu

$$G(p, q) = (p - 30)f_1(p, q) + (q - 54)f_2(p, q)$$

Die Bestimmung eines adäquaten Nachfragezusammenhanges kann eine schwierige Aufgabe sein. Grundsätzlich ist dabei für f_1 und f_2 separat zunächst ein Funktionstyp zu spezifizieren. Beide Funktionstypen müssen sowohl von p als auch von q abhängig sein. Danach kann wieder über Referenzwerte der Nachfrage (d.h. in Form einer Steckbriefaufgabe) oder durch Auswertung von Vergangenheitsdaten mittels der KQ-Methode die konkrete Gestalt der Nachfragefunktionen errechnet werden. Die erste dieser Vorgehensweisen sei exemplarisch vorgeführt.

Es sei angenommen, dass Produktionskapazitäten für 2030 Regale bei Bill1 und 1095 Regale bei Bill2 vorliegen, die im Falle $p = q = 0$ auch vollständig abgesetzt

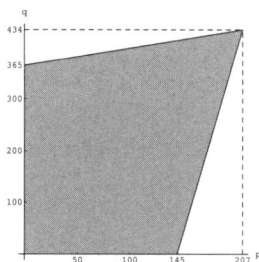

Abbildung 5.4: Darstellung des Preisbereiches für p bzw. q, der in Beispiel 5.3 zu positiver Nachfrage nach beiden Regalen führt.

werden. Die Nachfragefunktionen seien linear, d.h. von der Form

$$f_1(p,q) = 2030 - b_{1,p}p + b_{1,q}q$$
$$f_2(p,q) = 1095 + b_{2,p}p - b_{2,q}q$$

mit Nachfragekoeffizienten $b_{1,p}, b_{1,q}, b_{2,p}, b_{2,q} > 0$. Ferner seien – bei Absatz des jeweiligen anderen Regaltyps zum Preis 0 – die Preisgrenzen $p_{min} = 145$, $q_{min} = 365$ für die Nachfrage nach Bill1 und Bill2 bekannt, d.h. es gilt $f_1(145,0) = 0$ und $f_2(0,365) = 0$. Als absolute Preisobergrenze, oberhalb von der kein Absatz mehr erzielt wird, werde $p_{max} = 207$, $q_{max} = 434$ angenommen. Hieraus ergeben sich die Gleichungen

$$2030 - 145b_{1,p} + 0 \cdot b_{1,q} = 0 \Leftrightarrow b_{1,p} = 14$$
$$2030 - 14 \cdot 207 + 434b_{1,q} = 0 \Leftrightarrow b_{1,q} = 2$$
$$1095 + 0 \cdot b_{2,p} + -365b_{2,q} = 0 \Leftrightarrow b_{2,q} = 3$$
$$1095 + 207 \cdot b_{2,p} - 3 \cdot 434 = 0 \Leftrightarrow b_{2,p} = 1$$

Somit lauten die Nachfragefunktionen

$$f_1(p,q) = 2030 - 14p + 2q$$
$$f_2(p,q) = 1095 + p - 3q$$

Ökonomisch sind nur diejenigen Preiskonstellationen p, q von Bedeutung, in denen beide Nachfragen nichtnegativ sind, d.h. $f_1(p,q) \geq 0$ und $f_2(p,q) \geq 0$. Durch diese beiden linearen Ungleichungen wird der in Abbildung 5.4 dargestellte Bereich als ökonomisch sinnvoller Preisbereich ausgezeichnet.

Setzt man die berechneten Nachfragefunktionen in die allgemeine Formel für den Deckungsbeitrag ein, so ergibt sich

$$G(p,q) = (p - 30)(2030 - 14p + 2q) + (q - 54)(1095 + p - 3q)$$
$$= -14p^2 - 3q^2 + 3pq + 2396p + 1197q - 120030$$

119

Ähnlich wie bei der Deckungsbeitragsmaximierung für das Regal Bill1 ⇨ Seite 109 ergibt sich eine Zielfunktion mit linearen und quadratischen Termen in p und q. Jedoch ist es nicht mehr ersichtlich, wie die Maximierung des Deckungsbeitrages mit Scheitelpunktmethoden erfolgen kann. Spätestens an dieser Stelle benötigt man Ableitungskonzepte für Funktionen mehrerer Veränderlichen zur Bestimmung des maximalen Deckungsbeitrages, die erst später behandelt werden. In diesem Beispiel wird dann gezeigt, dass der Deckungsbeitrag für $p = 113, q = 256$ maximal wird.

5.3.3 Produktionsfunktionen mehrerer Variablen

Die Herstellung eines Gutes erfolgt in der Regel unter Verwendung mehrerer Rohstoffe, wobei man unter Rohstoffen auch Inputs wie Energie, „manpower" oder Ähnliches verstehen kann. Wenn diese einzelnen Rohstofftypen durchnummeriert von 1 bis n in den Mengen $x_1 > 0, \ldots, x_n > 0$ vorliegen, so nimmt man in der Regel für den Output y an, dass er sich in der Form $y = f(x_1, \ldots, x_n)$ schreiben lässt, wobei $f : \mathbb{D} \to \mathbb{R}$, $\mathbb{D} \subseteq \mathbb{R}^n$ eine geeignete Produktionsfunktion ist. Manchmal ergeben sich die Zuordnungen der Rohstoffe zu den Produkten durch technische Spezifikationen; dann sind Produktionsfunktionen also nicht Gegenstand der ökonomischen Modellierung, sondern werden als externe Größen in die Modellierung eingebaut. Oft werden aber auch Ökonomen unmittelbar mit der Aufgabe betraut sein, ein Rohstoff-Produkt-Gefüge in eine geeignete Funktion mehrerer Variablen übersetzen zu müssen. Sie verwenden oft folgende Funktionstypen:

- **CD-Produktionsfunktionen** ⇨ Glossar (Cobb-Douglas-Funktionen)

$$f(x_1, \ldots, x_n) = c \cdot x_1^{a_1} \cdot \ldots \cdot x_n^{a_n}$$

  für $x_1 > 0, \ldots, x_n > 0$, wobei $c > 0$, $a_1 > 0$, $\ldots$, $a_n > 0$ geeignete Konstanten sind. Eine proportionale Produktion (d.h. eine Vervielfachung aller Produktionsfaktoren um den gleichen Wert führt zu einer ebensolchen Vervielfachung des Output), wird durch Parameterkonstellationen mit $a_1 + \cdots + a_n = 1$ berücksichtigt. Produktionsschwund kann durch Parameterwahlen mit $a_1 + \cdots + a_n \leq 1$ erfasst werden.

- **CES-Produktionsfunktionen** ⇨ Glossar („Constant Elasticity of Substitution")

$$f(x_1, \ldots, x_n) = c \cdot (a_0 + a_1 x_1^p + \ldots + a_n x_n^p)^{\frac{1}{p}}$$

  für $x_1 > 0, \ldots, x_n > 0$, wobei $c > 0$, $a_0 \geq 0$, $a_1 > 0, \ldots, a_n > 0$, und $p \in \mathbb{R}$, $p \neq 0$, $p \neq 1$, geeignete Parameter sind. Beispielsweise ist

$$f(x_1, x_2, x_3) = \left(\frac{1}{1 + \frac{1}{\sqrt{x_1}} + \frac{1}{\sqrt{x_2}} + \frac{1}{\sqrt{x_3}}} \right)^2 \text{ eine CES-Funktion mit } n = 3, c =$$

1, $a_0 = 1$, $a_1 = a_2 = a_3 = 1$, $p = -\frac{1}{2}$ und $f(x_1, x_2) = 5 \cdot \sqrt[3]{2 + x_1^3 + x_2^3}$ eine CES-Funktion mit $n = 2$, $c = 5$, $a_0 = 2$, $a_1 = a_2 = 1$, $p = 3$.

5.3.4 Homogene Funktionen in der Ökonomie

Oft lässt sich in ökonomischen Input-Output-Zusammenhängen folgendes charakteristische Verhalten erkennen: Wenn jede Input–Variable um den Faktor λ vergrößert wird, so wird auch der Output um einen Faktor vergrößert, der nur von λ, nicht aber von den Input–Variablen abhängt. Ist dieser Faktor von der Form λ^r für ein $r \geq 0$, so spricht man von $(r\text{-})$HOMOGENEN ⇨ Glossar Zusammenhängen. Dies lässt sich auch auf den Fall $r < 0$ übertragen; was etwa für Nachfragefunktionen verwendet werden kann.

Der einfachste Fall ist der Zusammenhang mit linearen Verflechtungsmodellen; alsdann ist $r = 1$ und man spricht auch von proportionalen Beziehungen. Jedoch sind auch die Fälle $r > 1$ (überproportionaler Zusammenhang) und $r < 1$ (unterproportionaler Zusammenhang) von Bedeutung. Letzterer tritt regelmäßig im Produktionskontext auf, wenn mit erhöhter Produktionsintensität ein technisch bedingter Schwund verbunden ist. Es sollte nicht verwundern, dass homogene Zusammenhänge ein verhältnismäßig einfaches Änderungsverhalten des Output bei simultaner und proportionaler Änderung aller Inputvariablen bedingen; weil sich dieses Änderungsverhalten auf die Zahl r, den Homogenitätsgrad zurückführen lässt, sind homogene Modellansätze sehr beliebt unter Ökonomen. Die zur Beschreibung derartiger Sachverhalte erforderlichen Funktionen nennt man dann ebenfalls homogen.

Definition 5.2

- Eine Funktion $f : \mathbb{D} \subseteq \mathbb{R}^n \to \mathbb{R}$ heißt HOMOGEN VOM GRAD r ⇨ Glossar, falls für alle $x = (x_1, \ldots, x_n)^T \in \mathbb{D}$ und $\lambda \in \mathbb{R}$ mit $\lambda x \in \mathbb{D}$ gilt

$$f(\lambda x) = f(\lambda x_1, \ldots, \lambda x_n) \overset{!}{=} \lambda^r \cdot f(x_1, \ldots, x_n) = \lambda^r \cdot f(x)$$

- f heißt LINEAR–HOMOGEN ⇨ Glossar, wenn f homogen vom Grad 1 ist, d.h. wenn für alle $x \in \mathbb{D}$ und $\lambda \in \mathbb{R}$ mit $\lambda x \in \mathbb{D}$ gilt $f(\lambda x) = \lambda \cdot f(x)$

- f heißt POSITIV–HOMOGEN VOM GRAD r ⇨ Glossar, wenn für alle $x \in \mathbb{D}$ und $\lambda > 0$ mit $\lambda x \in \mathbb{D}$ gilt: $f(\lambda x) = \lambda^r \cdot f(x)$

Homogene Funktionen treten vor allem bei der Modellierung von Produktionssachverhalten (dann zumeist linear-homogen), aber auch in Nachfrage-Kontexten u.a.m. auf. Streng formal sind homogene Funktionen in ökonomischen Kontexten meist positiv homogen, da negative Werte von λ zu Vektoren λx führen, die nicht mehr im meist gegebenen ökonomischen Definitionsbereich $\mathbb{D} \subseteq [0; \infty[^n$ liegen. Von den bisher behandelten Funktionstypen sind etliche homogen:

- **LINEARE FUNKTIONEN** ⇨ Glossar sind linear homogen, denn die Linearität bedeutet insbesondere $f(\lambda x) = \lambda^1 f(x)$.

- Eine weitere Klasse homogener Funktionen stellen die zahlreichen quadratischen Funktionen mehrerer Variablen der Form $f : \mathbb{R}^n \to \mathbb{R}$, $f(x) :=$ $\langle x, Ax \rangle$ mit einer quadratischen Matrix $A \in \mathbb{R}^{n \times n}$ dar. Diese Funktionen sind homogen vom Grad 2, denn für alle $\lambda \in \mathbb{R}$ und $x \in \mathbb{R}^n$ gilt:

$$f(\lambda x) = \langle \lambda x, A(\lambda x) \rangle = \langle \lambda x, \lambda(Ax) \rangle = \lambda^2 \langle x, Ax \rangle = \lambda^2 f(x)$$

- Cobb-Douglas-Funktionen $f : \mathbb{D} = [0; \infty[^n \to \mathbb{R}$, $f(x) = c \cdot x_1^{a_1} \cdot \ldots \cdot x_n^{a_n}$ sind stets (positiv) homogen. Der Homogenitätsgrad ist $r = a_1 + \ldots + a_n$, denn für alle $x \in \mathbb{D}$, $\lambda > 0$ gilt:

$$f(\lambda x_1, \ldots, \lambda x_n) = c \cdot (\lambda x_1)^{a_1} \cdot \ldots \cdot (\lambda x_n)^{a_n} = \lambda^{a_1 + \ldots + a_n} \cdot f(x)$$

- CES-Funktionen der Form $f : \mathbb{D} =]0; \infty[^n \to \mathbb{R}$, $f(x) = c \cdot (a_0 + a_1 x_1^p + \ldots + a_n x_n^p)^{\frac{1}{p}}$ sind positiv linear homogen, wenn $a_0 = 0$. Für alle $x \in \mathbb{D}$, $\lambda > 0$ gilt dann nämlich nach Ausklammern von λ^p in der p-ten Wurzel:

$$f(\lambda x) = c \cdot (\lambda^p (a_1 x_1^p + \ldots + a_n x_n^p))^{\frac{1}{p}} = \lambda \cdot f(x)$$

5.3.5 Graphische Darstellung von Funktionen mehrerer Variablen

Funktionen einer Variablen lassen sich in einem zweidimensionalen Koordinatensystem zeichnen. Dies ermöglicht vielfach eine anschauliche Beschreibung wichtiger Funktionseigenschaften. Für Funktionen mehrerer Variablen muss man sich verdeutlichen, dass jede Variable eine eigene Koordinatenachse benötigt, die senkrecht auf den anderen stehen muss. Zudem muss eine Koordinatenachse mit der gleichen Eigenschaft für den Funktionswert vorhanden sein. Da man über den Anschauungsraum $\mathbb{R}^3$ hinaus keine statischen graphischen Darstellungsmöglichkeiten hat, sind die einzigen darstellbaren Funktionen von mehr als einer Variablen genau die Funktionen zweier Variablen. Die drei für die Darstellung erforderlichen Dimensionen müssen auch noch in die Anschauungsebene projiziert werden, was zahlreiche Computerprogramme mittlerweile unterstützen. Die Darstellung lohnt sich, da vielfach Analogien zur Topographie ausgenutzt werden können. Insbesondere lässt

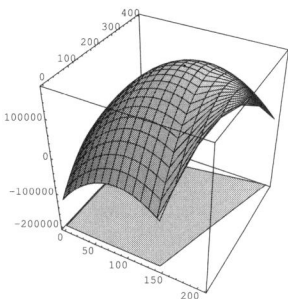 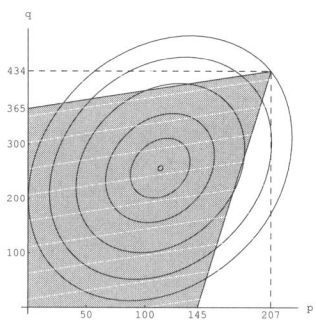

Abbildung 5.5: Deckungsbeitrags-Funktion $G(p,q) = -14p^2 - 3q^2$ $+ 3pq + 2396p + 1197q - 120030$; links dreidimensionale Darstellung, rechts Niveaulinien (Ellipsen)

sich eine Funktion von zwei Variablen als eine Art „Funktionsgebirge" auffassen. In Abbildung 5.5, links, ist dies anhand der Deckungsbeitragsfunktion $G(p,q) = -14p^2 - 3q^2 + 3pq + 2396p + 1197q - 120030$ ⇨ Seite 118f. dargestellt.

Vielfach verwendet man zur Illustration einer Funktion zweier Variablen aber auch eine zweidimensionale Darstellung in Form eines KONTUR-DIA-GRAMMS ⇨ Glossar, wie sie in Abbildung 5.5, rechts, wiedergegeben ist. Es ist gleichsam eine topographische Karte der Funktion, in die Linien bzw. Kurven, auf denen der Funktionsgraph einen konstanten Verlauf hat, in moderater, d.h. die Lesbarkeit des Schaubildes unterstützender Form eingezeichnet werden. Diese Linien nennt man NIVEAU–LINIEN ⇨ Glossar bzw. Iso–Höhenlinien. Die Aussagekraft von Kontur-Diagrammen lässt sich zuweilen durch Überlagerung mit anderen Grafiken des jeweiligen Sachzusammenhangs erhöhen. Im obigen Beispiel wurden nur positive Deckungsbeiträge bei der Darstellung der Niveaulinien berücksichtigt; gleichzeitig wurden noch der ökonomisch relevante Definitionsbereich für die Preise p,q grau schraffiert und die Niveaulinien der Nachfragefunktion für Bill2 hell skizziert. Zum einen ist das Gewinnmaximum im Bereich der innersten skizzierten Niveaukurve gut erkennbar. Zum anderen ermöglicht das Konturdiagramm eine graphische Beschreibung, wie etwa konkrete Preise p_0, q_0 so verändert werden müssen, dass zum einen die Nachfrage nach Bill2 gehalten und andererseits der Gewinn maximiert wird – rechnerisch löst die LAGRANGE-METHODE ⇨ Glossar dieses Problem. Niveaulinien sind – wie man unschwer erkennen kann – in der Ökonomie von besonderem Interesse, weil sie für eine gegebene ökonomische Funktion die Bereiche der „Nichtänderung" des Funktionswertes darstellen, welche oft fokussiert werden:

Beispiel 5.4:

Ein Gut wird von zwei konkurrierenden Firmen zu den Preisen p, q angeboten. Die Nachfragefunktion des Anbieters 1 lautet $f(p,q) = 10 \cdot q \cdot \frac{1}{p^3}$. Es liegt eine laufende Nachfrage von 1000 Einheiten bei Anbieter 1 vor. Anbieter 2 ändert nun seinen Preis q. Dadurch würde sich die Nachfrage bei Anbieter 1 verändern (i.d.R. zu seinen Ungunsten), wenn er nicht seinen Preis p ebenfalls ändert.

Die erforderliche Änderung muss zu einem Wert p führen, der den Wert $f(p,q) = 1000$, d.h. $\frac{10q}{p^3} = 1000$ beibehält. In der oben gewählten Terminologie muss Anbieter 1 seine Nachfrage auf der 1000-Niveaulinie seiner Nachfragefunktion halten. Um den betreffenden Wert von p zu berechnen, muss die genannte Gleichung nach p aufgelöst werden, was in diesem Fall noch einfach ist

$$\frac{10q}{p^3} = 1000 \Leftrightarrow p = \left(\frac{q}{100}\right)^{\frac{1}{3}}$$

Der zur Stabilisierung der Nachfrage bei 1000 Einheiten erforderliche Preis p ist also abhängig vom aktuellen Preis q des Konkurrenten, d.h. wird zu einer Funktion des Preises q, und man schreibt deshalb auch p(q) dafür. Ökonomen interessieren sich nun nicht unbedingt für diesen Preis p(q) selber, sondern für seine Änderungsrate, d.h. die Ableitung $p'(q) = \frac{1}{300} \cdot \left(\frac{q}{100}\right)^{-\frac{2}{3}}$. Dieser Wert heißt **GRENZRATE DER SUBSTITUTION ZWISCHEN** *p* **UND** *q* ⇨ Glossar.

In der Regel ist es schwierig, wenn nicht sogar unmöglich, die Funktion p selbst durch Auflösen der Niveaugleichung $f(p,q) =$ const. zu ermitteln, wenn die entsprechenden Gleichungen nicht elementar sind (d.h. z.B. lineare oder quadratische Gleichungen). Zu befürchten ist daher eigentlich, dass auch die zugehörige Substitutionsgrenzrate in der Regel nicht bestimmbar ist.

Beispiel 5.5:

Wie in dem vorigen Beispiel soll die Nachfrage eines Anbieters durch seinen Preis p und den Preis q eines Konkurrenten bestimmt werden. Es soll jetzt aber die Nachfragefunktion $f(p,q) = 1000\frac{q^2}{p^3+p^2}$ vorliegen. Weiterhin lauten die aktuellen Preise $p = 10$ € bzw. $q = 11$ €. Anbieter 1 hat die Nachfrage $f(10,11) = 110$.

Wenn Anbieter 1 nun, um auf Preisänderungen des zweiten Anbieters zu reagieren, den Preis p wieder als Funktion von q schreibt, so erfordert dies die Auflösung der folgenden Gleichung nach p

$$1000\frac{q^2}{p^3+p^2} = 110 \Leftrightarrow p^3 + p^2 = \frac{100}{11}q^2$$

Für derartige Gleichungen dritten (und auch noch vierten Grades) gibt es zwar die so genannten **CARDANO-FORMELN** ⇨ Glossar, die je nach Art der Gleichung alle möglichen (d.h. maximal drei) Lösungen angeben. Die Formeln sind aber in ihrer praktischen Umsetzung aufwändig, denn sie erfordern die Kenntnis komplexer Zahlen. Zudem liegt hier mit q noch ein Parameter vor, der die Auswahl der richtigen Nullstelle nach CARDANO erschwert. Alternativ lassen sich für Gleichungen dritten Grades die Nullstellen auf numerischem Wege (Newton-Verfahren, s.u.) ermitteln. Jedoch ist auch dieses Verfahren hier nicht geeignet, da für allgemeines q keine numerisch verwertbare Gleichung vorliegt.

Ist die Auflösung der Gleichung im letzten Beispiel prinzipiell noch denkbar, so ließe sich die Nachfragefunktion sehr leicht dahingehend abändern, dass die Mathematik über keine Methode mehr verfügt, sie explizit nach einer der Variablen p und q aufzulösen. Hinzu kommt, dass im vorliegenden Fall für $q = 11$ die Lösung $p = 10$ bekannt ist. Daher ist nicht so sehr die Funktion $p(q)$ von Interesse, sondern es geht vielmehr um die Frage, wie sich denn $p(q)$ ändert, wenn q von $q = 11$ ausgehend abgeändert wird. Dies ist die Frage nach der Substitutionsgrenzrate $p'(11)$, für welche sich eine Formel überraschend leicht herleiten lässt. Dazu stellt man zunächst fest, dass die Funktion $p(q)$, so wie sie erklärt ist, der Gleichung

$$110 = 1000 \frac{q^2}{p(q)^3 + p(q)^2}$$

genügt. Auf beiden Seiten der Gleichung stehen streng genommen Terme einer Funktion von q; die linke Seite ist die konstante Funktion 110, die rechte Seite eine verkettete Funktion von q. Da aber linke Seite und rechte Seite übereinstimmen, muss auch die rechte Seite die konstante Funktion 110 sein. Diese muss als Ableitung (nach q) die Null-Funktion haben. Wenn man nun die rechte Seite der Gleichung nach q ableitet und sie gleich Null setzt, so ergibt sich mit einigen wenigen Umformungen eine lineare Gleichung in der Unbekannten $p'(q)$, nach der diese leicht aufgelöst werden kann.

Beispiel 5.6 (Fortsetzung von Beispiel 5.5):
Konkret muss also erst die Funktion

$$q \mapsto f(p(q), q) = 1000 \frac{q^2}{p(q)^3 + p(q)^2}$$

mit der Quotienten- und Kettenregel nach q abgeleitet und gleich Null gesetzt werden. Wann immer dabei ein Ausdruck $p(q)$ oder dessen Ableitung nach q benötigt wird, so wird dieser nicht explizit berechnet – was ja an dieser Stelle auch noch gar nicht möglich ist – sondern man lässt rein schematisch dafür $p(q)$ oder $p'(q)$

125

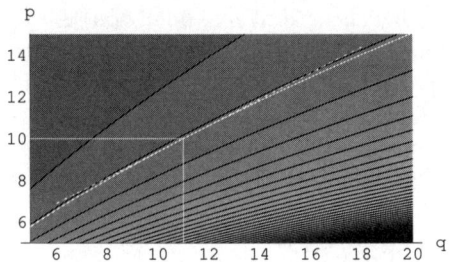

Abbildung 5.6: Die Substitutionsgrenzrate als Tangentensteigung an der Niveaulinie

stehen (bzw. zur Vermeidung von Schreibaufwand p und p'). Dann ergibt sich:

$$0 = 1000 \frac{2q\left(p^3 + p^2\right) - q^2\left(3p^2 + 2p\right)p'}{\left(p^3 + p^2\right)^2}$$

$$\Leftrightarrow p' = \frac{2q\left(p^3 + p^2\right)}{q^2\left(3p^2 + 2p\right)} = \frac{2\left(p^3 + p^2\right)}{q\left(3p^2 + 2p\right)} = \frac{2p}{q} \cdot \frac{p+1}{3p+2}$$

Es ist also ganz allgemein die Substitutionsgrenzrate in diesem Beispiel gleich

$$p'(q) = \frac{2p(q)}{q} \cdot \frac{p(q)+1}{3p(q)+2}$$

Mit den derzeitigen Preisen $q = 11$ und $p = p(11) = 10$ ergibt sich

$$p'(11) = \frac{2 \cdot 10}{11} \cdot \frac{10+1}{3 \cdot 10 + 2} = \frac{20}{32} = \frac{5}{8}$$

Dieses Ergebnis lässt eine näherungsweise Interpretation im Sinne der Auslegung der Ableitung als approximative Änderung zu: verringert beispielsweise Anbieter 2 seinen derzeitigen Preis (11 Euro) um Δ Euro – wobei Δ eine marginal kleine Änderung bezeichnet – so muss Anbieter 1 seinen Preis (10 Euro) um näherungsweise $\frac{5}{8}\Delta$ Euro verringern, um die laufende Nachfrage von 110 Einheiten zu halten. Die Grenzrate der Substitution des Preises $p = 10$ von Anbieter 1, gegeben $q = 11$ von Anbieter 2, beträgt also $\frac{5}{8}$.

In Abbildung 5.6 ist ein Niveau-Plot der Funktion $f(p,q) = 1000\frac{q^2}{p(q)^3 + p(q)^2}$ wiedergegeben. Die Niveaulinie $f(p,q) = 110$ ist hervorgehoben. Im Punkt $(p,q)^T = (10, 11)^T$ ist die Tangente an diese Niveaulinie angelegt. Die Steigung dieser Tangente ist gerade die Substitutionsgrenzrate, d.h. $\frac{5}{8}$. Dass hiermit das Änderungsverhalten nur lokal, d.h. näherungsweise erfasst wird, können Sie daran erkennen, dass die Niveaulinie gekrümmt ist und der Abstand der Tangente zu ihr bei größeren Abweichungen zunimmt.

Das Verfahren zur Bestimmung der Substitutionsgrenzrate lässt sich schematisieren. Tatsächlich ist beispielsweise die Quotientenregel zur Ableitung nur wegen der speziellen Gestalt der vorliegenden Nachfragefunktion durchzuführen. Später wird auf Basis einer Kettenregel für Funktionen mehrerer Veränderlichen ein allgemeineres Verfahren zur Bestimmung der Substitutionsgrenzrate behandelt ⇨ Seite 200.

Aufgaben

1. (K) Für das Tourist-Center des beliebten westfälischen Kurortes Sottrup-Höcklage soll ein Partner gefunden werden, der sich um die Verpflegung der Tagesgäste mit belegten Brötchen kümmert. Erna Brömmel, die Kusine des Bürgermeisters von Sottrup-Höcklage ist an der Tätigkeit interessiert und erfährt in einem ersten Gespräch mit dem Kurdirektor, dass sie beim Verkauf von x Brötchen am Tag mit Kosten in der Höhe von $k(x)$ Euro rechnen muss, dabei ist $k(x) = 10 + 0,4x$ (diese setzen sich zusammen aus 10 Euro Nutzungsgebühr je Tag für den Verkaufsraum und 40 Cent Beschaffungskosten je belegtem Brötchen für Butter, Aufschnitt und die "Roh"-Brötchen). Frau Brömmel kann am Tag maximal 360 Brötchen schmieren, die sie bei einem Verkauf zu den Selbstkosten komplett absetzen könnte. Ferner wird Frau Brömmel nahe gelegt, die Brötchen nicht teurer als 2,20 Euro zu verkaufen, da ansonsten die Touristen sich lieber selbst verpflegen wollen. Da Frau Brömmel die Brötchen auch nicht unter dem Einkaufspreis von 40 Cent verkaufen will, stellt sich ihr das Problem, bei welchem Verkaufspreis p mit $0,4 \leq p \leq 2,2$ sie maximalen Tagesgewinn erzielen wird.

   a) Weisen Sie nach, dass die Funktion

   $$f : [0,4; 2,2] \to \mathbb{R}, \quad f(p) = \frac{1}{9}(1000p^2 - 4400p + 4840)$$

   die einzige Nachfragefunktion ist, welche folgende Eigenschaften hat:
   i) f ist eine quadratische Funktion   iii) $f(2,2) = 0$
   ii) $f(0,4) = 360$,   iv) $f'(2,2) = 0$

   b) Berechnen Sie nun mittels der in a) bestimmten Nachfragefunktion die Gewinnfunktion $G(p)$ in Abhängigkeit vom Verkaufspreis $p \in [0,4; 2,2]$.

   c) Ermitteln Sie denjenigen Preis $p \in [0,4; 2,2]$, für den der Gewinn $G(p)$ maximal wird (Vergessen Sie die Prüfung auf globales Gewinnmaximum nicht). Wie hoch ist dieser maximale Gewinn und wie viele Brötchen verkauft Erna Brömmel dann?

2. Gegeben sei die Kostenfunktion $K(x) = \sqrt{\sqrt{x^3} + 5}$.

127

a) Berechnen Sie die Elastizität von $K(x)$.

b) Die Ausbringungsmenge x werde von $x_0 = 10$ um 2% erhöht. Berechnen Sie näherungsweise, um wieviel Prozent sich die Kosten erhöhen.

c) Berechnen Sie die Elastizität der Stückkosten $\frac{K(x)}{x}$.

d) Um wieviel Prozent ändern sich näherungsweise die Stückkosten, falls die Ausbringungsmenge wie in (b) erhöht wird?

3. Untersuchen Sie, welche der nachstehenden Funktionen homogen sind und geben Sie ggf. ihren Homogenitätsgrad an. Erläutern Sie jeweils auch, weshalb die anderen Funktionen nicht homogen sind

- $f_1(x, y, z) = x(y + z)$
- $f_2(x, y, z) = x(y + z + 1)$
- $f_3(x, y, z) = (xyz^2)^{\frac{1}{3}}$
- $f_4(x, y, z) = (x + 1)(y - 1)z$
- $f_5(x, y, z) = \sqrt{\frac{1}{x^2} + \frac{2}{y^2} + \frac{3}{z^2}}$
- $f_6(x, y, z) = \sqrt{\frac{1}{\frac{1}{x^2} + \frac{2}{y^2} + \frac{3}{z^2}}}$

Benennen Sie auch diejenigen unter den Funktionen, die vom CD- bzw. CES-Typ sind.

4. (K) Ein Produkt wird aus zwei Rohstoffen hergestellt. Setzt man diese in den Quantitäten $x \geq 0, y \geq 0$ ein, so fällt dabei ein Nebenprodukt in der Quantität $f(x, y) = (4x + y - 86)^2 + (4x + 8y - 128)^2 + 1$ an, welches als Schadstoff kostenaufwändig entsorgt werden muss. In der aktuellen Produktionsperiode werden $x = 18$ Einheiten des Rohstoffs 1 und $y = 7$ Einheiten des Rohstoffes 2 eingesetzt, was eine Schadstoffmenge von $f(18, 7) = 50$ Einheiten ergibt. In der nächsten Produktionsperiode muss eine geringfügig um $\Delta y > 0$ erhöhte Menge des Rohstoffes 2 eingesetzt werden.

Ermitteln Sie die Substitutionsgrenzrate des Rohstoffes 1, und geben Sie an, um wieviel Einheiten sich der Einsatz des Rohstoffes 1 näherungsweise ändern sollte, um den aktuellen Schadstoffausstoß beizubehalten.

6 Folgen und Reihen

Dieses Kapitel soll mit grundlegenden Begriffen im Zusammenhang mit dem mathematischen Folgenkonzept vertraut machen. Folgen werden im Rahmen der Schulmathematik oftmals nicht oder in zu geringem Umfange behandelt. Aus mathematischer und ökonomischer Sicht ist das nicht wünschenswert, denn

- Folgen haben ihren festen Platz in der Ökonomie, vor allem zur Modellierung von ökonomischen Größen, die einer diskreten zeitlichen Entwicklung unterliegen.

- der Konvergenzbegriff bei Folgen ist unerlässlich für ein gutes Verständnis der grundsätzlichen Konzepte von **STETIGKEIT** ⇨ Glossar und **DIFFERENZIERBARKEIT** ⇨ Glossar in der Analysis, wie sie später benötigt werden.

Beispiel 6.1:

*Der Monatsumsatz eines Unternehmens werde mit a bezeichnet. Natürlich kann man durch diese Darstellung nicht erfassen, dass der Umsatz im Laufe der Monate variiert. Von Vorteil ist daher die Verwendung eines so genannten **INDEX** ⇨ Glossar, der den jeweiligen Monat angibt, in welchem der Umsatz berechnet wurde. Es wird also $a(i)$ oder a_i statt a geschrieben, wobei i die Anzahl der Monate seit Erfassung der Umsatzentwicklung bezeichnet. Statt einer monatlichen Darstellung ist in anderen Kontexten – wie etwa im Börsenhandel – natürlich eine taggenaue oder minutengenaue Protokollierung einer ökonomischen Größe erforderlich. Das bedeutet, dass die Entwicklung dieser Größe näherungsweise kontinuierlich dargestellt werden muss; aber auch dann gibt es zumeist einen kleinsten Zeitraum, innerhalb dessen sich die Größe nicht ändert; daher ist in nahezu jedem Fall eine diskrete Modellierung als Folge prinzipiell möglich.*

Die Umsatzentwicklung lässt sich durch die Angabe all dieser a_i für $i \in \mathbb{N}_0$ beschreiben; dabei nimmt man an, dass der Zeithorizont für die Umsatzbeobachtung des Unternehmens prinzipiell nicht begrenzt bzw. es zumindest noch nicht bekannt ist, wie lange der Umsatz protokolliert werden soll. Es gibt also für den Zeitindex keine aktuelle Obergrenze.

Man spricht in diesem wie auch in anderen Zusammenhängen, von einer **FOLGE** ⇨ Glossar $(a_i)_{i \in \mathbb{N}_0}$; i heißt **FOLGENINDEX** ⇨ Glossar und a_i heißt i-tes **FOLGENGLIED** ⇨ Glossar.
Entsprechend lautet die Schreibweise $(a_i)_{i \geq k}$, wenn als Folgenindizes nicht alle natürlichen Zahlen, sondern erst die ab k eingesetzt werden.

Im Umsatzbeispiel könnte eine systematische Erfassung der Umsätze erst nach einiger Zeit erfolgt sein.

Ausgehend von diesem Beispiel lassen sich spontan viele weitere ökonomische Bereiche benennen, in denen man zeitliche Abhängigkeiten durch Folgen modellieren kann:

- Aktien, Portfolios und Aktien-Indizes

- Preisentwicklungen

- ökonomische Zeitreihen (Geldmenge, BSP etc.)

- Schadensmeldungen bei einer Versicherung

- Zahlungsreihen (Finanzmathematik)

Eine Analyse derartiger Folgen kann erst dann durchgeführt werden, wenn für die jeweilige Sequenz ein Bildungsgesetz gefunden wurde. In den obigen Beispielen sind mit Ausnahme der Zahlungsreihen derartige Bildungsgesetze natürlich nicht erkennbar; es fehlt eine zufrieden stellende Einbindung der Zufallseffekte, die etwa Börsendaten beeinflussen. Losgelöst von derartigen Problemen werden zunächst auch mögliche Bildungsgesetze für mathematische Folgen – insbesondere für solche mit ökonomischem Hintergrund – behandelt. Anhand dieser Bildungsgesetze sind Trendanalysen (Konvergenzuntersuchungen) für diese Folgen möglich.

6.1 Folgen, explizit versus implizit

Eine Folge $(a_i)_{i \in \mathbb{N}_0}$ lässt sich auf verschiedene Arten beschreiben

- in konkreter Form durch Angabe hinreichend vieler Folgenglieder; Sind etwa die Folgenglieder Daten wie etwa Aktienkurse, Umsatzzahlen o.ä., so ist dies zunächst die einzige Darstellungsmöglichkeit. Andererseits kann man zuweilen schon aufgrund einer geringen Anzahl von Folgengliedern gleich das zugehörige Bildungsschema erkennen, was eine Standardaufgabe von Intelligenztests ist.

- durch Angabe eines Bildungsgesetzes in Form eines Funktionsterms. Diese Darstellung wird als EXPLIZITE FORM ⇨ Glossar einer Folge bezeichnet. Von Vorteil ist bei dieser Darstellung, dass jedes – hypothetische – Folgenglied unmittelbar bestimmt werden kann und dass weitere Untersuchungen der Folge oftmals nur mit dem Bildungsgesetz möglich sind. Allerdings kann die Bestimmung des Folgenterms aufwändig sein.

- durch Festlegung der Folge in einer IMPLIZITEN FORM ⇨ Glossar. Die Folgenglieder werden hierbei durch eine oder mehrere Gleichungen festgelegt, in denen jeweils mehrere sukzessive Folgenglieder auftreten. Man spricht in diesem Zusammenhang auch von REKURSIV DEFINIERTEN ⇨ Glossar Folgen. In der Ökonomie werden Folgen gerne nach ihrem Änderungsverhalten klassifiziert. Dies führt zu impliziten Bildungsgesetzen, bei denen die Entwicklung der Differenzen aufeinanderfolgender Folgenglieder beschrieben werden (man spricht dann auch von DIFFERENZEN-GLEICHGUNGEN ⇨ Glossar). Solche Darstellungen ergeben sich oft aus der Problembeschreibung und sind dann im ökonomischen Kontext der Einstieg zur Untersuchung einer Folge. Leider ist die Bestimmung einzelner Folgenglieder aus der impliziten Form zumeist aufwändig. Eine wichtige Aufgabe – etwa im Rahmen der Untersuchung von Differenzengleichungen – ist daher die Rückführung auf die explizite Form.

Beispiel 6.2 (Arithmetische Folge):
Wächst ein Gut periodisch um den Wert d an, so wird die Wertentwicklung als ARITHMETISCHE FOLGE ⇨ Glossar *bezeichnet. Im ökonomischen Kontext wird auch vom Sparen ohne Zinsen gesprochen.*

- *implizite Form: Lautet der Zuwachs $d \in \mathbb{R}$, so ist $a_n = a_{n-1} + d$ bei einem gegebenen Startwert a_0*

- *explizite Form: $a_n := a_0 + dn$ mit $a_0, d \in \mathbb{R}$*

Beispiel 6.3 (Geometrische Folge):
Wird ein Kapital sukzessiv auf- bzw. abdiskontiert, so ergibt sich eine GEOMETRI-SCHE FOLGE ⇨ Glossar. *Derartige Folgen treten etwa bei der wiederholten Verzinsung eines Kapitals auf (Zinseszins).*

- *implizite Form: $a_n = pa_{n-1}$ mit einer Zahl $p \in \mathbb{R}$ und einem Startwert a_0 (bzw. a_1).*

- *explizite Form: Durch sukzessives Einsetzen - oder auch mathematisch exakter mittels dem Verfahren der vollständigen Induktion - lautet das Bildungsgesetz $a_n = a_1 p^{n-1} = a_0 p^n$*

Beispiel 6.4 (Geometrische Summenfolge):
In der Finanzmathematik müssen meist sukzessive mit Zinseszins berechnete Werte saldiert werden. Dies führt fast immer auf die Berechnung einer Summe vom Typ

$1 + p + p^2 + \cdots + p^n$ *zurück, welche man als geometrische Summe bezeichnet. Durch die Summenform ist zwar schon eine explizite Gestalt gegeben; diese ist aber – für große n – nicht effizient berechenbar. Statt dessen wird meist die so genannte* **GESCHLOSSENE** ⇨ Glossar *Form der Summe gewählt; für p $\neq$ 1 ist*

$$a_n = 1 + p + p^2 + \cdots + p^n = \frac{1 - p^{n+1}}{1 - p}$$

Für die Herleitung dieser Formel gibt es verschiedene Ansätze. Einer von ihnen nutzt aus, dass die geometrische Summe a_n zwei Möglichkeiten der impliziten Darstellung erlaubt: Es ist nämlich sowohl $a_{n-1} = a_n - p^n$ als auch $a_n = 1 + p a_{n-1}$. Substituiert man a_{n-1} in der zweiten Gleichung, so folgt $a_n = 1 + p(a_n - p^n) \Leftrightarrow a_n(1 - p) = 1 - p^{n+1}$, was für p $\neq$ 1 zur geometrischen Summenformel führt.

Beispiel 6.5 (Fibonacci-Folge):

Ein rudimentäres Instrument zur Beschreibung von Populationsdynamiken ist die so genannte **FIBONACCI-FOLGE** ⇨ Glossar. *Eine konkrete Darstellung lautet*

$$1, 1, 2, 3, 5, 8, 13, 21, 34, \ldots$$

Man erkennt, dass jedes Folgenglied Summe der beiden vorangehenden Folgenglieder ist. Die Folge wird also festgelegt durch die implizite Darstellung

$$a_0 = a_1 = 1, \quad \text{und allgemein } a_{n+1} = a_{n-1} + a_n \text{ für } n > 1$$

In vielen Bereichen der Natur- aber auch der Wirtschaftswissenschaften treten Kennzahlen auf, die sich wie Quotienten der Fibonacci-Folge verhalten. In der Biologie lassen sich die Anordnungen von Blättern an einem Stängel mit der Fibonacci-Folge beschreiben; zur Beurteilung von Börsenindizes werden Quotienten dieser Folge herangezogen. Anwendung findet die Fibonacci-Folge auch in der numerischen Optimierung. Kann man etwa einen Tiefpunkt einer Funktion f innerhalb eines Intervalls nicht mehr durch Lösen der Gleichung $f'(x) = 0$ ermitteln, so steht ein Näherungsverfahren zur Verfügung, bei dem die Fibonacci-Zahlen zur rechnerischen Festlegung der sukzessiven Näherungslösungen des Problems eingesetzt werden [GROSSMAN/TERNO, 1997]. Eine explizite Form der Fibonacci-Folge lautet, wie in Beispiel 6.31 ⇨ Seite 153 *noch gezeigt werden wird,*

$$a_n = \frac{\left(\frac{1+\sqrt{5}}{2}\right)^{n+1} - \left(\frac{1-\sqrt{5}}{2}\right)^{n+1}}{\sqrt{5}}$$

und lässt das geometrische Wachstum der Fibonacci-Folge erkennen. Die Zahl $a = \frac{-1+\sqrt{5}}{2} = 0,618\ldots$ ist der aus der Architektur der Antike und der ital. Renaissance bekannte **GOLDENE SCHNITT** ⇨ Glossar. *In diesem Verhältnis wird eine Strecke (der Länge 1) in zwei Teilstrecken der Längen a und $1 - a$ geteilt, wenn gilt $\frac{1-a}{a} = \frac{a}{1} \Leftrightarrow a^2 + a - 1 = 0$. Mit Zirkel und Lineal kann der Goldene Schnitt wie in Abbildung 6.1 erzeugt werden.*

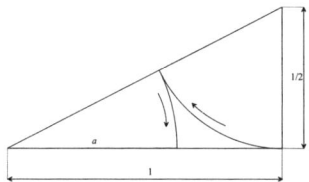

Abbildung 6.1: Konstruktion des Goldenen Schnittes mit Zirkel und Lineal

Neben solchen „klassischen" Folgen und weiteren in vielen Anwendungs-gebieten außerhalb der Mathematik verwendeten Folgentypen gibt es eine Reihe impliziter Folgen, die speziell in der Ökonomie eine Rolle spielen.

Beispiel 6.6 (Spinnwebmodell nach EZEKID):
Für ein Produkt seien in Periode $n \in \mathbb{N}$ der Preis p_n, die Nachfrage d_n und das Angebot a_n erklärt. Das Spinnwebmodell stellt zwischen diesen Größen einen linearen Zusammenhang bei der Fortschreibung auf

- $d_n = a_n$
- $d_n = \alpha + \beta p_n$ *mit* $\alpha > 0$, $\beta < 0$ *(lineare Nachfragefunktion)*
- $a_{n+1} = \gamma + \delta p_n$ *mit* $\gamma, \delta > 0$

Für die Preisentwicklung gilt daher

$$\alpha + \beta p_{n+1} = \gamma + \delta p_n \iff p_{n+1} = \frac{\gamma - \alpha}{\beta} + \frac{\delta}{\beta} p_n = a + b p_n$$

mit $a = \frac{\gamma - \alpha}{\beta}$ und $b = \frac{\delta}{\beta}$, d.h. gleichbedeutend $p_{n+1} - p_n = a + (b-1)p_n$.

Hier liegt ein Spezialfall einer LINEAREN DIFFERENZENGLEICHUNG ERS-TER ORDNUNG $\Rightarrow$ Glossar *vor, wie sie auch in anderen Modellen der Volkswirt-schaftslehre auftreten:*

- *Wachstumsmodelle für Volkseinkommen nach* BOULDING
- *Multiplikator-Akzelerator-Modelle nach* SAMUELSON

*Zur Lösung von Differenzengleichungen – d.h. zum Explizieren der Folge – gibt es standardisierte Schemata, die hier nicht thematisiert werden sollen [*ROMMEL-FANGER*, 1986]. Für das elementare Spinnwebmodell lässt sich das Bildungsgesetz durch sukzessives Einsetzen „erraten". Nach etwa zwei bis drei derartigen Substitu-tionen zeichnet sich das allgemeine explizite Bildungsgesetz unter Verwendung der geometrischen Summenformel ab:*

$$p_n = a + b\left(a + b p_{n-2}\right) = a\left(1 + b\right) + b^2 p_{n-2} = a\left(1 + b + b^2\right) + b^3 p_{n-3}$$

$$= \cdots = a\left(1 + b + b^2 + \cdots + b^{n-1}\right) + b^n p_0 = a\frac{1 - b^n}{1 - b} + b^n p_0$$

$$= \frac{a}{1 - b} + \left(p_0 - \frac{a}{1 - b}\right)b^n = \frac{\gamma - \alpha}{\beta - \delta} + \left(p_0 - \frac{\gamma - \alpha}{\beta - \delta}\right)\left(\frac{\delta}{\beta}\right)^n$$

Nicht immer führt ein derartiges rückwärts Einsetzen zur Explizierung. Im übrigen erachten Mathematiker diese Form der Herleitung nicht als Beweis der Formel, sondern erwarten noch eine Verifikation des Formel-Resultates, etwa mit dem Beweisverfahren der vollständigen Induktion. Für Anwender (Ökonomen) ist jedoch damit nicht wirklich ein Erkenntnisgewinn verbunden. Das Erkennen des Musters – in diesem Beispiel der geometrischen Summe und der damit verbundenen Vereinfachung – stellt beim Spinnweb-Modell den wesentlichen Fortschritt in der Herleitung der expliziten Formel dar.

6.2 Konvergenz von Folgen

Mit dem Grenzwertbegriff für Folgen erweitert sich der Horizont für mathematische Techniken auf unendlich große und gleichzeitig unendlich kleine Größen. Beides ist für Ökonomen von großer Bedeutung:

- Sachverhalte, in denen man den Begriff „unendlich groß" verwendet, sind z.B. solche, bei denen Saldi über größere Zeiträume analysiert werden sollen, etwa durch Verwendung unendlicher Reihen. Die geometrische Reihe ist hier die prominenteste, aber bei weitem nicht einzige Form einer solchen Saldierung.

- Unendlich kleine Größen treten hingegen dann auf, wenn nur marginale Änderungen von Bedeutung sind, wie etwa beim Ableiten von Funktionen. Hier ist der Grenzwertbegriff für Funktionen von Bedeutung, der sich aber dem Grenzwertbegriff für Folgen unterordnen lässt.

- Schon der Übergang von den rationalen zu den reellen Zahlen durch Hinzufügung der irrationalen Zahlen ist ein infinitesimaler Vorgang, da irrationale Zahlen sich – wenn sie nicht implizit erklärt werden – nur als unendliche, nichtperiodische Dezimalzahlen auffassen lassen und daher Ergebnis einer unendlichen Summation sind.

Zur systematischen Erklärung des Begriffes „Konvergenz" stellt man sich die Glieder einer Folge so vor, dass sie wie in Abbildung 6.2 in einem Koordinatensystem dargestellt sind, bei welchem auf der Abszisse die Folgenindizies und auf der Ordinate die Folgenwerte abgetragen werden.

Bei einer konvergenten Folge findet eine Stabilisierung um einen festen Wert a (in Abbildung 6.2 ist dies der Wert $a = 1$) in dem folgenden Sinne statt: Zeichnet man einen beliebigen horizontalen, symmetrisch zu a liegenden Streifen einer vorgegeben Breite $2\varepsilon > 0$ (in Abbildung 6.2 ist $\varepsilon = \frac{1}{2}$), so liegen zwar nicht alle, aber bis auf endlich viele $a_1, \ldots, a_{n_0-1}$ alle weiteren

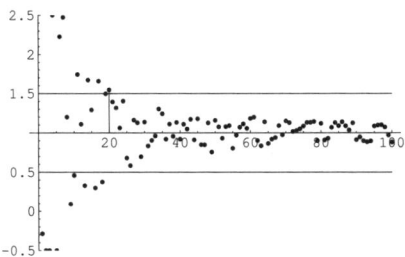

Abbildung 6.2: Graphische Veranschaulichung des Konvergenzbegriffes für Folgen

Folgenglieder in diesem Streifen (in Abbildung 6.2 ist $n_0 = 21$). Rechnerisch bedeutet das für alle Folgenglieder a_n mit $n \geq n_0$:

$$|a_n - a| < \varepsilon$$

Um den Zusammenhang zwischen der Streifenbreite ε und dem minimal erforderlichen n_0 rechnerisch genau zu ermitteln, ist diese Ungleichung mittels Äquivalenzumformungen so lange umzugestalten, bis eine Ungleichung der Form $n > \ldots$ entsteht, wobei n in dem Wert auf der rechten Seite der Ungleichung nicht mehr auftritt. Zu diesem Wert, der in der Regel von ε abhängig ist, muss dann noch die nächste natürliche Zahl n_0 oberhalb gefunden werden. Je schmaler der Streifen ist, d.h. je kleiner $\varepsilon > 0$ ist, desto größer ist der erforderliche Wert n_0.

Definition 6.1 (Konvergenz einer Folge)
Man sagt, eine (reelle) Zahlenfolge $(a_n)_{n \geq k}$ KONVERGIERT ⇨ Glossar gegen $a \in \mathbb{R}$, wenn es zu jedem $\varepsilon > 0$ ein $n_0 = n_0(\varepsilon)$ (abhängig von ε) gibt, so dass für alle $n \geq n_0(\varepsilon)$, $n \geq k$ gilt

$$|a_n - a| < \varepsilon$$

a heißt dann GRENZWERT DER FOLGE ⇨ Glossar $(a_n)_{n \geq k}$. Schreibweisen hierfür sind:
$$\lim_{n \to \infty} a_n = a \text{ bzw. } a_n \to a \text{ für } n \to \infty \text{ bzw. } a_n \xrightarrow[n \to \infty]{} a$$

Ein häufiger und wichtiger Spezialfall ist derjenige einer NULLFOLGE ⇨ Glossar, d.h. einer gegen Null konvergenten Folge. Hingegen nennt man eine Folge, die nicht konvergent ist, DIVERGENT ⇨ Glossar. Oftmals unterscheidet man noch nach dem Grad der Divergenz zwischen bestimmt divergenten Folgen, d.h. solchen, deren Folgenglieder systematisch jede noch so hohe

Schranke über- oder aber jede noch so niedrige Schranke unterschreiten, und unbestimmt divergenten Folgen, bei denen diese beiden Verhalten gleichzeitig auftreten oder die Folge mehrere so genannte HÄUFUNGSPUNKTE ⇨ Glossar, d.h. Grenzwerte geeigneter Teilfolgen hat, d.h. von Folgen, die aus der Ausgangsfolge durch Streichung von – ggf. – unendlich vielen Folgengliedern entstehen. Letzteres steht nämlich im Widerspruch dazu, dass eine konvergente Folge $(a_n)_{n \geq k}$ immer genau einen Grenzwert besitzt. Sind nämlich a, $b \in \mathbb{R}$ mit $\lim\limits_{n \to \infty} a_n = a$ und $\lim\limits_{n \to \infty} a_n = b$, so gilt:

$$|a - b| = |a - a_n + a_n - b| \leq |a - a_n| + |a_n - b|$$

und da die rechte Seite beliebig klein wird, muss $a = b$ gelten. Beispielsweise ist die Folge $a_n = 1 + (-1)^n$ eine divergente Folge mit den beiden Häufungspunkten 0 und 2.

Ob eine Folge konvergent ist, hängt nicht von ihrem Anfangsverhalten ab; beispielsweise haben die drei Folgen $a_n = \sqrt{n + 1000} - \sqrt{n}$, $b_n = \sqrt{n + \sqrt{n}} - \sqrt{n}$ und $c_n = \sqrt{n + \frac{n}{1000}} - \sqrt{n}$ für $n < 10^6$ das Anfangsverhalten $a_n > b_n > c_n$, aber es ist $\lim_{n \to \infty} a_n = 0$, $\lim_{n \to \infty} b_n = \frac{1}{2}$ und $(c_n)_{n \geq 1}$ ist (bestimmt) divergent (die Ungleichungen und das Grenzwertverhalten für die erste und dritte Folge sind eine Übungsaufgabe zu diesem Kapitel, für die zweite Folge wird dies gleich gezeigt)

Insbesondere gilt: Die ersten p Glieder einer Folge $a_1, a_2, \ldots, a_p, a_{p+1}, \ldots$ kann man ersetzen durch $b_1, b_2, \ldots, b_p, a_{p+1}, \ldots$ (bzw. weglassen), ohne dass sich das Konvergenzverhalten ändert. Daher ist die Bestimmung des Grenzwertes allein durch „Augenschein", wozu auch das Einsetzen von Taschenrechnerwerten gehört, in aller Regel kein zuverlässiges Mittel zur Berechnung, nicht einmal zur näherungsweisen Ansetzung von Grenzwerten. Die Konvergenzgeschwindigkeit der Folge könnte zu langsam sein.

Der Grenzwertbegriff für Folgen hat auch Bedeutung bei der Betrachtung von Funktionsgrenzwerten. Will man beispielsweise das Verhalten einer Funktion $f : \mathbb{D} \subseteq \mathbb{R} \to \mathbb{R}$ in der Nähe eines Punktes $x_0 \in \mathbb{D}$ untersuchen, so betrachtet man Werte $x \in \mathbb{D}$, die immer näher bei x_0 liegen. Das kann mit Hilfe einer – zumeist gar nicht genauer definierten – Folge $(x_n)_{n \in \mathbb{N}}$ geschehen, die x_0 als Grenzwert hat. Man bildet dann die Funktionswertfolge $(f(x_n))_{n \in \mathbb{N}}$ und untersucht deren Grenzwertverhalten. Wenn unabhängig von der gewählten Folge sich stets derselbe Grenzwert $g = \lim_{n \to \infty} f(x_n)$ ergibt, so schreibt man $\lim_{x \to x_0} f(x) = g$. Gleichwertig hierzu ist das so genannte ε-δ-Kriterium, welches besagt, dass für jedes $\varepsilon > 0$ ein $\delta > 0$ existiert, so dass $|f(x) - g| < \varepsilon$, wann immer $|x - x_0| < \delta$.

6.2.1 Grenzwertbestimmung bei expliziten Folgen

Die gängige und mit der Definition des Grenzwertes unmittelbar verbunden Vorgehensweise besteht darin, den korrekten Grenzwert zu erraten und dann anhand der allgemeinen Definition des Grenzwertes nachweisen. Mathematiker sprechen in diesem Zusammenhang von der – manchmal in Perfektion zelebrierten – „Epsilontik". Weil man aber nur in den seltensten Fällen einen Grenzwert unproblematisch erraten kann, ist aus Anwendersicht diese Vorgehensweise nur für „Propheten" oder in einfachen Beispielen geeignet.

Beispiel 6.7:
$\lim\limits_{n\to\infty} \frac{1}{\sqrt{n}} = 0$, *denn für $\varepsilon > 0$ gilt*

$$\left|\frac{1}{\sqrt{n}} - 0\right| < \varepsilon \Leftrightarrow \frac{1}{\sqrt{n}} < \varepsilon \Leftrightarrow n > \frac{1}{\varepsilon^2}.$$

$n_0(\varepsilon)$ wählt man als kleinste natürliche Zahl $n_0 > \frac{1}{\varepsilon^2}$.

Eine weitere Möglichkeit der Berechnung stellen Einschachtelungsverfahren dar. Bei diesen versucht man zur gegebenen Folge zwei weitere Folgen zu finden, die den gleichen Grenzwert haben und oberhalb und unterhalb der gegebenen Folge liegen. Die Ausgangsfolge muss dann in den durch die Einschachtelungsfolgen gegebenen „Trichter" laufen, d.h. hat den gleichen Grenzwert. Formal lautet die zugehörige Aussage:

Gilt $a_n \leq b_n \leq c_n$ und $\lim a_n = \lim c_n = x$, so gilt auch $\lim b_n = x$.

Auch hier muss man oft eine Vorstellung von der Form des gesuchten Grenzwertes x haben und ganz ohne „Tricks" kommt man meist nicht weiter.

Beispiel 6.8 (geometrische Folge):
Für $-1 < p < 1$ ist $(p^n)_{n\geq 1}$ eine Nullfolge. Mit Hilfe der **BERNOULLI-UNGLEI-CHUNG** ⇨ Glossar *ergibt sich nämlich*

$$\left|\frac{1}{p}\right|^n = \left(1 + \left(\left|\frac{1}{p}\right| - 1\right)\right)^n > 1 + n\left(\left|\frac{1}{p}\right| - 1\right)$$

Durch Kehrwertbildung und Beachtung des Betrages $\left|\frac{1}{p}\right|^n$ folgt

$$-\frac{1}{1 + n\left(\frac{1}{|p|} - 1\right)} < p^n < \frac{1}{1 + n\left(\frac{1}{|p|} - 1\right)}.$$

Die Folge $(p^n)_{n\geq 1}$ wird durch zwei Nullfolgen eingerahmt, d.h. ist eine Nullfolge.

Die häufigste Technik bei der Berechnung von Grenzwerten besteht darin, den gegebenen Folgenterm in einfachere Folgenterme zu transformieren (auch hier meist mit „Trick") und anhand der weiter unten stehenden Grenzwertsätze (auch für stetige Funktionen) den Grenzwert zu konstruieren.

Beispiel 6.9:

Für die bereits oben genannte Folge $b_n = \sqrt{n + \sqrt{n}} - \sqrt{n}$ besteht der Kniff darin, einen geeigneten Bruch zu erzeugen:

$$\sqrt{n + \sqrt{n}} - \sqrt{n} = \frac{\left(\sqrt{n + \sqrt{n}} - \sqrt{n}\right)\left(\sqrt{n + \sqrt{n}} + \sqrt{n}\right)}{\sqrt{n + \sqrt{n}} + \sqrt{n}} = \frac{n + \sqrt{n} - n}{\sqrt{n + \sqrt{n}} + \sqrt{n}}$$

$$= \frac{1}{\sqrt{\frac{n + \sqrt{n}}{n}} + \sqrt{\frac{n}{n}}} = \frac{1}{\sqrt{1 + \frac{1}{\sqrt{n}}} + 1} \xrightarrow{n \to \infty} \frac{1}{\sqrt{1 + 0} + 1} = \frac{1}{2}$$

Hier wurden die so genannten Grenzwertsätze für konvergente Folgen ausgenutzt. Etwas lax gesprochen besagen sie, dass die Bildung von Grenzwerten, wenn man Folgen durch die Grundrechenarten Addition, Multiplikation und Division aus konvergenten Folgen zusammensetzt, verträglich mit diesen Grundrechenarten ist.

Satz 6.1 (Grenzwertsätze konvergenter Folgen)

Seien $(a_n)_{n \geq k}$ und $(b_n)_{n \geq k}$ zwei konvergente Folgen mit $\lim\limits_{n \to \infty} a_n = a$, $\lim\limits_{n \to \infty} b_n = b$. Dann gilt:

- Die Folge $(c_n)_{n \geq k}$, $c_n := a_n + b_n$, ist konvergent mit Grenzwert $a + b$, d.h. es ist $\lim\limits_{n \to \infty}(a_n + b_n) = \lim\limits_{n \to \infty} a_n + \lim\limits_{n \to \infty} b_n$

- Die Folge $(c_n)_{n \geq k}$, $c_n := a_n \cdot b_n$, ist konvergent mit Grenzwert $a \cdot b$, d.h. es ist $\lim\limits_{n \to \infty}(a_n \cdot b_n) = \lim\limits_{n \to \infty} a_n \cdot \lim\limits_{n \to \infty} b_n = a \cdot b$

- Falls $b \neq 0$, so gibt es ein $m \geq k$ mit $b_n \neq 0$ für alle $n \geq m$. Dann gilt für die Folge $(c_n)_{n \geq m}$, $c_n := \frac{a_n}{b_n}$: $(c_n)_{n \geq m}$ ist konvergent mit Grenzwert $\frac{a}{b}$, d.h es ist $\lim\limits_{n \to \infty}\left(\frac{a_n}{b_n}\right) = \dfrac{\lim\limits_{n \to \infty} a_n}{\lim\limits_{n \to \infty} b_n}$

6.2.2 Grenzwertbestimmung bei impliziten Folgen

Zur Bestimmung von Grenzwerten sind auf den ersten Blick nur explizite Folgen geeignet. Daher spricht einiges dafür, eine implizit definierte Folge in eine explizite Form zu überführen und anhand dieser dann den Grenzwert zu bestimmen.

Beispiel 6.10:

Für das Spinnweb-Modell $p_n = \frac{\gamma - \alpha}{\beta} + \frac{\delta}{\beta} p_{n-1}$ lautet die explizite Form wie oben berechnet:

$$p_n = \frac{\gamma - \alpha}{\beta - \delta} + \left(p_0 - \frac{\gamma - \alpha}{\beta - \delta}\right)\left(\frac{\delta}{\beta}\right)^n$$

Da hierin die geometrische Folge auftaucht, ergeben sich folgende Fälle:

- *Für* $\left|\frac{\delta}{\beta}\right| < 1$: $\lim p_n = \frac{\gamma-\alpha}{\beta-\delta}$ *(nach Beispiel 6.8 und Satz 6.1)*

- *Für* $\frac{\delta}{\beta} = -1$ *und* $p_0 = \frac{\gamma-\alpha}{\beta-\delta}$ *ist die Folge konvergent mit Grenzwert* $\frac{\gamma-\alpha}{\beta-\delta}$.

- *In allen anderen Fällen ist die Folge divergent.*

Eine weitere Möglichkeit der Bestimmung des Grenzwertes einer impliziten Folge liegt allerdings in der Natur des Bildungsgesetzes der Folge begründet. Wenn die Folge konvergent ist, so kann man oftmals in der bestimmenden Gleichung jedes Auftreten eines Folgengliedes durch den – zunächst unbekannten – Grenzwert ersetzen. Es ergibt sich eine Gleichung mit dem Grenzwert als Variable, und man versucht die Gleichung nach dieser Variable aufzulösen. Das Verfahren scheitert allerdings dann, wenn die resultierende Gleichung allgemeingültigen Charakter hat.

Beispiel 6.11:
Im Spinnweb-Modell sei angenommen, dass $\left|\frac{\delta}{\beta}\right| < 1$. *Dann existiert der Grenzwert* p *und es gilt*

$$p = \lim_{n\to\infty} p_n = \lim_{n\to\infty} \frac{\gamma-\alpha}{\beta} + \frac{\delta}{\beta}p_{n-1} = \frac{\gamma-\alpha}{\beta} + \frac{\delta}{\beta}\lim_{n\to\infty} p_{n-1} = \frac{\gamma-\alpha}{\beta} + \frac{\delta}{\beta}p$$

d.h. es ist $p = \frac{\gamma-\alpha}{\beta} + \frac{\delta}{\beta}p \Leftrightarrow \frac{\beta-\delta}{\beta}p = \frac{\gamma-\alpha}{\beta} \Leftrightarrow p = \frac{\gamma-\alpha}{\beta-\delta}$. *Es ergibt sich also der aus der expliziten Form gefundene Grenzwert.*

Da die Existenz des Grenzwertes an dieser Stelle bisher nur aus der expliziten Form der Folge gewonnen wurde, ist die gewählte Vorgehensweise in diesem Beispiel artifiziell, denn der Rechenweg über die explizite Form ist der naheliegende. Die Rechnung soll aber verdeutlichen, dass die rekursive Gestalt durchaus zur Bestimmung der Grenzwerte geeignet ist. Andererseits ist bei ihrer Anwendung Vorsicht geboten:

Beispiel 6.12:
- *Die Konvergenz der Folge muss unbedingt gesichert sein, wenn falsche Resultate vermieden werden sollen. Setzt man z.B. in die Rekursion der nicht konvergenten Fibonacci-Folge* $a_n = a_{n-1} + a_{n-2}$ *fälschlicherweise einen Grenzwert* a *ein, so würde sich die Gleichung* $a = a + a$ *ergeben, d.h.* $a = 0$. *Das wäre aber nur im Falle* $a_0 = a_1 = 0$ *der Grenzwert der Fibonacci-Folge.*

- *Es sei die Folge* $a_0 = 0, a_1 = 1$ *und* $a_n = \frac{a_{n-1}+a_{n-2}}{2}$. *Die Berechnung der ersten Folgenglieder legt nahe, dass diese Folge konvergiert, da sie ein spezielles Intervallhalbierungsschema beschreibt (die Berechnung der expliziten Form der Folge und des Grenzwertes ist eine Übungsaufgabe). Setzt man jedoch den Grenzwert* x *für die Folgenglieder ein, so ergibt sich die Tautologie* $x = \frac{x+x}{2}$.

Die Methode der Substition des Grenzwertes in die implizite Form kann also nicht immer ungeprüft zur Anwendung kommen. Selbst wenn sich ein Grenzwert auf diese Art berechnen lässt, ist immer noch die Existenz des Grenzwertes vorab zu verifizieren.

6.2.3 Nachweismöglichkeiten für Konvergenz

Bei expliziten Folgen ergibt sich häufig durch Umformungen der Folgenterme und Anwendung der Grenzwertsätze sowohl die Konvergenz als auch der Grenzwert selbst. Die Grenzwertsätze sind aber nicht unmittelbar auf implizite Folgen anwendbar, weshalb sie zum Konvergenznachweis dann in aller Regel ausscheiden. Aber auch für explizite Folgen sind dieser Vorgehensweise technische Grenzen gesetzt. Manchmal muss die Konvergenz daher auf völlig eigenständigem Wege nachgewiesen werden. Es kann vorkommen, dass der eigentliche Grenzwert dann nur numerisch, d.h. durch Einsetzen großer Werte für n in den Folgenterm a_n approximativ bestimmbar ist.

Also muss man sich zuweilen sowohl bei expliziten als auch impliziten Folgen zunächst Gedanken darüber machen, ob die Folgen überhaupt konvergent sind – das Beispiel auf Seite 136 zeigt, dass das Einsetzen großer Werte ohne vorherige Konvergenzüberprüfung in die Irre führen kann.

Ein häufig möglicher Weg besteht darin, die Monotonie und Beschränktheit der Folge nachzuweisen, denn die Monotonie einer Folge beinhaltet ein Trendverhalten, die Beschränktheit sorgt dafür, dass dieser Trend nicht alle Grenzen über- oder unterschreitet. Das bedeutet Konvergenz der Folge.

> **Satz 6.2**
>
> - Jede konvergente Folge $(a_n)_{n \geq k}$ ist **BESCHRÄNKT** ⇨ Glossar, d.h. es gibt ein $M > 0$ mit $|a_n| \leq M$ für alle $n \geq k$.
>
> - (Konvergenzkriterium für monotone Folgen) Sei $(a_n)_{n \geq m}$ eine **MONOTONE** ⇨ Glossar Folge (d.h. entweder gilt $a_m \leq a_{m+1} \leq a_{m+2} \leq \ldots$ (monoton wachsend) oder $a_m \geq a_{m+1} \geq a_{m+2} \geq \ldots$ (monoton fallend). Dann gilt:
>
> $$(a_n)_{n \geq m} \text{ ist konvergent} \quad \Longleftrightarrow \quad (a_n)_{n \geq m} \text{ ist beschränkt}$$

Zur Begründung: Die Beschränktheit einer konvergenten Folge ergibt sich z.B. daraus, dass fast alle Folgenglieder den Maximalabstand 1 zu dem Grenzwert a haben, mithin im Intervall $]a - 1; a + 1[$ liegen. Nimmt man das Minimum m und das Maximum M der endlich vielen Folgenglieder $a_1, \ldots, a_{n_0 - 1}$, die nicht in diesem Intervall liegen, hinzu, so liegen alle Folgenglieder im Intervall $[\min\{a - 1, m\}, \max\{a + 1, M\}]$, d.h. die Folge ist beschränkt. Ist umgekehrt eine beschränkte Folge zusätzlich monoton wach-

n	x_n	numerisch	n	x_n	numerisch
0	2	2	3	$\frac{577}{408}$	$1,414\,215\,69$
1	$\frac{3}{2}$	$1,5$	4	$\frac{665\,857}{470\,832}$	$1,414\,213\,56$
2	$\frac{17}{12}$	$1,416\,666\,67$	5	$\frac{886\,731\,088\,897}{627\,013\,566\,048}$	$1,414\,213\,56$

Tabelle 6.1: Mit dem Heron-Verfahren gewonnene Näherungswerte für $\sqrt{2}$

send, so besitzt sie eine kleinste obere Schranke a, d.h. alle Folgenglieder liegen unterhalb von a und es gibt keine kleinere Zahl mit dieser Eigenschaft. Genauer gibt es für jedes $\varepsilon > 0$ ein n_0 mit $a - \varepsilon < a_{n_0} < a$. Wegen der Monotonie gilt das dann nicht nur für das n_0-te Folgenglied, sondern auch alle weiteren. Das ist für eine monotone Folge genau die Definition von Konvergenz.

Beschränktheit alleine reicht für die Konvergenz einer Folge nicht aus, wie das Beispiel $a_n = (-1)^n$ zeigt. Diese Folge ist beschränkt und nicht monoton; sie ist außerdem nicht konvergent; sie hat vielmehr die beiden HÄUFUNGSPUNKTE ⇨ Glossar -1 und 1.

Beispiel 6.13 (Quadratwurzel-Iteration nach HERON):
Für $a > 0$ wähle man $x_0 > 0$ und für $n > 0$

$$x_{n+1} := \frac{x_n + a/x_n}{2}$$

Diese schon den Babyloniern bekannte Iteration ist (z. T. noch) Grundlage der numerischen Berechnung von Quadratwurzeln – etwa in Taschenrechnern –, kann aber nicht explizit gemacht werden. Startet man etwa für $a = 2$ mit $x_0 = 2$, so ergeben sich die in Tabelle 6.1 gefundenen Werte. Diese Werte legen nahe, dass $(x_n)_{n \geq 0}$ konvergent ist mit $\lim x_n = \sqrt{a}$. In der Tat folgt, wenn die Konvergenz gegen einen Grenzwert $x > 0$ bereits gezeigt ist, aus den Grenzwertsätzen:

$$x = \lim x_n = \lim\left(\frac{x_{n-1} + a/x_{n-1}}{2}\right) = \frac{x + a/x}{2}$$

d.h. wegen $x > 0$ gilt $2x = x + a/x \Leftrightarrow x^2 = a \Leftrightarrow x = \sqrt{a}$. Es wird also tatsächlich die Quadratwurzel approximiert. An dem Beispiel aus Tabelle 6.1 kann man erkennen, dass die Konvergenz sehr schnell erfolgt, was die frühere Verwendung in Taschenrechnern erklärt.

Eine etwas mühselige Anwendung von Satz 6.2 liefert die Konvergenz der Folge gegen einen Grenzwert $x > 0$: Klar ist $x_n \geq 0$ für alle $n \geq 1$. Außerdem:

- $x_n^2 \geq a$ für $n \geq 1$, denn $x_n^2 - a = \left(\frac{x_{n-1} + a/x_{n-1}}{2}\right)^2 - a = \frac{\left(x_{n-1} - a/x_{n-1}\right)^2}{4} \geq 0$

- $x_{n+1} \leq x_n$ für $n \geq 1$, denn $x_n - x_{n+1} = x_n - \frac{x_n + a/x_n}{2} = \frac{x_n^2 - a}{2x_n} \geq 0$

Insgesamt ist x_n monoton fallend und nach unten beschränkt, also konvergent. Weiter ist der Grenzwert $x > 0$, denn $x_n^2 \geq a \overset{x_n \geq 0}{\Longrightarrow} x_n \geq \sqrt{a} > 0$, also auch $x \geq \sqrt{a} > 0$.

Beispiel 6.14:
Sei $a_n := 1 + \left(\frac{1}{2}\right)^2 + \cdots + \left(\frac{1}{n}\right)^2$. $(a_n)_{n \geq 1}$ ist monoton wachsend (entsteht durch sukzessive Addition nichtnegativer Zahlen $\frac{1}{1}$, $\frac{1}{4}$, $\frac{1}{9}$, ...) und auch beschränkt. Für $n \geq 2$ gilt nämlich:

$$a_n = 1 + \left(\frac{1}{2}\right)^2 + \left(\frac{1}{3}\right)^2 + \cdots + \left(\frac{1}{n}\right)^2 \leq 1 + \frac{1}{1 \cdot 2} + \frac{1}{2 \cdot 3} + \cdots + \frac{1}{(n-1) \cdot n}$$

$$= 1 + \left(\frac{1}{1} - \frac{1}{2}\right) + \left(\frac{1}{2} - \frac{1}{3}\right) + \cdots + \left(\frac{1}{n-1} - \frac{1}{n}\right) = 2 - \frac{1}{n} \leq 2$$

Also: $|a_n| \leq 2$ für alle $n \geq 2$ und damit natürlich auch für alle $n \geq 1$. $(a_n)_{n \geq 1}$ ist monoton wachsend und beschränkt, also konvergent. Man kann z.B. mittels Fourier-Reihen [FORSTER, 1983] zeigen, dass $\lim\limits_{n \to \infty} a_n = \frac{\pi^2}{6}$

Beispiel 6.15:
Für eine reelle Zahl $x > 0$ sei $a_n := \sqrt[n]{x} = x^{\frac{1}{n}}$. Für $x = 1$ ergibt sich natürlich der Grenzwert 1. Dies ist auch für jede andere reelle Zahl $x > 0$ der Fall. Es sei zunächst der Fall $x > 1$ angenommen. Dann lässt sich zeigen, dass a_n monoton fallend und nach unten beschränkt ist:

(1) $a_n \geq 1$ für alle $n \geq 1$

(2) Es gilt $x^{-\frac{1}{n+1}} < 1$ und somit

$$x^{-\frac{1}{n+1}} \cdot x < x \iff x^{\frac{n}{n+1}} < x \iff \left(x^{\frac{n}{n+1}}\right)^{\frac{1}{n}} < x^{\frac{1}{n}} \iff x^{\frac{1}{n+1}} < x^{\frac{1}{n}}$$

Wegen Satz 6.2 ist $(a_n)_{n \geq 1}$ konvergent. Zur Bestimmung des Grenzwertes benutzt man die Bernoulli–Ungleichung. Es gilt:

$$x = \left(1 + \left(x^{\frac{1}{n}} - 1\right)\right)^n \geq 1 + n\left(x^{\frac{1}{n}} - 1\right)$$

Hieraus folgt $0 \leq x^{\frac{1}{n}} - 1 \leq \frac{x-1}{n}$. Da $\left(\frac{x-1}{n}\right)_{n \geq 1}$ eine Nullfolge ist, muss auch $\left(x^{\frac{1}{n}} - 1\right)_{n \geq 1}$ eine Nullfolge sein, d.h. es gilt: $\lim_{n \to \infty} x^{\frac{1}{n}} = 1$. Im Fall $0 < x < 1$ gilt nach Grenzwertregel

$$\lim_{n \to \infty} \sqrt[n]{x} = \lim_{n \to \infty} \frac{1}{\sqrt[n]{\frac{1}{x}}} = \frac{1}{\lim\limits_{n \to \infty} \sqrt[n]{\frac{1}{x}}} = \frac{1}{1} = 1$$

Die bisher untersuchten Beispielfolgen waren alle konvergent. Zuweilen kommen aber auch divergente Folgen vor. Alle unbeschränkten Folgen gehören dazu und lassen sich anhand dieses Defizits oft identifizieren:

Beispiel 6.16 (Harmonische Reihe):
Die durch sukzessive Summation der Kehrwerte der ersten n natürlichen Zahlen erklärte Folge a_n, d.h. $a_n := 1 + \frac{1}{2} + \cdots + \frac{1}{n}$ ist divergent, weil sie unbeschränkt ist. Für alle $n \in \mathbb{N}$ gilt nämlich

$$|a_{2n} - a_n| = \left| 1 + \cdots + \frac{1}{2n} - \left(1 + \cdots + \frac{1}{n} \right) \right| = \frac{1}{n+1} + \cdots + \frac{1}{2n} \geq n \cdot \frac{1}{2n} = \frac{1}{2}$$

Der Wert der Summe erhöht sich also mindestens um $\frac{1}{2}$, wenn die Anzahl der Summanden verdoppelt wird. Um den Startwert a_1 beispielsweise um den Wert $K \in \mathbb{N}$ zu erhöhen, reicht es aus, das Folgenglied $a_{2^{2K}}$ zu bestimmen.

Hat man es jedoch mit einer beschränkten Folge zu tun, die nicht konvergent ist, so lässt sich dieses durch die Identifikation von mindestens zwei verschiedenen Häufungspunkten der Folge nachweisen. Das bedeutet insbesondere, dass die Folgenglieder schließlich nicht beliebig nahe bei einem hypothetischen gedanklichen Grenzwert und somit auch untereinander gewisse Mindestabstände nicht unterschreiten. Zu diesem Gedankenspiel gehört ein wichtiges Konvergenzkriterium:

Satz 6.3 (Cauchy–Kriterium für Konvergenz)
Eine Folge $(a_n)_{n \geq m}$ konvergiert $\iff$ Für alle $\varepsilon > 0$ gibt es ein $n(\varepsilon) \geq m$, so dass für alle $n, k \geq n(\varepsilon)$ gilt: $|a_n - a_k| < \varepsilon$

Dieses Kriterium kann sowohl für den Fall der unbeschränkten Folgen als auch der mit mehreren Häufungspunkten technisch verwendet werden, um Divergenz nachzuweisen. So wurde etwa in Beispiel 6.16 ⇨ Seite 143 gesehen, dass die Differenzen $|a_{2n} - a_n|$ der harmonischen Reihe den Wert $\frac{1}{2}$ nicht unterschreiten. Wäre die Folge konvergent, so dürfte dies nicht geschehen.

Das Cauchy-Kriterium ist in seiner Anwendung aufgrund der zwei verschiedenen Folgenindizes eher unhandlich. Für Mathematiker stellt es aber den Kern der Infinitesimalrechnung, genauer der Konvergenztheorie dar. Folgen, die das Cauchy-Kriterium erfüllen, nennt man Cauchy-Folgen. Der obige Satz besagt, dass Cauchy-Folgen konvergent sind. Er steht auf gleicher Ebene mit dem so genannten Dedekind'schen Schnittaxiom, der Erklärung reeller Zahlen als Menge der nicht abbrechenden Dezimalzahlen und anderen Axiomen zur Begründung der Menge der reellen Zahlen, d.h. er gehört zu einer Klasse von grundlegenden Aussagen, von denen wenigstens eine als Axiom, d.h. als gültig ohne Beweis angenommen werden muss, damit die anderen ebenfalls gelten. In diesem Sinne bezeichnen Mathematiker den obigen Satz auch als Vollständigkeitsaxiom der reellen Zahlen[HEUSER, 1993[1]].

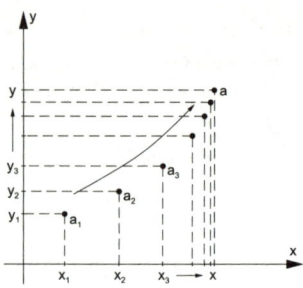

Abbildung 6.3: Illustration des Konvergenzbegriffes für Punktfolgen

6.2.4 Konvergenz im $\mathbb{R}^n$

Mit Hilfe des Konvergenzbegriffes für reellwertige Zahlenfolgen kann die gesamte Analysis für Funktionen einer Variablen erklärt werden. Entsprechendes gilt auch für Funktionen mehrerer Variablen; hierbei müssen aber Folgen $(a_m)_{m \geq k}$ behandelt werden, bei denen die einzelnen Folgenglieder a_m nicht mehr reelle Zahlen, sondern n–Tupel, d.h. Vektoren des $\mathbb{R}^n$ sind. Im Fall des $\mathbb{R}^2$ kann man sich solche Folgen noch wie in Abbildung 6.3 veranschaulichen.

Eine solche Punktfolge $(a_m)_{m \geq k}$ wird durch die beiden Koordinatenfolgen $(x_m)_{m \geq k}$ und $(y_m)_{m \geq k}$ festgelegt. Besitzt die Folge $(a_m)_{m \geq k}$ den Grenzwert $a = (x, y)^T$, so bedeutet dies, dass die Koordinatenfolgen $(x_m)_{m \geq k}$ bzw. $(y_m)_{m \geq k}$ gegen die Koordinaten x bzw. y von a konvergieren. Diese anschauliche Vorstellung, mit der man Konvergenz von Punktfolgen im $\mathbb{R}^n$ auf Konvergenz im $\mathbb{R}$ zurückführen kann, wird zum Ausgangspunkt der nun folgenden Überlegungen:

> **Definition 6.2**
> Sei $(a_m)_{m \geq k}$ eine (Punkt–)Folge im $\mathbb{R}^n$ (d.h. $a_m \in \mathbb{R}^n$ für alle $m \geq k$). Es sei $a_m = (a_{m1}, \ldots, a_{mn})^T$ für $m \geq k$ und $(a_{m1})_{m \geq k}, \ldots, (a_{mn})_{m \geq k}$ seien die **KOORDINATENFOLGEN** ⇨ Glossar. Man sagt, $(a_m)_{m \geq k}$ konvergiert gegen $a = (a_1, \ldots, a_n)^T \in \mathbb{R}^n$ (in Zeichen: $\lim\limits_{m \to \infty} a_m = a$), wenn gilt: $\lim\limits_{m \to \infty} a_{m1} = a_1, \ldots, \lim\limits_{m \to \infty} a_{mn} = a_n$. a heißt dann Grenzwert der Folge $(a_m)_{m \geq k}$.

Ebenso lässt sich die Konvergenz von Folgen von Matrizen über die punktweise Konvergenz korrespondierender Einträge der Matrizen erklären.

Beispiel 6.17:

a) $a_m = \left(\frac{1}{2m+1}, \frac{m}{m+3} \right)^T$, $m \geq 1$. *Wegen* $\lim\limits_{m \to \infty} \frac{1}{2m+1} = 0$, $\lim\limits_{m \to \infty} \frac{m}{m+3} = 1$ *folgt*
$\lim\limits_{m \to \infty} a_m = (0, 1)^T$

b) $a_m = \left(m, \frac{1}{m}\right)^T$. *Da die erste Koordinatenfolge divergent ist, konvergiert* $(a_m)_{m \geq 1}$ *nicht. Man sagt:* $(a_m)_{m \geq 1}$ ist divergent.

Die Eigenschaften konvergenter Punktfolgen gleichen in vielerlei Hinsicht denjenigen von Zahlenfolgen. Zum einen besitzt eine konvergente Punktfolge $(a_m)_{m \geq k}$ immer genau einen Grenzwert und ihr Konvergenzverhalten hängt nicht von ihrem Anfangsverhalten ab. Zum anderen lassen sich die Grenzwertsätze – durch komponentenweise Argumentation – auf Punktfolgen übertragen:

Satz 6.4

Für konvergente Punktfolgen $(a_m)_{m \geq k}$ und $(b_m)_{m \geq k}$ mit Grenzwerten $\lim\limits_{m \to \infty} a_m = a$, $\lim\limits_{m \to \infty} b_m = b$ gilt

- $\lim\limits_{m \to \infty} (a_m + b_m) = a + b$ und $\lim\limits_{m \to \infty} \langle a_m, b_m \rangle = \langle a, b \rangle$.

- Für $\alpha \in \mathbb{R}$ ist zusätzlich $\lim\limits_{m \to \infty} (\alpha a_m) = \alpha \cdot a$

Konvergente Punktfolgen sind stets beschränkt, d.h. für jede Punktfolge gibt es einen Quader $[a_1; b_1] \times \cdots \times [a_n; b_n]$, innerhalb dessen sie liegt. Dies ergibt sich unmittelbar daraus, dass auch auch die Koordinatenfolgen $(a_{m,1})_{m \geq k}, \ldots, (a_{m,n})_{m \geq k}$ konvergent sind. Diese sind also beschränkt, d.h. es gibt $a_1, b_1, \ldots, a_n, b_n \in \mathbb{R}$ mit $a_1 \leq a_{m,1} \leq b_1, \ldots, a_n \leq a_{m,n} \leq b_n$ für alle $m \geq k$. Also ist $\{a_m : m \geq k\}$ eine beschränkte Menge. Aber auch bei Punktfolgen folgt aus der Beschränktheit einer Folge nicht ihre Konvergenz.

6.3 Summenfolgen, unendliche Reihen und Potenzreihen

In der Ökonomie werden oftmals Vorgänge behandelt, bei denen Größen fortlaufend saldiert werden müssen, wie z.B. Umsatzentwicklungen, Produktionszahlen, Absatzentwicklungen, Schadensmeldungen.

6.3.1 Summenfolgen

Wenn sich die einzelnen zu saldierenden Größen als eine Folge $(a_n)_{n \geq k}$ darstellen lassen, so ist damit die **PARTIALSUMMENFOLGE** ⇨ Glossar $(s_n)_{n \geq k}$ verbunden, die wie folgt dargestellt wird

$$s_n := \sum_{i=k}^{n} a_i := a_k + a_{k+1} + a_{k+2} + \ldots + a_{n-1} + a_n$$

i heißt hier Laufindex; er „durchläuft" alle natürlichen Zahlen von k bis n, wobei die entsprechenden a_i aufsummiert werden.

Von der Summenfolge kommt man auf die einzelnen Summanden zurück durch Differenzenbildung; es gilt $a_n = \Delta s_n := s_n - s_{n-1}$. Auch dieser Prozess ist bei der Analyse von ökonomischen Daten von Bedeutung. Beispielsweise werden Umsatzentwicklungen durch fortgesetzte Differenzenbildung so lange umgeformt, bis die entstehende Folge – näherungsweise – konstante Glieder hat. Ist hierzu eine k-malige Differenzenbildung erforderlich, so hat die Ausgangsfolge polynomiales Wachstum in der Größenordnung eines Polynoms k-ten Grades. Da sich durch Polynome geeignet hohen Grades viele zeitliche ökonomische Phänomene zumindest näherungsweise erklären lassen, spielt dies in der so genannten Zeitreihenanalyse ökonomischer Daten eine wichtige Rolle.

Das Summationssymbol wird in mannigfaltigen Situationen benötigt; der Umgang damit sei anhand einiger Beispiele verdeutlicht:

Beispiel 6.18:
Sei $a_i = i$. Dann ist beispielsweise

$$\sum_{i=1}^{10} a_i = 1 + 2 + \cdots + 9 + 10 = 55$$

$$\sum_{i=1}^{10} a_n = \underbrace{a_n + a_n + \cdots + a_n + a_n}_{10\ mal} = 10a_n = 10n$$

$$\sum_{k=1}^{10} a_{n+k} = (n+1) + (n+2) + \cdots + (n+10) = 10n + 55$$

Beispiel 6.19 (Indexverschiebung):
Es ist $\sum_{k=3}^{7} k^2 = 3^2 + 4^2 + 5^2 + 6^2 + 7^2 = 9 + 16 + 25 + 36 + 49 = 135$. Genauso erhält man $\sum_{k=4}^{8} (k-1)^2 = \sum_{k=3}^{7} k^2 = 135$. Die beiden Summen stimmen also überein. Dieses „Phänomen" wird auch als Indexverschiebung bezeichnet. Allgemein gilt für eine Folge $(a_n)_{n \geq k}$

$$\sum_{i=k}^{n} a_i = \sum_{i=k+m}^{n+m} a_{i-m} \quad falls\ m \in \mathbb{N}_0, n \geq k$$

Beispiel 6.20 (Geometrische Summe):
Bereits im vorletzten Abschnitt war die geometrische Summe behandelt worden

$$\sum_{k=0}^{n} x^k = \frac{1 - x^{n+1}}{1 - x} \quad falls\ x \neq 1\ und\ n \in \mathbb{N}_0$$

$n = 0$					1					
$n = 1$				1		1				
$n = 2$			1		2		1			
$n = 3$		1		3		3		1		
$n = 4$	1		4		6		4		1	
$n = 5$	1	5		10		10		5		1

$$\vdots$$

Abbildung 6.4: Binomialkoeffizienten $\binom{n}{k}$ im Pascal'schen Dreieck

Diese Formel ist in vielen Bereichen der Ökonomie (vor allem in der später noch behandelten Finanzmathematik) von fundamentaler Bedeutung. Sie gehört zur Klasse der so genannten MITTERNACHTSFORMELN ⇨ Glossar, *eine etwas scherzhafte Bezeichnung, die suggerieren soll, dass man derartige Formeln stets memorieren sollte, selbst wenn man um Mitternacht geweckt wird.*

Beispiel 6.21 (Binomische Formel):
Für $x, y \in \mathbb{R}$ und $n \in \mathbb{N}$ ist

$$(x + y)^n = \sum_{i=0}^{n} \binom{n}{i} x^i y^{n-i}$$

Dabei ist $\binom{n}{i} := \frac{n!}{i!(n-i)!}$ der BINOMIALKOEFFIZIENT ⇨ Glossar *und $n! = 1 \cdot 2 \cdots n$ die* FAKULTÄT ⇨ Glossar. *Die Binomialkoeffizienten lassen sich in Form des Pascal'schen Dreiecks gemäß Abbildung 6.4 darstellen. Das Dreieck baut sich rekursiv auf. Je zwei nebeneinander liegende Zahlen ergeben summiert die darunter liegende Zahl, was sich in der Formel $\binom{n}{k} + \binom{n}{k+1} = \binom{n+1}{k+1}$ niederschlägt. Eine zur binomischen Formel verwandte Formel ist*

$$x^n - y^n = (x - y) \sum_{i=0}^{n-1} x^i y^{n-1-i}$$

Beispiel 6.22:
Potenzsummen sind Ausdrücke der Form $S_n^{(k)} = \sum_{i=1}^{n} i^k$, wobei $k \in \mathbb{N}$. Die bekannteste derartige Potenzsumme ist $S_n^{(1)}$, d.h. die Summe der ersten n natürlichen Zahlen.

Nach einer von SARTORIUS *überlieferten Anekdote, bekam die Klasse von* GAUSS *in der Volksschule von ihrem Lehrer die Aufgabe gestellt, $1 + 2 + \cdots + 100 = S_{100}^{(1)}$ zu berechnen.* GAUSS, *der damals 9 Jahre alt war, antwortete, kaum dass die Aufgabe gestellt war, mit dem richtigen Ergebnis 5050.*

Die Summe $S_n^{(1)}$ ist durch Verdopplung leicht zu berechnen:

$$2S_n^{(1)} = \sum_{i=1}^{n} i + \sum_{i=1}^{n} i = \sum_{i=1}^{n} i + \sum_{i=1}^{n} (n - i + 1) = \sum_{i=1}^{n} (i + (n - i + 1)) = n(n+1)$$

147

Teilt man durch 2, so ergibt sich: $\sum_{k=1}^{n} k = \frac{n(n+1)}{2}$. *Weitere derartige Formeln für* $k = 2, 3$ *lauten*

- $S_n^{(2)} = \sum_{i=1}^{n} i^2 = \frac{1}{6} n(n+1)(2n+1)$

- $S_n^{(3)} = \sum_{i=1}^{n} i^3 = \frac{1}{4} n^2 (n+1)^2$

Für $S_n^{(2)}$ *soll dies hier hergeleitet werden. Es ergibt sich* $\sum_{i=1}^{n+1} i^3$ *mittels Indexverschiebung und Binomischer Formel zu*

$$1 + \sum_{i=1}^{n} (i+1)^3 = 1 + \sum_{i=1}^{n} (i^3 + 3i^2 + 3i + 1) = 1 + \sum_{i=1}^{n} i^3 + 3\sum_{i=1}^{n} i^2 + 3\sum_{i=1}^{n} i + n$$

Nach Abzug von $\sum_{i=1}^{n} i^3$ *auf beiden Seiten des ersten und letzten Terms folgt*

$$(n+1)^3 = 1 + 3\sum_{i=1}^{n} i^2 + 3\sum_{i=1}^{n} i + n = 1 + 3\sum_{i=1}^{n} i^2 + 3\frac{n(n+1)}{2} + n$$

Aufgelöst ergibt sich $\sum_{i=1}^{n} i^2 = \frac{(n+1)^3 - (n+1) - 3\frac{n(n+1)}{2}}{3} = \frac{n(n+1)(2n+1)}{6}$.

Das Schema lässt sich auf entsprechende Art für beliebige Potenzsummen $S_n^{(k)} = \sum_{i=1}^{n} i^k$ *durchführen, indem man* $S_{n+1}^{(i+1)}$ *mittels Indexverschiebung und der allgemeinen binomischen Formel in Termen von* $S_n^{(1)}, \ldots, S_n^{(i)}$ *schreibt und schließlich nach* $S_n^{(i)}$ *umformt. Für eine geschlossene Form von* $S_n^{(i)}$ *werden dann die Formeln von* $S_n^{(1)}, \ldots, S_n^{(i-1)}$ *benötigt.*

6.3.2 Unendliche Reihen

Oftmals bestehen die zu betrachtenden Partialsummen aus beliebig vielen Summanden, d.h. man betrachtet Grenzwerte von Partialsummen-Folgen:

Definition 6.3 (Unendliche Reihen)
Sei $(a_n)_{n \geq m}$ eine Zahlenfolge, $s_n := \sum_{k=m}^{n} a_k$ für $n \geq m$. Falls $(s_n)_{n \geq m}$ konvergiert

und den Grenzwert s hat, so sagt man: Die **REIHE** ⇨ Glossar $\sum_{k=m}^{\infty} a_k$ (bzw. $\sum_{k \geq m} a_k$)

konvergiert und hat den Grenzwert s. In Zeichen: $\sum_{k=m}^{\infty} a_k = s$.

Andernfalls sagt man: Die Reihe $\sum_{k=m}^{\infty} a_k$ divergiert.

Neben der Verwendung des Summensymbols für endliche Summen lässt sich dieses also auch verwenden, wenn die Anzahl der Summanden gegen unendlich strebt. Der Wert $s_n := \sum_{k=m}^{\infty} a_k$ steht bei einer Folge $(a_n)_{n \geq m}$ also einerseits für die Partialsummenfolge, andererseits für deren Grenzwert. Gleichzeitig wird mit dem Begriff präzisiert, was man unter der Summe „aller" Folgenglieder versteht. Wenn man geeignete Vorsichtsmaßnahmen ergreift und Umformungen vermeidet, die konvergente in divergente Reihen überführen, kann man mit unendlichen Reihen ähnlich rechnen wie mit endlichen Summen.

Die Grenzwerte mancher Reihen lassen sich explizit berechnen. Bei anderen Reihen ist dies nicht möglich, vielmehr werden sie angenähert durch Summation einer geeignet hohen Anzahl ihrer Glieder. In jedem Fall ist wie bei Folgen der Konvergenznachweis unerlässlich.

Beispiel 6.23 (Geometrische Reihe):
$\sum_{k=0}^{\infty} p^k = \frac{1}{1-p}$ für $|p| < 1$. Die geometrische Reihe ist divergent für $|p| \geq 1$.
Für $p \neq 1$ ergibt nämlich die geometrische Summenformel $\sum_{k=0}^{n} p^k = \frac{1-p^{n+1}}{1-p}$. Aufgrund der Konvergenzeigenschaften der geometrischen Folge konvergiert die geometrische Reihe also für $|p| < 1$ und divergiert für $|p| > 1$. Im Falle $p = 1$ ergibt sich die divergente Folge $\sum_{k=0}^{n} p^k = n + 1$, für $p = -1$ hingegen die alternierende divergente Folge $\sum_{k=0}^{n} p^k = \frac{(-1)^n + 1}{2}$.

Beispiel 6.24:
Die ALLGEMEINEN HARMONISCHEN REIHEN ⇨ Glossar *sind von der Form $\sum_{k=1}^{\infty} \frac{1}{k^a}$ mit $a > 0$. Zwei Spezialfälle wurden bereits behandelt: So ist $\sum_{k=1}^{\infty} \frac{1}{k}$ divergent, denn die Partialsummen bilden eine unbeschränkte Folge. Hingegen ist $\sum_{k=1}^{\infty} \frac{1}{k^2} = \frac{\pi^2}{6}$. Es lässt sich zeigen, dass die harmonischen Reihen für $a \leq 1$ divergent, für $a > 1$ hingegen konvergent sind. Als Funktion von $a > 1$ wird die Reihe bei Übertragung auf komplexe Zahlen auch als Riemann'sche Zeta-Funktion bezeichnet.*

Da Reihen nichts anderes als spezielle Summenfolgen sind, kann ihr Konvergenzverhalten grundsätzlich auf dem gleichen Wege wie bei allgemeinen Folgen untersucht werden. Insbesondere die Grenzwertsätze sind z.T. leicht auf den Reihen-Fall übertragbar.

Satz 6.5
Seien $(a_n)_{n \geq m}$, $(b_n)_{n \geq m}$ Folgen mit $\sum\limits_{k=m}^{\infty} a_k = s$, $\sum\limits_{k=m}^{\infty} b_k = t$ (d.h. diese Reihen seien konvergent). Dann gilt:

a) $\sum\limits_{k=m}^{\infty} (a_k + b_k) = \sum\limits_{k=m}^{\infty} a_k + \sum\limits_{k=m}^{\infty} b_k = s + t$

b) Ist $c \in \mathbb{R}$, so gilt: $\sum\limits_{k=m}^{\infty} (ca_k) = c \cdot \sum\limits_{k=m}^{\infty} a_k = cs$

Im Gegensatz zu der Addition ist die Multiplikation konvergenter Reihen nicht so einfach handhabbar. Beispielsweise haben die Reihen $\sum_{k=0}^{\infty} a_k$ und $\sum_{k=0}^{\infty} b_k$, welche durch $a_k = \left(\frac{1}{2}\right)^k$ und $b_k = \begin{cases} 1 & k = 0 \\ 0 & \text{falls} \quad k > 0 \end{cases}$ erklärt sind, die Werte $\sum_{k=0}^{\infty} a_k = 2$ und $\sum_{k=0}^{\infty} b_k = b_0 = 1$, d.h. $\sum_{k=0}^{\infty} a_k \sum_{k=0}^{\infty} b_k = 2$. Allerdings ist für diese speziellen Folgen $\sum_{k=0}^{\infty}(a_k b_k) = \sum_{k=0}^{\infty}(b_k) = 1$

Also ist allgemein $\sum_{k=0}^{\infty}(a_k b_k) \neq \sum_{k=0}^{\infty} a_k \cdot \sum_{k=0}^{\infty} b_k$. Das Produkt auf der rechten Seite ist vielmehr durch das Produkt zweier endlicher Doppelsummen anzunähern. Nach Auflösen der Klammern erkennt man, dass die Summe auf der linken Seite bei weitem nicht alle auftretenden Summanden auf der rechten Seite erfasst. Korrekt werden konvergente Reihen unter Verwendung des so genannten Cauchy-Produktes multipliziert [FORSTER, 1983].

Wie für allgemeine Folgen $(a_n)_{n \geq m}$, gibt es auch für Reihen Konvergenzkriterien.

Satz 6.6 (MAJORANTENKRITERIUM ⇨ Glossar)
Es sei $(b_n)_{n \geq m}$ eine weitere Folge, $b_n \geq 0$ für alle $n \geq m$, und die Reihe $\sum\limits_{k=m}^{\infty} b_k$ sei konvergent. Dann gilt: Falls $|a_k| \leq b_k$ für alle $k \geq m$, so konvergiert auch $\sum\limits_{k=m}^{\infty} a_k$.

Beispiel 6.25:
$\sum_{n=1}^{\infty} \frac{1}{n} \cdot \left(\frac{1}{2}\right)^n$ *ist konvergent. Die Begründung erfolgt mit dem Majorantenkriterium:*

$$\left| \frac{1}{n} \left(\frac{1}{2}\right)^n \right| \leq \left(\frac{1}{2}\right)^n \quad \text{für alle } n \geq 1$$

und $\sum_{n=1}^{\infty} \left(\frac{1}{2}\right)^n$ *ist konvergent (geometrische Reihe). Also ist nach dem Majorantenkriterium auch die betrachtete Reihe konvergent.*

Beispiel 6.26:
$\sum_{n=1}^{\infty} \frac{1}{n^\alpha}$ *ist konvergent für jedes* $\alpha \geq 2$. *Die Konvergenz für* $\alpha = 2$ *wurde bereits gezeigt. Falls* $\alpha > 2$, *so gilt* $\frac{1}{n^\alpha} \leq \frac{1}{n^2}$ *für alle* $n \geq 1$. *Also folgt aus der Konvergenz von* $\sum_{n=1}^{\infty} \frac{1}{n^2}$ *diejenige von* $\sum_{n=1}^{\infty} \frac{1}{n^\alpha}$ *mit dem Majorantenkriterium.*

Satz 6.7 (QUOTIENTENKRITERIUM ⇨ Glossar)
Es gelte $a_k \neq 0$ für alle $k \geq m$. Weiter gebe es eine Zahl $m_0 \geq m$, ein $q \in]0; 1[$ mit $\left|\frac{a_{k+1}}{a_k}\right| \leq q$ für alle $k \geq m_0$. Dann ist $\sum\limits_{k=m}^{\infty} a_k$ konvergent.

(folgt aus dem Majorantenkriterium mit $\sum_{k=0}^{\infty} q^k$ als Vergleichsreihe)

Beispiel 6.27:
$\sum_{n=1}^{\infty} n \cdot \left(\frac{1}{2}\right)^n$ *ist konvergent. Es gilt nämlich* $a_n = n \cdot \left(\frac{1}{2}\right)^n > 0$ *für alle* $n \in \mathbb{N}$.

Daher ist $\left|\frac{a_{n+1}}{a_n}\right| = \frac{n+1}{n} \cdot \frac{1}{2} \leq \frac{3}{4} < 1$ *für alle* $n \geq 2$ *und das Quotientenkriterium ist mit* $q = \frac{3}{4}$ *erfüllt.*

Satz 6.8 (Cauchy–Kriterium für Reihen)

$\sum_{k=m}^{\infty} a_k$ ist konvergent $\iff$ Für alle $\varepsilon > 0$ gibt es ein $n(\varepsilon) \geq m$, so dass
für alle $r, s \geq n(\varepsilon)$ gilt: $\left|\sum_{k=r+1}^{s} a_k\right| < \varepsilon$

Aus dem Cauchy-Kriterium für Reihen folgt mit $s = r+1$, dass die Glieder einer konvergenten Reihe eine Nullfolge bilden.

6.3.3 Potenzreihen

POTENZREIHEN ⇨ Glossar sind Reihen der Form $\sum_{k=0}^{\infty} a_k x^k$ mit vorgegebener Folge $(a_k)_{k\geq 0}$, in denen noch eine Unbekannte x auftritt. Deshalb kann man sie als Funktion dieser Variablen x auffassen. Die Verwendung von Potenzreihen ermöglicht für viele (bekannte) Funktionen erst die numerische Auswertung dieser Funktionen (etwa mittels Taschenrechner oder Bibliotheksfunktion einer Programmiersprache). Dies ist von besonderer Bedeutung, weil sich eine Vielzahl ökonomisch relevanter Funktionen als Potenzreihen auffassen bzw. darstellen lassen. Zur numerischen Ausnutzung einer Potenzreihe ist allerdings die Gesamtheit $\mathbb{D} \subseteq \mathbb{R}$ aller $x \in \mathbb{R}$, für welche diese Reihe konvergiert, zu ermitteln.

Beispiel 6.28:

- *Polynomfunktionen: Wenn in der Zahlenfolge* $(a_k)_{k\geq 0}$ *die Glieder* $a_{n+1}, a_{n+2},$
  ... alle = 0 sind, so wird die Reihe zum Polynom $a_0 + a_1 x + a_2 x^2 + \cdots + a_n x^n$ *in* x. *Spezialfälle sind affin lineare (n = 1) und quadratische (n = 2) Funktionen.*

- *geometrische Reihe:* $\displaystyle\sum_{k=0}^{\infty} x^k = \frac{1}{1-x}$ *für alle* $|x| < 1$ *(divergent für* $|x| \geq 1$).

- **EXPONENTIALFUNKTION** ⇨ Glossar: $\sum_{k=0}^{\infty} \frac{x^k}{k!} = \exp(x) = e^x$ *für alle* $x \in$ $\mathbb{R}$. *Die Reihe findet Anwendung z.B. in der Volkswirtschaftslehre bei linearen Differentialgleichungen erster Ordnung und in der Statistik. Sie konvergiert für alle* $x \in \mathbb{R}$ *nach dem Quotientenkriterium; es gilt nämlich*

$$\frac{\frac{x^{k+1}}{(k+1)!}}{\frac{x^k}{k!}} = \frac{x}{k+1} \leq \frac{1}{2} < 1 \quad \text{für alle } k \geq 2x - 1$$

- *die trigonometrischen Funktionen haben für alle* $x \in \mathbb{R}$ *die Potenzreihendarstellungen* $\cos(x) = \sum_{k=0}^{\infty} (-1)^k \frac{x^{2k}}{(2k)!}$ *und* $\sin(x) = \sum_{k=0}^{\infty} (-1)^k \frac{x^{2k+1}}{(2k+1)!}$. *Sie finden Anwendung z.B. in der Volkswirtschaftslehre bei linearen Differenzen- und Differentialgleichungen zweiter Ordnung.*

Für die allermeisten praktisch relevanten Funktionen lassen sich solche Darstellungen in Form von Potenzreihen angeben.

Zu einer gegebenen Potenzreihe $\sum_{k=0}^{\infty} a_k x^k$ diejenigen $x \in \mathbb{R}$ zu bestimmen, für die die Reihe konvergiert, ist eine wichtige Aufgabe, für die es viele Hilfsmittel gibt. Eines davon lautet:

Satz 6.9 (Konvergenzkriterium für Potenzreihen)
Sei $\sum_{k=0}^{\infty} a_k x^k$ eine Potenzreihe und $x_0 \neq 0$ eine Zahl, für die $\left(|a_k x_0^k|\right)_{k \geq 0}$ beschränkt ist. Dann konvergiert $\sum_{k=0}^{\infty} a_k x^k$ schon für alle $x \in \,] - |x_0|; |x_0|[$.

Beispiel 6.29 (Exponentialreihe $\sum_{k=0}^{\infty} \frac{x^k}{k!}$):
Für jedes $x_0 > 0$ gibt es ein $n \in \mathbb{N}$ mit $n > x_0$. Dann ist für $k > n$

$$\frac{x_0^k}{k!} = \frac{x_0^n}{n!} \times \frac{x_0}{n+1} \times \frac{x_0}{n+2} \times \cdots \times \frac{x_0}{k} \leq \frac{x_0^n}{n!}$$

Die letzte Ungleichung folgt, weil die hinteren $k - n$ Faktoren alle kleiner oder gleich Eins sind. Also ist die Summandenfolge für jedes $x_0 > 0$ beschränkt und die Exponentialreihe konvergiert $\forall x \in\,] - x_0; x_0[$. Da $x_0 > 0$ beliebig, konvergiert die Reihe also $\forall x \in \mathbb{R}$.

Mit den Potenzreihen schließt sich der in diesem Kapitel angefangene Kreis: Mittels Potenzreihen lassen sich nämlich implizit dargestellte Folgen explizieren.

Definition 6.4
Die **ERZEUGENDE FUNKTION** ⇨ Glossar der Folge $(p_n)_{n \geq 0}$ ist erklärt durch die Potenzreihe $f(x) = \sum_{n=0}^{\infty} p_n x^n$

Ist p_n nur durch eine implizite Form gegeben, so kann man dieses explizieren, indem das implizite Bildungsgesetz in der erzeugenden Funktion für p_n eingesetzt wird. Mit geeigneten Umformungen wird daraus oft eine Bestimmungsgleichung für $f(x)$. Man löst nach $f(x)$ auf, „entwickelt" den Ausdruck unter Zuhilfenahme bekannter konvergenter Potenzreihen wieder in eine Potenzreihe $\sum a_n x^n$ und erhält mit den Koeffizienten a_n explizite Darstellungen für die p_n. Der Konvergenzbereich der erzeugenden Funktion wird erst bei den abschließenden Entwicklungsschritten klar.

Beispiel 6.30 (Fortsetzung von Beispiel 6.6 ⇨ Seite 133)**:**
Im Spinnwebmodell mit $p_n = a + b p_{n-1}$ ergibt sich $f(x) = p_0 + a \frac{x}{1-x} + b x f(x)$,

denn

$$f(x) = \sum_{n=0}^{\infty} p_n x^n = p_0 + \sum_{n=1}^{\infty} p_n x^n = p_0 + \sum_{n=1}^{\infty} (a + bp_{n-1}) x^n$$

$$= p_0 + ax \sum_{n=1}^{\infty} x^{n-1} + bx \sum_{n=1}^{\infty} p_{n-1} x^{n-1} = p_0 + ax \sum_{n=0}^{\infty} x^n + bx \sum_{n=0}^{\infty} p_n x^n$$

$$= p_0 + a \frac{x}{1-x} + bx f(x)$$

Löst man die Gleichung nach $f(x)$ auf, so folgt

$$f(x) = \frac{p_0}{1-bx} + \frac{ax}{(1-x)(1-bx)}$$

$$= \frac{p_0}{1-bx} + \frac{a}{1-b} \cdot \frac{1}{1-x} - \frac{a}{1-b} \cdot \frac{1}{1-bx} \quad (Partialbruchzerlegung)$$

$$= \sum_{n=0}^{\infty} p_0 b^n x^n + \sum_{n=0}^{\infty} \frac{a}{1-b} x^n - \sum_{n=0}^{\infty} \frac{a}{1-b} b^n x^n = \sum_{n=0}^{\infty} (p_0 b^n + \frac{a}{1-b} - \frac{ab^n}{1-b}) x^n$$

Also erhält man durch Vergleich der Koeffizienten dasselbe Ergebnis

$$p_n = \frac{a}{1-b} + (p_0 - \frac{a}{1-b}) b^n = \frac{\gamma - \alpha}{\beta - \delta} + \left(p_0 - \frac{\gamma - \alpha}{\beta - \delta} \right) \left(\frac{\delta}{\beta} \right)^n$$

wie beim rekursiven Einsetzen in Beispiel 6.6.

Beispiel 6.31:
Für die Fibonacci-Folge, $a_0 = a_1 = 1$, $a_n = a_{n-1} + a_{n-2}$ für $n \geq 2$ lautet die erzeugende Funktion:

$$f(x) = \sum_{n=0}^{\infty} a_n x^n = 1 + x + \sum_{n=2}^{\infty} (a_{n-1} + a_{n-2}) x^n$$

$$= 1 + x + x \sum_{n=2}^{\infty} a_{n-1} x^{n-1} + x^2 \sum_{n=2}^{\infty} a_{n-2} x^{n-2} = 1 + x + x f(x) - a_0 x + x^2 f(x)$$

Daraus folgt $f(x) = \frac{1}{1-x-x^2} = -\frac{1}{(a-x)(b-x)}$ mit $a := -\frac{1}{2} + \frac{1}{2}\sqrt{5}$ und $b := -\frac{1}{2} - \frac{1}{2}\sqrt{5}$.
Mittels Partialbruchzerlegung ergibt sich

$$\frac{1}{(a-x)(b-x)} = \frac{1}{a-b} \left(\frac{1}{b-x} - \frac{1}{a-x} \right) = \frac{1}{a-b} \left(\frac{1}{b} \cdot \frac{1}{1-x/b} - \frac{1}{a} \cdot \frac{1}{1-x/a} \right)$$

$$= \sum_{n=0}^{\infty} \left(\frac{1}{a-b} \left(\frac{1}{b^{n+1}} - \frac{1}{a^{n+1}} \right) x^n \right)$$

Durch Koeffizientenvergleich folgt unter Verwendung von $a - b = \sqrt{5}$ und $ab = -1$

$$a_n = -\frac{1}{a-b} \left(\frac{1}{b^{n+1}} - \frac{1}{a^{n+1}} \right) = \frac{\left(\frac{1+\sqrt{5}}{2} \right)^{n+1} - \left(\frac{1-\sqrt{5}}{2} \right)^{n+1}}{\sqrt{5}}$$

6.4 Finanzmathematische Folgen und Reihen

Wo immer in der Ökonomie Kapitalbeträge verwendet werden, liegt den Überlegungen meist zugrunde, dass vorhandenes Kapital die Möglichkeit eines Zinsertrages bietet. Auch geliehenes Kapital ist unter Zinsaspekten zu betrachten, da der Darlehensgeber die Vergabe des Darlehens an eine periodische Zins-Gebühr koppelt. Zum einen kann dieser Zinsertrag (bzw. die -gebühr) anderen Formen der Investition (bzw. Darlehnsnahme) gegenüber gestellt werden, zum anderen kann auch die Verwendung des Zinsertrages – Kapitalisierung oder Ausschüttung – Gegenstand der Überlegungen sein. Fast immer liegen den erforderlichen Berechnungen geometrische Folgen oder geometrische Summen und Reihen zugrunde. Hier wird dies anhand exemplarischer Fragestellungen der Zinseszinsrechnung, Rentenrechnung und Tilgungsrechnung besprochen. Für eine ausführliche Behandlung der Finanzmathematik sei auf die Literatur verwiesen [KRUSCHWITZ, 1995].

Allgemein soll im Folgenden von einer Entwicklung eines Startkapitals $K_0 > 0$ durch Zins- und Einzahlungs- bzw. Auszahlungseffekte über n gleichartige Perioden gesprochen werden. Das Kapital am Ende von Periode n werde mit K_n bezeichnet, die in Periode n berechneten Zinsen mit z_n, die Ein- bzw. Auszahlungen mit r_n. Dann gilt ganz allgemein die Beziehung

$$K_n = K_{n-1} + z_n + r_n$$

In der Finanzmathematik wird zwischen vor- und nachschüssiger Rechnung unterschieden. Hier soll nur die nachschüssige Rechnung dargestellt werden. Bei dieser berechnen sich die Zinsen z_n anhand des in Prozent angegebenen Zinsfußes p_n je Periode n zu $z_n = K_{n-1}\frac{p_n}{100}$. Weiter sei angenommen, dass der Zinsfuß über den gesamten Berechnungszeitraum stets derselbe Wert $p \neq 0$ ist und auch die Ein- bzw. Auszahlungen in jeder Periode stets den gleichen Wert $r \in \mathbb{R}$ betragen. Damit lautet die Formel für die Kapitalentwicklung

$$K_n = K_{n-1}(1 + \frac{p}{100}) + r = qK_{n-1} + r$$

mit dem als Auf- bzw. Abzinsungsfaktor bezeichneten Wert $q = 1 + \frac{p}{100} \neq 1$. Eine vergleichbare Rekursion war bereits im Beispiel 6.6 des Spinnwebmodells ⇨ Seite 133 aufgestellt und gelöst worden. Hier ergibt sich völlig entsprechend die folgende explizite Form:

Kapitalentwicklung unter Verzinsung: Das Kapital K_n nach n nach-schüssig verzinsten Perioden bei einem Startkapital K_0 mit konstanter Ein- bzw. Auszahlungsrate r und konstantem Auf- bzw. Abzinsfaktor q beträgt

$$K_n = K_0 q^n + r \cdot \frac{q^n - 1}{q - 1}$$

Diese Grundformel taucht in verschiedenen Gebieten der Finanzmathematik auf, von denen hier drei exemplarisch angesprochen werden sollen.

Beispiel 6.32 (Grundformel der Zinseszinsrechnung):
Der Fall $r = 0$ entspricht der fortlaufenden Verzinsung eines Kapitals ohne Ein- bzw. Auszahlungen, bei dem die Zinsen dem Kapital vor der nächsten Zinsperiode zugeschlagen und so mitverzinst werden. Die Grundformel für das Kapital nach n Jahren lautet dann

$$K_n = K_0 (1 + \frac{p}{100})^n$$

Diese Grundformel wird in der Regel für den Fall eines Jahres-Zinsfußes p angewendet, jedoch finden sich in diversen Anwendungen der Finanzmathematik auch unterjährige Verzinsungen, bei denen das Jahr in m gleichartige Zeitintervalle eingeteilt wird, auf denen jeweils der Zinsfuß $p_m = \frac{p}{m}$ zur Berechnungsgrundlage der Zinsen wird. Die berechneten Zinsen werden nach jeder Periode wie gehabt kapitalisiert und in der nächsten Periode mit verzinst. Das ergibt nach einem Jahr gemäß der Grundformel mit m Zinsperioden und dem Zinsfuß $\frac{p}{m}$ das Kapital

$$K_m = K_0 (1 + \frac{1}{m} \frac{p}{100})^m$$

Es dürfte einsichtig sein, dass der Kapitalertrag mit zunehmender Anzahl der unterjährigen Perioden steigt, denn in der Grundform verzinst sich das gesamte Kapital K pro Jahr nur einmal, während sich bei der unterjährigen Verzinsung jeweils ein m-ter Anteil des Kapital einmal, ein weiterer zweimal usw. verzinst, was einen höheren Zinsertrag am Ende des Jahres mit sich bringt. Unter der hypothetischen Annahme, die Zinsperioden beliebig klein zu gestalten, wird die Anzahl m der Zinsperioden beliebig groß, d.h. es liegt ein Grenzübergang vor. Im Idealfall, der so genannten stetigen Verzinsung beträgt das Kapital nach einem Jahr

$$K \lim_{n \to \infty} (1 + \frac{1}{m} \frac{p}{100})^m = K \cdot e^{\frac{p}{100}}$$

wobei $e = 2,7182818\ldots = \exp(1) = 1 + 1 + \frac{1}{2} + \frac{1}{6} + \frac{1}{24} + \cdots$ die bereits oben vorgestellte Euler'sche Zahl ist. Es ist also – im Fall von Habenzinsen – rechentechnisch günstig, möglichst kleinteilig unterjährig zu verzinsen. Die Euler'sche Zahl liefert jedoch eine Obergrenze für den erzielbaren Kapitalbetrag. So würde bei einem Zinsfuß von 100% das Kapital maximal auf das etwa $2,718$-fache des Betrages zu Anfang des Jahres anwachsen.

Beispiel 6.33 (Grundformel der Rentenrechnung):

In der Rentenrechnung wird ein gegebenes Kapital K_0 durch periodisch anfallende Auszahlungen $r < 0$ verringert. Gleichzeitig wird das Restkapital wieder zum Zinsfuß p verzinst. Wieder ergibt sich das Kapital nach n Perioden zu

$$K_n = K_0 q^n + r \frac{q^n - 1}{q - 1}$$

Meist soll das Kapital K_0 in der n-ten Auszahlungsperiode aufgebraucht sein, wobei n eine vorgegebene natürliche Zahl ist. Es stellt sich die Frage nach der Höhe der hierzu geeigneten Auszahlungen $r < 0$. Dazu nimmt man an, dass $K_n = 0$ und löst mittels der Grundformel nach r auf. Das ergibt

$$K_0 q^n + r \frac{q^n - 1}{q - 1} = 0 \Leftrightarrow r = -K_0(q - 1)\frac{q^n}{q^n - 1}$$

Unmittelbar damit verbunden ist die Fragestellung, wann bei gegebener Rente r das Kapital spätestens aufgebraucht ist. Dazu wird die Gleichung $K_n = 0$ nach n aufgelöst:

$$K_0 q^n + r \frac{q^n - 1}{q - 1} = 0 \Leftrightarrow \left(K_0 + \frac{r}{q - 1} \right) q^n = \frac{r}{q - 1}$$

$$\Leftrightarrow q^n = \frac{\frac{r}{q-1}}{K_0 + \frac{r}{q-1}} = \frac{1}{1 + K_0 \frac{q-1}{r}}$$

Damit diese Gleichung nach n auflösbar ist, muss wegen $r < 0$ der Nenner des Bruches kleiner als Null sein, d.h. es muss gelten $K_0 < \frac{-r}{q-1}$. Die Verzinsung des Kapitals kann dann die Entnahme von Rentenbeträgen nicht ausgleichen. In diesem Fall ergibt sich durch Logarithmieren (z.B. mit dem Logarithmus $\log$ zur Basis e) für n die Formel

$$n = \frac{-\log \left(1 + K_0 \frac{q-1}{r} \right)}{\log(q)}$$

Ist allerdings die Kapitalentnahme geringer, d.h. gilt $K_0 \geq \frac{-r}{q-1}$, so kann kein solcher Zeitpunkt gefunden werden, das Kapital bleibt also unendlich lange erhalten bzw. vermehrt sich trotz Verrentung. Der Wert $r = (q - 1)K_0 = \frac{p}{100}K_0$ stellt die ewige Rente dar. Diese entspricht genau dem Zins der Anfangsperiode, d.h. das Startkapital verändert sich nicht.

Beispiel 6.34 (Grundformel der Annuitätentilgung):

Bei der Tilgung eines Darlehens mittels Annuitäten zahlt der Darlehensnehmer je Periode einen festen Betrag, eben die Annuität (von lat. annus, das Jahr, auf Basis eines Geschäftsjahres, diese wird jedoch in gleich große monatliche Beträge aufgespalten, so dass in der Regel eine monatliche Rechnung mit gleichzeitiger unterjähriger monatlicher Verzinsung des Darlehens zum Tragen kommt). Der Tilgung, *d.h. der Verringerung der Restschuld kommt jedoch nicht der gesamte Betrag zugute, sondern es werden zunächst die Zinsen für diese Periode berücksichtigt. Durch Reduzierung des Darlehens verringert sich der in Abzug zu bringende Zinsanteil, so dass gegen Ende des Annuitätendarlehens nahezu die komplette Einzahlung zur Tilgung verwendet wird. Bezeichnet $K_0 > 0$ den Umfang des Darlehens, p den Zinsfuß je und $r < 0$ die konstante Raten je Periode, so gilt wieder die oben angegebene Grundformel*

$$K_n = qK_{n-1} + r = K_0 q^n + r\frac{q^n - 1}{q - 1}$$

Wie in der Rentenrechnung lässt sich der Zeitpunkt der Abbezahlung des Darlehens durch Auflösen der Gleichung $K_n = 0$ nach n zu $n = \frac{-\log\left(1 + K_0 \frac{q-1}{r}\right)}{\log(q)}$ ermitteln. Man erkennt zum einen, dass die periodische Zahlung r den Anfangszinsbetrag $K_0\frac{p}{100}$ übersteigen sollte, um das Darlehen überhaupt tilgen zu können. Außerdem ist ersichtlich, dass nicht allein die Höhe der Rate r, sondern auch der Zinsfuß p die Laufzeit des Darlehens beeinflusst. Wenn beispielsweise ein Jahres-Zinsfuß p % und ein Jahres-Tilgungssatz t % des Ausgangsdarlehens K_0 vereinbart ist (was einer monatlichen Zahlung $\frac{p+t}{12 \cdot 100} K_0$ entspricht), so beträgt die Laufzeit (in Monaten)

$$n = \frac{-\log\left(1 + K_0 \dfrac{\frac{p}{100}\frac{1}{12}}{-\frac{1}{100}\frac{t}{12}K_0}\right)}{\log(1 + \frac{p}{100}\frac{1}{12})} = \frac{-\log(1 - \frac{p}{t})}{\log(1 + \frac{p}{1200})}$$

und dieser Ausdruck ist monoton fallend in p. Der Grenzfall $p = 0$ liefert nach der Regel von **L'HOSPITAL** *⇨ Glossar die längste Laufzeit*

$$\lim_{p \to 0} \frac{-\log(1 - \frac{p}{t})}{\log(1 + \frac{p}{1200})} = \lim_{p \to 0} \frac{\frac{\frac{1}{t}}{1 - \frac{p}{t}}}{\frac{1}{1200}\frac{1}{1 + \frac{p}{1200}}} = \frac{1200}{t}$$

was plausibel ist, weil ohne Zinsen die Restschuld linear mit der Tilgung abnimmt.

Aufgaben

1. a) Bestimmen Sie für die Folgen A: $\frac{5}{4}; 2\frac{1}{2}; 3\frac{3}{4}; 5; \frac{25}{4}; \ldots$ B: $\frac{9}{4}; \frac{3}{2}; 1; \frac{2}{3}; \frac{4}{9}; \ldots$ und C: $\frac{4}{5}; -\frac{16}{25}; \frac{64}{125}; -\frac{256}{625}; \ldots$ das Bildungsgesetz. Welche Folgen sind geometrische/arithmetische Folgen, welche sind monoton und/oder beschränkt?

   b) Von einer geometrischen Folge kennt man zwei Glieder $a_2 = 160$ und $a_4 = 102,4$. Geben Sie a_1, a_5 und q an!

   c) Von einer arithmetischen Folge sind nur $a_3 = 25$ und $a_{10} = 81$ bekannt. Bestimmen Sie das Bildungsgesetz und geben Sie dann a_5 und s_4 an!

2. (K) In der zweiten Woche Ihres Praktikums bei der Finanzberatungs-Gesellschaft „Schnell-Geld" hören Sie folgendes Gespräch zwischen zwei Mitarbeitern des Unternehmens: „Was hat der Vergleich der degressiven und der linearen Abschreibung für den Firmenwagen des Chefs der Firma Stroh&Partner ergeben?" „Bei degressiver Abschreibung wäre der Restwert nach zwei Jahren um 2100 € höher als bei linearer Abschreibung. Nach drei Jahren linearer Abschreibung würde der Restwert genau so hoch sein wie nach vier Jahren degressiver Abschreibung." Berechnen Sie, wie hoch der Anfangswert des Wagens angesetzt wurde und welche jährliche lineare Abschreibung dem Vergleich zugrunde lag, wenn bei degressiver Abschreibung mit dem Faktor $\frac{4}{5}$ abgezinst wird.

3. (K) In Wiwinesien sei in Periode $n \in \mathbb{N}_0$ y_n das Volkseinkommen, s_n die Sparsumme und i_n die Investitionen der Periode $n \in \mathbb{N}_0$. Dabei sei $y_0 = 1$. Weiter gelte $s_n = \frac{1}{10} y_n$, $i_n = \frac{1}{5}(y_{n+1} - y_n)$ und $i_n = s_n$. Leiten Sie den Zusammenhang $y_{n+1} - y_n = \frac{1}{2} y_n$ und hieraus für das Volkseinkommen die explizite Form $y_n = \left(\frac{3}{2}\right)^n$ her.

4. (K) In Wiwinesien ergebe sich für den Preis p_n von Baumwolle in Periode n die Differenzengleichung $p_{n+1} - p_n = 1 - \frac{1}{2} p_n$ Dabei sei $p_0 = 1$. Bestimmen Sie die explizite Form der Folge $(p_n)_{n \geq 0}$ (z.B. indem Sie die Folge rekursiv bis auf p_0 zurückführen) und, falls möglich, ihren Grenzwert.

5. Zeigen Sie für die auf Seite 136 behandelten Folgen $a_n = \sqrt{n + 1000} - \sqrt{n}$, $b_n = \sqrt{n + \sqrt{n}} - \sqrt{n}$ und $c_n = \sqrt{n + \frac{n}{1000}} - \sqrt{n}$ die Eigenschaften:
- für $n < 10^6$ gilt $a_n > b_n > c_n$ • $(c_n)_{n \geq 1}$ ist (bestimmt) divergent
- $\lim_{n \to \infty} a_n = 0$

6. Von der Folge einer Folge $(a_n)_{n \geq 1}$, $a_1 = 1$, $a_{n+1} = 1 + \frac{1}{a_n}$ für $n > 1$ sei bekannt, dass sie konvergent ist. Wie lautet der Grenzwert?

7. Betrachten Sie die implizit definierte Folge $a_0 = 0, a_1 = 1$ und $a_n = \frac{a_{n-1} + a_{n-2}}{2}$. Leiten Sie ein explizites Bildungsgesetz für diese Folge her und bestimmen Sie, falls vorhanden, den Grenzwert. Überlegen Sie, wie sich das explizite Folgengesetz für andere Startglieder $a_0 = a$, $a_1 = b$ übertragen lässt.

8. Berechnen Sie wie in Beispiel 6.22 ⇨ **Seite 147** den Wert von $\sum_{i=1}^{n} i^3$

9. Geben Sie an, für welche Werte von x die nachstehenden Reihen jeweils konvergieren (Hinweis: Rückführung auf die geometrische Reihe):
a) $\frac{1}{x} + \frac{1}{x^2} + \frac{1}{x^3} + \dots$ c) $\sum_{n=1}^{\infty} x^{2n}$
b) $x + \sqrt{x} + 1 + \frac{1}{\sqrt{x}} + \dots$ d) $1 + \frac{1}{1+x} + \frac{1}{(1+x)^2} + \dots$

7 Differentialrechnung

Die Dynamik betriebs- und volkswirtschaftlicher Vorgänge, welche Ökonomen zur Grundlage ihrer Untersuchungen machen, erschließt sich zumeist durch die Gegenüberstellung von Änderungen zweier oder mehrerer mutmaßlich in Beziehung stehender ökonomischer Variablen. Ist etwa bekannt, dass von einem Produkt für den Preis p_1 insgesamt y_1 Einheiten abgesetzt werden, für den Preis p_2 hingegen y_2 Einheiten, so stellt das Verhältnis $\frac{\Delta y}{\Delta p} = \frac{y_1 - y_0}{p_1 - p_0}$ der Nachfrage- und Preisdifferenz einen Näherungswert für die Nachfrageänderung je Änderung des Preises um eine Einheit dar. Handelt es sich nur um geringe Preisänderungen, so wird von einer direkten Proportionalität der Nachfrageänderung zur Preisänderung mit dem Proportionalitätsfaktor $\frac{\Delta y}{\Delta p}$ ausgegangen. Für diesen Faktor wird ein idealer Wert durch den Grenzwertübergang $\Delta p \to 0$ ermittelt. Die dabei entstehende Änderungsrate bezeichnen Ökonomen als „marginale" Nachfrage und sehen Änderungen der Nachfrage als proportional zur Änderung des Preises - mit der marginalen Nachfrage als Proportionalitätsfaktor.

Diese Sichtweise entspricht einer Linearisierung des Zusammenhanges zwischen Preisänderung und Nachfrageänderung und bildet den Kern der Differentialrechnung, welche in diesem Kapitel zunächst in einer Variablen wiederholt und vertieft werden soll ⇨ Abschnitt 7.1, Seite 159. Mit der Integralrechnung einer Variablen, die Konzepte zur Flächenberechnung auf Basis der Differentialrechnung einer Variablen behandelt, beschäftigen wir uns im Anschluss ⇨ Abschnitt 7.2, Seite 179. Da in der Ökonomie jedoch Funktionen auch mehrerer Variablen verwendet werden, stellen wir schwerpunktmäßig Ableitungskonzepte für solche Funktionen vor ⇨ Abschnitt 7.3, Seite 186. Das Kapitel schließt mit einer Einführung in die Integralrechnung mehrerer Veränderlichen ⇨ Abschnitt 7.4, Seite 213, wobei vor allem der Fall von Funktionen zweier Variablen illustriert wird.

7.1 Differentialrechnung für Funktionen einer Variablen

Um das Änderungsverhalten einer ökonomischen Funktion einer Variablen beschreiben zu können, verwendet man das Konzept der Ableitung. Dieses

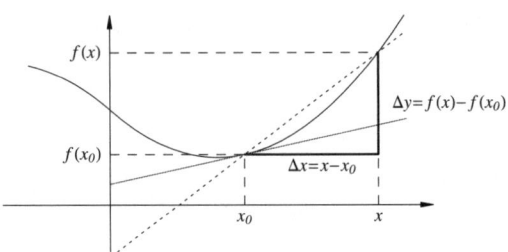

Abbildung 7.1: Graphische Veranschaulichung des Ableitungsbegriffes

kann man sich am besten graphisch, etwa wie in Abbildung 7.1 veranschaulichen. Für einen Wert $x \neq x_0$ gibt $\frac{f(x)-f(x_0)}{x-x_0}$ die Steigung der Gerade durch die Punkte $(x_0, f(x_0))$ und $(x, f(x))$ an (die so genannte Sekantensteigung). Nähert sich x dem gegebenen Wert x_0, so nähert sich diese Gerade bei vielen Funktionen immer mehr einer Tangente an den Funktionsgraphen. Die Steigung dieser Tangente wird als Ableitung der Funktion bezeichnet. Je stärker das Änderungsverhalten der Funktion in der Umgebung des Punktes x_0 ist, um so größer ist der betragsmäßige Wert der Ableitung.

Definition 7.1

Eine Funktion $f : \mathbb{D} =]a; b[\to \mathbb{R}$ heißt **DIFFERENZIERBAR IN** $x_0 \in \mathbb{D}$ ⇨ Glossar, wenn es eine Zahl $m \in \mathbb{R}$ gibt, so dass $\lim\limits_{\substack{x \to x_0 \\ x \neq x_0}} \frac{f(x)-f(x_0)}{x-x_0} = m$. Die Zahl m heißt **ABLEITUNG VON** f **IM PUNKT** x_0 ⇨ Glossar und wird mit $f'(x_0)$ bezeichnet. Man nennt f **in** $\mathbb{D}$ **differenzierbar**, wenn f in jedem $x_0 \in \mathbb{D}$ differenzierbar ist.

Bei dem Grenzwertübergang $x \to x_0$ konvergieren sowohl Zähler als auch Nenner des Differenzenquotienten gegen Null, so dass die unmittelbare Anwendung der Grenzwertsätze für die Bestimmung des Limes nicht möglich ist. Erst mit kontextspezifischen „Tricks", die zum Kürzen des Bruchs führen, wird man den Grenzwert berechnen können. Damit sollte klar sein, dass die eigentliche Definition der Ableitung für die praktischen Belange der Ökonomie, Ableitungen effizient zu berechnen, eher selten geeignet ist. Dennoch sei die Vorgehensweise für die Bestimmung der Ableitung aus dem Differenzenquotienten anhand von zwei einfachen Funktionen illustriert:

Beispiel 7.1:

Für die Vereinfachung des Differenzenquotienten zum Zwecke der Grenzwertbildung sind vor allem zwei Methoden angebracht:

- *Ausklammern des Ausdrucks $(x - x_0)$ aus dem Zähler des Differenzenquotien-*

ten: Sei etwa $f(x) = x^3$. Dann ist

$$\frac{f(x) - f(x_0)}{x - x_0} = \frac{x^3 - x_0^3}{x - x_0} = \frac{(x - x_0)(x^2 + xx_0 + x_0^2)}{x - x_0} = x^2 + xx_0 + x_0^2$$

und beim Grenzwertübergang $x \to x_0$ ergibt sich als Ableitung $f'(x_0) = 3x_0^2$. Diese Methode funktioniert für alle Polynome x^n, da stets gilt $(x^n - x_0^n) = (x - x_0)(x^{n-1} + x^{n-2}x_0 + x^{n-3}x_0^2 + \cdots + x^2 x_0^{n-3} + xx_0^{n-2} + x_0^{n-1})$, und ergibt die Ableitungsregel 1 aus Tabelle 7.2 ⇨ Seite 165.

- *Erweiterung des Bruchs, um aus der Differenz im Nenner des Differenzen-quotienten eine Summe zu machen. Dies ist etwa für die Funktion $f(x) = \sqrt{x}$ möglich. Es ergibt sich für $x, x_0 > 0$ und $x \neq x_0$ der Differenzenquotien zu*

$$\frac{\sqrt{x} - \sqrt{x_0}}{x - x_0} = \frac{(\sqrt{x} - \sqrt{x_0})(\sqrt{x} + \sqrt{x_0})}{(x - x_0)(\sqrt{x} + \sqrt{x_0})} = \frac{x - x_0}{(x - x_0)(\sqrt{x} + \sqrt{x_0})} = \frac{1}{(\sqrt{x} + \sqrt{x_0})}$$

und nach dem Grenzübergang $x \to x_0$ folgt wegen der Stetigkeit der Wurzel-funktion: $f'(x_0) = \frac{1}{2\sqrt{x_0}}$, d.h. die Regel 2 aus Tabelle 7.2.

Die Ableitung $f'(x_0)$ einer Funktion stellt also die Lösung des Problems dar, den Differenzenquotienten für $x \to x_0$ auszuwerten. Es ist daher nicht überraschend, dass das Ableitungskonzept auch dazu geeignet ist, andere Funktionsquotienten $\frac{f(x)}{g(x)}$ zu bestimmen, wenn $x \to x_0$ und $f(x_0) = g(x_0) = 0$ ist. Gilt zusätzlich $g'(x_0) \neq 0$, so ist nämlich

$$\frac{f(x)}{g(x)} = \frac{f(x) - f(x_0)}{g(x) - g(x_0)} = \frac{\frac{f(x) - f(x_0)}{x - x_0}}{\frac{g(x) - g(x_0)}{x - x_0}} \to \frac{f'(x_0)}{g'(x_0)}$$

wenn $x \to x_0$. Dies wird **REGEL VON L'HOSPITAL** ⇨ Glossar genannt.

Andere Schreibweisen für $f'(x)$ – z.B. $\frac{\partial}{\partial x} f(x)$ oder $\frac{\partial f}{\partial x}(x)$ – werden vor allem dann verwendet, wenn f noch von anderen Variablen abhängig ist. Die Ableitung wird dann auch als partielle Ableitung von f nach x bezeichnet und ist Thema von Abschnitt 7.3 ⇨ Seite 186. Hier werden jetzt neben dem Zusammenhang zwischen Ableitung und Linearisierung noch die gängigen Ableitungsregeln, der Einsatz der Ableitung bei der Extremwertrechnung sowie Krümmungseigenschaften auf Basis von Ableitungen behandelt.

7.1.1 Ableitung und Linearisierung

Wird aus dem Sekantengraph durch Grenzwertübergang eine Tangente, so hat diese die **PUNKT-STEIGUNGSFORM** ⇨ Glossar

$$g : \mathbb{R} \to \mathbb{R}, \quad g(x) = f(x_0) + f'(x_0) \cdot (x - x_0)$$

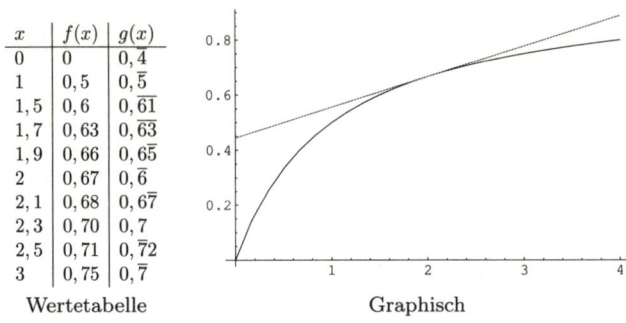

x	$f(x)$	$g(x)$
0	0	$0,\overline{4}$
1	0,5	$0,\overline{5}$
1,5	0,6	$0,\overline{61}$
1,7	0,63	$0,\overline{63}$
1,9	0,66	$0,6\overline{5}$
2	0,67	$0,\overline{6}$
2,1	0,68	$0,6\overline{7}$
2,3	0,70	$0,7$
2,5	0,71	$0,\overline{72}$
3	0,75	$0,\overline{7}$

Wertetabelle   Graphisch

Abbildung 7.2: Linearisierung der Funktion aus Beispiel 7.2

d.h. lässt sich beschreiben durch eine affin lineare Funktion, die durch den Punkt $(x_0|f(x_0))$ verläuft und dieselbe Steigung hat wie f im Punkt x_0, nämlich $f'(x_0)$. Nahe bei x_0 verhält sich f fast wie diese Funktion:

Satz 7.1

Eine Funktion $f : \mathbb{D} = \,]a; b[\, \subseteq \mathbb{R} \to \mathbb{R}$ ist genau dann differenzierbar in $x_0 \in \mathbb{D}$, wenn es eine Funktion $r : \mathbb{D} \to \mathbb{R}$ gibt und ein $m \in \mathbb{R}$, so dass für alle $x \in \mathbb{D}$ gilt

$$f(x) = f(x_0) + m(x - x_0) + r(x)$$

sowie $\lim\limits_{\substack{x \to x_0 \\ x \neq x_0}} \frac{r(x)}{|x - x_0|} = 0$. Es gilt dann $m = f'(x_0)$. Die Gleichung

$$y = f(x_0) + f'(x_0)(x - x_0) = f'(x_0)x + \big(f(x_0) - x_0 f'(x_0)\big)$$

heißt TANGENTENGLEICHUNG ⇨ Glossar an den Graph von f im Punkt x_0.

Die Funktion r ist also „in der Nähe von x_0" vernachlässigbar klein. Man verwendet eine solche Linearisierung, wenn man eine „komplizierte" Funktion f in der Nähe eines Punktes $x_0 \in \mathbb{D}$ annähern will und dafür etwa nur $f(x_0)$ und $f'(x_0)$ zur Verfügung hat.

Beispiel 7.2:

Betrachtet wird die Funktion $f : [0; \infty] \to \mathbb{R}$, $f(x) = \frac{x}{1+x}$. Diese hat nach den – gleich behandelten – Differentiationsregeln die Ableitung $f'(x) = \frac{1}{(1+x)^2}$. Im Punkt $x_0 = 2$ lautet die Linearisierung

$$y = g(x) = f'(2)(x - 2) + f(2) = \frac{1}{9}(x - 2) + \frac{2}{3} = \frac{1}{9}x + \frac{4}{9}$$

Trägt man nun die Graphen von g und f in ein Koordinatensystem ein, so ergibt sich das Schaubild aus Abbildung 7.2. Erkennbar ist, dass g die Funktion f in der Nähe von $x_0 = 2$ gut approximiert. Der relative Fehler, den die lineare Näherung *im Bereich* $[1, 9; 2, 1]$ *macht, liegt unterhalb von 1%; rein visuell ist dort kaum ein Unterschied zwischen* f *und* g *zu erkennen. Andererseits ist außerhalb dieses Bereiches wegen der Krümmung von* f *die Näherung durch* g *nicht zu verwenden.*

7.1.2 Ableitungen erster Ordnung und Newton-Verfahren

Die Linearisierung der Funktion f kann auf verschiedene Arten ausgenutzt werden. Eine wichtige Anwendung ist das **NEWTON-VERFAHREN** ⇨ Glossar, ein numerisches Verfahren zur Nullstellen-Approximation, welches sich auch zur numerischen Optimierung einer Funktion einsetzen lässt ⇨ Unterabschnitt 7.1.6, Seite 172. Es kann zum Tragen kommen, wenn eine Lösung der Gleichung $f(x) = 0$ für eine differenzierbare Funktion nicht mit algebraischen Methoden möglich ist, etwa bei Polynomen höheren Grades oder **TRANSZENDENTEN GLEICHUNGEN** ⇨ Glossar. Die Newton-Methode benötigt einen Näherungswert x_0 für die Nullstelle, der nicht zu weit von einer tatsächlichen Nullstelle entfernt liegt. Wenn die Tangente von f in x_0 an den Graphen von f eine gute Näherung für den Graphen von f ist, so müsste auch deren Nullstelle etwa in der Nähe der Nullstelle von f liegen. Die zugehörige Tangenten-Nullstellengleichung lautet $0 = f'(x_0)(x - x_0) + f(x_0) \Leftrightarrow x = x_0 - \frac{f(x_0)}{f'(x_0)}$.
Mit $x_1 = x_0 - \frac{f(x_0)}{f'(x_0)}$ ist also eine weitere Näherung gefunden, die natürlich in aller Regel nicht eine Nullstelle von f ist; aber die Tangente von f in x_1 an den Graphen von f hat eine Nullstelle x_2, die vermutlich näher an der Nullstelle von f liegt. Setzt man also $x_2 = x_1 - \frac{f(x_1)}{f'(x_1)}$, so gewinnt man eine weitere Näherungslösung usw. Durch das rekursive Schema

$$x_{n+1} = x_n - \frac{f(x_n)}{f'(x_n)}$$

mit einem geeigneten Startwert x_0 ist also eine Folge von Stellen gegeben, die – hoffentlich – gegen eine Nullstelle von f konvergieren.

Beispiel 7.3:
Gesucht ist eine Nullstelle der Funktion $f(x) = \exp(x^2 - x) - x^3 + 1$, *deren Ableitung nach den gleich behandelten Differentiationsregeln die Gestalt* $f'(x) = (2x - 1)\exp(x^2 - x) - 3x^2$ *hat. Für den Startwert* $x_0 = 1$ *sind die sukzessive gewonnenen Werte der Iteration*

$$x_{n+1} = x_n - \frac{\exp(x_n^2 - x_n) - x_n^3 + 1}{(2x_n - 1)\exp(x_n^2 - x_n) - 3x_n^2}$$

in Tabelle 7.1 links dargestellt. Die ersten beiden Tangenten aus diesem Verfahren sind in Abbildung 7.3 links dargestellt.

Schritt	x	$f(x)$	$f'(x)$	$x - \frac{f(x)}{f'(x)}$	Schritt	x	$f(x)$	$f'(x)$	$x - \frac{f(x)}{f'(x)}$
1	1,000	1,000	−2,000	1,500	1	0,750	1,407	−1,273	1,855
2	1,500	−0,258	−2,516	1,398	2	1,856	−0,490	2,927	2,025
3	1,398	0,014	−2,731	1,402	3	2,025	0,671	12,037	1,970
4	1,402	0,000	−2,727	1,402	4	1,970	0,111	8,211	1,956
		Startwert 1					Startwert 0, 75		

Tabelle 7.1: Vier Schritte des Newton-Verfahrens aus Beispiel 7.3

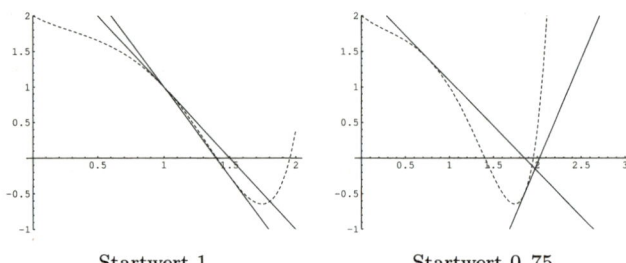

Startwert 1　　　　　　　Startwert 0, 75

Abbildung 7.3: Zwei Schritte des Newton-Verfahrens aus Beispiel 7.3

Schon nach vier Iterationen ist eine Genauigkeit der Nullstelle 1, 4024 . . . bis auf vier Nachkommastellen erreicht. Mit einem weiter von dieser Nullstelle entfernt liegenden Punkt, etwa $x_0 = 0, 75$ ergeben sich die sukzessiven Punkte in Tabelle 7.1 rechts und die ersten beiden Tangenten in Abbildung 7.3 rechts. Es wird eine andere Nullstelle, nämlich 1, 9554 . . . angenähert, obwohl die Startlösung weiter von dieser entfernt liegt als die ursprünglich möglicherweise anvisierte.

Bei ganz ungünstigen Funktions-Startwert-Konstellationen kann es sogar geschehen, dass das Newton-Verfahren zwischen zwei Werten „oszilliert", statt zu konvergierten ⇨ vgl. Aufgabe 7.5. Für die Konvergenz ist es wichtig, eine geeignet nahe bei der gesuchten Nullstelle liegende Startlösung einzusetzen (ein solcher Näherungswert kann mit anderen Methoden gewonnen werden, etwa durch Intervallhalbierung o.ä.). Dann aber konvergiert das Newton-Verfahren sehr schnell und stellt ein brauchbares Nullstellenverfahren dar.

7.1.3 Ableitungsregeln für differenzierbare Funktionen

Differenzierbare Funktionen erlauben nach dem anfangs Gesagten in jedem Punkt x_0, in dem sie differenzierbar sind, das Anlegen einer Tangente, deren Werteverhalten in einer geeigneten Umgebung dieses „Entwicklungspunktes" x_0 dem der Ausgangsfunktion nahe kommt. Die „Glattheit" einer linearen

	Funktion $f(x)$	Ableitung $f'(x)$	Besonderheiten (Definitionsbereich)
1.	x^n mit $n \in \mathbb{N}_0$	nx^{n-1}	
2.	$\sqrt{x}$	$\frac{1}{2\sqrt{x}}$	nur für $x > 0$
3.	x^α mit $\alpha \in \mathbb{R}$	$\alpha x^{\alpha-1}$	nur für $x > 0$
4.	$\exp(x) = e^x$	$\exp(x)$	
5.	$\log(x)$	$\frac{1}{x}$	$\log(x) := \log_e(x)$
6.	$a^x = e^{x\log(a)}$ mit $a > 0$	$a^x \log(a)$	
7.	$\sin(x)$	$\cos(x)$	
8.	$\cos(x)$	$-\sin(x)$	

Tabelle 7.2: Wichtige Funktionen und ihre Ableitungen

Funktion in x_0 vererbt sich daher auf die Ausgangsfunktion, insbesondere kann in x_0 keine Sprungstelle von f auftreten, der Graph von f lässt sich in x_0 zeichnen, ohne den Stift abzusetzen. Dieses Verhalten wird mathematisch als Stetigkeit der Funktion f bezeichnet.

Satz 7.2 (Stetigkeit differenzierbarer Funktionen)
Sei $f : \mathbb{D} =]a; b[\subseteq \mathbb{R} \to \mathbb{R}$ eine Funktion, die in $x_0 \in \mathbb{D}$ differenzierbar ist. Dann ist f in x_0 stetig, d.h. $\lim\limits_{x \to x_0} f(x) = f(x_0)$

Mathematiker halten die Stetigkeit einer Funktion oft für wichtiger als die Differenzierbarkeit, da es für viel allgemeinere Funktionenklassen möglich ist, die Stetigkeit formal zu erklären und inhaltlich auszunutzen, als dies mit dem Differentialkalkül denkbar wäre. Für Ökonomen ist hingegen die Differenzierbarkeit, verbunden mit dem Ableitungskalkül der Schlüssel zur ökonomischen Analyse, da sie das Änderungsverhalten zu quantifizieren hilft. Dennoch werden Sie später sehen, dass eine gewisse Vertrautheit mit Stetigkeitskonzepten das Leben mit ökonomisch-mathematischen Modellen - namentlich beim Optimieren - immens vereinfachen kann.

Die Bestimmung von Ableitungen erfolgt in aller Regel nicht durch die Grenzwertbildung, wie sie in Definition 7.1 ⇨ Seite 160 eingeführt wurde. Statt dessen lässt sich für etliche Funktionen das Ableiten schematisieren und in einem „Kalkül" unterbringen, der als Ergebnis des Ableitungsvorganges der gegebenen Funktion f eine Ableitungsfunktion f' zuordnet. In der Praxis sollten Sie diese Ableitungsfunktionen elementarer Funktionen kennen, wenigstens aber die in Tabelle 7.2 angegebenen. Viele andere Funktionen setzen sich quasi aus Bausteinen der Ableitungstabelle zusammen.

Satz 7.3 (Ableitungsregeln)

Es seien $f, g : \mathbb{D} =]a; b[\subseteq \mathbb{R} \to \mathbb{R}$ in $x_0 \in \mathbb{D}$ differenzierbare, Funktionen und α, $\beta \in \mathbb{R}$. Dann sind $\alpha f + \beta g$, $f \cdot g$ und (falls $g(x_0) \neq 0$) $\frac{f}{g}$ in x_0 differenzierbar mit:

- $(\alpha f + \beta g)'(x_0) = \alpha f'(x_0) + \beta g'(x_0)$ (Summenregel)

- $(f \cdot g)'(x_0) = f'(x_0)g(x_0) + f(x_0)g'(x_0)$ (Produktregel)

- $\left(\frac{f}{g}\right)'(x_0) = \frac{f'(x_0)g(x_0) - f(x_0)g'(x_0)}{(g(x_0))^2}$ (Quotientenregel)

- $h :]c; d[\to \mathbb{R}$ sei in $g(x_0)$ differenzierbar $g(\mathbb{D}) \subseteq]c; d[$. Dann ist die Hintereinanderschaltung $h \circ g$ in x_0 differenzierbar mit $(h \circ g)'(x_0) = h'(g(x_0)) \cdot g'(x_0)$
  (Kettenregel)

Diese Regeln sind grundlegend und sollten – auch mit Blick auf die Differentialrechnung für Funktionen mit mehreren Variablen – beherrscht werden.

Beispiel 7.4:

Wichtigstes Anwendungsbeispiel für die Summenregel zusammen mit der Ableitungsregel für Funktionen des Typs 1 aus Tabelle 7.2 ist das allgemeine Polynom n-ten Grades $p : \mathbb{R} \to \mathbb{R}$, $p(x) = a_n x^n + a_{n-1} x^{n-1} + \ldots + a_1 x + a_0$ mit $a_0, a_1, \ldots, a_n \in \mathbb{R}$.

p ist in $\mathbb{R}$ differenzierbar mit $p'(x) = n a_n x^{n-1} + (n-1) a_{n-1} x^{n-2} + \ldots + a_1$. Ein Polynom wird also „gliedweise" differenziert. Das Ergebnis ist ein Polynom mit einem um Eins verringerten Grad.

Da sich durch Polynome ausreichend hohen Grades viele Input-Output-Zusammenhänge interpolieren lassen, ist das Differenzieren von Polynomen ein wichtiger Weg, die Änderungsraten für diese Input-Output-Gefüge näherungsweise zu bestimmen. Andererseits stellen Polynome einen wichtigen Spezialfall der früher behandelten Potenzreihen dar. Hinsichtlich des Ableitens kann man Potenzreihen – etwas lax ausgedrückt – gar als Polynome mit unendlich vielen Summanden auffassen und deren Ableitung durch „gliedweises" Differenzieren bestimmen, sofern die Potenzreihe konvergent ist:

Satz 7.4

Sei $f(x) := \sum\limits_{k=0}^{\infty} a_k x^k$ eine Potenzreihe in x, die für alle $|x| < r$ konvergiert (dabei sei $r > 0$ eine reelle Zahl). Dann gilt:

- Die Potenzreihe $\sum\limits_{k=1}^{\infty} k a_k x^{k-1}$ konvergiert für alle $|x| < r$.

- f ist differenzierbar in $] - r; r[$ mit Ableitung $f'(x) = \sum\limits_{k=1}^{\infty} k a_k x^{k-1}$

Eine konvergente Potenzreihe wird also durch „gliedweises" Ableiten differenziert. Mit diesem Satz lassen sich viele bekannte Funktionen ableiten, indem man ihre Potenzreihe gliedweise differenziert und oft ist die entstehende Potenzreihe wieder bekannt.

Beispiel 7.5:
So ergibt sich für die Exponentialfunktion $f : \mathbb{R} \to \mathbb{R}, f(x) = \exp(x) = \sum_{k=0}^{\infty} \frac{x^k}{k!}$, dass sie ihre eigene Ableitung ist:

$$f'(x) = \sum_{k=1}^{\infty} k \cdot \frac{x^{k-1}}{k!} = \sum_{k=1}^{\infty} \frac{x^{k-1}}{(k-1)!} = \sum_{k=0}^{\infty} \frac{x^k}{k!} = \exp(x)$$

Damit ist Regel 4 aus Tabelle 7.2 ⇨ Seite 165 überprüft. Ähnlich ergibt sich, dass die Sinusfunktion $f : \mathbb{R} \to \mathbb{R}, f(x) = \sin(x) = \sum_{k=0}^{\infty} (-1)^k \cdot \frac{x^{2k+1}}{(2k+1)!}$, differenzierbar ist mit Ableitung $f'(x) = \cos(x)$ und dass sich beim Ableiten der Kosinusfunktion die negative Sinusfunktion ergibt.

Beispiel 7.6:
Die Ableitungsregel für Potenzreihen kann man ausnutzen, um für die gliedweise abgeleitete Potenzreihe die geschlossene Form zu bestimmen. So ergibt sich die Potenzreihe $\sum_{k=1}^{\infty} kx^{k-1}$ durch gliedweises Differenzieren der für $|x| < 1$ konvergenten geometrischen Reihe $\sum_{k=0}^{\infty} x^k$ und es folgt nach der Ableitungsregel für Potenzreihen:

$$\sum_{k=1}^{\infty} kx^{k-1} = \sum_{k=0}^{\infty} \frac{\partial}{\partial x} x^k = \frac{\partial}{\partial x} \left(\sum_{k=0}^{\infty} x^k \right) = \frac{\partial}{\partial x} \left(\frac{1}{1-x} \right) = \frac{1}{(1-x)^2}$$

7.1.4 Ableitung und Monotonieverhalten

Schon aus der Linearisierung differenzierbarer Funktionen ist zu erkennen, dass die Ableitung einer Funktion f an einer Stelle x_0 Aussagen über das näherungsweise Änderungsverhalten der Funktion an dieser Stelle ermöglicht. Wenn beispielsweise $f'(x_0) > 0$ (bzw. $f'(x_0) < 0$) ist, so wird man in der Nähe von x_0 von einem steigenden (bzw. fallenden) Verlauf der Funktion f ausgehen, da sie sich ähnlich wie ihre Tangente in diesem Punkt verhält. Eine positive Steigung $f'(x_0)$ der Funktion in jedem Punkt eines gegebenen Intervalls bedeutet deshalb einen monoton steigenden Verlauf der Funktion innerhalb des Intervalls:

Satz 7.5 (Monotonieverhalten und Ableitung)

Es sei $f : \mathbb{D} =]a; b[\to \mathbb{R}$ eine in $\mathbb{D}$ differenzierbare Funktion. Dann gilt:

a) Wenn $f'(x) = 0$ für alle $x \in \mathbb{D}$, so gibt es ein $c \in \mathbb{R}$ mit $f(x) = c$ für alle $x \in \mathbb{D}$ (d.h. f ist konstant).

b) Wenn $f'(x) \geq 0$ (bzw. $f'(x) > 0$) für alle $x \in \mathbb{D}$, so ist f in $\mathbb{D}$ monoton wachsend (bzw. streng monoton wachsend).

c) Wenn $f'(x) \leq 0$ (bzw. $f'(x) < 0$) für alle $x \in \mathbb{D}$, so ist f in $\mathbb{D}$ monoton fallend (bzw. streng monoton fallend).

d) Wenn f in $\mathbb{D}$ monoton wachsend (bzw. monoton fallend) ist, so gilt $f'(x) \geq 0$ (bzw. $f'(x) \leq 0$) für alle $x \in \mathbb{D}$.

Mit diesem Zusammenhang zwischen Monotonie und Werteverhalten der Ableitung lässt sich der Graph einer Funktion durch das Vorzeichen der Ableitung der Funktion in monoton fallende und monoton wachsende Bereiche aufteilen. An den Nahtstellen dieser Bereiche weist die Funktion Extrema auf. Handelt es sich bei der zu untersuchenden Funktion um eine ökonomisch modellierte, so sind vielfach gerade diese Extremstellen besonders wichtig - sei es zur Entscheidungsfindung, wenn die Variablenwerte spezifiziert werden sollen, sei es zur Abschätzung des optimalen Nutzens. An den betreffenden Stellen x_0 treffen nun die Konstellationen $f'(x) \leq 0$ bzw. $f'(x) \geq 0$ auf. Es ist daher plausibel, dass Extremstellen Nullstellen der ersten Ableitung sein müssen.

Satz 7.6 (Bedingungen für lokale Minima)

Es sei $f : \mathbb{D} =]a; b[\subseteq \mathbb{R} \to \mathbb{R}$ eine in $\mathbb{D}$ differenzierbare Funktion und $x_0 \in \mathbb{D}$ ein innerer Punkt von $\mathbb{D}$. Dann gilt:

a) **Notwendige Bedingung für Minimum:** Wenn x_0 ein LOKALES MINIMUM von f in $\mathbb{D}$ ist (d.h. es gibt ein Intervall $]\alpha; \beta[$ mit $x_0 \in]\alpha; \beta[$, so dass $f(x) \geq f(x_0)$ für alle $x \in]\alpha; \beta[\cap \mathbb{D}$ gilt), so folgt $f'(x_0) = 0$.

b) **Hinreichende Bedingung für lokales Minimum:** Zusätzlich zu (a) habe f' in x_0 einen Vorzeichenwechsel, d.h. es gibt eine Umgebung $]\alpha; \beta[\subseteq \mathbb{D}$, so dass $x_0 \in \mathbb{D}$ und $f'(x) \leq 0$ für alle $x \in]\alpha; x_0]$, $f'(x_0) \geq 0$ für alle $x \in [x_0; \beta[$. Dann hat f ein lokales Minimum in x_0.

Dieses ist sogar global in $\mathbb{D}$, wenn dort der einzige Vorzeichenwechsel von f' in $\mathbb{D}$ vorliegt.

Entsprechend erfolgt die Charakterisierung lokaler bzw. globaler Maxima. Ein lokales Extremum tritt also prinzipiell an einer Stelle x_0 auf, an welcher die erste Ableitung $f'(x)$ (als Funktion von x) einen Vorzeichenwechsel hat. Meist ist aber ein globales Extremum von f zu finden. Wie Abbildung 7.4 verdeutlicht, kann eine Funktion durchaus mehrere lokale Extrema besitzen, von denen i.d.R. nur eines für den Maximal- oder Minimalwert in

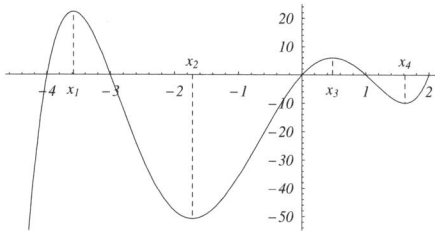

Abbildung 7.4: Beispiel einer Funktion mit mehreren lokalen Extrema.

Frage kommt. Unter den lokalen Extrema muss in der Regel das größte bzw. kleinste ermittelt werden, und dieses muss noch mit den „Randwerten" von f verglichen werden. Erst so findet man die tatsächlichen Extrema. Zudem ist zu prüfen, ob überhaupt globale Extrema existieren.

Beispiel 7.7:

In der Nachfragesituation für das Regal Bill1 aus 5.1.8 ⇨ Seite 109 war die Nachfrage nach Bill1 anhand der Eckdaten für Produktion und Nachfrage durch eine lineare Funktion modelliert worden. Ob aber die Nachfragefunktion tatsächlich linear ist, ist nicht unbedingt plausibel. In letzter Instanz darf beispielsweise der Preis nicht über den Maximalpreis $p_{\max}$ hinaus extrapoliert werden, da negative Nachfragen keinen Sinn ergeben. Ein Ausdämpfen der Nachfrage in $p_{\max}$ könnte die reale Situation wesentlich sinnvoller abbilden. Zu den Eckdaten $f(30) = 2000$ und $f(160) = 0$ für die Nachfragefunktion f gesellt sich dann beispielsweise die „Dämpfungs"-Eigenschaft $f'(160) = 0$. Die einfachste Funktion, welche diese drei Eigenschaften erfüllen kann, ist eine quadratische Funktion $f(p) = a + bp + cp^2$ mit geeigneten Koeffizienten $a, b, c \in \mathbb{R}$. Dieser „Steckbrief" lässt sich auflösen, vgl. Aufgabe 7.6 ⇨ Seite 221, und es ergibt sich $f(p) = \frac{20}{169}(p - 160)^2$.

Setzt man diese Nachfragefunktion in die Gewinnmodellierung (in Abhängigkeit vom Preis p) ein, so ergibt sich die Gewinnfunktion $G(p) = pf(p) - K(f(p)) = \frac{1}{169}(20p^3 - 7000p^2 + 704000p - 15529000)$.

Um den maximalen Gewinn zu bestimmen, ist nach dem obigen Satz zunächst der Grenzgewinn $G'(p) = \frac{1}{169}(60p^2 - 14000p + 704000)$ gleich Null zu setzen. Das ergibt eine quadratische Gleichung mit den zwei Lösungen $p = 160$ (Deckungsbeitrag 0) und $p^* \approx 73,33$, welche im ökonomisch relevanten Definitionsbereich $[30, 160]$ von f liegt. Zudem lässt sich an dieser Stelle der einzige Vorzeichenwechsel von $G'(p)$ innerhalb von $\mathbb{D}$ ausmachen. Nahe p^* gilt $G'(p) > 0$ für $p < p^*$ und $G'(p) < 0$ für $p > p^*$. Dies ergibt ein - globales - Gewinnmaximum von 37518,50 € beim Stückpreis $p^* \approx 73,33$ € und ca. 1346 abgesetzten Regalen.

In Abbildung 7.5 sind Gewinn, Erlös, Kosten und Nachfrage für den ökonomischen Definitionsbereich $[30, 160]$ skizziert. Die gefundene Lösung ist nicht ganzzahlig. Hier ist zu beachten, dass wir bisher die Stückzahlen der Regale wie reelle

169

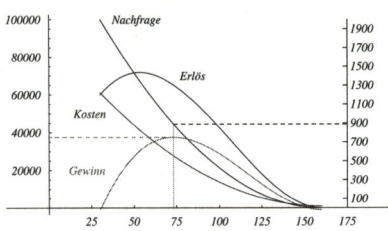

Abbildung 7.5: Gewinn-, Kosten-, Erlös- und Nachfragefunktion
sowie Cournot-Punkt in Beispiel 7.7

*Variablen behandelt haben, was sie in Wirklichkeit nicht sind. Daher wird man bei
der obigen Lösung eine ganzzahlige Stückzahl nahe der berechneten nichtganzzah-
ligen Lösung favorisieren, die den höchsten Gewinn liefert.*

7.1.5 Höhere Ableitungen und Taylor-Entwicklungen zweiter Ordnung

Neben dem Monotonieverhalten interessiert man sich in der Ökonomie auch
für sogenannte „Trends" von Funktionen. Aussagen wie „Die Verteuerung
der Lebenshaltungskosten hat sich im vergangenen Monat gegenüber dem
Vorjahresmonat verlangsamt" betreffen hierbei das Änderungsverhalten der
Ableitung der entsprechenden Zeit-Kosten-Funktion. Überträgt man dies auf
eine allgemeine Funktion f, so fragt man nach Eigenschaften der Ableitung
der Ableitung von f, die man als zweite Ableitung von f bezeichnet.

> **Definition 7.2**
> Es sei $f : \mathbb{D} \to \mathbb{R}$ eine Funktion, die in $\mathbb{D} =]a; b[\subseteq \mathbb{R}$ differenzierbar ist, mit
> Ableitung $f' : \mathbb{D} \to \mathbb{R}$. Falls f' wiederum in $\mathbb{D}$ differenzierbar ist, so heißt f
> **ZWEIMAL DIFFERENZIERBAR** ⇨ Glossar, und die Ableitung von f' wird mit f''
> bezeichnet. $f''(x)$ heißt auch Ableitung zweiter Ordnung.

Diese iterierte Vorgehensweise lässt sich fortsetzen: Wenn man auch f''
differenzieren kann, so wird diese Ableitung mit f''' bezeichnet usw. Um
die Überschaubarkeit der Ableitungsordnung zu gewährleisten, verwendet
man eine geklammerte Zahl anstelle der Striche, z.B. $f'''''''' = f^{(7)}$ für die
Ableitung 7. Ordnung. Für die Bedürfnisse von Ökonomen reicht allerdings
in der Regel die Betrachtung von Ableitungen zweiter Ordnung aus.

Beispiel 7.8:
*Für die Funktion $f : \mathbb{R} \to \mathbb{R}$, $f(x) = x^4 - 7x^3 + 2x - 5$ lautet die erste Ableitung
$f'(x) = 4x^3 - 21x^2 + 2$, die zweite Ableitung dann $f''(x) = 12x^2 - 42x$, die dritte*

Ableitung $f'''(x) = 24x - 42$, die vierte Ableitung $f''''(x) = 24$ und die fünfte und jede weitere Ableitung $f^{(n)}(x) = 0$, $n \geq 5$.

Wie in diesem Beispiel ist für jedes Polynom n-ten Grades die Ableitung $(n+1)$-ter Ordnung gleich Null. Umgekehrt ist jede $(n+1)$-mal differenzierbare Funktion $f : [a; b] \rightarrow \mathbb{R}$, deren $(n+1)$-te Ableitung gleich der Nullfunktion ist, schon ein Polynom n-ten Grades.

Mit Hilfe von f' und f'' ist eine über die Linearisierung von f hinaus gehende Approximation einer zweimal differenzierbaren Funktion f möglich in einem gegebenen Punkt x_0 möglich. Die Approximation erfolgt in Gestalt einer quadratischen Funktion $q(x) = ax^2 + bx + c$, für die Funktionswert sowie erste und zweite Ableitung im Punkt x_0 mit den entsprechenden Werten von f übereinstimmen.

Um den genannten Steckbrief in die passende quadratische Funktion umzusetzen, ist es rechnerisch einfacher, den Ansatz in der speziellen Darstellung $q(x) = a(x - x_0)^2 + b(x - x_0) + c$ einer quadratischen Funktion zu wählen. Dann ist $q'(x) = 2a(x - x_0) + b$ und $q''(x) = 2a$. Aus dem Steckbrief ergibt sich

$$f(x_0) = q(x_0) \Leftrightarrow f(x_0) = a(x_0 - x_0)^2 + b(x_0 - x_0) + c \quad \Leftrightarrow c = f(x_0)$$
$$f'(x_0) = q'(x_0) \Leftrightarrow f'(x_0) = 2a(x_0 - x_0) + b = b \quad \Leftrightarrow b = f'(x_0)$$
$$f''(x_0) = q''(x_0) \Leftrightarrow f''(x_0) = 2a \quad \Leftrightarrow a = \frac{f''(x_0)}{2}$$

Satz 7.7 (Taylor-Entwicklung zweiter Ordnung)

$f : \mathbb{D} =]a; b[\subseteq \mathbb{R} \rightarrow \mathbb{R}$ ist genau dann zweimal differenzierbar in $x_0 \in \mathbb{D}$, wenn es eine Funktion $r : \mathbb{D} \rightarrow \mathbb{R}$ gibt und $m_1, m_2 \in \mathbb{R}$, so dass für alle $x \in \mathbb{D}$ gilt

$$f(x) = f(x_0) + m_1(x - x_0) + \frac{m_2}{2}(x - x_0)^2 + r(x)$$

sowie $\lim\limits_{\substack{x \to x_0 \\ x \neq x_0}} \frac{r(x)}{|x - x_0|^2} = 0$

Ist dies der Fall, dann gilt $m_1 = f'(x_0)$, $m_2 = f''(x_0)$. Die Gleichung $y = f(x_0) + m_1(x - x_0) + \frac{m_2}{2}(x - x_0)^2$ heißt **TAYLOR-ENTWICKLUNG ZWEITER ORDNUNG** ⇨ Glossar an den Graph von f im Punkt x_0.

Beispiel 7.9:

Der Vorteil einer quadratischen Approximation gegenüber der linearen Anpassung sei an der bereits in Beispiel 7.2 ⇨ Seite 162 behandelten Funktion $f(x) = \frac{x}{1+x}$ verdeutlicht. Die Ableitungen erster und zweiter Ordnung lauten $f'(x) = \frac{1}{(1+x)^2}$,

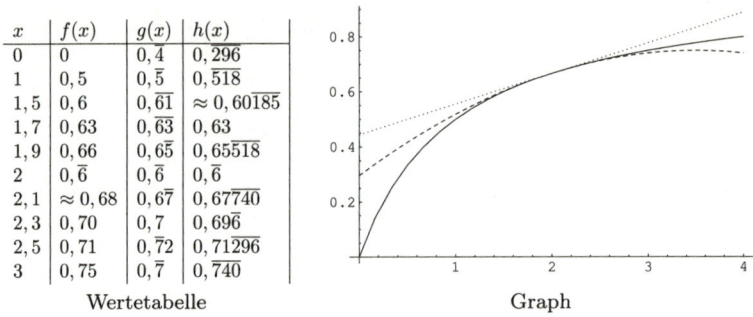

x	$f(x)$	$g(x)$	$h(x)$
0	0	$0,4$	$0,\overline{296}$
1	$0,5$	$0,\overline{5}$	$0,\overline{518}$
$1,5$	$0,6$	$0,\overline{61}$	$\approx 0,60\overline{185}$
$1,7$	$0,63$	$0,\overline{63}$	$0,63$
$1,9$	$0,66$	$0,6\overline{5}$	$0,65\overline{518}$
2	$0,\overline{6}$	$0,\overline{6}$	$0,\overline{6}$
$2,1$	$\approx 0,68$	$0,6\overline{7}$	$0,67\overline{740}$
$2,3$	$0,70$	$0,7$	$0,69\overline{6}$
$2,5$	$0,71$	$0,\overline{72}$	$0,71\overline{296}$
3	$0,75$	$0,\overline{7}$	$0,\overline{740}$

Wertetabelle   Graph

Abbildung 7.6: Linearisierung und quadratischen Approximation der Funktion f in Beispiel 7.9

$f''(x) = -\frac{2}{(1+x)^3}$. *Die quadratische Approximation im Punkt $x = 2$ lautet*

$$q(x) = -\frac{1}{27}(x-2)^2 + \frac{1}{9}(x-2) + \frac{2}{3} = -\frac{1}{27}x^2 + \frac{7}{27}x + \frac{8}{27}$$

In Abbildung 7.6 ist die Funktion f zusammen mit der Linearisierung $g(x) = \frac{1}{9}x + \frac{4}{9}$ aus Beispiel 7.2 (gepunktet) und der quadratischen Approximation q (gestrichelt) dargestellt. Unmittelbar erkennbar ist die höhere Approximationsgüte der quadratischen Approximation q.

7.1.6 Höhere Ableitungen und Newton-Verfahren

Die Taylor-Entwicklung zweiter Ordnung kann verwendet werden, um Extremwertaufgaben numerisch zu lösen. Nehmen wir an, dass ein lokales Extremum $x^* \in]a; b[$ einer Funktion $f : [a; b] \to \mathbb{R}$ gesucht wird und man etwa aufgrund grafischer Untersuchungen bereits eine Stelle x_0 kennt, die in der Nähe von x^* liegt. Aufgrund der Taylor-Entwicklung wird – in der Nähe von x_0 – die Funktion f durch $g(x) = f(x_0) + f'(x_0)(x - x_0) + \frac{f''(x_0)}{2}(x - x_0)^2$, d.h. ihre Taylor-Entwicklung ersetzt. Diese ist eine – abhängig vom Vorzeichen der zweiten Ableitung $f''(x_0)$ – nach oben oder nach unten geöffnete Parabel. Da f und g in der Nähe von x_0 sehr ähnliches Krümmungsverhalten haben, könnte der Scheitelpunkt der Parabel ebenfalls eine gute Näherung für das lokale Extremum von f sein. Leitet man die Parabelgleichung nach x ab und setzt gleich Null, so erhält man als Lösung dieser Gleichung den Scheitelpunkt:

$$0 = g'(x) = f'(x_0) + f''(x_0)(x - x_0) \Rightarrow x = x_0 - \frac{f'(x_0)}{f''(x_0)}$$

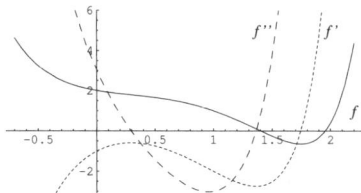

Abbildung 7.7: Graphen von f, f' und f'' aus Beispiel 7.10

Schritt	x	$f(x)$	$f'(x)$	$x - \frac{f(x)}{f'(x)}$	Schritt	x	$f(x)$	$f'(x)$	$x - \frac{f(x)}{f'(x)}$
1	1,500	−2,516	3,702	2,180	1	1,000	−2,000	−3,000	0,333
2	2,180	29,690	160,700	1,995	2	0,333	−0,600	−0,310	−1,606
3	1,995	9,816	67,626	1,850	3	−1,606	−284,153	1305,030	−1,388
4	1,850	2,733	33,619	1,768	4	−1,388	−109,654	455,575	−1,147
5	1,768	0,491	22,218	1,746	5	−1,147	−42,651	157,884	−0,877
6	1,746	0,028	19,759	1,745	6	−0,877	−16,601	55,008	−0,575
7	1,745	0,000	19,611	1,745	7	−0,575	−6,317	19,854	−0,257
		Startwert 1,5					Startwert 1		

Tabelle 7.3: Erste Schritte des Newton-Verfahrens aus Beispiel 7.10

Als neuen Näherungswert für x^* wählt man $x_1 = x_0 - \frac{f'(x_0)}{f''(x_0)}$ und setzt eine Taylor-Entwicklung zweiter Ordnung von f in x_1 an. Dies ergibt als nächste Näherung $x_2 = x_1 - \frac{f'(x_1)}{f''(x_1)}$. Diese Iteration wird fortgesetzt, bis eine zufrieden stellende Approximation an x^* erreicht wurde. Das Newton-Verfahren zur Extremwertsuche für f ist, wie man an der Formel erkennen kann, nichts anderes als die Newton-Nullstellensuche für f' ⇨ Unterabschnitt 7.1.2, Seite 163.

Beispiel 7.10:

Die Vorgehensweise sei anhand der bereits früher behandelten Funktion $f(x) = \exp(x^2 - x) - x^3 + 1$ verdeutlicht, welche die Ableitungen $f'(x) = (2x - 1)\exp(x^2 - x) - 3x^2$ und $f''(x) = (4x^2 - 4x + 3)\exp(x^2 - x) - 6x$ hat. Die Funktion f und ihre Ableitungen f' und f'' sind in Abbildung 7.7 skizziert. Für den Startwert $x_0 = 1,5$ sind die sukzessive gewonnenen Werte der Iteration

$$x_{n+1} = x_n - \frac{(2x_n - 1)\exp(x_n^2 - x_n) - 3x_n^2}{(4x_n^2 - 4x_n + 3)\exp(x_n^2 - x_n) - 6x_n}$$

in Tabelle 7.3 links dargestellt. Nach sieben Iterationen ist die lokale Extremstelle 1,7449... auf vier Nachkommastellen gewonnen. Mit anderen Startpunkten, die weiter von der Extremstelle entfernt liegen kann man aber schnell „Schiffbruch" erleiden. Beispielsweise liefert der Startpunkt $x_0 = 1$ die ersten sieben Iterationen gemäß Tabelle 7.1 rechts. Eine Stabilisierung ist nicht zu erkennen.

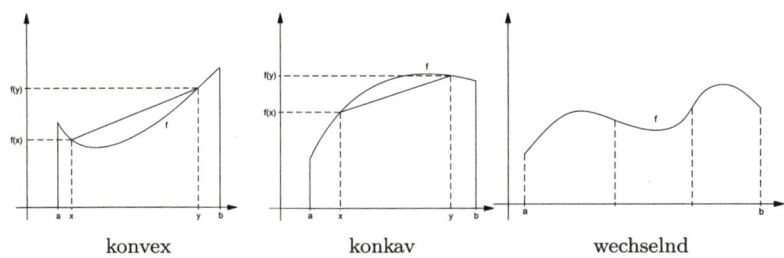

konvex   konkav   wechselnd

Abbildung 7.8: Krümmungsverhalten von Funktionen

Wie schon beim früher beschriebenen Newton-Nullstellen-Verfahren muss also auch die Newton-Extremwertsuche mit einem Startwert nahe der zu findenden Lösung beginnen. Zudem weist die Methode numerische Schwächen auf, wenn die zweite Ableitung $f''(x^*)$ des zu bestimmenden lokalen Extremums oder einer der numerischen Approximationen nahe bei Null liegt. Die approximierende Parabel ist dann sehr weit geöffnet und die nächste Näherung könnte zu weit von der aktuellen entfernt liegen. Das Newton-Verfahren ist daher nur zur Verfeinerung bereits gefundener Näherungen geeignet.

7.1.7 Höhere Ableitungen und Funktionskrümmung

Die Untersuchung von „Trends" zielt – wie bereits angedeutet – auf das Krümmungsverhalten von Funktionen ab. Man unterscheidet Links- und Rechtskrümmungen, wie sie in Abbildung 7.8 skizziert sind:

- Linksgekrümmter Funktionsgraph (konvex)
  Der Graph zeigt einen Trend nach „links". Zu zwei Punkten x, y liegt der Graph von f immer unterhalb der Geraden durch die Punkte $(x, f(x))$ und $(y, f(y))$. („Positiver Trend", f' monoton wachsend)
- Rechtsgekrümmter Funktionsgraph (konkav)
  Der Graph zeigt einen Trend nach „rechts". Zu zwei Punkten x, y liegt der Graph von f immer oberhalb der Geraden durch die Punkte $(x, f(x))$ und $(y, f(y))$. („Negativer Trend", f' monoton fallend)
- Eine Funktion kann auch abschnittweise das eine oder das andere Verhalten aufweisen. Die in Abbildung 7.8 rechts skizzierte Funktion ist beispielsweise im linken angezeigten Intervall konkav, im mittleren konvex und schließlich im rechten konkav.

Im Zusammenhang mit der Krümmung einer Funktion wird später zumeist deren zweite Ableitung untersucht. Jedoch ist es möglich, das Krümmungs-

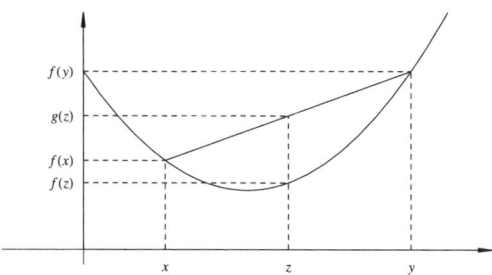

Abbildung 7.9: Skizze einer konvexen Funktion

verhalten einfach anhand des Vergleichs der Funktion mit einer Geraden durch zwei Punkte des Funktionsgraphen zu erklären. Dies führt zu einer Beschreibung des Krümmungsverhaltens ohne Verwendung von Ableitungen. Betrachtet man zu diesem Zweck eine Funktion $f : [a; b] \rightarrow \mathbb{R}$ des in Abbildung 7.9 skizzierten Typs sowie eine beliebige, durch zwei Punkte $(x|f(x))$ und $(y|f(y))$ mit $a \leq x < y \leq b$ gelegte Gerade g mit der Gleichung $g(z) = m(z - x) + f(x)$ und der Steigung $m = \frac{f(y)-f(x)}{y-x}$ gezeichnet, so ist für den konvexen Verlauf von f charakteristisch, dass die Gerade g oberhalb der Funktion f verläuft; es gilt also für alle $z \in [x; y]$ die Ungleichung $f(z) \leq g(z)$ oder anders ausgedrückt $f(z) \leq \frac{f(y)-f(x)}{y-x}(z - x) + f(x)$. Wenn man berücksichtig, dass $z \in [x; y]$ sich mit $\lambda := \frac{y-z}{y-x} \in [0; 1]$ in der Form $\lambda x + (1 - \lambda)y$ schreiben lässt und dann $z - x = (\lambda x + (1 - \lambda)y) - x = (1 - \lambda)(y - x)$ gilt, so lautet diese Ungleichung

$$f(\lambda x + (1 - \lambda)y) \leq \frac{f(y) - f(x)}{y - x}(1 - \lambda)(y - x) + f(x)$$

Nach Kürzen und Sortieren nach Summanden mit $f(x)$ und $f(y)$ ergibt sich eine Ungleichung, die zur Definition von Konvexität verwendet wird:

Definition 7.3 (konvexe bzw. konkave Funktionen)

Sei $f : \mathbb{D} =]a; b[\rightarrow \mathbb{R}$ eine Funktion

- f heißt **KONVEX** ⇨ Glossar in $\mathbb{D}$, wenn für alle $x, y \in \mathbb{D}$ und $\lambda \in]0; 1[$ gilt:

$$f(\lambda x + (1 - \lambda)y) \leq \lambda f(x) + (1 - \lambda)f(y)$$

- f heißt **KONKAV** ⇨ Glossar in $\mathbb{D}$, wenn für alle $x, y \in \mathbb{D}$ und $\lambda \in]0; 1[$ gilt:

$$f(\lambda x + (1 - \lambda)y) \geq \lambda f(x) + (1 - \lambda)f(y)$$

Die Konvexität lässt sich später für Funktionen mehrerer Variablen genau so erklären; der Ausdruck $\lambda x + (1 - \lambda)y$ beschreibt dann eine konvexe **LINEARKOMBINATION** ⇨ Glossar, d.h. eine Linearkombination, deren Koeffizienten nichtnegativ sind und sich zu Eins summieren.

Daneben spricht man von strikt konvexen bzw. strikt konkaven Funktionen, wenn in der definierenden Ungleichung das Ungleichungszeichen $\leq$ durch $<$ bzw. $\geq$ durch $>$ ersetzt werden kann. Es handelt sich dann um Funktionen, die im Gegensatz zu linearen Funktionen einen „echt" gekrümmten Funktionsverlauf aufweisen.

Beispiel 7.11:
Gegeben sei die Funktion $f(x) = x^2$ im Intervall $[2; 5]$. Dass die Verbindungsgerade $g(z) = 7(z-2)+4 = 7z - 10$ der Punkte $(2|4)$ und $(5|25)$ des Graphs von f oberhalb des Funktionsgraphs von f liegt, kann man wie folgt nachrechnen: Für einen Punkt $z = \lambda \cdot 2 + (1 - \lambda)5 \in [2; 5]$ mit $\lambda \in [0; 1]$ ist

$$g(z) - f(z) = 7(2\lambda + 5(1 - \lambda) - 10) - (2\lambda + 5(1 - \lambda))^2$$
$$= 25 - 21\lambda - (25 - 30\lambda + 9\lambda^2) = 9\lambda - 9\lambda^2 = 9\lambda(1 - \lambda) \geq 0$$

Also liegt die Gerade g oberhalb des Funktionsgraphs f. Eine ähnliche, aber beschwerlichere Rechnung mit beliebigen Punkten $x < y$ zeigt, dass die Gerade durch die Punkte $(x|x^2)$ und $(y|y^2)$ stets oberhalb von f liegt. Die Funktion ist also konvex.

In diesem Beispiel ist der Rechenaufwand wegen der Einfachheit der Funktion noch moderat. Für die meisten anderen konvexen Funktionen benötigt man aber zumeist rechnerische Kniffe und die Kenntnis etlicher Standard-Ungleichungen. Zum Glück kann man in der Regel auf den unmittelbaren Konvexitätsnachweis verzichten und auf eine Alternativmethode auf Basis der zweiten Ableitung zurück greifen: Bei konvexen Funktionen weist der Graph beispielsweise eine kontinuierliche Linkskrümmung auf. Ist die Funktion einmal differenzierbar, so bedeutet dies einen monoton wachsenden Verlauf der ersten Ableitung f'. Ist diese wiederum differenzierbar, so bedeutet dies, dass die Ableitung von f' – d.h. f'' größer oder gleich Null sein muss.

Satz 7.8 (Konvexität und zweite Ableitung)
Es sei $f : \mathbb{D} =]a; b[\to \mathbb{R}$ eine zweimal differenzierbare Funktion. Dann gilt:

- f ist konvex in $\mathbb{D}$ genau dann, wenn $f''(x) \geq 0$ für alle $x \in \mathbb{D}$.

- f ist konkav in $\mathbb{D}$ genau dann, wenn $f''(x) \leq 0$ für alle $x \in \mathbb{D}$.

- Wenn $f''(x) > 0$ für alle $x \in \mathbb{D}$, so ist f strikt konvex. Wenn $f''(x) < 0$ für alle $x \in \mathbb{D}$, so ist f strikt konkav.

Bei abschnittsweise gekrümmten zweimal differenzierbaren Funktionen f geben demnach die Bereiche gleichen Vorzeichens der zweiten Ableitung f''

das Krümmungsverhalten an. Dazu sind die Nullstellen von f'' zu bestimmen, die eine Aufteilung des Definitionsbereiches in Intervalle festlegen. Innerhalb dieser Intervalle liegt ein einheitliches Vorzeichenverhalten von f'', mithin ein einheitliches Krümmungsverhalten von f vor:

Beispiel 7.12:
Im Regalbaubeispiel 7.7 ⇨ Seite 169 *wurde anhand einer quadratischen Nachfragefunktion die Gewinnfunktion*

$$G(p) = pf(p) - K(f(p)) = \frac{1}{169}(20p^3 - 7000p^2 + 704000p - 15529000)$$

hergeleitet. Es ergibt sich der Grenzgewinn $G'(p) = \frac{1}{169}(60p^2 - 14000p + 704000)$ *und die zweite Ableitung* $G''(p) = \frac{1}{169}(120p - 14000)$.

Die einzige Nullstelle von G'' *ist* $p_0 = \frac{14000}{120} = 116,\bar{6}$. *Für* $p > p_0$ *ist* $G''(p) > 0$, *für* $p < p_0$ *hingegen* $G''(p) < 0$. *Die Gewinnfunktion ist also auf* $[0, 116,\bar{6}]$ *(strikt) konkav und auf* $[116,\bar{6}; 160]$ *(strikt) konvex. Dies gilt nach dem obigen Satz zunächst nur auf den entsprechenden offenen Intervallen, überträgt sich aber, da G stetig ist, auf die abgeschlossenen Intervalle. In Abbildung 7.5* ⇨ Seite 170 *können Sie dieses Krümmungsverhalten am Graphen der Gewinnfunktion nachvollziehen.*

Ökonomen haben für Konvexität eine gewisse – oftmals nur unbewusste – Vorliebe, deren Ursprung in einer sehr einfachen Methode zur Bestimmung globaler Minima konvexer Funktionen f liegen könnte: Es wird lediglich die notwendige Bedingung für ein lokales Extremum überprüft, d.h. die Gleichung $f'(x) = 0$ gelöst. Weitere Untersuchungen sind nicht erforderlich.

Satz 7.9 (Extrema bei konvexen und konkaven Funktionen)

- Es sei $f : \mathbb{D} \to \mathbb{R}$, $\mathbb{D} =]a;b[\subseteq \mathbb{R}$ eine konvexe Funktion und $x_0 \in \mathbb{D}$ mit $f'(x_0) = 0$. Dann hat f in x_0 ein **GLOBALES MINIMUM** ⇨ Glossar, d.h. für alle $x \in \mathbb{D}$ gilt: $f(x) \geq f(x_0)$

- Es sei $f : \mathbb{D} \to \mathbb{R}$, $\mathbb{D} =]a;b[\subseteq \mathbb{R}$ eine konkave Funktion und $x_0 \in \mathbb{D}$ mit $f'(x_0) = 0$. Dann hat f in x_0 ein globales Maximum, d.h. für alle $x \in \mathbb{D}$ gilt: $f(x) \leq f(x_0)$

Wenn zur Modellierung ökonomischer Sachverhalte konvexe oder konkave Funktionen genügen, so stellt Satz 7.9 eine weitreichende Vereinfachung in der Argumentation dar. Aber selbst wenn eine Funktion nicht in ihrem gesamten Definitionsbereich konvex ist, lässt sich mittels der zweiten Ableitung ihr „lokales" Krümmungsverhalten beschreiben. An einer Stelle x_0, wo die erste Ableitung Null ist, lautet die Taylor-Entwicklung zweiter Ordnung

$$f(x) = f(x_0) + \frac{1}{2}f''(x_0)(x - x_0)^2$$

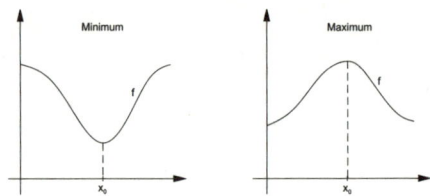

Abbildung 7.10: Lokales Minimum bzw. lokales Maximum und lokales Krümmungsverhaltens einer Funktion f

Im Falle $f''(x_0) \neq 0$ sieht sie also aus wie eine Parabel mit Scheitelpunkt $(x_0|f(x_0))$ und hat dort je nach Öffnung der Parabel ein lokales Minimum oder lokales Maximum. Methodisch erfasst dies in Abbildung 7.10 skizzierte Verhalten der nachstehende Satz:

Satz 7.10 (Hinreichende Bedingung für lokale Extrema)
Es sei $f : \mathbb{D} =]a; b[\to \mathbb{R}$ zweimal differenzierbar und $x_0 \in \mathbb{D}$ mit $f'(x_0) = 0$. Dann gilt:

- Falls $f''(x_0) > 0$, so hat f in x_0 ein lokales Minimum.
- Falls $f''(x_0) < 0$, so hat f in x_0 ein lokales Maximum.

Beispiel 7.13 (Fortsetzung von Beispiel 7.7 ⇨ Seite 169**):**
Für die Gewinnfunktion des Regals Bill1 auf Basis einer quadratischen Nachfragefunktion, d.h. für $G(p) = \frac{1}{169}(20p^3 - 7000p^2 + 704000p - 15529000)$ ist der Grenzgewinn $G'(p) = \frac{1}{169}(60p^2 - 14000p + 704000)$ und die zweite Ableitung $G''(p) = \frac{1}{169}(120p - 14000)$ bestimmt worden. Ebenfalls bekannt ist aus Beispiel 7.7 der kritische Preis $p^* \approx 73,33€$. Nun ist $G''(73,33) \approx -5200 < 0$. Nach Satz 7.10 liegt also ein lokales Gewinnmaximum vor. Um dieses als globales Maximum zu gewährleisten, ist noch eine Randwertuntersuchung erforderlich. Der Vergleich von $G(30) = -1000$, $G(160) = -1000$ und $G(73,33) \approx 37.518,5$ zeigt, dass der berechnete Preis auch global maximalen Gewinn liefert – innerhalb des ökonomischen Definitionsbereiches $[30; 160]$.

Die Untersuchung des Zusammenhangs zwischen Krümmung und Ableitung schließt mit einer vielleicht nicht so bekannten, aber ungemein intuitiven Eigenschaft konvexer differenzierbarer Funktionen. Krümmung ist über Verbindungsgeraden zwischen Punkten auf dem Funktionsgraphen erklärt. Bei konvexen Funktionen liegen diese stets oberhalb der Funktion. Bei zusätzlich differenzierbaren Funktionen ist aber – wie schon vielfach erwähnt – die Tangente an einen Funktionsgraphen für das Änderungsverhalten von größerer Bedeutung als Funktionssekanten. Für Tangenten an konvexe bzw. konkave differenzierbare Funktionen, so wie sie in Abbildung 7.11 dargestellt

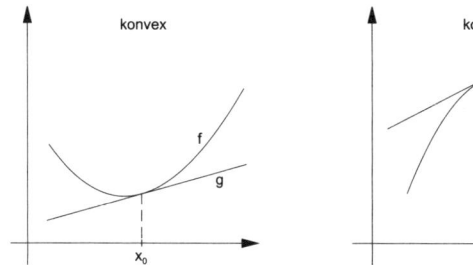

Abbildung 7.11: Stützgeradeneigenschaft konvexer und konkaver Funktionen

sind, ist ersichtlich, dass sie „trennende" Eigenschaften haben: der Funktionsgraph liegt stets komplett oberhalb (im konvexen Fall) oder unterhalb (im konkaven Fall) einer Tangente an den Graphen.

Satz 7.11 (Stützgeraden an konvexe/konkave Funktionen)
Sei $\mathbb{D} =]a; b[$ und $f : \mathbb{D} \to \mathbb{R}$ sei differenzierbar in $x_0 \in \mathbb{D}$. Dann gilt:
- Falls f konvex ist, so gilt $f(x) \geq f(x_0) + f'(x_0)(x - x_0)$ für alle $x \in \mathbb{D}$
- Falls f konkav ist, so gilt $f(x) \leq f(x_0) + f'(x_0)(x - x_0)$ für alle $x \in \mathbb{D}$

Subjektiv verbindet sich damit der Eindruck, dass diese Geraden den Funktionsgraphen jeweils von unten bzw. von oben „abstützen"; man nennt sie deshalb auch Stützgeraden. Aus Satz 7.11 kann man insbesondere für den Fall einer konvexen Funktion mit horizontaler Stützgerade in einem Punkt x_0, d.h. $f'(x_0) = 0$ sofort auf das Vorliegen eines globalen Minimums von f in x_0 schließen. Insofern ist Satz 7.11 gleichzeitig eine Verallgemeinerung von Satz 7.9 ⇨ Seite 177.

7.2 Integralrechnung für Funktionen einer Variablen

Die Ableitung einer Funktion beschreibt bekanntlich das Änderungsverhalten dieser Funktion. Häufig wird man in der Ökonomie allerdings vor das Problem gestellt, aus dem Änderungsverhalten einer Funktion f, d.h. aus Informationen über f' die Funktion f selber zu „rekonstruieren". Umgangssprachlich sagt man, dass f aus f' durch „Aufleiten" entsteht. Dieser Prozess spielt auch bei der Flächenberechnung unter Funktionsgraphen eine wichtige Rolle. Der entsprechende Zweig der Analysis wird Integralrechnung genannt.

7.2.1 Unbestimmte Integrale

Definition 7.4

$f : [a; b] \to \mathbb{R}$ sei eine Funktion. Eine Funktion $F : [a; b] \to \mathbb{R}$ heißt **STAMM-FUNKTION VON** $f \Rightarrow$ Glossar, falls $F'(x) = f(x)$ für alle $x \in [a; b]$. Man sagt auch: F ist das **UNBESTIMMTE INTEGRAL** $\Rightarrow$ Glossar von f, geschrieben:

$$F(x) = \int f(x)\, dx$$

Beispiel 7.14:

- $\int x\, dx = \frac{1}{2}x^2$, da $\frac{\partial}{\partial x}\left(\frac{1}{2}x^2\right) = x$

- $\int \cos x\, dx = \sin x$, da $\frac{\partial}{\partial x}(\sin x) = \cos x$

- $\int \frac{x}{\sqrt{1+x^2}}\, dx = \sqrt{1+x^2}$, da $\frac{\partial}{\partial x}\left(\sqrt{1+x^2}\right) = \frac{1}{2\sqrt{1+x^2}} \cdot 2x = \frac{x}{\sqrt{1+x^2}}$

- $\int \frac{1}{x}\, dx = \ln x$

Beachten muss man die Mehrdeutigkeit der Stammfunktion: Falls F Stammfunktion zu f ist, so ist auch $F+c$ für eine beliebige Konstante $c \in \mathbb{R}$ Stammfunktion zu f, da $\frac{\partial}{\partial x}(F(x) + c) = \frac{\partial}{\partial x}(F(x)) + \frac{d}{dx}(c) = F'(x) + 0 = f(x)$.

Sind andererseits F_1, F_2 Stammfunktionen zu f, so gibt es eine Konstante $c \in \mathbb{R}$, so dass $F_1 = F_2 + c$. Da man eine Stammfunktion also höchstens bis auf eine additive Konstante genau kennt, hat sich – insbesondere in Formelsammlungen die Schreibweise $\int f(x)\, dx = F(x) + c$ eingebürgert.

An den obigen Beispielen ist zu erkennen, dass die fundierte Kenntnis von Ableitungsregeln für Stammfunktionsbestimmungen von größtem Nutzen ist.

Satz 7.12 (Rechenregeln für unbestimmte Integrale)

Es seien f, $g : [a; b] \to \mathbb{R}$ Funktionen.

- Konstantenregel: $\int \alpha f(x)\, dx = \alpha \int f(x)\, dx$ für jedes $\alpha \in \mathbb{R}$
  Summenregel: $\int (f(x) + g(x))\, dx = \int f(x)\, dx + \int g(x)\, dx$

- Regel der partiellen Integration: Falls f, g differenzierbar sind, so gilt

$$\int f'(x)g(x)\, dx = f(x)g(x) - \int f(x)g'(x)\, dx$$

- Substitutionsregel: Falls $g : [a; b] \to [c; d]$ differenzierbar ist und $h : [c; d] \to \mathbb{R}$ eine Stammfunktion H hat, so gilt

$$\int h(g(x))g'(x)\, dx = H(g(x))$$

Beispiel 7.15:

- *Das nach der partiellen Integration gewonnene Integral sollte sich einfacher berechnen lassen als zuvor: Mit $f'(x) = x^2$, $g(x) = \log x$ gilt z.B.*

$$\int x^2 \cdot \log x \, dx = \frac{1}{3}x^3 \cdot \ln x - \int x^2 \cdot \frac{1}{x} \, dx = \frac{1}{3}x^3 \ln x - \frac{1}{2}x^2$$

- *Bei der Anwendung der Substitutionsregel ist generell die Aufteilung nach h, g, g' zu erkennen. Beispielsweise ist mit $h(z) = \frac{1}{z}$, $g(x) = x^2 + x + 5$, $g'(x) = 2x + 1$*

$$\int \frac{2x+1}{x^2 + x + 5} \, dx = \int h(g(x)) \cdot g'(x) \, dx$$

Stammfunktion von h ist $H = \log$, also gilt: $\int \frac{2x+1}{x^2+x+5} \, dx = \log(x^2 + x + 5)$

Die Integrationsregeln der partiellen Integration und Substitution erfordern neben routinierter Beherrschung der Ableitungsregeln einige Übung, weshalb Ihnen das intensive Studium der Begleitaufgaben nahe gelegt wird.

7.2.2 Bestimmte Integrale

Neben den unbestimmten Integralen gibt es auch noch einen geometrischen Zugang zur Integralrechnung. Flächen unter Funktionsgraphen sollen berechnet werden. In der Statistik als methodischer Hilfswissenschaft der Wirtschaftswissenschaften treten nämlich oft Zufallsphänomene auf, deren Beurteilung mittels objektiver Wahrscheinlichkeiten genau über solche Flächenberechnungen erfolgt.

Betrachtet man eine stetige Funktion $f : [a; b] \to [0; \infty[$ so schließt der Graph zusammen mit der x–Achse und den Parallelen zur y–Achse durch die Punkte $(a, 0)$, $(b, 0)$ eine Fläche, deren Inhalt in erster Näherung durch Ausschöpfung oder Einschluss mit Hilfe von Rechtecks-Säulen ermittelt werden kann, wie dies in Abbildung 7.12 dargestellt ist. Dabei wird das Intervall $[a; b]$ etwa in Teilintervalle $[a_1; b_1] \cup \cdots \cup [a_n; b_n]$ zerlegt, die sich – mit Ausnahme der Intervallgrenzen – nicht überlappen und nahtlos aneinander anfügen. Die hierbei entstehenden Teilflächen unter dem Graphen von f werden durch ein- oder umgeschriebene Rechtecke approximiert. Diese Rechtecke haben Flächeninhalte $(b_i - a_i) \cdot f(x_i)$, wobei $x_i \in [a_i; b_i]$ ein Punkt ist, in dem die Funktion ein Minimum hat (bei „Ausschöpfung") oder ein Maximum (bei „Einschließung"). In der Regel treten aber „Versatzstücke" auf, so dass sich für den Flächeninhalt nur eine „grobe" Näherung $\sum_{i=1}^{n}(b_i - a_i)f(x_i)$ ergibt. Wenn man jedoch die Anzahl der Intervalle $[a_i; b_i]$ groß werden lässt, sowie deren „Feinheit" (d.h. die maximale Länge eines Teilintervalls) immer

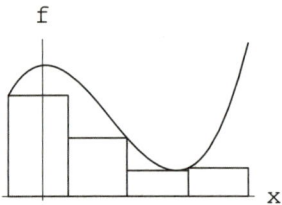 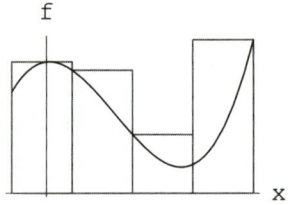

Abbildung 7.12: Ausschöpfung und Einschluss der Fläche unter einem Funktionsgraph durch Rechtecke

weiter verringert, so werden diese Versatzstücke beliebig klein. Die Fläche wird in diesem Sinne durch einen Grenzprozess als Summe beliebig vieler beliebig kleiner Rechtecke approximiert: Dabei müssen grundsätzlich beliebige Zerlegungsfolgen mit gegen 0 strebender „Feinheit", d.h. Zerlegungen $[a_{n,1}; b_{n,1}]$, ..., $[a_{n,n}; b_{n,n}]$ von $[a; b]$ mit $\lim\limits_{n\to\infty} \max\limits_{1\leq i\leq n} (b_{n,i} - a_{n,i}) = 0$ und $x_{n,i} \in [a_{n,i}; b_{n,i}]$ betrachtet werden.

Definition 7.5 (Bestimmtes Integral)
Falls für jede „Zerlegungsfolge" mit gegen 0 strebender Feinheit der Grenzwert $\lim\limits_{n\to\infty} \sum\limits_{i=1}^{n} (b_{n,i} - a_{n,i}) f(x_{n,i})$ existiert und stets den gleichen Wert hat, so schreibt man für diesen Wert

$$\int_a^b f(x)\, dx$$

und nennt diesen Wert das **BESTIMMTE INTEGRAL** ⇨ Glossar von f in den Grenzen von a bis b.

Weil sich die Fläche durch einen Limes-Summenvorgang ergibt, hat sich für den Wert der Fläche das Integralzeichen als eine Art stilisierte Summenzeichen etabliert. In der Praxis wird jedoch der Flächeninhalt möglichst nicht mit diesem Verfahren der Rechteckausschöpfung bestimmt. Statt dessen gibt es eine äußerst hilfreiche Brücke zwischen dem Stammfunktions- und dem Integralbegriff, die eine zentrale Aussage der Differentialrechnung ist:

Satz 7.13 (Hauptsatz der Differential– und Integralrechnung)
Sei $f : [a; b] \to \mathbb{R}$ stetig und F eine Stammfunktion zu f. Dann gilt:

$$\int_a^b f(x)\, dx = F(b) - F(a) \qquad (=: [F(x)]_a^b)$$

Das bestimmte Integral kann natürlich auch für Funktionen erklärt wer-

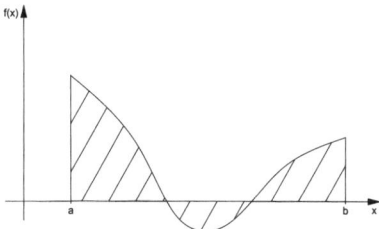

Abbildung 7.13: Flächenteile einer Funktion mit wechselndem Vorzeichen

den, die nicht durchgängig positiv sind. Die mit dem Hauptsatz gewonnene Maßzahl „verrechnet" dann positive gegen negative Flächenanteile, ⇨ vgl. Abbildung 7.13. Will man statt dessen den Flächeninhalt bestimmen, der von der Funktion und der x–Achse eingeschlossen wird, so muss man $|f|$ integrieren. Das entspricht dem stückweisen Integrieren von Nullstelle zu Nullstelle und Umwandeln negativer Vorzeichen in positive.

Aus den Rechenregeln für unbestimmte Integrale folgt mit dem Hauptsatz:

Satz 7.14 (Rechenregeln für bestimmte Integrale)

- Konstantenregel: f stetig $\Rightarrow \int\limits_a^b \alpha f(x)\,dx = \alpha \int\limits_a^b f(x)\,dx$ für jedes $\alpha \in \mathbb{R}$

  Summenregel: f, g stetig $\Rightarrow \int\limits_a^b (f(x) + g(x))\,dx = \int\limits_a^b f(x)\,dx + \int\limits_a^b g(x)\,dx$

- Regel der partiellen Integration: Falls f, g stetig differenzierbar sind, so gilt $\int\limits_a^b f'(x)g(x)\,dx = \left[f(x)g(x)\right]_a^b - \int\limits_a^b f(x)g'(x)\,dx$

- Substitutionsregel: Falls $g : [a; b] \to [c; d]$ stetig differenzierbar ist und $h : [c; d] \to \mathbb{R}$ stetig ist, so gilt $\int\limits_a^b h(g(x))g'(x)\,dx = \int\limits_{g(a)}^{g(b)} h(z)\,dz$

Grundsätzlich hat jede stetige Funktion $f : [a; b] \to \mathbb{R}$ eine Stammfunktion, nämlich die Integralfunktion $F(y) := \int_a^y f(x)\,dx$, d.h. für diese Funktion gilt $F'(y) = f(y)$ für alle $y \in [a; b]$. Diese Existenzaussage ist aber nicht immer von praktischem Nutzen, vor allem dann, wenn das rechts stehende Integral nicht explizit berechnet werden kann. Leider ist dies bei zahlreichen in wahrscheinlichkeitstheoretischen Modellen auftretenden Funktionen der Fall: Beispielsweise bei der klassischen Normalverteilung sind Integrale zu berechnen, deren Integrand einen Baustein der Form $f(x) = e^{-x^2}$ hat, zu dem man keine explizite Stammfunktion kennt.

Der Integralbegriff lässt sich auf Flächenberechnungen erweitern, bei denen die Grundseite unendlich lang wird, wenn gleichzeitig die Funktion beliebig nahe bei Null liegt. Solche Integrale nennt man uneigentlich; sie werden als Grenzwert bestimmter Integrale erklärt:

- $\int\limits_{a}^{\infty} f(x)dx = \lim\limits_{b\to\infty} \int\limits_{a}^{b} f(x)dx$ und entsprechend für $\int\limits_{-\infty}^{b} f(x)dx$

- $\int\limits_{-\infty}^{\infty} f(x)dx = \int\limits_{-\infty}^{a} f(x)dx + \int\limits_{a}^{\infty} f(x)dx$ mit einem beliebig zu wählenden Wert $a \in \mathbb{R}$ (beeinflusst den Wert nicht).

Bei uneigentlichen Integralen muss wie bei der Konvergenz von Folgen auf die Existenz des Grenzwertes geachtet werden. Für uneigentliche Integrale gibt es Rechenregeln analog denjenigen für bestimmte Integrale in Satz 7.14.

Beispiel 7.16:
Ein in der Wahrscheinlichkeitsrechnung und Statistik prominentes uneigentliches Integral ist

$$\int_{0}^{\infty} xe^{-x}dx = \lim_{b\to\infty} \int_{0}^{b} xe^{-x}dx = \lim_{b\to\infty} (-be^{-b} + 1 - e^{-b}) = 1$$

Die vorletzte Umformung ergibt sich nach der Regel von der partiellen Integration.

7.2.3 Numerische Integration

Wenn – wie schon erwähnt – die zu integrierenden Funktionen keine explizit zu berechnenden Stammfunktionen besitzen, sind die Grenzen der symbolischen Integration erreicht. Dann muss man Methoden zur numerischen Integration verwenden, mit denen ein Näherungswert für die Fläche berechnet werden soll. Das Ausschöpfungsverfahren selbst, mit welchem das bestimmte Integral erklärt ist, stellt ein solches numerisches Verfahren dar, das aber deutlich verfeinert werden kann:

- Bei der Rechteck-Approximation wird das Integral in erster Näherung durch eine Rechtecksfläche der Breite $b - a$ und der Höhe $f((a + b)/2)$ angenähert ⇨ vgl. **Abbildung 7.14** links. Dabei handelt es sich um eine sehr grobe Annäherung. Zerlegt man jedoch das Intervall $[a; b]$ in Teilintervalle $[a_1; b_1], \dots [a_n; b_n]$, so ergibt sich als Näherung durch Rechteck–Approximation der zuweilen für kleine n schon recht genaue Wert

$$\int\limits_{a}^{b} f(x)\,dx \approx \sum_{i=1}^{n}(b_i - a_i)f\left(\frac{a_i + b_i}{2}\right)$$

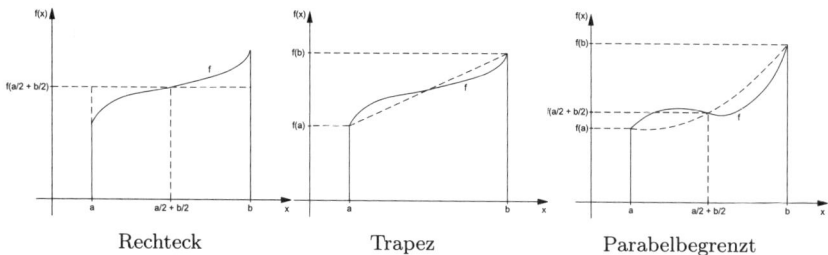

Rechteck   Trapez   Parabelbegrenzt

Abbildung 7.14: Approximation der Fläche unter einem Funktionsgraph

- Bei der Trapez–Approximation erfolgt die Annäherung durch ein Trapez gemäß Abbildung 7.14 Mitte. Der Flächeninhalt des Trapezes beträgt $(b-a) \cdot \frac{f(a)+f(b)}{2}$. Bei einer Einteilung von $[a;b]$ in Teilintervalle $[a_1;b_1]$, ..., $[a_n;b_n]$ ergibt sich als Näherung durch Trapez–Approximation

$$\int_a^b f(x)\,dx \approx \sum_{i=1}^n (b_i - a_i)\frac{f(a_i) + f(b_i)}{2}$$

Bei gleicher Länge $\frac{b-a}{n}$ aller Intervalle (d.h. $a_i = a + \frac{i-1}{n}(b-a) = b_{i-1}$) ergibt sich die so genannte **TRAPEZ-REGEL** ⇨ Glossar

$$\int_a^b f(x)\,dx \approx \frac{b-a}{2n}(f(a) + 2f(a_2) + \ldots + 2f(a_{n-1}) + f(b))$$

- Eine weitere Approximation verwendet wie in Abbildung 7.14 rechts eine Überlagerung des Funktionsgraphen durch eine Parabel $g(x) = \alpha x^2 + \beta x + \gamma$, welche durch die Punkte $(a, (f(a))$, $\left(\frac{a+b}{2}, f\left(\frac{a+b}{2}\right)\right)$, und $(b, f(b))$ läuft. Der Flächeninhalt unter der Parabel ist dann

$$\frac{b-a}{6}\left(f(a) + 4f\left(\frac{a+b}{2}\right) + f(b)\right)$$

Diese Formel wird als **KEPLERSCHE FASSREGEL** ⇨ Glossar bezeichnet. Bei Einteilung von $[a;b]$ in eine gerade Anzahl $n = 2m$ gleich langer Intervalle $[a_0;a_1]$, $[a_1;a_2]$, ..., $[a_{2m-1};a_{2m}]$ folgt hieraus die so genannte **SIMPSON-REGEL** ⇨ Glossar

$$\int_a^b f(x)\,dx \approx \frac{b-a}{6m}\left(f(a) + 4\sum_{i=1}^m f(a_{2i-1}) + 2\sum_{i=1}^{m-1} f(a_{2i}) + f(b)\right)$$

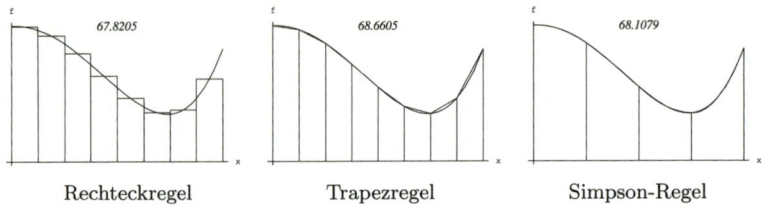

| Rechteckregel | Trapezregel | Simpson-Regel |

Abbildung 7.15: Vergleich numerischer Integrationsregeln

Anhand des Integrals $\int_0^3 (x^4 - 10x^2 + x + 35)dx = 68,1$ ergibt die Rechnung mit der Verwendung von 8 äquidistanten Stützstellen die Vergleichswerte gemäß Abbildung 7.15. In diesem Beispiel liefert die Simpson-Regel die beste Approximation – gefolgt von den beiden anderen etwa gleich guten Regeln. Für Flächen unter Polynomen dritten Grades liefert die Parabel-Approximation nach KEPLER sogar schon den exakten Wert.

7.3 Differentialrechnung für Funktionen mehrerer Variablen

Wenn die Abbildung eines ökonomischen Problems mit Funktionen in mehreren Variablen erfolgen muss, stellt auch die Untersuchung des Änderungsverhaltens dieser Funktionen neue Anforderungen an Ökonomen, die mit dem bisherigen Ableitungsbegriff nicht mehr handhabbar sind. Vielmehr müssen die Konzepte den Bedürfnissen mehrerer Variablen angepasst werden. Es gibt mehrere Ausbauformen des einfachen Ableitungskonzeptes:

- partielle Ableitungen, bei denen sich nur eine der Inputvariablen ändert,

- Richtungsableitungen, bei denen das Änderungsverhalten von je zwei Inputvariablen als zueinander proportional angenommen wird,

- das totale Differential, bei dem die Idee der Linearisierung einer Funktion einer Variablen auf Funktionen mehrerer Variablen ausgedehnt wird.

Für diese Ableitungskonzepte lassen sich Ableitungsregeln – insbesondere in ökonomisch bedeutsamen Spezialfällen - behandeln; schließlich lässt sich auch das Konzept der Ableitungen höherer Ordnung für Funktionen mehrerer Variablen ausweiten, um das Krümmungsverhalten einer Funktion mehrerer Variablen zu erfassen.

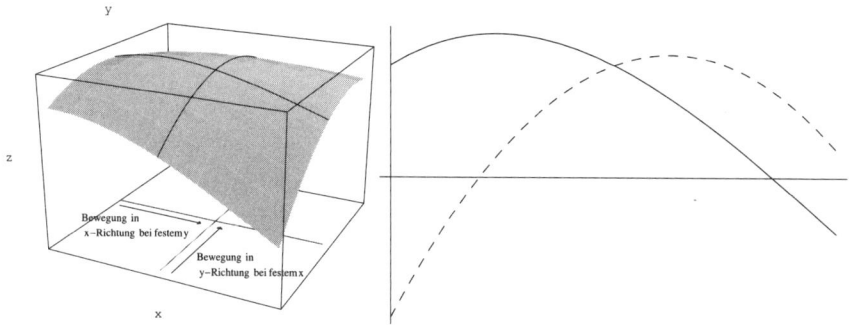

Abbildung 7.16: Typische Bewegungsrichtungen und Schnittfunktionen bei einer Funktion zweier Variablen

7.3.1 Die partielle Ableitung

Am einfachsten ist das Änderungsverhalten einer Funktion mehrerer Variablen zu beschreiben, wenn nur eine der Variablen sich verändert, während die anderen ihren Wert behalten. Betrachtet man etwa den Kontext eines Marktes, auf dem jeder Anbieter für sein Produkt eine Nachfragefunktion hat, die von den Preisen aller Anbieter abhängt, so entspricht dies der Annahme, dass nur ein Anbieter den Preis für sein Produkt ändern will, die anderen jedoch ihre Preise beibehalten. Damit werden alle Nachfragefunktionen zu Funktionen dieses einen Preises, der sich verändert.

Diese Funktion einer Variablen kann auch sichtbar gemacht werden, wie in Abbildung 7.16 anhand der Funktion $f(x, y) = x^3 - 6x^2 - 6y^2 + 5xy + 10y$ im Punkt $(1, 1)^T$ dargestellt. Die durch diesen Punkt verlaufende Parallele zur x-Achse bedeutet ein Verändern der Variable x bei gleichzeitigem konstant halten der Variable y im Wert $y = 1$. Dabei entsteht die so genannte **SCHNITTFUNKTION** ⇨ Glossar $g(x) = f(x, 1) = x^3 - 6x^2 + 5x + 4$. Der Verlauf dieser Funktion ist in der durchgezogenen Kurve in Abbildung 7.16 rechts dargestellt. Zum Vergleich sind links die entsprechenden Funktionswerte $f(x, 1)$ als Kurve auf dem Funktionsgraphen eingezeichnet. Leitet man diese Funktion nach x ab, so ergibt sich $g'(x) = 3x^2 - 12x + 5$ und $g'(1) = -4$.

Hält man im Gegenteil die Variable x bei 1 fest, so ergibt sich in der Veränderlichen y die Schnittfunktion $h(y) = f(1, y) = -6y^2 + 15y - 5$, deren Graph als gestrichelte Kurve in Abbildung 7.16 rechts dargestellt ist. Leitet man diese Funktion nach y ab, so ergibt sich $h'(y) = -12y + 15$ und $h'(1) = 3$.

Hat man sich erst einmal daran gewöhnt, Variablen als temporär konstant aufzufassen, so wird man auf den Schritt, in die konstant zu haltende Variable zunächst ihren konkreten Wert einzusetzen, verzichten (zumal dieser a priori meist gar nicht vorgegeben ist) und sich diese Variable wie eine Konstante vorstellen. Wenn beispielsweise nach x abgeleitet werden soll, so wird dies durch das Voranstellen des Symbols $\frac{\partial}{\partial x}$ vor den Funktionsterm angedeutet. Die Rechnung im vorliegenden Beispiel lautet dann

$$\frac{\partial}{\partial x}(x^3 - 6x^2 - 6y^2 + 5xy + 10y) = 3x^2 - 12x + 5y$$

Dabei ist zu beachten, dass im abzuleitenden Summand $5xy$ der Faktor $5y$ wie eine Konstante zu behandeln ist, weshalb $5xy$ bei Differenzieren nach der Variable x mit der Faktorregel zu eben dieser Konstanten $5y$ abgeleitet wird und die Ausdrücke $-6y^2$ und $10y$ in der Variable x als Konstante gelten, mithin bei Differenzieren nach x zu Null abgeleitet werden. Mit der $\frac{\partial}{\partial\cdot}$-Schreibweise lautet die obige Rechnung

$$\frac{\partial}{\partial y}(x^3 - 6x^2 - 6y^2 + 5xy + 10y) = 12y + 5x + 10$$

Es gibt also verschiedene Möglichkeiten, eine Variable als Veränderliche, die anderen hingegen als Konstanten aufzufassen. Keine von diesen ist vor den anderen besonders ausgezeichnet, sondern es werden – auch mit Hinblick auf die späteren Ableitungskonzepte – alle partiellen Ableitungen benötigt. Die Mathematik stellt mit dem Vektorbegriff ein Konzept zur Bündelung der partiellen Ableitungen einer Funktion nach allen Variablen bereit:

Definition 7.6 (Partielle Ableitungen und Gradient)

- Es sei $f : \mathbb{D} \subseteq \mathbb{R}^n \to \mathbb{R}$ eine Funktion. Für festes $x = (x_1, \ldots, x_n)^T \in \mathbb{D}$ und $i \in \{1, \ldots, n\}$ setzt man $f_i(t) := f(x_1, \ldots, x_{i-1}, t, x_{i+1}, \ldots, x_n)$, wobei $t \in \mathbb{D}_i := \{t \in \mathbb{R} : (x_1, \ldots, x_{i-1}, t, x_{i+1}, \ldots, x_n)^T \in \mathbb{D}\}$. f_i wird auch als Schnittfunktion bezeichnet.

- Falls $f_i : \mathbb{D}_i \to \mathbb{R}$ in $y = x_i$ differenzierbar ist, so heißt $D_i f(x) := \frac{\partial f}{\partial x_i}(x_1, \ldots, x_n) := f_i'(x_i) = \frac{\partial}{\partial x_i} f(x_1, \ldots, x_n)$ die i−TE PARTIELLE AB-LEITUNG ⇨ Glossar von f in x, und f heißt PARTIELL DIFFERENZIER-BAR IN x NACH DER i−TEN KOMPONENTE ⇨ Glossar.

- Falls in $x \in \mathbb{D}$ alle partiellen Ableitungen von f existieren, so heißt f partiell differenzierbar in x, und $\nabla f(x) := (D_1 f(x), \ldots, D_n f(x))^T$ (sprich „Nabla f") heißt GRADIENTENVEKTOR ⇨ Glossar von f in x oder kurz Gradient von f in x.

- $f : \mathbb{D} \to \mathbb{R}$ heißt partiell differenzierbar, wenn f in jedem $x \in \mathbb{D}$ partiell differenzierbar ist.

Beispiel 7.17:

Die Funktion $f(x,y) = x^3 + 2xy + e^{7y}$ hat den Gradienten

$$\nabla f(x,y) = \left(3x^2 + 2y, 2x + 7e^{7y}\right)^T$$

den man als Funktion $\nabla f : \mathbb{R}^2 \to \mathbb{R}^2$ auffassen kann.

Beispiel 7.18:

Die Funktion $f : \mathbb{R}^3 \to \mathbb{R}$, $f(x,y,z) = \frac{xz}{1+x^2+y^2}$ hat – unter Verwendung der Quotientenregel für die partielle Ableitung nach x, der Kettenregel beim Ableiten nach y und der Faktorregel für die Ableitung nach z – den Gradienten

$$
\begin{aligned}
\nabla f(x,y,z) &= \left(\frac{z(1+x^2+y^2) - xz2x}{(1+x^2+y^2)^2}, \ -\frac{2xyz}{(1+x^2+y^2)^2}, \ \frac{x(1+x^2+y^2)-0}{(1+x^2+y^2)^2} \right)^T \\
&= \left(\frac{z(1+y^2-x^2)}{(1+x^2+y^2)^2}, \ -\frac{2xyz}{(1+x^2+y^2)^2}, \ \frac{x}{1+x^2+y^2} \right)^T
\end{aligned}
$$

Den Gradienten als transponierten Zeilenvektor zu schreiben, dient vor allem der Platzersparnis – wie im vorangehenden Beispiel. Zuweilen wird der Gradient auch selbst als Zeilenvektor erklärt; Hintergrund ist das Rechnen mit partiellen Ableitungen bei mehrwertigen Funktionen $f = (f_1, \ldots, f_m)^T$ partiell differenzierbarer Funktionen $f_i : \mathbb{R}^n \to \mathbb{R}$ – etwa wenn die Nachfragefunktionen mehrerer Anbieter gebündelt werden. Dann werden die partiellen Ableitungen aller Funktionen zusammengefasst dargestellt in der so genannten **JACOBI-MATRIX** ⇨ Glossar

$$
J_f(x_1, \ldots, x_n) = \frac{\partial(f_1, \ldots, f_m)}{\partial(x_1, \ldots, x_n)} \begin{bmatrix} \frac{\partial}{\partial x_1}f_1 & \frac{\partial}{\partial x_2}f_1 & \cdots & \frac{\partial}{\partial x_n}f_1 \\ \frac{\partial}{\partial x_1}f_2 & \frac{\partial}{\partial x_2}f_2 & \cdots & \frac{\partial}{\partial x_n}f_2 \\ \vdots & \vdots & \ddots & \vdots \\ \frac{\partial}{\partial x_1}f_m & \frac{\partial}{\partial x_2}f_m & \cdots & \frac{\partial}{\partial x_n}f_m \end{bmatrix}
$$

Die Jacobi-Matrix einer Funktion $f : \mathbb{R}^n \to \mathbb{R}^m$ stimmt im Spezialfall $m = 1$ als einzeilige Matrix mit dem transponierten Gradienten von f überein.

Eine partielle Ableitung erhält man also durch Anwendung des Partialableitungs-„Operators" $\frac{\partial}{\partial \cdot}$ auf den Funktionsterm. Der konkrete Wert der Ableitung wird danach durch Einsetzen der Werte der Argumente der Funktion bestimmt. Das führt in manchen Situationen zu Bezeichnungskonflikten, wenn die nachträglich einzusetzenden Werte wieder andere Variablen sind, etwa bei manchmal erforderlichen Umbenennungen von einzelnen Variablen. Mit folgender Schreibweise lassen sich viele Missverständnisse ausräumen:

Mit $\dfrac{\partial f}{\partial x}\Big|_{x=t}$ ist folgende Vorgehensweise gemeint:

- Die Funktion f wird in den Variablen, in welchen sie anfangs erklärt wurde, nach der Variable x abgeleitet.

- Im Ergebnis dieser Rechnung wird x durch den Term t ersetzt.

Sinngemäß kann diese Schreibweise auch für Jacobi-Matrizen anstelle einzelner partieller Ableitungen verwendet werden.

Beispiel 7.19:
- *Für die Funktion $f(x,y) = x^2 + xy$ ist*

$$\frac{\partial f}{\partial x} = 2x + y \qquad \frac{\partial f}{\partial x}\Big|_{\substack{x=3\\y=2}} = 8 \qquad \frac{\partial f}{\partial z} = 0$$

$$\frac{\partial f}{\partial y} = x \qquad \frac{\partial f}{\partial x}\Big|_{x=y} = 3y$$

- *Bei direkter Angabe eines Funktionsterms gilt etwa*

$$\frac{\partial(z^2 + zy)}{\partial z} = 2z + y \qquad \frac{\partial(z^2 + zy)}{\partial z}\Big|_{z=x} = 2x + y$$

Bei solider Beherrschung der Ableitungsregeln für Funktionen einer Variablen gibt sich die anfängliche Unsicherheit beim Bestimmen partieller Ableitungen ziemlich rasch. Nach dem Bearbeiten der Beispiele in den Übungsaufgaben sollte man fit für die komplizierteren Ableitungskonzepte sein.

7.3.2 Richtungsableitung

In den Gradienten einer Funktion f gehen alle i–ten partiellen Ableitungen ein. Man leitet also jeweils nach einer der Variablen ab, wobei die anderen als Konstanten aufgefasst werden. Wie aus der Skizze weiter oben hervorgeht, entspricht der partiellen Ableitung das Änderungsverhalten der Funktion längs einer parallelen Geraden zu einer der Koordinatenachsen. Es spricht allerdings nichts dagegen, eine Funktion auch längs anderer Linien zu untersuchen, etwa wie in Abbildung 7.17 wieder anhand der Funktion $f(x,y) = x^3 - 6x^2 - 6y^2 + 5xy + 10y$ dargestellt, wo zusätzlich noch Schnittfunktionen in x (rechts gepunktet) und in y (rechts gestrichelt) eingezeichnet sind. Die Punkte auf einer Gerade durch den Punkt (x,y) sind von der Form $(x + d_1 t, y + d_2 t)$, wobei $t \in \mathbb{R}$ und $\frac{d_1}{d_2}$ die Steigung der Geraden

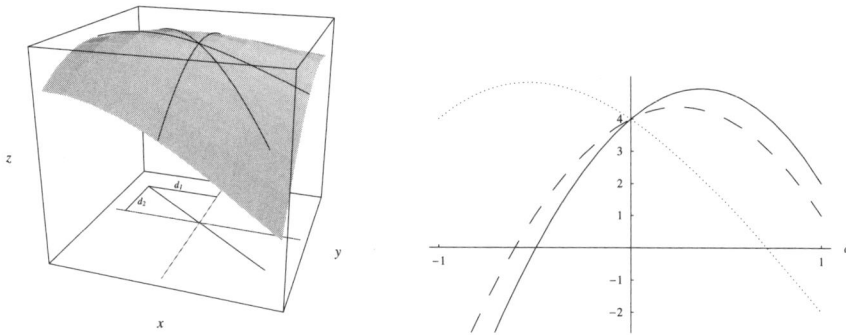

Abbildung 7.17: Bewegungsrichtung der Funktion $f(x,y) = x^3 - 6x^2 - 6y^2 + 5xy + 10y$ im Punkt $(1,1)^T$ in Richtung $(-\frac{4}{5}, \frac{3}{5})^T$.

im Koordinatensystem von x und y ist. $(d_1, d_2)^T$ ist ein Richtungsvektor, der im Ortsvektor $(x,y)^T$ angesetzt wird und dessen Richtung zusammen mit dem Punkte (x,y) die Gerade festlegt. Es gibt natürlich nicht nur eine Darstellungsmöglichkeit einer solchen Geraden, vielmehr führen alle Wertekombinationen d_1, d_2 mit dem gleichen Quotient $\frac{d_1}{d_2}$ zur selben Geraden; Mathematiker sprechen etwas genauer von einem Repräsentanten für die Richtung.

Setzt man nun die geänderten Werte in die Funktion f ein, so ergibt sich $f(x + d_1 t, y + d_2 t)$. Für die vorliegende Funktion sei im Punkt $x = y = 1$ die durch $d_1 = -\frac{4}{5}$ und $d_2 = \frac{3}{5}$ repräsentierte Richtung gewählt. Dann lauten die zugehörigen Funktionswerte

$$h(t) = f(1 - \frac{4}{5}t, 1 + \frac{3}{5}t) = f(\frac{5 - 4t}{5}, \frac{5 + 3t}{5}) = -\frac{64}{125}t^3 - \frac{162}{25}t^2 + 5t + 4$$

Dabei ist die letzte Umformung eine etwas mühselige Auflösung mittels binomischer Formeln. Die zugehörigen Punkte auf dem Funktionsgraphen sind in der dreidimensionalen Darstellung von f und der zweidimensionalen Darstellung von h als Kurve dargestellt. Zusätzlich sind noch die Funktionsschnitte in x- und y-Richtung eingezeichnet (gepunktete bzw. gestrichelte Kurve). Die Änderungsrate von f in Richtung von $(d_1, d_2)^T$ entspricht gerade der Änderungsrate von h in $t = 0$, d.h. dem Wert $\frac{\partial h}{\partial t}\big|_{t=0}$. Konkret ergibt sich

$$\frac{\partial}{\partial t}\left(-\frac{64}{125}t^3 - \frac{162}{25}t^2 + 5t + 4\right)\bigg|_{t=0} = \left(-\frac{192}{125}t^2 - \frac{324}{25}t + 5\right)\bigg|_{t=0} = 5$$

Definition 7.7

Es sei $f : \mathbb{D} \subseteq \mathbb{R}^n \to \mathbb{R}$ und $x \in \mathbb{D}$. Für einen Vektor $d \in \mathbb{R}^n$ sei $\mathbb{D}_d = \{x + td : t \in \,] - a; a[\} \subseteq \mathbb{D}$ ein Geradensegment in $\mathbb{D}$ und

$$g(t) := f(x + td), \quad t \in \,] - a; a[$$

Falls g in $t = 0$ differenzierbar ist, so heißt

$$Df(x, d) := g'(0)$$

RICHTUNGSABLEITUNG VON f IM PUNKT x IN RICHTUNG d. ⇨ Glossar
f heißt **im Punkt x in Richtung d differenzierbar**.

Oben wurde am Beispiel der Funktion $x^3 - 6x^2 - 6y^2 + 5xy + 10y$ das prinzipielle Verfahren zur Berechnung der Richtungsableitung durchgeführt. In der Terminologie von Definition 7.7 ergibt sich dabei die Richtungsableitung $Df((1,1)^T, (-\frac{4}{5}, \frac{3}{5})^T) = 5$.

Nimmt man als Richtungsvektor einen der Koordinateneinheitsvektoren $(1,0)^T$ oder $(0,1)^T$, so lautet die Änderungsfunktion $t \mapsto f(x + t, y)$ bzw. $t \mapsto f(x, y + t)$ und es ergibt sich beim Ableiten in $t = 0$ jeweils die partielle Ableitung nach x bzw. y.

Satz 7.15

Die partielle Ableitung $D_i f(x)$ einer partiell differenzierbaren Funktion $f : \mathbb{D} \to \mathbb{R}$ ist gerade die Richtungsableitung in Richtung des i–ten Koordinateneinheitsvektors $e^{(i)}$, d.h. es ist $D_i f(x) = Df(x, e^{(i)})$.

Welche Richtung ist nun die „richtige" für die Bestimmung des Änderungsverhaltens von f? Anschaulich stellt der Graph einer Funktion eine Art Gebirge dar, in dem ein „Wanderer" sich in einem Punkt $(x, y, f(x,y))$ befindet. Handelt es sich dabei um einen Bergsteiger, so wird er den schnellstmöglichen Weg zum Gipfel suchen. Das könnte sich evt. durch einen besonders steilen Aufstieg realisieren lassen und der Bergsteiger wird die entsprechende Richtung einschlagen. Ein „normaler" Wanderer hingegen wird so lange Zeit wie möglich auf einer Höhe zu laufen versuchen. In der Ökonomie können beide Extreme auftreten. Der „Bergsteiger" entspricht z.B. dem Unternehmen, das seinen aktuellen Gewinn $f(x,y)$ durch gleichzeitige Veränderung der ökonomischen Kontrollvariablen x und y möglichst stark zu erhöhen versucht. Dem Höhenwanderer hingegen entspricht beispielsweise ein Unternehmen, das eine Richtung für die von ihm kontrollierbaren Entscheidungsvariablen x, y sucht, in der sich seine derzeitige Nachfrage $f(x,y)$ nicht verändert.

Man sieht, dass in jedem Fall die gewünschte Richtung, in der die Ableitung gebildet werden soll, nicht fest steht, sondern abhängig von der vorliegenden Funktion gebildet werden soll. Mit der schematischen Bildung der

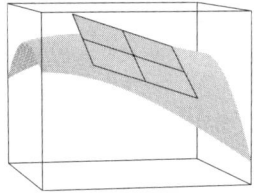

Abbildung 7.18: Linearisierung einer Funktion zweier Variablen

Richtungsableitung gemäß Definition 7.7 ist da wenig geholfen, zumal schon das behandelte Beispiel erahnen lässt, wie aufwändig die Berechnung dann werden kann. Glücklicherweise geht die Richtungsableitung für die meisten praktisch relevanten Funktionen im allgemeinen Konzept des Differentials einer Funktion auf, was eine vereinfachte Bestimmung der Richtungsableitung auf Basis der partiellen Ableitungen ermöglicht.

7.3.3 Das Differential

Differenzierbare Funktionen $f : \mathbb{D} \to \mathbb{R}$, $\mathbb{D} \subseteq \mathbb{R}$ einer Variablen lassen sich durch lineare Funktionen approximieren und dieser Sachverhalt wird ausgiebig genutzt, beispielsweise in der Optimierung. Bei Funktionen mehrerer Variablen ist die Approximation durch lineare Funktionen etwas umständlicher, weil auch die linearen Funktionen von mehr als einer Variablen abhängen werden. Zudem reicht die partielle Differenzierbarkeit ebenso wie das Vorliegen jeder Richtungsableitung nicht aus, eine Funktion $f : \mathbb{D} \subseteq \mathbb{R}^n \to \mathbb{R}$ von n Variablen zu linearisieren. Zur Veranschaulichung soll zunächst erklärt werden, was überhaupt unter einer Linearisierung zu verstehen ist.

Im Fall von Funktionen mit zwei Variablen bedeutet „Annäherung durch lineare Funktionen" den Ansatz, eine Ebene an den Graph von f zu legen, die diesen Graph in einem gegebenen Punkt $(x, y)^T$ gerade berührt (sogenannte Tangentialebene). Dies ist in Abbildung 7.18 anhand der Funktion $f(x, y) = x^3 - 6x^2 - 6y^2 + 5xy + 10y$ im Punkt $(1, \frac{3}{5})$ verdeutlicht. Die Tangentialebene in $(x, y)^T$ an den Graph von f hat die Geradengleichung

$$g(x + d_1, y + d_2) = f(x, y) + a_1 \cdot d_1 + a_2 \cdot d_2$$

Dabei beschreibt a_1 die Steigung der Tangentialebene in x–Richtung und a_2 die Steigung der Tangentialebene in y–Richtung. Diese Steigungen müssen – um von einer Linearisierung sprechen zu können – mit den entsprechenden Steigungen von f in x- bzw. y-Richtung übereinstimmen, sind also – wenn

es überhaupt eine derartige Linearisierung gibt – die partiellen Ableitungen
von f in x und y. Die Linearisierung in $(x,y)^T$ muss auch eine ausreichende
Approximation darstellen, d.h. der Unterschied zwischen $f(x + d_1, y + d_2)$
und $g(x + d_1, y + d_2)$ muss mit $(d_1, d_2) \to (0,0)$ „ausreichend klein" werden.

Definition 7.8

- Es sei $\mathbb{D} \subseteq \mathbb{R}^n$. Ein Punkt $x \in \mathbb{D}$ heißt INNERER PUNKT ⇨ Glossar, wenn
  $B_r(x) \subseteq \mathbb{D}$ für ein $r > 0$. $\mathbb{D}$ heißt OFFEN ⇨ Glossar, wenn es nur innere Punkte
  hat.

- Es sei $\mathbb{D} \subseteq \mathbb{R}^n$ offen. Eine in $x \in \mathbb{D}$ partiell differenzierbare Funktion $f :$
  $\mathbb{D} \subseteq \mathbb{R}^n \to \mathbb{R}$ heißt (TOTAL) DIFFERENZIERBAR IN x MIT ABLEITUNG
  BZW. DIFFERENTIAL $Df(x) = \nabla f(x) \in \mathbb{R}^n$ ⇨ Glossar, wenn für alle $d \in \mathbb{R}^n$
  mit $x + d \in \mathbb{D}$ gilt:

$$f(x + d) = f(x) + \langle Df(x), d \rangle + r(d)$$

  wobei r eine Abbildung ist mit $\lim\limits_{d \to 0, d \neq 0} \frac{r(d)}{\|d\|} = 0$.

- f heißt in $\mathbb{D}$ differenzierbar, wenn f in jedem $x \in \mathbb{D}$ differenzierbar ist.

- f heißt IN $\mathbb{D}$ STETIG DIFFERENZIERBAR ⇨ Glossar, wenn f in $\mathbb{D}$ differenzierbar ist und die Abbildung $Df : \mathbb{D} \to \mathbb{R}^n$ stetig ist in $\mathbb{D}$ (d.h. $\forall x \in \mathbb{D}$
  $\lim\limits_{y \to x} Df(y) = Df(x)$).

Hierzu sind einige Erläuterungen erforderlich: Die Offenheit des Definitionsbereiches $\mathbb{D}$ ist für die (totale) Differenzierbarkeit von f erforderlich, da
in nicht inneren Punkten (sog. Randpunkten) von $\mathbb{D}$ Linearisierungen u.U.
nicht möglich sind. Dieses Phänomen kennt man schon für Funktionen ei-
ner Variablen: beispielsweise ist $f : [0; \infty[\to \mathbb{R}$, $f(x) = \sqrt{x}$, im Randpunkt
$x = 0$ nicht differenzierbar, obwohl die Funktion dort stetig ist. Randpunk-
te sind bei der Untersuchung auf Differenzierbarkeit also zu vermeiden; das
gilt erst recht bei Funktionen mehrerer Variablen und deren Definitionsbereichen. Dort sind Randpunkte von $\mathbb{D}$ gerade diejenigen Punkte, die weder
innere Punkte von $\mathbb{D}$ noch von $\mathbb{R}^n \setminus \mathbb{D}$ sind. Mithin sollte man von offenen Mengen ausgehen, notfalls durch Verkleinerung der zugrundeliegenden
ökonomischen Definitionsbereiche, d.h. indem problematische Randpunkte
isoliert behandelt werden.

Total differenzierbare Funktionen $f : \mathbb{D} \to \mathbb{R}$ werden auch als linearisierbare Funktionen bezeichnet. Für $x \in \mathbb{D}$ ist die Funktion $g : \mathbb{R}^n \to \mathbb{R}$,
$g(y) = f(x) + \langle Df(x), y - x \rangle$ eine – affin – lineare Funktion, welche durch
den Punkt $(x; f(x))$ verläuft und in jeder Richtung von x ausgehend die
selbe Steigung hat wie f. Hieraus kann man wie bei der Differenzierbarkeit
von Funktionen einer Variablen schließen, dass f in x stetig ist, d.h. es gilt

$\lim_{y \to x} f(y) = f(x)$, wobei mit $y \to x$ ein beliebiger Grenzwertübergang $\lim_{n \to \infty} y_n = x$ einer konvergenten Punktfolge mit Grenzwert gemeint ist.

Bei der Definition der totalen Differenzierbarkeit gehen wir implizit davon aus, dass die Funktionen schon partiell differenzierbar sind und verwenden die Begriffe Differential und Gradient synonym. Formal korrekter wäre es, totale Differenzierbarkeit losgelöst von der partiellen Differenzierbarkeit zu definieren; es führt aber im Endeffekt zum gleichen Ergebnis. Außerdem müsste man sich überlegen, wie das Differential allgemein berechnet werden kann – dass es sich dabei stets um den Gradienten von f handelt, muss noch separat formuliert werden. Beispiele für die Berechnung unter Umgehung der partiellen Ableitung sind für das im ökonomischen Kontext benötigte Verständnis des Differentials eher kontraproduktiv.

Nur für $n = 1$ sind totale und partielle Differenzierbarkeit identische Konzepte, für Funktionen mehrerer Variablen ($n > 1$) fallen sie auseinander:

Beispiel 7.20:

- *Die Funktion*

$$f : \mathbb{R}^2 \to \mathbb{R}, \ f(x,y) := \begin{cases} \frac{xy}{x^2+y^2} & \text{falls } (x,y) \neq \bar{0} \\ 0 & \text{falls } x = y = 0 \end{cases}$$

ist in $(0,0)^T$ partiell differenzierbar mit $\frac{\partial f}{\partial x} = 0 = \frac{\partial f}{\partial y}$ für $x = y = 0$. Die Funktion ist aber in $(0,0)^T$ weder stetig noch total differenzierbar, und sie besitzt dort außer den partiellen Ableitungen keine weiteren Richtungsableitungen, wie man an dem Kontour-Diagramm von f in Abbildung 7.19, links, sieht. Offenbar müsste sonst jede Niveaulinie der Funktion durch den Ursprung verlaufen, was aber der Stetigkeit widerspricht.

- *Die Funktion*

$$f : \mathbb{R}^2 \to \mathbb{R}, \ f(x,y) := \begin{cases} \frac{xy^2}{x^2+y^4} & \text{falls } x \neq 0 \\ 0 & \text{falls } x = 0 \end{cases}$$

besitzt in $(0,0)^T$ Richtungsableitungen in jeder Richtung (d_1, d_2), denn für $d_1 \neq 0$, $t \neq 0$, $t \to 0$ ist $\frac{f(td_1, td_2)}{t} = \frac{(td_1)(td_2)^2}{t((td_1)^2+(td_2)^4)} = \frac{d_1 d_2^2}{d_1^2+t^2 d_2^4} \to \frac{d_2^2}{d_1}$. Die Funktion ist aber in $(0,0)^T$ nicht stetig (also auch nicht total differenzierbar), denn für $x \neq 0$ ist $f(x^2, x) = \frac{1}{2}$. Dies ist im Kontour-Diagramm von f in Abbildung 7.19, rechts, dargestellt. Die gestrichelt gezeichnete $\frac{1}{2}$-Niveaulinie durchläuft scheinbar den Ursprung; dort liegt aber der Funktionswert 0 vor.

Dieses Beispiel ist zugegebenermaßen aus Sicht der Ökonomie unrealistisch, denn dort kann man eigentlich fast immer davon ausgehen, dass die verwendeten Funktionen total differenzierbar sind, da sie partiell differenzierbar mit stetigen partiellen Ableitungen sind.

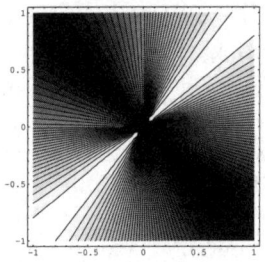 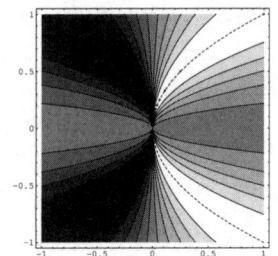

partiell   differenzierbar,   in jede Richtung differen-
aber nicht in jede Rich-   zierbar
tung differenzierbar

Abbildung 7.19: Kontour-Diagramme der zwei nicht
total-differenzierbaren Funktionen aus Beispiel 7.20

Satz 7.16

Sei $\mathbb{D} \subseteq \mathbb{R}^n$ offen und $f : \mathbb{D} \to \mathbb{R}$ STETIG PARTIELL DIFFERENZIERBAR ⇨ Glossar, d.h.

1) f ist partiell differenzierbar in $\mathbb{D}$.

2) Alle partiellen Ableitungen $D_1 f : \mathbb{D} \to \mathbb{R}, \ldots, D_n f : \mathbb{D} \to \mathbb{R}$ sind stetig.

Dann ist f (total) differenzierbar (und sogar STETIG DIFFERENZIERBAR ⇨ Glossar).

Zieht man anhand der drei behandelten Ableitungskonzepte eine kurze **Zwischenbilanz**, so steht fest, dass der Differentialbegriff rechnerisch keine wesentlich höheren Anforderungen stellt als derjenige des Gradienten, welcher in jedem Fall zu berechnen ist. Stellen die partiellen Ableitungen zusätzlich noch stetige Funktionen dar – wovon man i.d.R. ausgehen kann – so sind die Begriffe fast synonym.

Wenn man die Bedeutung der Linearisierung von Funktionen einer Variablen erkannt hat, lässt sich erahnen, wie wichtig das Konzept totaler Differenzierbarkeit für vergleichbare Fragestellungen bei Funktionen mehrerer Variablen ist. Eine unmittelbare Konsequenz erhält man für die Berechnung von Richtungsableitungen.

Satz 7.17 (Richtungsableitung für differenzierbare Funktionen)

Falls $\mathbb{D} \subseteq \mathbb{R}^n$ offen und $f : \mathbb{D} \to \mathbb{R}$ in $x \in \mathbb{D}$ (total) differenzierbar ist, so ist f in x in jede Richtung $d \in \mathbb{R}^n, d \neq \bar{0}$ differenzierbar und es gilt

$$Df(x,d) = \langle Df(x), d \rangle = \langle \nabla f(x), d \rangle$$

Zur Begründung: Für alle hinreichend nahe bei 0 liegenden t folgt aus der

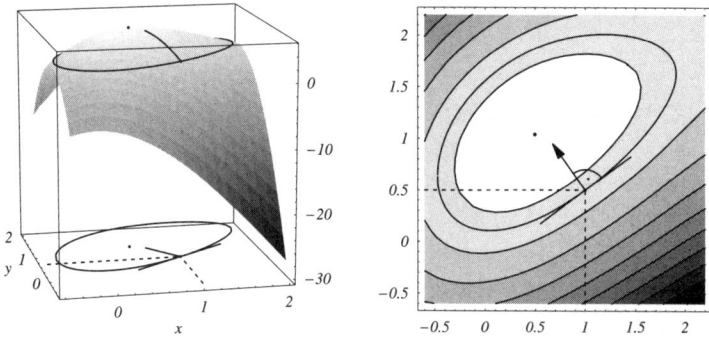

Abbildung 7.20: Der steilste Anstieg und die Richtung einer Niveaulinie bei einer Funktion von zwei Variablen

Linearisierung

$$\frac{f(x + td) - f(x)}{t} = \frac{\langle \nabla f(x), td \rangle + r(td)}{t} = \langle \nabla f(x), d \rangle + \frac{r(td)}{t} \overset{t \to 0}{\longrightarrow} \langle \nabla f(x), d \rangle$$

Beispiel 7.21:
Mit der Funktion $f(x, y) = x^3 - 6x^2 - 6y^2 + 5xy + 10y$ *ist* ⇨ Seite 190 *ziemlich aufwändig die Richtungsableitung* $Df((1,1)^T, (-\frac{4}{5}, \frac{3}{5})^T) = 5$ *berechnet worden. Die obige Rechenregel vereinfacht die Rechnung immens. Die Funktion ist – nicht nur – im Punkt* $(1,1)^T$ *total differenzierbar mit Gradient* $\nabla f(1,1) = (-4,3)^T$ ⇨ vgl. Seite 187 f. *Es ergibt sich dann nach Satz 7.17 die Richtungsableitung* $Df((1,1)^T, (-\frac{4}{5}, \frac{3}{5})^T) = \langle \nabla f(1,1), (-\frac{4}{5}, \frac{3}{5})^T \rangle = \langle (-4,3)^T, (-\frac{4}{5}, \frac{3}{5})^T \rangle = 5.$

Mit der Rechenregel aus 7.17 lassen sich spezifische Richtungen wie die des steilsten Anstiegs oder die Richtung einer Niveaulinie – sofort bestimmen. In Abbildung 7.20 ist das anhand der Funktion $f(x, y) = x^3 - 6x^2 - 6y^2 + 5xy + 10y$ im Punkt $(x_0, y_0)^T = (1, \frac{1}{2})^T$, der auf der 1-Niveaulinie von f liegt, dargestellt. Die Richtung der Niveaulinie in $(1, \frac{1}{2})^T$ muss eine Richtung sein, in der sich die Funktion nicht verändert, d.h. in der die Richtungsableitung gleich Null sein muss. Wegen Satz 7.17 muss diese Richtung senkrecht zum Gradienten $\nabla f(1, \frac{1}{2})$ liegen. Im Kontourdiagramm in 7.20 rechts sind Gradient und Richtung der Niveaulinie sowie der nahe gelegene Maximalpunkt eingezeichnet. Erkennbar ist, dass mit der Richtung, die durch den Gradienten markiert wird, eine Aufwärtsbewegung verbunden ist, die näher zur Maximalstelle führt. Dies ist schon die Richtung des steilsten Anstiegs.

Satz 7.18 (Gradient als Richtung des steilsten Anstiegs)

Ist $f : \mathbb{D} \to \mathbb{R}^1$ eine differenzierbare Funktion, so gilt für jeden Punkt $x \in \mathbb{D}$:

- $\nabla f(x)$ zeigt in Richtung des steilsten Anstiegs von f in x.
- Der steilste Anstieg von f in x ist $\|\nabla f(x)\|$.
- Ist $c = f(x_0)$ und d ein Richtungsvektor in x in Richtung der Niveau–Linie (Niveau–Menge) $\{y \in \mathbb{D} : f(y) = c\}$, so gilt $\langle \nabla f(x), d \rangle = 0$, d.h. der Gradient steht senkrecht zur Niveaumenge im Punkt x.

Alle Aussagen dieses Satzes sollen hier kurz begründet werden. Um die Richtung des steilsten Anstiegs zu identifizieren, macht man sich klar, dass die Suche nur für $\nabla f(x) \neq \bar{0}$ sinnvoll ist. Anderenfalls wäre jede Richtungsableitung in diesem Punkt gleich Null. Weiter spielt für die Suche nur die Orientierung, nicht aber die Länge der verwendeten Richtungsvektoren eine Rolle: Rein formal kann man zwar die Richtungsableitung vervielfachen durch Übergang von d zu αd, denn dann ist $Df(x, \alpha d) = \langle \nabla f(x), \alpha d \rangle = \alpha \langle \nabla f(x), d \rangle = \alpha Df(x, d)$. Eine derartige Erhöhung der Steigung ist jedoch uninteressant, da sie vielmehr einer Zunahme der Bewegungsgeschwindigkeit im Koordinatensystem entspricht. Also beschränkt man sich auf Richtungsvektoren einer festen Länge, typischerweise $\|d\| = 1$. Unter diesen ist nun ein Richtungsvektor gesucht, welcher die Richtungsableitung $Df(x, d) = \langle \nabla f(x), d \rangle$ maximiert. Unter Zuhilfenahme der Cauchy-Schwarz-Ungleichung 3.4 ⇨ Seite 54 gilt für die betragsmäßige Richtungsableitung

$$|Df(x, d)| = |\langle \nabla f(x), d \rangle| \leq \|\nabla f(x)\| \cdot \|d\| = \|\nabla f(x)\|$$

$$= \frac{\|\nabla f(x)\|^2}{\|\nabla f(x)\|} = \frac{\langle \nabla f(x), \nabla f(x) \rangle}{\|\nabla f(x)\|}$$

$$= \langle \nabla f(x), \frac{1}{\|\nabla f(x)\|} \nabla f(x) \rangle = Df(x, \frac{1}{\|\nabla f(x)\|} \nabla f(x))$$

Damit zeigt der Gradient in die Richtung des steilsten Anstiegs. Da die „Null-Anstieg"-Richtung einer Niveaulinie genau senkrecht hierzu liegen muss, ist also jede Niveaulinie senkrecht zur Richtung des Gradienten.

Bei Funktionen f von einer Variablen wird anstelle der Ableitung bekanntlich oft die Elastizität $\varepsilon_f(x) = \frac{f'(x) \cdot x}{f(x)}$ als einheitenunabhängiges Änderungsmaß für f anstelle der Ableitung $f'(x)$ verwendet. Auch für Funktionen mehrerer Variablen kann man solche Elastizitäten betrachten. Es muss allerdings darauf geachtet werden, dass sich jede der Inputvariablen von f ändern kann und man daher das prozentuale Änderungsverhalten abhängig vom prozentualen Änderungsverhalten jeder der Variablen bilden muss. Statt einer Elastizität hat man daher einen Vektor von Elastizitäten.

Definition 7.9 (partielle Elastizitäten)

Für $\mathbb{D} \subseteq \mathbb{R}^n$ offen, $f : \mathbb{D} \to \mathbb{R}$ differenzierbar und $x \in \mathbb{D}$ mit $f(x) \neq 0$, so heißt

$$\varepsilon_f(x_1, \ldots, x_n) := \left(x_1 \cdot \frac{D_1 f(x)}{f(x)}, \ldots, x_n \cdot \frac{D_n f(x)}{f(x)} \right)^T$$

Vektor der **PARTIELLEN ELASTIZITÄTEN** $\Rightarrow$ Glossar bzw. Elastizitätsgradient.

Beispiel 7.22:

Für $f(x,y) = x^2 y + y^2 x$ ist $\frac{\partial}{\partial x} f(x,y) = 2xy + y^2$, $\frac{\partial}{\partial y} f(x,y) = x^2 + 2xy$. Der Elastizitätsgradient lautet dann, falls $(x,y) \neq (0,0)$

$$\varepsilon_f(x,y) = \left(\frac{x(2xy + y^2)}{x^2 y + xy^2}, \frac{y(x^2 + 2xy)}{x^2 y + xy^2} \right)^T = \left(\frac{2x + y}{x + y}, \frac{2y + x}{x + y} \right)^T$$

Für den Elastizitätsgradienten einer differenzierbaren Funktion gilt wegen der Linearisierbarkeit von f folgende Näherungsgleichung

$$\frac{f(y) - f(x)}{f(x)} \approx \frac{\langle \nabla f(x), y - x \rangle}{f(x)} = \sum_{i=1}^{n} \frac{D_i f(x)}{f(x)} (y_i - x_i) = \sum_{i=1}^{n} \varepsilon_{f,i}(x) \frac{y_i - x_i}{x_i}$$

Das bedeutet: Falls sich jede der Inputvariablen x_i marginal um $h_i\%$ verändert, so verändert sich dadurch der Output marginal um $\langle \varepsilon_f(x), h \rangle \%$ (wobei $h = (h_1, \ldots, h_n)^T$). Man spricht dann auch von der **ELASTIZITÄT VON** f **IN** x **IN RICHTUNG** h $\Rightarrow$ Glossar, kurz: Richtungselastizität.

7.3.4 Rechenregeln für Differential und Gradient

Weil Differential und Gradient dieselbe Berechungsgrundlage haben, nämlich partielle Ableitungen, die sich wie gewöhnliche Ableitungen von Funktionen einer Variablen ergeben, lassen sich sämtliche Rechenregeln, die man hierfür kennt, auf den Umgang mit Differentialen und Gradienten übertragen. Dabei ist lediglich die Bündelung der partiellen Ableitungen im Gradientenvektor bzw. Differential zu berücksichtigen.

Satz 7.19

Seien $f, g : \mathbb{D} \subseteq \mathbb{R}^n \to \mathbb{R}$ differenzierbar in $x \in \mathbb{D}$. Dann sind für $a, b \in \mathbb{R}$ die Funktionen $af + bg$, $f \cdot g$ und, falls $g(x) \neq 0$, auch $\frac{f}{g}$ differenzierbar in x, und es gilt:

- $D(af + bg)(x) = a Df(x) + b Dg(x)$,   (Summenregel)
- $D(fg)(x) = g(x) \cdot Df(x) + f(x) \cdot Dg(x)$,   (Produktregel)
- $D\left(\frac{f}{g}\right)(x) = \frac{1}{(g(x))^2}(g(x) \cdot Df(x) - f(x) \cdot Dg(x))$ (Quotientenregel)

Diese Regeln sind als Methoden zur Zusammenfassung partieller Ableitungen zu verstehen und expressis verbis eher selten im Gebrauch. Die Kettenregel für Funktionen einer Variablen besitzt hingegen verschiedene Verallgemeinerungen, die sich – unter Verwendung des Konzeptes von Jacobi-Matrizen – verallgemeinern lassen, von denen allerdings eine spezielle Fassung geeignet ist, die bereits behandelte Substitutionsgrenzrate ⇨ Seite 124 zu berechnen:

Satz 7.20 (Spezialfall der Kettenregel)
Seien $f, g : \mathbb{D} \subseteq \mathbb{R}^n \to \mathbb{R}$ differenzierbar. Weiter sei $I \subseteq \mathbb{R}$ ein offenes Intervall und $h = (h_1, \ldots, h_n) : I \to \mathbb{D}$ mit differenzierbaren Funktionen $h_i : I \to \mathbb{R}$. Dann ist auch $f \circ h : I \to \mathbb{R}$ differenzierbar mit

$$(f \circ h)'(t) = \sum_{i=1}^{n} D_i f(h(t)) \cdot h_i'(t) = \sum_{i=1}^{n} \left. \frac{\partial f}{\partial x_i} \right|_{x_1 = h_1(t), \ldots, x_n = h_n(t)} \cdot \frac{\partial h_i}{\partial t}$$

Beispiel 7.23:
In Beispiel 5.5 ⇨ Seite 124 *ist die Nachfragefunktion eines Anbieters A1 für ein Gut, welches von A1 zum Preis $p > 0$ und von einem zweiten Anbieter A2 zum Preis $q > 0$ verkauft wird, in der Form $f(p, q) = 1000 \dfrac{q^2}{p^3 + p^2}$. Bei den derzeitigen Preisen $p = 10$ Euro und $q = 11$ Euro erzielt A1 eine Nachfrage von $f(10, 11) = 110$ Einheiten. Ändert nun A2 seinen Preis und will A1 die Nachfrage halten, so muss er seinen Preis p als Funktion des Preises q so wählen, dass gilt $f(p(q), q) = 110$. Differenziert man diesen Ausdruck nach q, so ergibt sich, sofern $D_1 f(p(q), q) \neq 0$, nach der Kettenregel*

$$D_1 f(p(q), q) \cdot p'(q) + D_2 f(p(q), q) \cdot 1 = 0 \Leftrightarrow p'(q) = -\frac{D_2 f(p(q), q)}{D_1 f(p(q), q)}$$

Hier gilt $\nabla f(p, q) = 1000 \left(-\dfrac{q^2(3p^2 + 2p)}{(p^3 + p^2)^2}, \dfrac{2q}{p^3 + p^2} \right)^T$. Also folgt $\nabla f(10, 11) = (-32, 20)^T$ und somit $p'(11) = -\dfrac{20}{-32} = \dfrac{5}{8}$.

Es ergibt sich – natürlich – dasselbe Ergebnis wie in Beispiel 5.5 ⇨ Seite 124. Die Herleitung erfolgt hier aber ausschließlich auf Basis der partiellen Ableitungen von f und der folgenden allgemeinen Regel:

Satz 7.21 (Formel für die Substitutionsgrenzrate)
Sei $f : \mathbb{D} \subseteq \mathbb{R}^n \to \mathbb{R}$ differenzierbar und $(x_1, \ldots, x_n) \in \mathbb{D}$ mit $f(x_1, \ldots, x_n) = 0$. Weiter sei $g : \mathbb{D}' \subseteq \mathbb{R}^{n-1} \to \mathbb{R}$ eine differenzierbare Funktion mit $g(x_1, \ldots, x_{n-1}) = x_n$ und $f(y_1, \ldots, y_{n-1}, g(y_1, \ldots, y_{n-1})) = 0$. Dann gilt für alle $i = 1, \ldots, n-1$

$$\left. \frac{\partial g}{\partial y_i} \right|_{y_1 = x_1, \ldots, y_{n-1} = x_{n-1}} = -\frac{D_i f(x)}{D_n f(x)}$$

Voraussetzung für die Anwendbarkeit dieses Satzes ist natürlich das Vorliegen einer differenzierbaren Funktion g mit $g(x_1, \ldots, x_{n-1}) = x_n$, welche die Gleichung $f(y_1, \ldots, y_{n-1}, y_n) = 0$ zu $y_n = g(y_1, \ldots, y_{n-1})$ expliziert. Das Problem ist, dass eine derartige Funktion in praktischen Anwendungen gerade nicht bekannt ist. Dennoch darf die Existenz dieser Funktion regelmäßig dann vorausgesetzt werden, wenn $(x_1, \ldots, x_n) \in \mathbb{D}$ ein innerer Punkt in $\mathbb{D}$ ist und $D_n f(x_1, \ldots, x_n) \neq 0$ gilt. Diese Existenzaussage zusammen mit der obigen Rechenregel für das Differenzial von g wird in der Mathematik das **THEOREM IMPLIZITER FUNKTIONEN** ⇨ Glossar genannt und gilt in erheblich allgemeinerer Form, auf die an dieser Stelle noch nicht eingegangen werden soll – in Unterabschnitt 8.4.3 ⇨ Seite 280 werden die entsprechenden Methoden bereit gestellt.

Beispiel 7.24:

Die Herstellung eines Gutes aus drei Rohstoffen R1,R2,R3 möge mit der Produktionsfunktion $f : [0; \infty[^3 \to [0, \infty[$, $f(x, y, z) = x^{\frac{1}{2}} y^{\frac{1}{3}} z^{\frac{1}{6}}$ erfolgen. Die Fertigung erfolgt derzeit bei einem Input $x = 25$, $y = 27$, $z = 64$ und ergibt den Produktionsoutput $f(25, 27, 64) = 30$ Einheiten. Aufgrund geänderter Marktpreise für R1 und R2 wird erwogen, deren Quantitäten in der Produktion zu ändern und es soll die Substitutionsgrenzrate zwischen R3 und R1 bzw. R3 und R2 ermittelt werden. Hierzu ist zunächst die Produktionsfunktion zu differenzieren:

$$\nabla f(x, y, z) = (\frac{1}{2} x^{-\frac{1}{2}} y^{\frac{1}{3}} z^{\frac{1}{6}}, \frac{1}{3} x^{\frac{1}{2}} y^{-\frac{2}{3}} z^{\frac{1}{6}}, \frac{1}{6} x^{\frac{1}{2}} y^{\frac{1}{3}} z^{-\frac{5}{6}})^T = f(x, y, z) \left(\frac{1}{2x}, \frac{2}{3y}, \frac{5}{6z} \right)^T$$

Speziell ergibt sich $\nabla f(25, 27, 64) = 30 \left(\frac{1}{50}, \frac{2}{81}, \frac{5}{384} \right)^T = \left(\frac{3}{5}, \frac{20}{27}, \frac{15}{64} \right)^T$

Die Substitutionsgrenzrate zwischen R3 und R1 ist dann $-\frac{D_1 f(25,27,64)}{D_3 f(25,27,64)} = -\frac{64}{25}$. Erhöht man beispielsweise den Rohstoffinput R1 von derzeit 25 um Δx Einheiten (wobei $\Delta x > 0$ eine geringfügige Änderung bezeichnet), so muss man den Input von R3 (derzeit 64 Einheiten) um näherungsweise $\frac{64}{25} \Delta x$ verringern, um den Produktionsoutput von 30 Einheiten zu halten. Die Substitutionsgrenzrate zwischen R3 und R2 beträgt $-\frac{D_2 f(25,27,64)}{D_3 f(25,27,64)} = -\frac{256}{81}$. Erhöht man den Rohstoffinput R1 von derzeit 27 um Δy Einheiten (wobei $\Delta y > 0$ eine geringfügige Änderung bezeichnet), so muss man den Input von R3 (derzeit 64 Einheiten) um näherungsweise $\frac{256}{81} \Delta y$ verringern, um den Produktionsoutput von 30 Einheiten zu halten. Eine gleichzeitige Änderung von R1 um Δx und R2 um Δy Einheiten erfordert dann eine Änderung von R3 um ungefähr $-\frac{64}{25} \Delta x - \frac{256}{81} \Delta y$ Einheiten, um den Produktionsoutput zu halten.

CD-Produktionsfunktionen $f(x_1, \ldots, x_n) := c \cdot x_1^{a_1} \cdot \ldots \cdot x_n^{a_n}$ wie die des letzten Beispiels haben ein vorteilhaftes Ableitungsverhalten. Es ist

$$\frac{\partial}{\partial x_i} f(x_1, \ldots, x_n) = c \cdot x_1^{a_1} \cdot \ldots \cdot a_i x_i^{a_i - 1} \cdot \ldots \cdot x_n^{a_n} = \frac{a_i}{x_i} \cdot f(x_1, \ldots, x_n)$$

Die erste Umformung zeigt, dass jede partielle Ableitung einer Funktion vom CD-Typ wieder eine CD-Typ-Funktion ist. Der Homogenitätsgrad hat sich bei Übergang zur partiellen Ableitung um Eins verringert. Fasst man die partiellen Ableitungen wieder zum Gradienten zusammen, so gilt

$$Df(x_1, \ldots, x_n) = \nabla f(x_1, \ldots, x_n) = f(x_1, \ldots, x_n) \cdot \left(\frac{a_1}{x_1}, \ldots, \frac{a_n}{x_n} \right)^T$$

Als **HOMOGENE FUNKTION** ⇨ Glossar hat f ein besonders leicht zu berechnendes Änderungsverhalten, falls die Inputs $x = (x_1, \ldots, x_n)^T$ sich zu $(1 + \Delta)x = ((1 + \Delta)x_1, \ldots, (1 + \Delta)x_n)^T = x + \Delta x$ mit $\Delta \in]-1; \infty[, \Delta \neq 0$ verändern. Diese Vervielfachung mit dem Faktor $1 + \Delta$ entspricht einer Bewegung aus x heraus in Richtung des Vektors x. Somit ist zu erwarten, dass auch die Richtungsableitung von f in x in Richtung x eine spezielle Form hat. In der Tat gilt: $\langle \nabla f(x), x \rangle = f(x_1, \ldots, x_n) \cdot (a_1 + \ldots + a_n)$. Die Richtungsableitung ist also proportional zum Homogenitätsgrad und zum Funktionswert von f. Allgemeiner gilt:

Satz 7.22 (Ableitungseigenschaften homogener Funktionen)
Sei $\mathbb{D} \subseteq \mathbb{R}^n$ offen und $f : \mathbb{D} \to \mathbb{R}$ differenzierbar und r-homogen. Dann gilt:

- $D_1 f, \ldots, D_n f$ sind homogen vom Grad $r - 1$. Für jedes $d \in \mathbb{R}^n \setminus \{0\}$ sind die Richtungsableitungen $Df(\cdot, d) : \mathbb{D} \to \mathbb{R}^1$ homogen vom Grad $r - 1$.

- Es gilt die **EULER–FORMEL** ⇨ Glossar $\langle \nabla f(x), x \rangle = r \cdot f(x)$ für alle $x \in \mathbb{D}$

Zur Begründung: Die Richtungsableitung ergibt sich für $x \in \mathbb{D}$, $d \in \mathbb{R}^n$, $\lambda \in \mathbb{R}$ sowie $h \neq 0$ zu $\frac{f(\lambda x + hd) - f(\lambda x)}{h} = \lambda^{r-1} \frac{f(x + \frac{h}{\lambda} d) - f(x)}{\frac{h}{\lambda}} \to \lambda^{r-1} Df(x, d)$. Die Euler-Formel erschließt sich aufgrund der folgenden Heuristik: Für $x \in \mathbb{D}$ und $\lambda > 1$ gilt $\lambda^r f(x) = f(\lambda x) \approx f(x) + \langle \nabla f(x), \lambda x - x \rangle$. Das bedeutet näherungsweise $\frac{\lambda^r - 1}{\lambda - 1} f(x) \approx \langle \nabla f(x), x \rangle$. Wegen $\lim_{\lambda \to 1} \frac{\lambda^r - 1}{\lambda - 1} = r$ (**REGEL VON L'HOSPITAL** ⇨ Glossar) folgt dann die Euler-Formel, da die Näherungsaussage für $\lambda \to 1$ exakt wird.

Auch die Richtungselastizität bei gleichartiger Änderung aller Inputvariablen um den Prozentsatz p lässt sich für homogene Funktionen leicht berechnen. Sie beträgt

$$\langle \varepsilon_f(x), (p, \ldots, p)^T \rangle = p \sum_{i=1}^{n} \varepsilon_{f,i}(x) = \frac{p \sum_{i=1}^{n} D_i f(x) x_i}{f(x)} = \frac{p \langle \nabla f(x), x \rangle}{f(x)} = pr$$

wobei die letzte Umformung eine Folgerung der Euler-Formel ist. Für $p = 1$ ergibt sich die Richtungselastizität r, d.h. der Homogenitätsgrad.

Satz 7.23 (Interpretation des Homogenitätsgrades)
Für eine differenzierbare r-homogene Funktion beträgt die Richtungselastizität $r\%$, wenn sich alle Inputs um jeweils 1 Prozent ändern.

7.3.5 Höhere Ableitungen

Die partiellen Ableitungen $D_1 f, \ldots, D_n f$ einer Funktion von n Variablen kann man wieder als Funktionen auffassen und versuchen, nach den n Variablen abzuleiten. So hat z.B. die Funktion $f(x,y) = x^3 + 2xy + e^{7y}$ die partiellen Ableitungen $D_1 f(x,y) = \frac{\partial}{\partial x} f(x,y) = 3x^2 + 2y$ und $D_2 f(x,y) = \frac{\partial}{\partial y} f(x,y) = 2x + 7 \cdot e^{7y}$. Jede der zwei partiellen Ableitungen kann noch einmal nach x bzw. y abgeleitet werden, was vier verschiedene Ableitungsmöglichkeiten ergibt

$$D_1(D_1 f)(x,y) = \frac{\partial}{\partial x}(3x^2 + 2y) = 6x, \quad D_2(D_1 f)(x,y) = 2$$

$$D_1(D_2 f)(x,y) = \frac{\partial}{\partial x}(2x + 7e^{7y}) = 2, \quad D_2(D_2 f)(x,y) = 49e^{7y}$$

Die hierbei entstehenden Ableitungen könnte man wiederum nach x bzw. y ableiten, was zu weiteren höheren Ableitungen führt. Der hiermit verbundene Aufwand ist aber aus Sicht ökonomischer Anwendungen nicht sinnvoll.

Definition 7.10
$f : \mathbb{D} \subseteq \mathbb{R}^n \rightarrow \mathbb{R}$ sei partiell differenzierbar in $\mathbb{D}$. Alle partiellen Ableitungen $D_i f : \mathbb{D} \rightarrow \mathbb{R}^1$ seien ebenfalls partiell differenzierbar in $\mathbb{D}$. Dann heißt f ZWEI-MAL PARTIELL DIFFERENZIERBAR IN ⇨ Glossar $\mathbb{D}$ mit den PARTIELLEN ABLEITUNGEN ZWEITER ORDNUNG ⇨ Glossar

$$D_{ij} f(x) = D_j(D_i f)(x) \quad (1 \leq i,j \leq n, x \in \mathbb{D})$$

Falls alle $D_{ij} f : \mathbb{D} \rightarrow \mathbb{R}^1$ zusätzlich stetig sind, so heißt f zweimal stetig partiell differenzierbar.

Beispiel 7.25:
Mit der Matrix $A = \begin{bmatrix} 1 & 2 \\ 2 & 5 \end{bmatrix} \in \mathbb{R}^2$ *sei die folgende Funktion zweier Variablen erklärt:* $f(x_1, x_2) = \langle \begin{pmatrix} x_1 \\ x_2 \end{pmatrix}, A \begin{pmatrix} x_1 \\ x_2 \end{pmatrix} \rangle = x_1^2 + 4x_1 x_2 + 5x_2^2$. *Hier ergibt sich* $D_1 f(x_1, x_2) = 2x_1 + 4x_2$ *und* $D_2 f(x_1, x_2) = 4x_1 + 10x_2$. *Beide partiellen Ableitungen sind wieder partiell differenzierbar. Die partiellen Ableitungen zweiter Ordnung lauten dann* $D_{1,1} f(x_1, x_2) = 2$, $D_{1,2} f(x_1, x_2) = 4$, $D_{2,1} f(x_1, x_2) = 4$ *und* $D_{2,2} f(x_1, x_2) = 10$

Man bemerkt, dass es in beiden Beispielen keine Rolle spielt, in welcher Reihenfolge die „gemischten" Ableitungen gebildet werden:

Satz 7.24 (Hesse-Matrix)

Sei $\mathbb{D} \subseteq \mathbb{R}^n$ offen und $f : \mathbb{D} \to \mathbb{R}$ zweimal stetig partiell differenzierbar. Dann ist

$$H_f(x) := \begin{bmatrix} D_{11}f(x) & D_{12}f(x) & \cdots & D_{1n}f(x) \\ D_{21}f(x) & D_{22}f(x) & \cdots & D_{2n}f(x) \\ \vdots & \vdots & \ddots & \vdots \\ D_{n1}f(x) & D_{n2}f(x) & \cdots & D_{nn}f(x) \end{bmatrix}$$

eine **SYMMETRISCHE MATRIX** $\Rightarrow$ Glossar. Sie heißt **HESSE–MATRIX** $\Rightarrow$ Glossar von f in $x \in \mathbb{D}$.

Beispiel 7.26:

- Für $f(x,y) = x^3 + 2xy + e^{7y}$ lautet die Hesse-Matrix $H_f(x,y) = \begin{bmatrix} 6x & 2 \\ 2 & 49e^{7y} \end{bmatrix}$

- Für $A = \begin{bmatrix} 1 & 2 \\ 2 & 5 \end{bmatrix}$ und $f(x) = \langle x, Ax \rangle$ ist $H_f(x_1, x_2) = \begin{bmatrix} 2 & 4 \\ 4 & 10 \end{bmatrix} = 2A$

- Allgemein hat die Funktion $f : \mathbb{R}^n \to \mathbb{R}$, $f(x) = \langle x, Ax \rangle$, $x \in \mathbb{R}^n$ mit einer symmetrischen Matrix $A \in \mathbb{R}^{n \times n}$ die Hesse-Matrix $H_f(x) = 2A$.

Bei der Behandlung von Funktionen einer Variablen ist klar geworden, dass man die Approximationsgüte für differenzierbare Funktionen f in der Umgebung eines Punktes $x \in \mathbb{D}$ erhöhen kann, wenn man statt der Linearisierung $g(y) = f(x) + f'(x)(y - x)$ die quadratische Annäherung $h(y) = f(x) + f'(x)(y-x) + \frac{1}{2}f''(x)(y-x)^2$ verwendet. Es dürfte nicht überraschen, dass solch eine Verbesserung auch für Funktionen mehrerer Variablen möglich ist. Ohne genauer auf die Herleitung einzugehen, sei darauf hingewiesen, dass eine derartige Approximation für eine zweimal stetig partiell differenzierbare Funktion f mehrerer Variablen von der Form (mit $y = x + d$)

$$h(y) = h(x + d) = f(x) + \langle \nabla f(x), d \rangle + \frac{1}{2}\langle d, H_f(x)d \rangle$$

ist. Diese Funktion hat in x denselben Gradienten und dieselbe Hesse-Matrix wie f. Betrachtet man nun das Änderungsverhalten in einer speziellen Richtung d, so gilt für $\alpha \in \mathbb{R}$

$$h(x + \alpha d) = f(x) + \alpha \langle \nabla f(x), d \rangle + \frac{\alpha^2}{2} \langle d, H_f(x)d \rangle$$

Dann stellt

$$\left.\frac{\partial^2 h(x + \alpha d)}{\partial \alpha^2}\right|_{\alpha=0} = \langle d, H_f(x)d \rangle$$

die **RICHTUNGSKRÜMMUNG** $\Rightarrow$ Glossar von f im Punkt x in Richtung d dar.

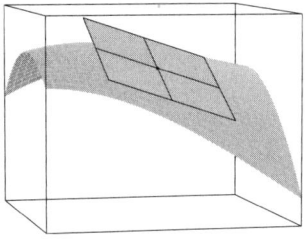
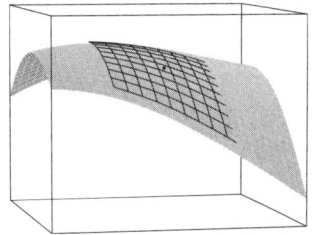

Entwicklung erster Ordnung   Entwicklung zweiter Ordnung

Abbildung 7.21: Taylor-Entwicklung erster und zweiter Ordnung

Die Hesse-Matrix einer Funktion in einem Punkt gestattet es somit, das Krümmungsverhalten von f in diesem Punkt in beliebiger Richtung zu ermitteln. Dies wird im folgenden Abschnitt auf das Konzept definiter symmetrischer Matrizen führen.

Beispiel 7.27:

Dass mit der Approximation durch quadratische Funktionen mehrerer Variablen tatsächlich eine bessere Anpassung als durch lineare Funktionen erreicht werden kann, sei abschließend noch an einem Beispiel illustriert. Für die Funktion f : $\mathbb{R}^2 \to \mathbb{R}$, $f(x,y) = x^3 - 6x^2 - 6y^2 + 5xy + 10y$, die ja schon bei der Einführung der verschiedenen Ableitungskonzepte behandelt wurde, lautet der Gradient $\nabla f(x,y) = (3x^2 - 12x + 5y, -12y + 5x + 10)^T$ und die Hesse-Matrix

$$H_f(x,y) = \begin{bmatrix} 6x - 12 & 5 \\ 5 & -12 \end{bmatrix}$$

Speziell im Punkt $x = 1$, $y = \frac{3}{5}$ ergibt sich $f(1, \frac{3}{5}) = \frac{46}{25}$, $\nabla f(1, \frac{3}{5}) = (-6, \frac{39}{5})^T$ und $H_f(1, \frac{3}{5}) = \begin{bmatrix} -6 & 5 \\ 5 & -12 \end{bmatrix}$. Damit lauten die Approximationen erster und zweiter Ordnung im Punkt $(1, \frac{3}{5})^T$

$$g(y_1, y_2) = \frac{46}{25} + \left\langle (-6, \frac{39}{5})^T, (y_1 - 1, y_2 - \frac{3}{5})^T \right\rangle = \frac{79}{25} - 6y_1 + \frac{39}{5}y_2$$

$$h(y_1, y_2) = g(y_1, y_2) + \frac{1}{2}\left\langle (y_1 - 1, y_2 - \frac{3}{5})^T, \begin{bmatrix} -6 & 5 \\ 5 & -12 \end{bmatrix} (y_1 - 1, y_2 - \frac{3}{5})^T \right\rangle$$

$$= 1 - 3y_1^2 - 6y_2^2 + 5y_1 y_2 - 3y_1 + 10y_2$$

In Abbildung 7.21 sind beide Approximationen in den Graph von f eingezeichnet. Erkennbar ist die deutlich geringere Approximationsgüte der linearen Approximation, während die quadratische Approximation in der Nähe des Entwicklungspunktes $(1, \frac{3}{5})^T$ auch die Krümmung von f recht gut erfasst.

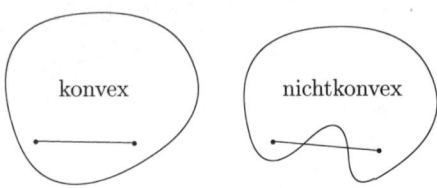

Abbildung 7.22: Konvexe und nichtkonvexe Mengen im $\mathbb{R}^2$

7.3.6 Konvexe Funktionen

Bei Funktionen einer Variablen ist das Krümmungsverhalten als wesentlich für Argumentationen im Optimierungskontext erkannt worden. Konvexität kann man aber auch für Funktionen mehrerer Variablen erklären. Eine konvexe Funktion mehrerer Variablen ist anschaulich dadurch gekennzeichnet, dass sie längs beliebiger Linien im Definitionsbereich eine Linkskrümmung aufweist. Damit man dies überhaupt sinnvoll aussagen kann, muss der Definitionsbereich $\mathbb{D}$ solche Linien beinhalten in dem Sinne, dass zu je zwei Punkten $x, y \in \mathbb{D}$ auch stets die gesamte Verbindungslinie $\{\lambda x + (1 - \lambda)y : \lambda \in [0; 1]\}$ in $\mathbb{D}$ liegt:

Definition 7.11 (konvexe Menge)
Eine Teilmenge $\mathbb{D} \subseteq \mathbb{R}^n$ heißt **KONVEX** ⇨ Glossar, wenn für alle $x, y \in \mathbb{D}$ und $\lambda \in]0; 1[$ gilt: $\lambda x + (1 - \lambda)y \in \mathbb{D}$

Abbildung 7.22 zeigt Beispiele konvexer und nicht konvexer Mengen. Im ökonomischen Kontext tritt als Definitionsbereich oft eine der folgenden konvexen Mengen auf (von der Begründung der Konvexität sei hier abgesehen; man mache sich die Aussagen anhand von Spezialfällen im $\mathbb{R}^2$ klar)

- Quader: $\mathbb{D} = \{(x_1, \ldots, x_n)^T : a_1 \leq x_1 \leq b_1, \ldots, a_n \leq x_n \leq b_n\}$,
- Kugeln: $\mathbb{D} = \{x \in \mathbb{R}^n : \|x - x_0\| \leq r\}$,
- Ellipsoide, d.h. Mengen der Form $\{y \in \mathbb{R}^n : \langle y - x, A(y - x)\rangle \leq r\}$, wobei $x \in \mathbb{R}^n$ und A eine symmetrische, **POSITIV DEFINITE MATRIX** ⇨ Glossar ist.

Weitere konvexe Mengen erhält man hieraus z.B. dadurch, dass Begrenzungswerte durch $\pm\infty$, strikte Ungleichungen mit $<$ durch $\leq$ ersetzt werden und umgekehrt oder die Schnittmenge zweier oder mehrerer konvexer Mengen gebildet wird. Man kann festhalten, dass die Konvexität des Definitionsbereiches – von einigen „pathologischen" Fällen einmal abgesehen – in der Ökonomie meistens nahezu stillschweigend vorausgesetzt werden darf.

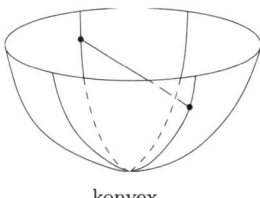 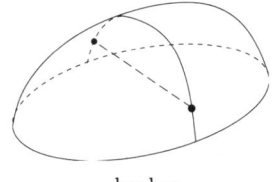

konvex   konkav

Abbildung 7.23: Konvexe und konkave Funktionen in zwei Variablen

Die durchgängige Linkskrümmung konvexer Funktionen wird nun auf Linien durch den Definitionsbereich erklärt, also genau wie die Konvexität für Funktionen einer Variablen:

Definition 7.12
- Sei $\mathbb{D} \subseteq \mathbb{R}^n$ konvex. Eine Funktion $f : \mathbb{D} \to \mathbb{R}$ heißt konvex, wenn $\forall x, y \in \mathbb{D}$, $\lambda \in \,]0; 1[$ gilt

$$f(\lambda x + (1 - \lambda)y) \leq \lambda f(x) + (1 - \lambda)f(y)$$

- f heißt streng konvex, wenn $\forall x, y \in \mathbb{D}$, $\lambda \in \,]0; 1[$ gilt

$$f(\lambda x + (1 - \lambda)y) < \lambda f(x) + (1 - \lambda)f(y)$$

- f heißt konkav/streng konkav, wenn $-f$ konvex/streng konvex ist.

Der typische Verlauf konvexer bzw. konkaver Funktionen ist in Abbildung 7.23 skizziert. Der Verlauf von Verbindungslinien zwischen Punkten des Funktionsgraphen oberhalb bzw. unterhalb des Funktionsgraphen ist deutlich erkennbar.

Beispiele für konvexe Funktionen sind alle (affin) linearen Funktionen $f(x) = a_0 + \langle a, x \rangle$, wobei $a \in \mathbb{R}^n$. Der direkte Konvexitätsbeweis ist hierfür zwar nicht besonders schwer, aber von der Notation etwas aufwändig. Für andere – selbst einfach strukturierte – Funktionen ist der Nachweis oft – wie schon bei Funktionen einer Variablen – mit technischen Tricks verbunden. Man führt ihn zuweilen auf einfachere konvexe Funktionen zurück, muss sich dabei aber vor Fallen bei der Konvexitätsargumentation hüten:

Beispiel 7.28:
So sind die Funktionen $g(x, y) = x$ und $h(x, y) = y$ als lineare Funktionen konvex und auch $f_1(x, y) = g(x, y) + h(x, y) = x + y$ ist konvex. Das ist aber nicht mehr für $f_2(x, y) = g(x, y)h(x, y) = xy$ der Fall, wie der Graph von f_2 in Abbildung 7.24 verdeutlicht.

Der direkte Konvexitätsnachweis soll an dieser Stelle nicht weiter verfolgt

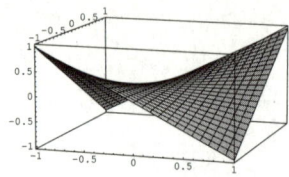

Abbildung 7.24: Graph der nichtkonvexen Funktion $f_2(x, y) = xy$

werden, denn bereits für zweimal differenzierbare Funktionen f lässt sich die Konvexität mittels eines Standardverfahrens nachweisen. Dieses berücksichtigt, dass Konvexität im Definitionsbereich eine nichtnegative Richtungskrümmung $\langle d, H_f(x)d \rangle$ in jedem Punkt x des Definitionsbereiches in jede Richtung d bedeutet. Konkret wird bei festen $x \in \mathbb{D}$ diese Richtungskrümmung in Abhängigkeit von d auf ihr Vorzeichenverhalten untersucht. Das ist eine Standardaufgabe, die dem Nachweis der so genannten Definitheit der Hesse-Matrix $H_f(x)$ bei festem x entspricht:

Definition 7.13 (Definitheit symmetrischer Matrizen)

Eine symmetrische Matrix $H = \begin{bmatrix} h_{11} & \cdots & h_{1n} \\ \vdots & \ddots & \vdots \\ h_{n1} & \cdots & h_{nn} \end{bmatrix} \in \mathbb{R}^{n \times n}$ heißt

- **POSITIV DEFINIT** ⇨ Glossar, wenn für alle $d \in \mathbb{R}^n$, $d \neq \bar{0}$, gilt: $\langle d, Hd \rangle > 0$
- positiv semidefinit, wenn für alle $d \in \mathbb{R}^n$ gilt: $\langle d, Hd \rangle \geq 0$
- negativ definit, wenn für alle $d \in \mathbb{R}^n$, $d \neq \bar{0}$, gilt: $\langle d, Hd \rangle < 0$
- negativ semidefinit, wenn für alle $d \in \mathbb{R}^n$ gilt: $\langle d, Hd \rangle \leq 0$
- indefinit, wenn keiner der ersten vier Fälle vorliegt.

Beispiel 7.29:
Betrachtet werde die Matrix $H = \begin{bmatrix} 1 & 2 \\ 2 & a \end{bmatrix}$, *wobei* $a \in \mathbb{R}$ *zunächst nicht weiter spezifiziert ist. Für* $(d_1, d_2)^T \in \mathbb{R}^2$ *gilt*

$$\left\langle \begin{pmatrix} d_1 \\ d_2 \end{pmatrix}, \begin{bmatrix} 1 & 2 \\ 2 & a \end{bmatrix} \begin{pmatrix} d_1 \\ d_2 \end{pmatrix} \right\rangle = d_1^2 + 4d_1 d_2 + a d_2^2 = (d_1 + 2d_2)^2 + (a - 4)d_2^2$$

Deshalb ist H

- *für* $a > 4$ *positiv definit, denn für alle* $d \neq \bar{0}$ *ist das Skalarprodukt strikt positiv.*

- *für* $a = 4$ *positiv semidefinit, aber nicht positiv definit. Denn für alle* $d \in \mathbb{R}^2$ *ist das Skalarprodukt größer oder gleich Null, aber beispielsweise ist* $(-2, 1)^T$ *ein Richtungsvektor* $\neq \bar{0}$, *für den das Skalarprodukt gleich Null ist.*

- *für $a < 4$ indefinit, denn für $d = (1,0)$ ergibt sich das Skalarprodukt zu $1 > 0$, während es für $d = (-2,1)^T$ zu $a - 4 < 0$ wird.*

An diesem Beispiel kann man schon erkennen, dass die Überprüfung der Definitheit aufgrund von Definition 7.13 nicht sehr gangbar ist. Dafür gibt es einfache Definitheitskriterien auf Basis der so genannten **HAUPT-UNTER-DETERMINANTEN**) ⇨ Glossar:

Satz 7.25 (Definitheitstest mittels Hauptunterdeterminanten)
Sei $H = [h_{ij}]_{1 \leq i,j \leq n}$ eine symmetrische $n \times n$–Matrix mit den Haupt–Untermatrizen $H_k := \begin{bmatrix} h_{11} & \cdots & h_{1k} \\ \vdots & \ddots & \vdots \\ h_{k1} & \cdots & h_{kk} \end{bmatrix}$, $1 \leq k \leq n$. Dann gilt

- H ist positiv definit $\Leftrightarrow \det(H_k) > 0$ für alle $1 \leq k \leq n$.
- H ist negativ definit $\Leftrightarrow (-1)^j \det(H_k) > 0$ für alle $1 \leq k \leq n$.
- H ist positiv semidefinit $\Rightarrow \det(H_k) \geq 0$ für alle $1 \leq k \leq n$
- H ist negativ semidefinit $\Rightarrow (-1)^k \det(A_k) \geq 0$ für alle $1 \leq k \leq n$.

Insbesondere gilt: Eine symmetrische Matrix H mit $\det(A_2) < 0$ ist indefinit.

Bei Verwendung dieses so genannten Determinantenkriteriums können Situationen auftreten, in denen man aus dem Vorzeichenverhalten der Hauptunterdeterminanten nicht auf die Definitheit schließen kann. Dennoch ist es das gängigste Verfahren und soll anhand des oben bereits behandelten Beispiels noch einmal illustriert werden.

Beispiel 7.30:
Sei wieder $H = \begin{bmatrix} 1 & 2 \\ 2 & a \end{bmatrix}$ mit $a \in \mathbb{R}$. Die Hauptuntermatrizen von H und ihre Determinanten lauten:

- $H_1 = [1]$ und $\det(H_1) = 1 > 0$.
- $H_2 = H$ und $\det(H_2) = a - 4$.

Hieraus liest man ab:

- *H ist positiv definit für $a > 4$*
- *H ist nicht negativ definit und nicht negativ semidefinit (für beliebiges a)*
- *H ist indefinit für $a < 4$*
- *Wenn H positiv semidefinit ist, muß $a \geq 4$ gelten.*

Man beachte, dass der Fall $a = 4$ mittels des allgemeinen Determinantenkriteriums nicht entschieden werden kann.

Für 2×2-Matrizen H lässt sich jedoch auch noch im Fall $\det(H) = 0$ ein spezielles Determinantenkriterium formulieren:

Ist $H = \begin{bmatrix} a & b \\ b & c \end{bmatrix}$ eine symmetrische 2×2-Matrix mit $a > 0$ und $ac - b^2 = 0$, so ist H positiv semidefinit

Dies folgt, weil dann zwangsläufig $c \geq 0$ und dann der Ausdruck

$$\left\langle \begin{pmatrix} x \\ y \end{pmatrix}, \begin{bmatrix} a & b \\ b & c \end{bmatrix} \begin{pmatrix} x \\ y \end{pmatrix} \right\rangle = ax^2 + 2bxy + cy^2 = (\sqrt{a}x + \sqrt{c}y)^2$$

für beliebige x, y nichtnegativ ist.

Für symmetrische Matrizen mit mehr als zwei Zeilen und Spalten kann man allerdings die Definitheit nicht mehr erschließen, wenn eine der Hauptunterdeterminanten gleich Null ist:

Beispiel 7.31:

Die Matrix $H = \begin{bmatrix} 1 & 2 & 0 \\ 2 & 4 & 0 \\ 0 & 0 & -1 \end{bmatrix}$ *ist indefinit, denn*

$$\left\langle \begin{pmatrix} 1 \\ 0 \\ 0 \end{pmatrix}, H \begin{pmatrix} 1 \\ 0 \\ 0 \end{pmatrix} \right\rangle = 1, \quad \left\langle \begin{pmatrix} 0 \\ 0 \\ 1 \end{pmatrix}, H \begin{pmatrix} 0 \\ 0 \\ 1 \end{pmatrix} \right\rangle = -1$$

Das Determinantenkriterium würde aber die Hauptunterdeterminanten

$$\det([1]) = 1, \det \begin{bmatrix} 1 & 2 \\ 2 & 4 \end{bmatrix} = 0, \det \begin{bmatrix} 1 & 2 & 0 \\ 2 & 4 & 0 \\ 0 & 0 & -1 \end{bmatrix} = 0$$

ergeben, was also nicht auf positive Semidefinitheit von H schließen lässt. Das Determinantenkriterium ist hier also nicht anwendbar.

Das nächste Definitheitskriterium vermeidet diese Probleme. Leider benötigt es die Eigenwerte der zu untersuchenden Matrix und ist deshalb für Matrizen höherer Dimensionen in aller Regel nur numerisch verwendbar:

Satz 7.26
Sei $H = [h_{ij}]_{1 \leq i,j \leq n}$ eine symmetrische $n \times n$-Matrix mit den Eigenwerten $\lambda_1 \leq \lambda_2 \leq \ldots \lambda_n$ (ggf. mit Vielfachheit angegeben). Dann gilt:

- H ist pos. definit $\Leftrightarrow \lambda_1 > 0$
- H ist pos. semidefinit $\Leftrightarrow \lambda_1 \geq 0$
- H ist neg. definit $\Leftrightarrow \lambda_n < 0$.
- H ist neg. semidefinit $\Leftrightarrow \lambda_n \leq 0$.

Insbesondere ist eine symmetrische Matrix mit sowohl strikt positiven als auch strikt negativen Eigenwerten indefinit.

Beispiel 7.32:

Sei wieder $H = \begin{bmatrix} 1 & 2 \\ 2 & a \end{bmatrix}$ *mit* $a \in \mathbb{R}$. *Das* CHARAKTERISTISCHE POLYNOM ⇨ *Glossar von* H *lautet (als Polynom in der Variablen* λ*):*

$$\det\left(\begin{bmatrix} 1 - \lambda & 2 \\ 2 & a - \lambda \end{bmatrix}\right) = (1 - \lambda)(a - \lambda) - 4 = \lambda^2 - (a + 1)\lambda + (a - 4)$$

Eigenwerte von H *sind die Nullstellen des charakteristischen Polynoms, d.h.*

$$\lambda_{1,2} = \frac{a+1}{2} \pm \sqrt{\left(\frac{a+1}{2}\right)^2 - (a - 4)} = \frac{a + 1 \pm \sqrt{(a-1)^2 + 16}}{2}$$

Ist nun $a > 4$*, so ist* $\sqrt{(a - 1)^2 + 16} < a + 1$ *und beide Eigenwerte sind positiv.* H *ist also positiv definit. Falls* $a = 4$*, so hat* H *die Eigenwerte 0 und 5 und ist positiv semidefinit. Falls aber* $a < 4$*, so ist* $\sqrt{(a - 1)^2 + 16} > a + 1$*.* H *hat dann einen positiven und einen negativen Eigenwert, ist also indefinit.*

Die Definitheitseigenschaften der Hesse-Matrix legen nun das Krümmungsverhalten der Funktion f fest.

Satz 7.27

Sei $\mathbb{D} \subseteq \mathbb{R}^n$ offen konvex und $f : \mathbb{D} \to \mathbb{R}$ zweimal stetig partiell differenzierbar. $H_f(x)$ sei die Hesse–Matrix von f in x. Dann gilt:

a) f ist konvex $\Leftrightarrow$ $H_f(x)$ ist positiv semidefinit für alle $x \in \mathbb{D}$.

b) Wenn $H_f(x)$ für alle $x \in \mathbb{D}$ positiv definit ist, so ist f streng konvex.

c) f ist konkav $\Leftrightarrow$ $H_f(x)$ ist negativ semidefinit für alle $x \in \mathbb{D}$.

d) Wenn $H_f(x)$ für alle $x \in \mathbb{D}$ negativ definit ist, so ist f streng konkav.

Beispiel 7.33:

- *Die Funktion* $f(x, y) = x^2 + 2y^2$ *ist auf ganz* $\mathbb{R}^2$ *konvex. Ihre Hesse-Matrix lautet nämlich* $H_f(x, y) = \begin{bmatrix} 2 & 0 \\ 0 & 4 \end{bmatrix}$ *und hat die Hauptunterdeterminanten 2 und 8, ist also für alle* $(x, y)^T \in \mathbb{R}^2$ *positiv definit.*

- *Die Funktion* $f(x, y) = xy$ *ist nicht konvex. Ihre Hesse-Matrix lautet nämlich* $H_f(x, y) = \begin{bmatrix} 0 & 1 \\ 1 & 0 \end{bmatrix}$ *und hat die Determinante* -1*. Sie ist mithin indefinit.*

- *Die Deckungsbeitrags-Funktion aus Beispiel 5.3* ⇨ Seite 118 *lautet* $G(p, q) =$ $-14p^2 - 3q^2 + 3pq + 2396p + 1197q - 120030$*. Sie hat die Hesse-Matrix* $H_G(p, q) =$ $\begin{bmatrix} -28 & 3 \\ 3 & -6 \end{bmatrix}$ *und hat die Hauptunterdeterminanten* $-28 < 0$ *und* $159 > 0$*. Die Matrix ist dann negativ definit und* G *mithin konkav.*

Beispiel 7.34:

Für die CD-Funktion $f(x, y, z) = x^\alpha y^\beta z^\gamma$ auf dem Definitionsbereich $\mathbb{D} =]0; \infty[^3$ soll das Krümmungsverhalten in Abhängigkeit von den Produktionsparametern $\alpha > 0$, $\beta > 0$, $\gamma > 0$ genauer untersucht werden. Es gilt

$$\nabla f(x, y, z) = \begin{pmatrix} \alpha x^{\alpha-1} y^\beta z^\gamma \\ \beta x^\alpha y^{\beta-1} z^\gamma \\ \gamma x^\alpha y^\beta z^{\gamma-1} \end{pmatrix} = x^\alpha y^\beta z^\gamma \begin{pmatrix} \frac{\alpha}{x} \\ \frac{\beta}{y} \\ \frac{\gamma}{z} \end{pmatrix}$$

und

$$H_f(x, y, z) = \begin{bmatrix} \alpha(\alpha-1) x^{\alpha-2} y^\beta z^\gamma & \alpha\beta x^{\alpha-1} y^{\beta-1} z^\gamma & \alpha\gamma x^{\alpha-1} y^\beta z^{\gamma-1} \\ \alpha\beta x^{\alpha-1} y^{\beta-1} z^\gamma & \beta(\beta-1) x^\alpha y^{\beta-2} z^\gamma & \beta\gamma x^\alpha y^{\beta-1} z^{\gamma-1} \\ \alpha\gamma x^{\alpha-1} y^\beta z^{\gamma-1} & \beta\gamma x^\alpha y^{\beta-1} z^{\gamma-1} & \gamma(\gamma-1) x^\alpha y^\beta z^{\gamma-2} \end{bmatrix}$$

$$= x^\alpha y^\beta z^\gamma \underbrace{\begin{bmatrix} \frac{\alpha(\alpha-1)}{x^2} & \frac{\alpha\beta}{xy} & \frac{\alpha\gamma}{xz} \\ \frac{\alpha\beta}{xy} & \frac{\beta(\beta-1)}{y^2} & \frac{\beta\gamma}{yz} \\ \frac{\alpha\gamma}{xz} & \frac{\beta\gamma}{yz} & \frac{\gamma(\gamma-1)}{z^2} \end{bmatrix}}_{=M}$$

Definitheit der Hesse-Matrix hängt nicht von dem für $x, y, z > 0$ positiven Vorfaktor vor der Matrix, sondern von M ab. Die Haupt-Unterdeterminanten von M lauten $\det M_1 = \frac{\alpha(\alpha-1)}{x^2}$, $\det M_2 = \frac{\alpha\beta}{x^2 y^2}(1 - \alpha - \beta)$ sowie $\det M_3 = \frac{\alpha\beta\gamma(\alpha+\beta+\gamma-1)}{x^2 y^2 z^2}$. Letzterer Wert ergibt sich nach der **Sarrus-Regel** *⇨ Glossar, einfacher aber mit Hilfe der Rechenregeln für Determinanten:*

$$\det M_3 = \frac{\alpha\beta\gamma}{x^2 y^2 z^2} \det \begin{bmatrix} \alpha - 1 & \beta & \gamma \\ \alpha & \beta - 1 & \gamma \\ \alpha & \beta & \gamma - 1 \end{bmatrix}$$

$$= \frac{\alpha\beta\gamma}{x^2 y^2 z^2} \det \begin{bmatrix} \alpha + \beta + \gamma - 1 & \beta & \gamma \\ \alpha + \beta + \gamma - 1 & \beta - 1 & \gamma \\ \alpha + \beta + \gamma - 1 & \beta & \gamma - 1 \end{bmatrix}$$

$$= \frac{\alpha\beta\gamma}{x^2 y^2 z^2} \det \begin{bmatrix} \alpha + \beta + \gamma - 1 & \beta & \gamma \\ 0 & -1 & 0 \\ 0 & 0 & -1 \end{bmatrix}$$

$$= \frac{\alpha\beta\gamma}{x^2 y^2 z^2}(\alpha + \beta + \gamma - 1)$$

Dabei wurde im zweiten Schritt die zweite und dritte Spalte zur ersten Spalte addiert, wobei sich die Determinante nicht verändert. Mit diesen Determinanten kann man nun verschiedene Aussagen über das Definitheitsverhalten von H_f machen:

- *Falls $\alpha + \beta + \gamma < 1$, so haben die Hauptunterdeterminanten die Vorzeichen $-1, 1, -1$. M und H_f sind also negativ definit für alle $x, y, z > 0$. f ist also (streng) konkav.*

- *Falls $\alpha + \beta + \gamma > 1$, so ist M indefinit. In Frage kommt nämlich nur positiv semidefinit. Hierfür muß aber gelten $\det M_2 \geq 0$, d.h. $\alpha + \beta \leq 1$. Dann folgt aber wegen $\alpha, \beta > 0$ schon $\alpha < 1$ und somit $\det M_1 < 0$. Dies kann für positiv semidefinite Matrizen nicht sein. f ist weder konkav noch konvex.*

- *Im Fall $\alpha + \beta + \gamma = 1$ hilft das Determinantenkriterium nicht. Allerdings lässt sich f als Grenzwert $\lim_{k \to \infty} f_k$ einer Schar (streng) konkaver CD-Funktionen f_k mit der Eigenschaft $\alpha_k + \beta_k + \gamma_k < 1$ darstellen. f ist daher konkav.*

Die voranstehenden Rechnungen lassen sich auf den Fall einer CD-Funktion in beliebig vielen Variablen mit positiven Exponenten übertragen. Ist ihr Homogenitätsgrad (echt) kleiner als Eins, so ist sie (strikt) konkav. Bei einem Homogenitätsgrad größer als Eins ist die Funktion weder konkav noch konvex.

7.4 Integrale für Funktionen mehrerer Variablen

Bei Funktionen einer Variablen wurde die Flächenberechnung mittels der Integration als Umkehrung der Differentiation durchgeführt. Volumina von unregelmäßig umschlossenen Körpern lassen sich entsprechend auf Integrale für Funktionen mehrerer Variablen zurückführen. Sie werden z.B. in der Statistik benötigt, wenn ein Wahrscheinlichkeitsbegriff für mehrere simultan auftretende kontinuierliche stochastische Merkmale – beispielsweise die Preise oder Umsatzzahlen verschiedener Produkte – erklärt werden soll.

7.4.1 Volumenintegrale

Diese Volumina werden im Folgenden exemplarisch anhang von Zweifachintegralen der Form $\int_{\mathbb{D}} f(x_1, x_2) dx_1 dx_2$ für stetige Funktionen $f : \mathbb{D} \to \mathbb{R}$ erklärt, wobei $\mathbb{D} = [a_1; a_2] \times [b_1; b_2] \subseteq \mathbb{R}^2$. Das Zweifachintegral lässt sich als Rauminhalt des Körpers über der Grundfläche $\mathbb{D}$ auffassen, der von dem Funktionsgebirge vertikal begrenzt wird. Auch hier kann man wie bei Funktionen einer Variablen das Integral über ein Ausschöpfungs– bzw. Einschließungsverfahren annähern. Als ausschöpfende Körper verwendet man dann Quader. In Abbildung 7.25 ist dies anhand der Funktion $f(x,y) = x^3 - 6x^2 - 6y^2 + 5xy + 10y$ über dem Bereich $\mathbb{D} = [0, 5; 1] \times [0, 5; 1]$ skizziert.

Bei der Approximation der Körper werden formal Zerlegungsfolgen

$$a_1 = a_{m,1} < \cdots < a_{m,m} = a_2, \quad b_1 = b_{m,1} < \cdots < b_{m,m} = b_2$$

mit $\max_i (a_{m,i} - a_{m,i-1}) \overset{m \to \infty}{\longrightarrow} 0$ und $\max_i (b_{m,i} - b_{m,i-1}) \overset{m \to \infty}{\longrightarrow} 0$ gewählt und $\mathbb{D}$ in Rechtecke der Form $[a_{m,i-1}; a_{m,i}] \times [b_{m,j-1}; b_{m,j}]$ eingeteilt, in

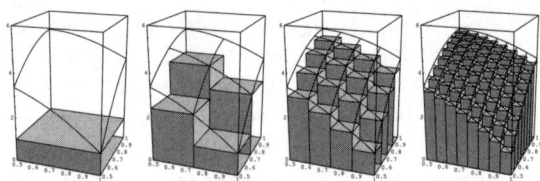

Abbildung 7.25: Ausschöpfung des Volumens unter dem Funktionsgraph einer Funktion zweier Variablen unter sukzessiver Halbierung der in x- und y-Richtung. Die Näherungsvolumen von links nach rechts lauten: $0,25$, $0,642578$, $0,805176$, $0,878052$. Der exakte Wert beträgt $\frac{121}{128} = 0,9453125$

denen (geeignete) Stützstellen $(x_{m,i,j}, y_{m,i,j}) \in [a_{m,i-1}; a_{m,i}] \times [b_{m,j-1}; b_{m,j}]$ festgelegt werden. Dann ist

$$\int_{\mathbb{D}} f(x,y)dxdy := \lim_{m \to \infty} \sum_{i,j} f(x_{m,i,j}, y_{m,i,j}) \left(a_{m,i} - a_{m,i-1}\right) \left(b_{m,i} - b_{m,i-1}\right)$$

falls der Grenzwert unabhängig von der Art der Zerlegung existiert. Dieses Verfahren ist allerdings bei Funktionen von n Variablen mit größerem n schnell ineffizient, weil die Anzahl der Summanden mit der n-ten Potenz der Anzahl der Stützstellen einer Koordinatenachse wächst. In diesem Fall erfolgt die numerische Integration oft mittels Computer–Simulationen, z.B. MONTE–CARLO–METHODEN ⇨ Glossar.

Wenn das Zweifachintegral über Ausschöpfung erklärt wird, lassen sich wieder Rechenregeln wie Konstanten- und Summenregel, d.h.

$$\int_{\mathbb{D}} (af(x,y) + bg(x,y))dxdy = a \int_{\mathbb{D}} f(x,y)dxdy + b \int_{\mathbb{D}} g(x,y)dxdy$$

und Regeln vom Typ der partiellen Integration und Substitution aufstellen.

Volumenintegrale müssen nicht immer auf Approximationen zurückgeführt werden. Vielmehr sind im Falle stetiger Integranden $f : \mathbb{D} = [a;b] \times [c;d] \to \mathbb{R}$ die ZWEIFACHINTEGRALE ⇨ Glossar auf DOPPELINTEGRALE ⇨ Glossar zurückführbar – die Begriffe müssen unterschieden werden –, d.h. auf die Hintereinanderausführung zweier einfacher Integrationen, bei denen dann der Hauptsatz 7.13 ⇨ Seite 182 der Differential- und Integralrechnung angewendet werden kann. Man gewinnt das bestimmte Integral

$$\int_{\mathbb{D}} f(x,y) \, dx \, dy$$

indem man erst nach y integriert (wobei x Konstante ist) und das Ergebnis nach x integriert, d.h. über die iterierte Vorgehensweise

$$\int_{\mathbb{D}} f(x,y)\,dx\,dy := \int_a^b \left[\int_c^d f(x,y)\,dy \right] dx$$

Wenn man umgekehrt erst nach x und dann nach y integriert, so ergibt sich der gleiche Wert, d.h. es gilt

Satz 7.28
Für eine stetige Funktion $f : [a;b] \times [c;d] \to \mathbb{R}$ ist

$$\int_a^b \left[\int_c^d f(x,y)\,dy \right] dx = \int_c^d \left[\int_a^b f(x,y)\,dx \right] dy$$

Beispiel 7.35:

Für $\mathbb{D} = [\frac{1}{2};1] \times [\frac{1}{2};1]$ und $f(x,y) = x^3 - 6x^2 - 6y^2 + 5xy + 10y$ ist

$$\int_{\mathbb{D}} f(x,y)\,dx\,dy = \int_{\frac{1}{2}}^1 \left[\int_{\frac{1}{2}}^1 x^3 - 6x^2 - 6y^2 + 5xy + 10y\,dx \right] dy$$

$$= \int_{\frac{1}{2}}^1 \left[\frac{1}{4}x^4 - 2x^3 + \frac{5}{3}x^2 y - 6xy^2 + 10xy \right]_{x=\frac{1}{2}}^{x=1} dy$$

$$= \int_{\frac{1}{2}}^1 \left(-3y^2 + \frac{55}{8}y - \frac{97}{64} \right) dy = \frac{121}{128} = 0,9453125$$

Bei der anderen Integrationsreihenfolge ergibt sich der gleiche Wert

$$\int_{\mathbb{D}} f(x,y)\,dx\,dy = \int_{\frac{1}{2}}^1 \left[\int_{\frac{1}{2}}^1 x^3 - 6x^2 - 6y^2 + 5xy + 10y\,dy \right] dx$$

$$= \int_{\frac{1}{2}}^1 \left[-2y^3 + \frac{5}{2}xy^2 + 5y^2 + x^3 y - 6x^2 y \right]_{y=\frac{1}{2}}^{y=1} dx$$

$$= \int_{\frac{1}{2}}^1 \left(\frac{1}{2}x^3 - 3x^2 + \frac{15}{8}x + 2 \right) dy = \frac{121}{128}$$

Entsprechend verläuft die Integration von stetigen Funktionen mit mehr als zwei Variablen. Es wird nacheinander nach jeder Variablen integriert, wobei die anderen Variablen jeweils als Konstanten aufgefasst werden. Dass sich unabhängig von der Integrationsreihenfolge stets derselbe Wert ergibt, erinnert an die Gleichgültigkeit der Ableitungsreihenfolge bei der Bildung gemischter partieller Ableitungen zweiter Ordnung.

7.4.2 Integrationsregeln

Anders als bei Funktionen einer Variablen haben die Begriffe „unbestimmtes Integral" und „Stammfunktion" für Funktionen von zwei und mehr Variablen unterschiedliche Bedeutung:

Definition 7.14
- Es sei $f : \mathbb{D} \subseteq \mathbb{R}^2 \to \mathbb{R}$ eine stetige Funktion. Eine zweimal stetig partiell differenzierbare Funktion $F : \mathbb{D} \to \mathbb{R}$ heißt **UNBESTIMMTES INTEGRAL** ⇨ Glossar von f, wenn $D_{12}F(x,y) = D_{21}F(x,y) = f(x,y)$ für alle $(x,y)^T \in \mathbb{D}$. Man schreibt dann $\int f(x,y)dxdy = F(x,y)$.

- Es seien $f_1, f_2 : \mathbb{D} \subseteq \mathbb{R}^2 \to \mathbb{R}$ stetig. Eine stetig partiell differenzierbare Funktion $F : \mathbb{D} \to \mathbb{R}$ heißt **STAMMFUNKTION** ⇨ Glossar von f_1, f_2, wenn $\nabla F(x,y) = (f_1(x,y), f_2(x,y))^T$ für alle $(x,y)^T \in \mathbb{D}$.

Für die Berechnung von Mehrfachintegralen ist das unbestimmte Integral zuständig. So gilt in der Situation der obigen Definition, wenn $\mathbb{D} = [a_1; a_2] \times [b_1; b_2]$:

$$\int_{a_1}^{a_2} \int_{b_1}^{b_2} f(x,y)dxdy = F(a_2, b_2) - F(a_1, b_2) - F(a_2, b_1) + F(a_1, b_1)$$

Beide Integrationsschritte zur Berechnung des Doppelintegrals führt man also mittels der jeweiligen Stammfunktion aus.

Beispiel 7.36:
Beispielsweise ergibt sich

$$\int_{a_1}^{a_2} \int_{b_1}^{b_2} \cos(x+y)dxdy$$
$$= \int_{a_1}^{a_2} \left(\int_{b_1}^{b_2} \cos(x+y)dy \right) dx$$
$$= \int_{a_1}^{a_2} (\sin(x+b_2) - \sin(x+b_1)) \, dx$$
$$= -\cos(x+b_2)|_{a_1}^{a_2} + \cos(x+b_1)|_{a_1}^{a_2}$$
$$= -\cos(a_2 + b_2) + \cos(a_1 + b_2) + \cos(a_2 + b_1) - \cos(a_1 + b_1)$$

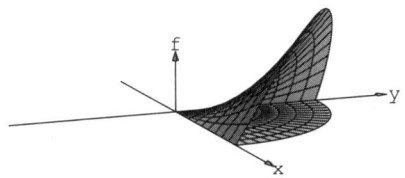

Abbildung 7.26: Funktion und Definitionsbereich aus Beispiel 7.37

Schließlich sei noch erwähnt, dass auch für allgemeinere Definitionsbereiche Mehrfachintegrale gebildet werden können:

- Im Falle von Rechtecken mit uneigentlichen Integrationsgrenzen, d.h. für Integrale vom Typ $\int_{a_1}^{\infty} \int_{b_1}^{b_2} \cdots , \int_{a_1}^{\infty} \int_{b_1}^{\infty} \cdots , \int_{-\infty}^{\infty} \int_{b_1}^{b_2}$ usw. werden diese wieder durch Limesbildung erfasst.

- Falls $\mathbb{D}$ kein Rechteck (sondern Kreis, Dreieck,...) ist, bildet man Schnittmengen $\mathbb{D}_y = \left\{ x \in \mathbb{R} : (x,y)^T \in \mathbb{D} \right\}$ und integriert wieder zweimal einfach, wobei innen als Integrationsbereich etwa $\mathbb{D}_y$ verwendet wird. Konkret ist oftmals

  - $\mathbb{D}_y = \left\{ x \in \mathbb{R} : (x,y)^T \in \mathbb{D} \right\} = [a_1(y); a_2(y)]$, d.h. die Schnitte sind oft wieder Rechtecke
  - $\left\{ y \in \mathbb{R} : \exists x \text{ mit } (x,y)^T \in \mathbb{D} \right\} = [b_1; b_2]$.

  Dann gilt $\int_{\mathbb{D}} f(x,y)dxdy = \int_{b_1}^{b_2} \left(\int_{a_1(y)}^{a_2(y)} f(x,y)dx \right) dy$. Dabei können nach Bedarf die Rollen von x, y vertauscht werden; dann aber auch ist auch eine vertauschte Berechnung der Schnitte erforderlich.

Beispiel 7.37:
Für $f(x,y) = 2xy$ und $\mathbb{D} = \left\{ (x,y)^T \in \mathbb{R}^2 : x,y \geq 0, x^2 + y^2 \leq 1 \right\}$ ist der Graph von f und der Definitionsbereich in Abbildung 7.26 dargestellt. Gesucht ist das Volumen des vom Funktionsgraph und $\mathbb{D}$ umschlossenen Bereiches.

Die Schnitte lauten $\mathbb{D}_y = \left\{ x \in \mathbb{R} : (x,y)^T \in \mathbb{D} \right\} = \left[0; \sqrt{1-y^2} \right]$ für $0 \leq y \leq 1$ und $\left\{ y \in \mathbb{R} : \exists x \text{ mit } (x,y)^T \in \mathbb{D} \right\} = [0;1]$. Dann ergibt sich

$$\int_{\mathbb{D}} f(x,y)dxdy = \int_0^1 \left(\int_0^{\sqrt{1-y^2}} 2xydx \right) dy = \int_0^1 y(1-y^2)dy = \frac{1}{4}$$

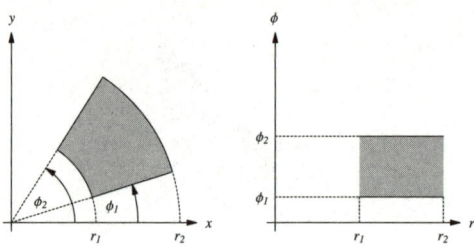

Abbildung 7.27: Transformation eines Rechteckes in einen
Kreisringsektor mittels Polarkoordinaten

Neben der Zurückführung von Zweifach-Integralen auf Doppelintegrale
mittels Schnitten wird oft auch versucht, den Definitionsbereich so zu transformieren, dass er in einen Quader überführt werden kann. Das Ausgangs-
Integral kann dann durch Substitution der Transformationsfunktion so umgeschrieben werden, dass abschließend die Berechnung als Doppelintegral
möglich ist. Beispiele solcher Mengen sind alle Formen von Kreisringsekto-
ren $\mathbb{K}$ der Form, wie sie in Abbildung 7.27 dargestellt werden. Bezeichnen
r_1 den inneren und r_2 den äußeren Radius eines solchen Kreisringes und
$\phi_1 < \phi_2$ die begrenzenden Winkel, so lässt sich jeder Punkt $(x, y)^T$ eines
solchen Kreisring-Sektors in der Form $(r \cos \phi, r \sin \phi)^T$ mit $r \in [r_1; r_2]$ und
$\phi \in [\phi_1; \phi_2]$ darstellen. r und ϕ nennt man dann auch Polarkoordinaten von
x und y. Die Transformationsfunktion ist dann

$$g = (g_1, g_2) : [r_1; r_2] \times [\phi_1; \phi_2] \to \mathbb{K}, \ g(r, \phi) = (r \cos \phi, r \sin \phi)$$

Wie schon bei der Einführung der Determinante ⇨ Seite 79 angedeutet, verändert sich der Flächeninhalt einer solchermaßen aus einem Rechteck gewonnenen gekrümmten Fläche mit der Determinante der Änderungsfunktion,
welche in diesem Fall die Determinante der Jacobi-Matrix der Transformationsfunktion g ist, welche man auch Funktionaldeterminante nennt. Im Falle
der Kreisringsektor-Transformation ergibt sich die Jacobi-Matrix von g zu

$$J_g(r, \phi) = \begin{bmatrix} \cos \phi & -r \sin \phi \\ \sin \phi & r \cos \phi \end{bmatrix}$$

und g hat die Funktionaldeterminante

$$\det(J_g(r, \phi)) = r \cos^2 \phi + r \sin^2 \phi = r(cos^2 \phi + sin^2 \phi) = r$$

Integrale über Bereichen, die sich auf Rechtecke transformieren lassen, können nun mittels der Substitutionsregel auf Doppelintegrale zurückgeführt

werden. Diese Regel ist in wesentlich allgemeinerem Kontext, d.h. auch bei Funktionen mit mehr als zwei Variablen, gültig und sie erlaubt das Hin- und Herrechnen zwischen verschiedenen Transformationsgestalten des Integrationsbereiches $\mathbb{S}$ einer Funktion. Die einzige Anforderung an diesen Bereich ist dabei, dass sich für einen Zylinder mit der Grundfläche $\mathbb{S}$ das Volumen als Riemann-Integral berechnen lässt, formal, dass die Indikatorfunktion

$$\mathbf{1}_{\mathbb{S}}(x) = \begin{cases} 1 & \text{falls } x \in \mathbb{S} \\ 0 & \text{falls } x \notin \mathbb{S} \end{cases}$$

Riemann-integrierbar ist. Beispiele solcher Jordan-Mengen sind Intervalle, Rechtecke, Kreise oder Ellipsen auch höherer Dimensionen.

Satz 7.29 (Substitutionsregel)
Seien $\mathbb{D}, \mathbb{E} \subseteq \mathbb{R}^n$ offen und $f : \mathbb{D} \to \mathbb{R}$ eine stetige Funktion. Weiter sei $g : \mathbb{E} \to \mathbb{D}$ eine injektive (d.h. auf ihrem Wertebereich $g(\mathbb{E}) \subseteq \mathbb{D}$ umkehrbare) und differenzierbare Funktion mit Jacobi-Matrix $J_g(x)$, deren Determinante $\det(J_g(x))$ auf $\mathbb{E}$ stets positiv oder stets negativ ist. Für jede kompakte Jordan-Menge $\mathbb{T} \subseteq \mathbb{E}$ ist dann $\mathbb{S} = g(\mathbb{T})$ wieder eine Jordan-Menge und es gilt

$$\int_{g(\mathbb{T})} f(x)dx = \int_{\mathbb{T}} f(g(t))|\det J_g(t)|dt$$

Die Formel steht in völliger Übereinstimmung mit der Substitutionsregel für eindimensionale Integrale, wo die Ableitung der Transformationsfunktion als zusätzlicher Faktor hinzukam. Für höherdimensionale Integrationen muss an dieser Stelle eben die Determinante der Jacobi-Matrix eingesetzt werden. Man erkennt, dass die Volumenbestimmung also das Änderungsverhalten berücksichtigen muss, welches sich aus der Transformationsfunktion g ergibt. Wie schon bei der einfachen linearen Transformation mittels einer Matrix A (die dann die Jacobi-Matrix der Transformation ist) geht dann die Funktionaldeterminante in die Formel ein.

Zur Illustration sei diese Formel für den oben eingeführten Kreisringbereich $\mathbb{K}$ ausgeführt. Sie lautet dann mit der Kreisring-Transformation $g(r, \phi) = (r \cos \phi, r \sin \phi)$ und deren Funktionaldeterminante r

$$\int_{\mathbb{K}} f(x, y)dxdy = \int_{\phi_1}^{\phi_2} \int_{r_1}^{r_2} f(r \sin \phi, r \cos \phi)rdrd\phi$$

Beispiel 7.38:
Die bekannteste Anwendung dieser Formel ist das so genannte Gauß'sche Fehlerintegral der Statistik

$$\int_{-\infty}^{\infty} e^{-x^2} dx = \sqrt{\pi}$$

welches Grundlage der in der Ökonomie als Näherung oft verwendeten Normalverteilung ist. Zunächst ist wegen der Symmetrie des Integranden die Formel gleichwertig zu $\int_0^\infty e^{-x^2} dx = \frac{1}{2}\sqrt{\pi}$. Dieses wiederum lässt sich aus

$$\int_0^\infty \int_0^\infty e^{-(x^2+y^2)} dx dy = \int_0^\infty e^{-x^2} dx \int_0^\infty e^{-y^2} dx$$

herleiten, wenn man nachgerechnet hat, dass das links stehende Doppelintegral den Wert $\frac{\pi}{4}$ hat. Dieses Integral entspricht aber dem Zweifach-Integral über dem Quadranten $[0; \infty] \times [0; \infty]$, welcher durch immer größer werdende Viertelkreise K_R, d.h. spezifische Kreisringe mit Innenradius Null und Außenradius R mit den Winkelbegrenzungen 0 und $\frac{\pi}{2} = 90°$ ausgeschöpft werden kann. Deshalb gilt

$$\int_0^\infty \int_0^\infty e^{-(x^2+y^2)} dx dy = \lim_{R\to\infty} \int_{K_R} e^{-(x^2+y^2)} dx dy$$

Solch ein Viertelkreis ergibt sich als Polarkoordinaten-Transformation $g(r,\phi) = (r\cos\phi, r\sin\phi)$ des Rechteckes $[0; R] \times [0; \frac{\pi}{2}]$. Damit besagt die Substitutionsregel, angewendet auf die Polarkoordinaten-Transformation

$$\int_{K_R} e^{-(x^2+y^2)} dx dy = \int_0^{\frac{\pi}{2}} \int_0^R e^{-(r^2\cos^2\phi + r^2\sin^2\phi)} r dr d\phi$$

$$= \int_0^{\frac{\pi}{2}} \int_0^R e^{-r^2} r dr d\phi$$

$$= \int_0^{\frac{\pi}{2}} \frac{1}{2}(1 - e^{-R^2}) d\phi$$

$$= \frac{\pi}{4}(1 - e^{-R^2})$$

Der zuletzt erhaltene Term beschreibt also das Volumen unter der Funktion $e^{-(x^2+y^2)}$ auf dem Viertelkreis K_R. Lässt man nun $R \to \infty$ konvergieren, so ergibt sich der gesuchte Wert $\frac{\pi}{4}$, denn $\lim_{R\to\infty} e^{-R^2} = 0$

Aufgaben

1. (K) Nebenstehend finden Sie die Graphen A,B,C,D,E,F von sechs Polynomfunktionen.
Geben Sie an, welche der sechs Funktionen Ableitung einer der anderen fünf Funktionen ist.

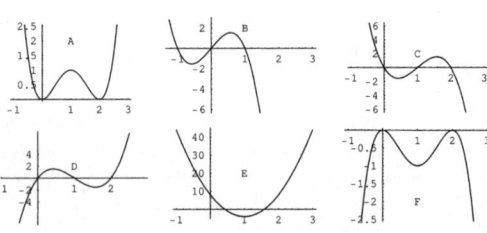

2. a) Berechnen Sie die erste Ableitung folgender Funktionen:

i) $f(x) = \sin(3x + 2)$ iv) $i(x) = 2^{x-1}$

ii) $g(x) = \frac{x^2-3}{x+4}$ v) $j(x) = \frac{\cos(x)}{1-\sin(x)}$

iii) $h(x) = 9x^2 - 11x + 16 - \frac{18}{x} + \frac{2}{x^2} + \frac{3}{x^3}$ vi) $k(x) = 4x^3 e^{-x} \ln(x)$

b) Bestimmen Sie 1., 2. und 3. Ableitung folgender Funktionen:

i) $f(x) = a\cos(bx + c)$ ii) $g(x) = ae^{-bx+c}$

3. a) Gesucht sind alle Funktionen $f(x)$ mit der Elastizität $\epsilon_f(x) = \frac{1}{x}, x > 0$.

b) Welche Funktion mit $f(1) = 1$ besitzt damit obige Elastizität?

4. Berechnen Sie für folgende Funktionen f die Linearisierung und die Taylor-Entwicklung zweiter Ordnung im Punkt x_0:

a) $f(x) = 2x + 3$, $x_0 = 7$ d) $f(x) = \sqrt{x+1}$, $x_0 = 3$

b) $f(x) = x^2 - 5x + 2$, $x_0 = 2$ e) $f(x) = \ln(x^2)$, $x_0 = \sqrt{e}$

c) $f(x) = \frac{x+1}{x-1}$, $x_0 = 0$

(dabei ist $e = 2,718...$ die Basis zum natürlichen Logarithmus $\ln = \log_e$)

5. Wenden Sie auf die Funktion $f(x) = x^3 - 5x$ das Newton-Verfahren zur Nullstellenbestimmung für den Startwert $x_0 = 1$ an. Was fällt Ihnen auf? Skizzieren Sie die Linearisierungen der ersten beiden Iterationen.

6. Lösen Sie die Steckbriefaufgabe aus Beispiel 7.7 ⇨ Seite 169.

7. a) Ermitteln Sie die Ableitung der Funktion $f(x) = \ln(x+1) = \sum_{k=1}^n (-1)^{k-1} \frac{x^k}{k}$ für $x \in]-1;1[$ durch Differenzieren der Potenzreihe. Schließen Sie danach auf die Ableitung der Funktion $g(x) = \ln(x)$ für $x \in]0;2[$.

b) Berechnen Sie $\sum_{k=1}^\infty k(x+1)^{k-1}$ für $x \in]-2;0[$ und $\sum_{k=2}^\infty k(k-1)x^{k-2}$ und $\sum_{k=2}^\infty k^2 x^{k-2}$ für $x \in]-1;1[$.

8. Gegeben sei die Funktion $f(x) = \frac{x^3-7}{x^2+1}$. Führen Sie eine Kurvendiskussion von f auf $[-6;6]$ durch, indem Sie die folgenden Punkte bearbeiten:

a) Bestimmen Sie die Nullstellen von $f(x)$.

b) In welchen Abschnitten ist $f(x)$ monoton steigend/monoton fallend? (Hinweis: Nullstellen von f' raten)

c) Bestimmen Sie alle lokalen und globalen Maxima und Minima von f

d) Bestimmen Sie die konkaven und konvexen Bereiche von f (Hinweis: Nullstellen von f'' mit Newton-Verfahren bestimmen).

e) Skizzieren Sie die Funktion $f(x)$ mit Hilfe von a)-d).

9. (K) Ein Gut wird aus einem Rohstoff in der Quantität x mit der Produktionsfunktion $p(x) = 3x - \frac{2}{3}$ hergestellt. Zu je y Einheiten des Produkts entstehen Kosten $k(y) = y^2 - y + 10$.

  a) Ermitteln Sie die Kostenfunktion $K(x) = k(p(x))$ für $x \in [\frac{2}{9}; 10]$.

  b) Untersuchen Sie f in $[\frac{2}{9}; 10]$ auf folgende Eigenschaften:

      i) Nullstellen   iii) Konvexität bzw. Konkavität

     ii) Monotonie   iv) lokale und globale Maxima und Minima
   und skizzieren Sie aufgrund dieser Eigenschaften den Graph von K.

  c) Berechnen Sie die Kostenelastizität. Für welche $x \geq \frac{2}{9}$ gilt $\varepsilon_K(x) = 1$?

10. Eine Parabelschar ist für $a \in \mathbb{R} \setminus \{0\}$ gegeben durch $f_a(x) = ax^3 + x^2 - \frac{x}{a}$.

  a) Zeigen Sie: jede Parabel hat genau drei Schnittpunkte mit der x-Achse.

  b) Zeigen Sie, daß jede Parabel genau einen Hochpunkt und genau einen Tiefpunkt hat. Bestimmen Sie diese Punkte!

11. (K) Von einer Nachfragefunktion $X(p) : [5, 25] \to \mathbb{R}$ ist bekannt: $X(5) = 28000$ und $X(25) = 0$ (d.h. der Prohibitivpreis beträgt 25 Euro)

  a) Welche lineare Nachfragefunktion $X(p)$ (bzw. quadratische Nachfragefunktion mit $X'(25) = 0$) erfüllt diese Bedingungen?

  b) Das Unternehmen hat ermittelt, dass die Produktion Fixkosten in Höhe von 57300 Euro und variable Kosten in Höhe von 9 Euro verursacht. Ermitteln Sie für die beiden Fälle in a) jeweils die Gewinnfunktion und untersuchen Sie, zu welchem Preis das Unternehmen den maximalen Gewinn erzielt. Geben Sie den zugehörigen Absatz und Gewinn an.

12. Berechnen Sie die folgenden Integrale:

  a) $\int\limits_{-2}^{2} (x^2 + 3)\, dx$ e) $\int\limits_{0}^{\frac{\pi}{2}} t \cdot \sin(t)\, dt$ i) $\int \frac{3x-1}{x^2-1}\, dx$

  b) $\int\limits_{2}^{3} \frac{21}{x^2-1}\, dx$ f) $\int\limits_{-\pi}^{\pi} t \cdot \cos(t)\, dt$ j) $\int \frac{2x-1}{x^2-2x+1}\, dx$

  c) $\int\limits_{2}^{3} \frac{2x+2}{x^2+2x-42}\, dx$ g) $\int\limits_{-2}^{2} 2z \cdot e^{z^2}\, dz$ k) $\int\limits_{1}^{2} \frac{x^2+4x+4}{x+2}\, dx$

  d) $\int\limits_{2}^{3} \frac{0,3x^2+1}{0,1x^3+x}\, dx$ h) $\int\limits_{0}^{2} 3z \cdot e^{-z^2}\, dz$ l) $\int\limits_{0}^{\pi} (5\cos(x) \cdot \sin(x))\, dx$

13. Berechnen Sie den Gradient von $f(x, y, z) = \log(x \cdot y \cdot z) \cdot (xy + xz + yz)$

14. Berechnen Sie für folgende Funktionen den Gradient ∇f:

  a) $f(x, y) = \sqrt{1 + 2x^2 - 3y^2}$ c) $f(x, y, z) = x \ln(\frac{y}{z})$

  b) $f(x, y) = e^{x-y^2} + \sin(x + y) - x\sqrt{1 + y^2}$ d) $f(x, y, z) = x^{\frac{y}{z}}$

15. Für eine der Gleichung $P = f(A, K) = \alpha A^\beta K^\gamma$ mit $\beta + \gamma = 1$ genügende Cobb-Douglas- Produktionsfunktion zeige man folgende Zusammenhänge:

a) $\frac{\partial P}{\partial A} = \beta \frac{P}{A}$ b) $\frac{\partial P}{\partial K} = \gamma \frac{P}{K}$ c) $A \frac{\partial P}{\partial A} + K \frac{\partial P}{\partial K} = P$

Wie ist die Beziehung c) zu interpretieren?

16. Berechnen Sie die partiellen Ableitungen erster und zweiter Ordnung der folgenden Funktionen:

a) $f(x, y) = \ln(xy)$ c) $f(x, y, z) = \frac{x^4}{yz}$

b) $f(x, y, z) = 5x^2 - 3y^3 + 3z^4$ d) $f(x, y, z) = e^{xyz}$

17. Die Nachfrage nach einem speziellen Produkt hänge einerseits von dem verlangten Preis x_1 für dieses Produkt, andererseits vom Preis x_2 eines Konkurrenzproduktes ab. Dabei werde ein Zusammenhang $f :]0, \infty[\times]0, \infty[\to \mathbb{R}$, $f(x_1, x_2) = x_1^{-\alpha} \cdot e^{\beta x_2}$ mit $\alpha \geq 0, \beta \geq 0$ zwischen Nachfrage und Preisen angenommen.

a) Berechnen Sie den Gradient von f.

b) Berechnen Sie die direkte Preiselastizität $\varepsilon_{f,1}(x_1, x_2) := \frac{D_1 f(x_1, x_2)}{f(x_1, x_2)} \cdot x_1$

und die Kreuzpreiselastizität $\varepsilon_{f,2}(x_1, x_2) := \frac{D_2 f(x_1, x_2)}{f(x_1, x_2)} \cdot x_2$

18. Gegeben ist die Produktionsfunktion $f(x, y) = 4x\sqrt{x}\sqrt{x + y^2}$

a) Berechnen Sie die partiellen Elastizitäten für $x = 100$ und $y = 10$.

b) Die Einsatzmenge x werde von 100 auf 101 erhöht, während y bei 10 konstant gehalten wird. Um wieviel Prozent ändert sich ungefähr z?

c) Um wieviel Prozent ändert sich ungefähr z, falls y von 10 auf 10,3 erhöht wird bei unverändertem $x = 100$?

d) Um wieviel Prozent ändert sich ungefähr z, falls die Einsatzmengen von x und y von der Stelle (100,10) um jeweils ein Prozent erhöht werden?

19. Ein Produzent nutzt zwei Produktionsfaktoren mit der Produktionsfunktion $f(x, y) = 150x + \frac{1}{10}xy + 300y$.

a) Wie muß der Produzent bei bisherigen jährlichen Einsatzmengen $(x, y) = (500, 1000)$ verfahren, wenn bei gleich bleibendem Produktionsniveau eine Tonne vom zweiten Produktionsfaktor einsparen möchte?

b) Können Sie wie in a) auch schließen, wenn der Einsatz des zweiten Produktionsfaktors massiv, d.h. zum Beispiel um 50%, verringert wird?

20. (K) In der Rennbesen herstellenden Industrie herrscht ein harter Wettkampf um Marktanteile. Eine Studie Firma „Nimbus" zeigt, dass abhängig vom Preis $x > 0$ des Besens „Nimbus 2005", vom Preis $y > 0$ des (Konkurrenz-)Besens „Reinemach" und vom Preis $z > 0$ des Besenpflege-Set „Besen-Rein" sich für den „Nimbus 2005" eine Nachfrage gemäß der Funktion $f(x, y, z) = \frac{y^2}{z(x+y)}$.

a) Bestimmen Sie die partiellen Ableitungen erster Ordnung von f. Vereinfachen Sie die dabei auftretenden Ausdrücke so weit wie möglich.

b) Für festen Besenpflege-Set-Preis $z > 0$ sei $g(x, y) = f(x, y, z)$. Weisen Sie nach, dass die Hesse-Matrix von g die folgende Gestalt hat

$$H_g(x, y) = \frac{2}{z(x+y)^3} \begin{bmatrix} y^2 & -xy \\ -xy & x^2 \end{bmatrix}$$

c) Untersuchen Sie die Funktion f auf Homogenität. Bestimmen Sie den Elastizitätsgradienten von f und die die Summe der partiellen Elastizitäten.

d) Untersuchen Sie das Krümmungsverhalten der Funktion g anhand ihrer Hesse-Matrix $H_g(x, y)$, d.h. geben Sie insbesondere an, für welche $x, y > 0$ diese Hesse-Matrix positiv (bzw. negativ) definit (bzw. semidefinit) ist. Hinweis: Definitheit gemäß Definition prüfen.

21. a) Welche der folgenden Matrizen sind positiv definit, negativ definit bzw. indefinit?

$$A = \begin{bmatrix} 42 & 0 \\ 0 & 17 \end{bmatrix}, B = \begin{bmatrix} -1 & 2 \\ 2 & -3 \end{bmatrix}, C = \begin{bmatrix} -2 & 3 \\ 3 & -5 \end{bmatrix},$$

$$D = \begin{bmatrix} -4 & 4 & -1 \\ 4 & -6 & 2 \\ -1 & 2 & -1 \end{bmatrix}, E = \begin{bmatrix} 3 & 2 & -2 \\ 2 & 3 & -4 \\ -2 & -4 & 5 \end{bmatrix}$$

b) Für welche $a \in \mathbb{R}$ ist die Matrix $F = \begin{bmatrix} a & 2a \\ 2a & 4 \end{bmatrix}$ positiv definit?

22. Berechnen Sie folgende Doppelintegrale:

a) $\int\limits_1^r \int\limits_0^{2\pi} 1 \, dx \, dy, r > 0$

c) $\int\limits_1^2 \int\limits_0^1 (x+y)^2 \, dx \, dy$

b) $\int\limits_1^2 \int\limits_1^2 (x^2 + y^2) \, dx \, dy$

8 Optimierungsaufgaben

Zielformulierungen der Ökonomie behandeln vielfach die Optimierung einer ökonomisch motivierten Funktion $f : \mathbb{D} \subseteq \mathbb{R}^n \to \mathbb{R}$ von n Variablen. Dabei sind die Inputs oft – aber auch nicht immer – Restriktionen unterworfen, die sich mit geeigneten Funktionen $g_1, \ldots, g_m : \mathbb{D} \to \mathbb{R}$ als Gleichungen oder Ungleichungen, d.h. in der Form von Nebenbedingungen

$$g_i(x) \leq b_i \qquad (\text{bzw. } \text{„} \geq \text{“}, \text{„} = \text{“})$$

schreiben lassen.

Beispiel 8.1 (Optimierung ohne Nebenbedingungen):
Ein Produkt wird aus n Faktoren mit den Quantitäten $x_1 > 0, \ldots, x_n > 0$ hergestellt. Der Output betrage $f(x_1, \ldots, x_n)$. Es sei angenommen, dass die Produktionsfunktion f differenzierbar ist. Das Produkt wird zu einem Preis $q > 0$ je Einheit verkauft. Die Faktoren stehen mit den Preisen $p_1, \ldots, p_n$ zur Verfügung. Mit diesen Informationen berechnet sich der Deckungsbeitrag zu $G(x_1, \ldots, x_n) := q \cdot f(x_1, \ldots, x_n) - p_1 x_1 - \cdots - p_n x_n$

Bei einer Faktorkombination mit maximalem Deckungsbeitrag ist nun für jeden Faktor i die **PARTIELLE ABLEITUNG** ⇨ Glossar *gleich Null:*

$$\frac{\partial}{\partial x_i} G(x_1, \ldots, x_n) = q \cdot \frac{\partial}{\partial x_i} f(x_1, \ldots, x_n) - p_i = 0$$

Umgeformt lautet diese Gleichung $q \cdot \frac{\partial}{\partial x_i} f(x_1, \ldots, x_n) = p_i$ und lässt folgende Interpretation zu: In einem (lokalen) Maximum stimmen der Grenzerlös und die Grenzkosten (Stückpreis) jedes Faktors überein.

Die angegebenen – notwendigen – Bedingungen enstehen auf Basis der partiellen Ableitungen erster Ordnung der Zielfunktion. Man nennt sie auch Bedingungen erster Ordnung (kurz: FOC, engl. First Order Conditions).

Ähnlich geht man vor, wenn das Problem Nebenbedingungen aufweist. Zunächst werden diese der Zielfunktion zugeschlagen – wobei man pro Nebenbedingung eine weitere Variable einführen muss, die **LAGRANGE-MULTI-PLIKATOR** ⇨ Glossar heißt.

Beispiel 8.2 (Kostenminimierung unter Nebenbedingungen):
Wie in Beispiel 8.1 seien die Produktionsfunktion sowie die Preise für die Faktoren gegeben. Nun soll aber eine Mindestmenge des Produktes hergestellt werden, wobei die Kosten der Produktion minimal sein sollen. Das Optimierungsproblem lautet

$$k(x_1, \ldots, x_n) = p_1 x_1 + \ldots + p_n x_n \overset{!}{=} \min$$
$$f(x_1, \ldots, x_n) \geq y$$

Dass die Nebenbedingung in Form einer Ungleichung vorliegt, stellt auf den ersten Blick eine technische Hürde dar. Diese lässt sich aber auf verschiedene Arten meistern. Gerade bei Produktionsfunktionen wird der Produktionsertrag in aller Regel monoton wachsend von jedem Produktionsfaktor abhängen. Daher lässt sich ein Produktionsüberschuss durch geeignete Verringerung eines oder auch mehrerer Faktoren so reduzieren, dass genau die Sollproduktion erreicht wird. Gleichzeitig verringern sich die Kosten. Also kann bei der Lösung des Problems auch sofort von der Nebenbedingung $f(x_1, \ldots, x_n) = y$ ausgegangen werden. Würde allerdings eine weitere Nebenbedingung vorliegen, kann man zwecks Ausschöpfung der ersten Nebenbedingung nicht einfach über die Input-Variablen verfügen, da die zweite Nebenbedingung dann ggf. verletzt würde. Hierauf wird später eingegangen werden ⇨ vgl. Beispiel 8.23 ⇨ Seite 262. Liegt die Nebenbedingung wie angedeutet aber in Gleichungsform vor, so kann die Lösung des Problems mit Hilfe der so genannten LAGRANGE-METHODE ⇨ Glossar *erfolgen. Man bildet hierzu die* LAGRANGE-FUNKTION ⇨ Glossar

$$L(x_1, \ldots, x_n, \lambda) := k(x_1, \ldots, x_n) + \lambda(f(x_1, \ldots, x_n) - y)$$

Dann bestimmt man die sogenannten KRITISCHEN *bzw.* STATIONÄREN PUNKTE ⇨ Glossar $(x_1, \ldots, x_n, \lambda)^T$ *von L, d.h. alle Punkte mit den FOC*

$$\nabla L(x_1, \ldots, x_n, \lambda) = \bar{0}$$

Dies ergibt ein Gleichungssystem mit $n + 1$ Gleichungen und $n + 1$ Unbekannten:

$$p_1 + \lambda \cdot \frac{\partial}{\partial x} x_1 f(x_1, \ldots, x_n) = 0 \Longleftrightarrow \lambda = \frac{-p_1}{\frac{\partial}{\partial x} x_1 f(x_1, \ldots, x_n)}$$

$$\vdots$$

$$p_n + \lambda \cdot \frac{\partial}{\partial x} x_n f(x_1, \ldots, x_n) = 0 \Longleftrightarrow \lambda = \frac{-p_n}{\frac{\partial}{\partial x} x_n f(x_1, \ldots, x_n)}$$

$$f(x_1, \ldots, x_n) = y$$

Das Gleichungssystem lässt eine ökonomische Interpretation zu: In einem stationären Punkt ist das Verhältnis von Grenzkosten zu Grenzproduktivität konstant.

Man nennt λ einen Lagrange-Multiplikator. Er besitzt – nicht nur im vorliegenden Beispiel, sondern ganz allgemein – eine ökonomische Interpretation, auf die später detailliert eingegangen wird ⇨ Abschnitt 8.4, Seite 273. Das

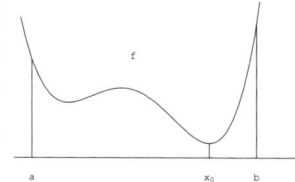

Abbildung 8.1: Beispiel einer Funktion f einer Variablen, für die die notwendige Bedingung $f'(x) = 0$ für ein lokales Minimum nach Funktionswertevergleich der kritischen Punkte zu einem globalen Minimum führt.

Handwerkszeug zur Lösung solcher und anderer nichtlinearer ökonomischer Optimierungsprobleme und die Interpretation der gefundenen Lösung soll in diesem Abschnitt bereitgestellt werden.

8.1 Vorüberlegungen zur Existenz von Extrema

Die Bestimmung von Extremwerten wurde für Funktionen einer Variablen bereits behandelt ⇨ vgl. Satz 7.6, Seite 168 und Satz 7.10, Seite 178.

- Aufstellung notwendiger Bedingungen (FOC) für lokale Extrema und Herleitung von kritischen Punkten.

- Nachweis der hinreichenden Bedingungen für lokale Extrema in Bezug auf die kritischen Punkte.

- Nachweis eines globalen Extremums unter den berechneten Kandidaten, z.B. durch Randwertevergleich o.ä.

Dabei sind gerade die letzten beiden Punkte oft verhältnismäßig rechenaufwändig. Sie können aber nicht vernachlässigt werden, wenn das richtige globale Extremum gefunden werden soll; schlimmstenfalls könnte sogar die Nichtexistenz eines globalen – oder auch lokalen – Extremums übersehen werden. Manchmal kann man aber mit einer ad-hoc-Argumentation sogar die hinreichenden Bedingungen für globale Extrema überspringen:

Beispiel 8.3:

Eine differenzierbare Funktion $f :]0; \infty[\to]0; \infty[$ habe die Eigenschaften $\lim\limits_{x \to \infty} f(x) = \infty$ und $\lim\limits_{x \to 0} f(x) = \infty$. Ein typischer Verlauf einer solchen Funktion ist in Abbildung 8.1 dargestellt. Man sieht, dass die Funktion ein globales Minimum besitzt, *welches zugleich ein lokales Minimum und damit Lösung der Gleichung $f'(x) = 0$ ist. Als formale Begründung mag dienen, dass man sich aufgrund der Unbeschränktheit von f auf der Suche nach dem Minimum den Definitionsbereich auf ein Intervall $[a; b] \subset]0; \infty[$ verkleinern kann, auf dessen Randpunkten das Minimum sicher nicht liegt. In diesem Intervall (abgeschlossen und beschränkt) hat aber die (stetige) Funktion f eine globale Minimalstelle x_0. Diese ist innerer Punkt und lokales Minimum, daher muss $f'(x_0) = 0$ gelten.*

Diese Gleichung könnte auch noch andere Kandidaten für Extremwerte ergeben, wie Abbildung 8.1 suggeriert. Durch einen Funktionswertevergleich wird dann der größte und der kleinste Wert ermittelt. Ähnlich kann man hinsichtlich der Existenz argumentieren, wenn f nur auf einem gegebenen Intervall $[a; b]$ minimiert oder maximiert werden soll. Die Funktion hat dann globale Minima und globale Maxima auf $[a; b]$, welche nur innere Punkte oder Randpunkte von $[a; b]$ sein können. Als innere Punkte müssen sie zusätzlich die Eigenschaft $f'(x) = 0$ haben. Die Funktionswerte dieser kritischen Punkte müssen sich noch mit den Werten $f(a)$ und $f(b)$ „messen".

Damit ist die Untersuchung zweiter Ableitungen im Rahmen der hinreichenden Bedingungen für lokale Extrema überflüssig, wenn statt ihrer der Verlauf des Funktionsgraphen zum Rand hin genauer untersucht wird. Genau so kann man prinzipiell bei der Optimierung von Funktionen mehrerer Variablen vorgehen, wobei man sich verdeutlichen muss, was unter dem Rand eines mehrdimensionalen Definitionsbereiches zu verstehen ist. Außerdem tritt bei Optimierungsproblemen unter Nebenbedingungen nur derjenige Teil des Randes in den Fokus der Argumentation, der Punkte beinhaltet oder ihnen nahe kommt, welche die Nebenbedingungen erfüllen (sog. zulässige Randpunkte). Missachtet man das Verhalten von f zum Rand hin, so können falsche Schlussweisen die Folge sein:

Beispiel 8.4:

- *Für die Funktion $f : \mathbb{R} \to \mathbb{R}$, $f(x) = -x^3 + 2x^2 + x$ ergibt sich an der Stelle $x = \frac{1}{3}(2 - \sqrt{7})$ ein lokales Minimum. In Abbildung 8.2 links oben, ist der Graph von f oben ausschnittweise skizziert und man vermutet zunächst, dass dort auch ein globales Minimum vorliegt. Vergrößert man jedoch den Ausschnitt, so ergibt sich das Schaubild gemäß Abbildung 8.2 links unten, und es ist erkennbar, dass kein globales Minimum vorliegt.*

- *Ähnlich lässt sich im Falle von Funktionen mehrerer Variablen zeigen, dass bei der Bestimmung kritischer Punkte Vorsicht zu walten hat. Betrachtet man etwa die Funktion $f(x, y) = -x^3 + 10x^2 + 19y^2 + y^3$, so besitzt diese im Punkt $(x, y) = (0, 0)$ ein lokales Minimum. In Abbildung 8.2 Mitte oben, ist der Graph im Bereich $[-2; 2] \times [-2; 2]$ um den Punkt $(0, 0)$ skizziert, der Punkt $(0, 0, f(0, 0))$ zusätzlich eingezeichnet. Auch hier glaubt man zunächst, dass ein*

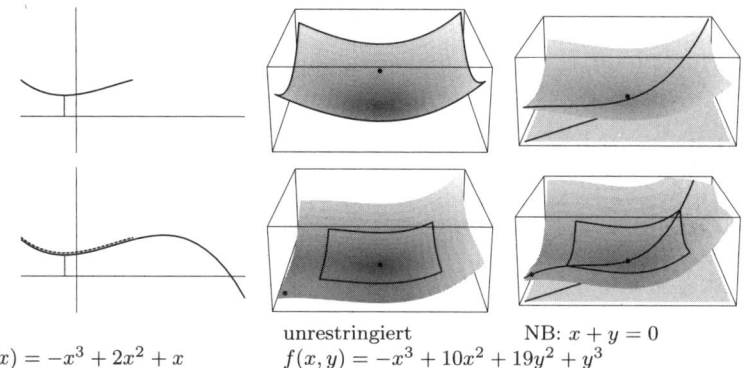

$f(x) = -x^3 + 2x^2 + x$

unrestringiert
$f(x, y) = -x^3 + 10x^2 + 19y^2 + y^3$

NB: $x + y = 0$

Abbildung 8.2: Beispiele für kritische Punkte in Optimierungsproblemen, die bei genauerer Betrachtung des Randes keine globalen Extremwerte sind.

globales Minimum vorliegt. Eine Vergrößerung des Ausschnittes auf das Recht-eck $[-8; 8] \times [-8; 8]$, wie in Abbildung 8.2 Mitte unten zeigt jedoch, dass dies ein Irrtum ist. Beispielsweise liefert der – im Graph in der linken unteren Ecke eingezeichnete – Punkt $(\frac{15}{2}, -\frac{15}{2})$ einen geringeren Funktionswert.

- *Liegt zusätzlich noch eine Nebenbedingung vor, so ist ebenfalls Vorsicht bei der Bestimmung kritischer Punkte geboten. Betrachte man etwa nur alle Punkte (x, y), welche auf der Geraden $x+y=0$ liegen, so ist der entsprechende Funktionsausschnitt von f in Abbildung 8.2 rechts oben dargestellt. Scheinbar liegt im Punkt $(0,0)$, welcher von der Lagrange-Methode ausfindig gemacht wird, tatsächlich ein globales Minimum des durch $x + y = 0$ festgelegten „Gebirgsweges" vor. Vergrößert man aber auch hier den dargestellten Ausschnitt, so erkennt man in Abbildung 8.2 rechts unten kleinere Funktionswerte, etwa im bereits oben angedeuteten zulässigen Punkt $(\frac{15}{2}, -\frac{15}{2})$.*

Für die Bestimmung von globalen Extrema lässt sich nun ein Schema aufstellen, welches hilft, die Schwierigkeiten mit der möglichen Nichtexistenz von lokalen Extrema zu vermeiden:

- Es muss zunächst versucht werden, den vorgegebenen zulässigen Bereich so zu einer Menge $\mathbb{M}$ verkleinern, dass $\mathbb{M}$ abgeschlossen und beschränkt ist und das gesuchte Extremum nicht außerhalb von $\mathbb{M}$ liegen kann. Sucht man etwa Minima der Funktion, so könnte man z.B. prüfen, wie groß man den verkleinerten Bereich wählen muss, damit die Funktion außerhalb davon indiskutabel hohe Werte realisiert. Das setzt in aller Regel einen routinierten Umgang mit Ungleichungen voraus. Falls die Verkleinerung

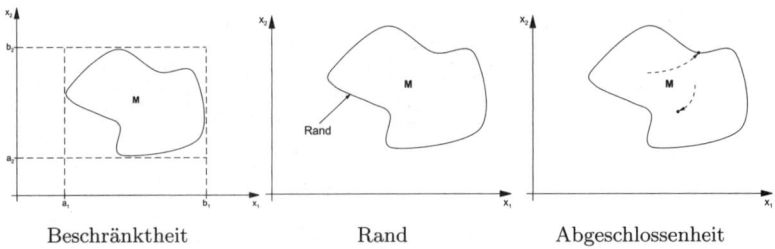

Beschränktheit   Rand   Abgeschlossenheit

Abbildung 8.3: Beschränktheit, Rand und Abgeschlossenheit einer Menge

nicht möglich ist, so ist das ein starker Hinweis darauf, dass kein globales Extremum realisierbar ist.

- Falls die Verkleinerung möglich ist, so ist unter allen kritischen Punkten im verkleinerten Bereich derjenige mit dem größten/kleinsten Zielwert zu bestimmen und mit den Funktionswerten auf dem Rand zu vergleichen.

Für Funktionen einer Variablen ist diese Vorgehensweise recht einfach durchführbar; bei Funktionen mehrerer Variablen ist an dieser Stelle zunächst zu erklären, was man unter Abgeschlossenheit, Beschränktheit und dem Rand einer Menge zu verstehen hat. Dabei handelt es sich um topologische Grundbegriffe der Mathematik, auf die an dieser Stelle nur intuitiv, d.h. für gängige Definitionsbereiche der Ökonomie eingegangen werden soll.

8.1.1 Beschränktheit von Punktmengen

Bekanntlich heißt eine Teilmenge $M \subseteq \mathbb{R}$ beschränkt, wenn es $a, b \in \mathbb{R}$ gibt mit $a \leq x \leq b$ für alle $x \in M$. Beschränkte Mengen dehnen sich also anschaulich nicht aus, was sich leicht auf den Fall des $\mathbb{R}^n$ übertragen lässt.

Eine Teilmenge $M \subseteq \mathbb{R}^n$ heißt **BESCHRÄNKT** ⇨ Glossar, wenn es a_1, b_1, a_2, $b_2, \ldots, a_n$, $b_n \in \mathbb{R}$ gibt, so dass für alle $x \in M$, $x = (x_1, \ldots, x_n)^T$ gilt:

$$a_1 \leq x_1 \leq b_1, \ a_2 \leq x_2 \leq b_2, \ \ldots, a_n \leq x_n \leq b_n$$

Beschränkte Mengen lassen sich also in einen geeignet großen Quader „packen", wie Abbildung 8.3 links illustriert: Alle Würfel, Quader, Kugeln und Ellipsoide im $\mathbb{R}^n$ sind beschränkte Mengen. Dabei stellen vor allem die Quader $[a_1; b_1] \times [a_2; b_2] \times \cdots \times [a_n; b_n]$ wichtige Beispiele beschränkter ökonomischer Definitionsbereiche dar. Bei ihnen ist jede Inputvariable unabhängig von der anderen aus einem beschränkten Teilintervall wählbar. Liegen allerdings Bindungen zwischen den Variablen vor – etwa wenn die Nachfrage unter zwei prinzipiell unabhängigen Preisen konstant gehalten werden soll –, so wird man diese nicht durch den Definitionsbereich erfassen, sondern in eine Nebenbedingung überführen. Wird eine beschränkte Menge weiter eingeschränkt, indem man zu einer Teilmenge übergeht, so ist diese Teilmenge wieder eine beschränkte Menge.

8.1.2 Ränder von Punktmengen

Bei eindimensionalen Definitionsbereichen handelt es sich zumeist um Intervalle; deren Rand ist – falls sie beschränkt sind – durch die linke und rechte Grenze des jeweiligen Intervalls gegeben. Jenseits dieser Punkte beginnt unmittelbar das mathematische Komplement dieser Intervalle, d.h. die Randpunkte eines Intervalls M stehen auf „Tuchfühlung" sowohl mit M als auch mit M^C. Genau dies wird auch zum Gegenstand einer mathematischen Definition für den Rand mehrdimensionaler Mengen:

Ein Punkt x heißt **RANDPUNKT** ⇨ Glossar von $M \subseteq \mathbb{R}^n$, wenn für jedes $r > 0$ die Kugel $B_r(x)$ sowohl Punkte mit M als auch mit $\mathbb{R}^n \setminus M$ gemeinsam hat. Der **RAND** ⇨ Glossar von M ist die Menge aller Randpunkte von M und wird mit ∂M bezeichnet.

Dies ist in Abbildung 8.3, Mitte visualisiert. Im $\mathbb{R}^2$ sind Definitionsbereiche zumeist durch Flächen gegeben, deren Ränder gerade die Begrenzungslinien bzw. -kurven sind. Im $\mathbb{R}^3$ werden Ränder von Mengen mit positivem „Volumen" durch deren Oberflächen gebildet. Einige Beispiele mögen den Randbegriff illustrieren:

- Zum Rand des Quaders $M = [a_1; b_1] \times [a_2; b_2] \times \cdots \times [a_n; b_n]$ gehören alle Punkte $(x_1, \ldots, x_n)$, von denen wenigstens eine Komponente x_i ein Randpunkt des entsprechenden Intervalls $[a_i; b_i]$ ist. Formal ist $\partial M = \{(x_1, \ldots, x_n) \in \mathbb{R}^n : \exists i \in \{1, \ldots, n\}$ mit $x_i = a_i$ oder $x_i = b_i\}$. Der Rand gehört komplett zu M. Wenn die erklärenden Intervalle nicht mehr abgeschlossen sind, ist das nicht der Fall.

- Bei einer Kugel $M = B_r(x) = \{y \in \mathbb{R}^n : \|y - x\| < r\}$ mit Radius $r > 0$ und Mittelpunkt $x \in \mathbb{R}^n$ ist der Rand gerade die Kugeloberfläche, d.h. die Menge aller Punkte $y \in \mathbb{R}^n$ mit $\|y - x\| = r \Leftrightarrow (y_1 - x_1)^2 + \cdots + (y_n - x_n)^2 = r^2$. Hier wird der Rand durch eine Gleichung beschrieben und gehört nicht zur Menge M.

- Der Rand einer Menge M muss nicht bzw. nicht vollständig zu M gehören. Beispiele hierzu finden sich in Abbildung 8.4 mit $M = \{(x_1, x_2)^T \in \mathbb{R}^2 : 0 < x_1, x_2 < 1\}$ (Abbildung links), wo ein Quader skizziert ist,

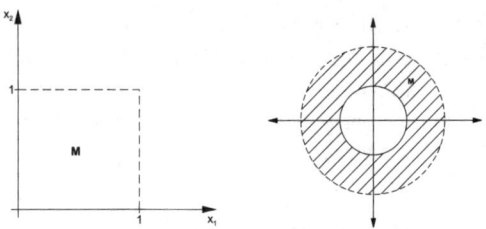

Abbildung 8.4: Beispiele zweier Mengen mit unterschiedlicher Randzugehörigkeit

dessen Rand komplett nicht zu M gehört und $M = \{(x_1, x_2)^T \in \mathbb{R}^2 : 1 \leq \|x\| < 2\}$ (Abbildung rechts), wo ein Kreisring dargestellt ist, dessen innerer Rand zu M und dessen äußerer Rand zu M^c gehört.

Faustregel: Der Rand einer Menge, die durch **Ungleichungen** mit stetigen Funktionen beschrieben wird, ist die Menge aller Punkte, für welche wenigstens eine dieser Ungleichungen in Gleichungsform übergeht.

Man überzeuge sich davon, dass dies in den o.g. Beispielen der Fall ist.

8.1.3 Abgeschlossenheit von Punktmengen

Eine Menge $M \subseteq \mathbb{R}^n$ heißt **ABGESCHLOSSEN** ⇨ Glossar, wenn ihr Rand zu M gehört.

Formal ist das der Fall, wenn jede Folge $(a_m)_{m \geq k}$ in M (d.h. $a_m \in M$ für alle $m \geq k$), die konvergiert, ihren Grenzwert schon in M hat, d.h. $\lim_{m \to \infty} a_m \in M$.

Es bestehen enge Zusammenhänge zwischen dem Abgeschlossenheitsbegriff und dem bereits beim **DIFFERENTIAL** ⇨ Glossar behandelten Offenheitsbegriff für Mengen:

- Ist eine Menge $M \subseteq \mathbb{R}^n$ **OFFEN** ⇨ Glossar, so ist ihr Komplement $M^C = \mathbb{R}^n \setminus M = \{x \in \mathbb{R}^n : x \notin M\}$ abgeschlossen.
- Ist $M \subseteq \mathbb{R}^n$ abgeschlossen, so ist M^C offen.
- Kein Randpunkt einer offenen Menge M gehört zu M.
- Die leere Menge $\emptyset$ und $\mathbb{R}^n$ sind die einzigen Teilmengen des $\mathbb{R}^n$, die sowohl offen als auch abgeschlossen sind.

Wann der Rand einer Menge zu der Menge gehört bzw. welcher Teil des Randes, lässt sich in der Praxis leicht erfassen:

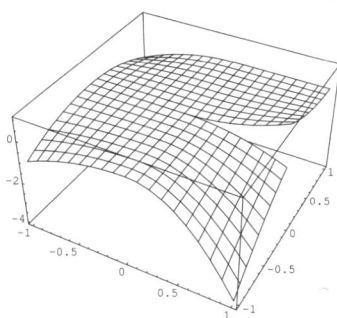

Abbildung 8.5: Beispiel einer unstetigen Funktion zweier Variablen

Regel: Wenn die Menge M sich durch Ungleichungen des Typs $g(x_1, \ldots, x_n) \leq 0$ oder $g(x_1, \ldots, x_n) \geq 0$ oder Gleichungen $g(x_1, \ldots, x_n) = 0$ beschreiben lässt, in denen ausschließlich stetige Funktionen auftreten, so ist M abgeschlossen.

8.1.4 Stetigkeit von Funktionen

Neben der Differenzierbarkeit ist die Stetigkeit einer Funktion eine wichtige Eigenschaft, die im Rahmen der Optimierung weniger in direkten Berechnungen als vielmehr zur Argumentation für oder gegen globale Extrema verwendet werden kann. Was Stetigkeit für Funktionen mehrerer Variablen bedeutet, macht man sich am besten anhand einer unstetigen Funktion klar, wie sie in Abbildung 8.5 skizziert ist. Bekanntlich lässt sich der Graph einer Funktion von zwei Variablen als Funktionsgebirge darstellen. Unstetigkeit bedeutet hierbei, dass dieses Gebirge „Klippen" bzw. „Steilabhänge" oder punktuelle „Löcher" aufweist. Bezüglich des Funktionsterms liegen dann fast immer durch Fallunterscheidung oder Auflösung einer Definitionslücke erklärte Funktionen vor. Da diese in der Ökonomie eher selten auftreten, kann man zumeist davon ausgehen, dass die auftretenden Funktionen innerhalb ihres Definitionsbereiches auch stetig im folgenden formalen Sinne sind:

Sei $f : \mathbb{D} \subseteq \mathbb{R}^n \to \mathbb{R}^k$, eine Funktion. f heißt STETIG IM PUNKT $x_0 \in \mathbb{D}$
$\Rightarrow$ Glossar, wenn gilt: $\lim\limits_{x \to x_0} f(x) = f(x_0)$,
d.h. für jede Folge $(x_m)_{m \in \mathbb{N}}$ in $\mathbb{D}$ mit $x_m \xrightarrow[m \to \infty]{} x_0$ gilt $\lim\limits_{m \to \infty} f(x_m) = f(x_0)$.
f heißt stetig in $\mathbb{D}$, wenn f in jedem $x_0 \in \mathbb{D}$ stetig ist.

Mit der Anbindung des Stetigkeits- an den Grenzwertbegriff steht die gesamte Bandbreite der Grenzwertsätze zur prinzipiellen Überprüfung der Stetigkeit einer Funktion zur Verfügung. Das soll jedoch hier nicht thematisiert werden, stattdessen wird auf die folgenden – in der Ökonomie zumeist verwendeten Typen stetiger Funktionen hingewiesen:

Beispiele stetiger Funktionen:

- Koordinatenfunktionen der Form $f(x_1, \ldots, x_n) = x_i$

- Lineare Funktionen

- Funktionen, die sich aus stetigen Funktionen zusammensetzen:

    1) Sind f, $g : \mathbb{D} \to \mathbb{R}$ Funktionen, die in $x_0 \in \mathbb{D}$ stetig sind, so sind auch $f + g$, $f - g$, $f \cdot g$ und, falls $g(x_0) \neq 0$, auch $\frac{f}{g}$ in x_0 stetig.

    2) Ist $f : \mathbb{D} \to \mathbb{R}$ eine stetige Funktion in $x_0 \in \mathbb{D}$ und ist $h : \mathbb{R} \to \mathbb{R}$ in $f(x_0)$ stetig, so ist auch $h \circ f$ (Verkettung) in x_0 stetig.

- Cobb-Douglas- und CES-Produktionsfunktionen

- Differenzierbare Funktionen

8.1.5 Der Satz vom Maximum und Minimum

Bei der Optimierung einer – im folgenden und in ökonomischen Anwendungen in aller Regel stetigen – Funktion $f : \mathbb{D} \subseteq \mathbb{R}^n \to \mathbb{R}$ mehrerer Variablen steht, wie erwähnt, am Anfang der Minimierung zumeist die Verkleinerung des „Wettkampffeldes" der zulässigen Kandidaten auf eine Menge $\mathbb{M} \subseteq \mathbb{D}$, die tunlichst abgeschlossen und beschränkt sein sollte. Denn in diesem Fall kann eine wichtige mathematische Aussage zur Anwendung kommen, welche die Existenz eines globalen Extremums auf $\mathbb{M}$ gewährleistet.

Satz 8.1 (Satz vom Maximum und Minimum)
Es sei $\mathbb{K} \subseteq \mathbb{R}^n$ abgeschlossen und beschränkt (Sprechweise: **KOMPAKT** ⇨ Glossar) und $f : \mathbb{K} \to \mathbb{R}$ eine stetige Funktion. Dann ist f beschränkt, und f hat ein Minimum und ein Maximum auf $\mathbb{K}$, d.h. es gibt $x_{\min} \in \mathbb{K}$, $x_{\max} \in \mathbb{K}$ mit

$$f(x_{\min}) \leq f(x) \leq f(x_{\max}) \text{ für alle } x \in \mathbb{K}$$

Von einer mathematischen Begründung dieses – intuitiv einleuchtenden – Resultates sei an dieser Stelle abgesehen [HEUSER, 1993[2], S. 34]. Für die Argumentationskette eines ökonomischen Optimierungsproblems stellt es die zentrale Stelle dar, denn bei seiner Anwendbarkeit ist nur noch eine Eingrenzung der Extremwertsuche auf – zumeist – endlich viele Stellen erforderlich, etwa durch die Überprüfung von FOC. Dies manifestiert sich beispielsweise in der folgenden, häufig anwendbaren Vorgehensweise zur Auffindung globaler Extrema:

Es sei $f : \mathbb{D} \subseteq \mathbb{R}^n \to \mathbb{R}$ eine differenzierbare Funktion. Durch Nebenbedingungen sei ein Bereich $\mathbb{M} \subseteq \mathbb{D}$ festgelegt, auf dem nach einem globalen Minimum von f gesucht werde:

- **Kritische Punkte:** Alle inneren Punkte des Definitionsbereiches $\mathbb{D}$ von f werden ermittelt, in denen ein **lokales** Minimum liegen könnte ($\leadsto$ Lagrange-Ansatz, FOC).

- **Existenz:** Man sucht eine Teilmenge $\mathbb{K} \subseteq \mathbb{M}$, für die gilt:

  - $\mathbb{K}$ ist abgeschlossen und beschränkt,
  - $\inf\{f(x) : x \in \mathbb{K}\} = \inf\{f(x) : x \in \mathbb{M}\}$. Etwas lax gesprochen: unter den Minimalstellen von f in $\mathbb{M}$ findet sich wenigstens ein Punkt, der auch in – der kleineren Menge – $\mathbb{K}$ liegt.

  Oft ist $\mathbb{K} = \mathbb{M}$. Nach dem Satz vom Maximum und Minimum hat f auf $\mathbb{M}$ ein globales (und somit lokales) Minimum, das in $\mathbb{K}$ liegt.

- **Randwertvergleich:** Falls $\mathbb{K}$ keine Randpunkte von $\mathbb{D}$ aufweist, liegt dieses Minimum in einem der in anfangs bestimmten kritischen Punkte. Falls $\mathbb{K}$ Randpunkte von $\mathbb{D}$ aufweist, werden die kritischen Punkte aus $\mathbb{K}$ noch mit diesen Randpunkten verglichen.

Bei der Behandlung der Lagrange-Methode wird in den Beispielen oft diese Methodik gewählt, um nicht gezwungen zu sein, hinreichende Bedingungen für lokale Extrema überprüfen zu müssen – die zudem nicht ausreichend für die Argumentation auf globale Extrema sind.

Will man den Satz vom Minimum und Maximum verwenden, so ist es wichtig, alle Voraussetzungen an $\mathbb{M}$ und f, nämlich die Abgeschlossenheit **und** die Beschränktheit zu kontrollieren; sonst könnte die Existenz eines Extremums nicht mehr gesichert sein.

Beispiel 8.5:

Es soll das Maximum und Minimum der Funktion $f : [0; \infty[\times [0; \infty[$, $f(x, y) = xy$ auf der Menge $\mathbb{M} = \{(x, y)^T \in \mathbb{R}^2 : x \geq 0, y \geq 0, x^2 + y^2 \leq 1\}$ gefunden werden. Dieser zulässige Bereich ist in Abbildung 8.6 skizziert. Es ergibt sich also ein abgeschlossener Viertelkreis. $\mathbb{M}$ ist sicher abgeschlossen und beschränkt, f ist als Cobb-Douglas-Funktion stetig auf $\mathbb{M}$, also hat f auf $\mathbb{M}$ ein Minimum und ein Maximum. In diesem Beispiel kann man die Stellen, an denen f minimal bzw. maximal wird, weiter einengen.

- *Minimum: Es ist $f(x, y) \geq 0$ für $(x, y)^T \in \mathbb{M}$ und $f(x, y) = 0$, falls $x = 0$ oder $y = 0$, d.h. f wird minimal, wenn entweder $x = 0$ oder $y = 0$.*

- *Maximum: Falls eine Maximalstelle von f die Eigenschaft $x^2 + y^2 < 1$ hätte, so*

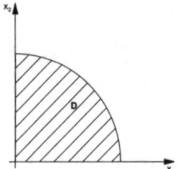

Abbildung 8.6: Zulässiger Bereich aus Beispiel 8.5

gäbe es ein $c > 1$ mit $c^2(x^2 + y^2) = c^2 x^2 + c^2 y^2 \leq 1$. Dann gilt aber $f(cx, cy) = c^2 xy > xy$ und $(cx, cy)^T \in \mathbb{M}$, d.h. $(x, y)^T$ kann doch keine Maximalstelle sein. Mit der später vorgestellten Lagrange-Methode findet man die Stelle $(\frac{1}{\sqrt{2}}, \frac{1}{\sqrt{2}})$.

Was geschieht nun, wenn im Satz vom Maximum/Minimum eine Voraussetzung fehlt? Das obige Beispiel kann der jeweiligen Situation so angepasst werden, dass eine Maximalstelle oder Minimalstelle nicht mehr existiert.

- *$\mathbb{M}$ ist nicht abgeschlossen: Falls etwa $\mathbb{M} = \{(x, y)^T \in \mathbb{R}^2 : x \geq 0, y \geq 0, x^2 + y^2 < 1\}$, so ist $\mathbb{M}$ ist nicht abgeschlossen. Ceteris paribus hat f kein Maximum, der oben angesprochene Kandidat liegt ja auf dem Teil des Randes von $\mathbb{M}$, welcher jetzt von der Betrachtung ausgeschlossen ist.*

- *$\mathbb{M}$ ist nicht beschränkt: Falls etwa $\mathbb{M} = \{(x, y)^T \in \mathbb{R}^2 : x \geq 0, y \geq 0\}$, so ist $\mathbb{M}$ nicht beschränkt. Ceteris paribus ist f nach oben nicht beschränkt, hat also insbesondere kein Maximum.*

- *f ist nicht stetig: Falls z.B. $f(x, y) = \begin{cases} x \cdot y & \text{falls } x \cdot y > 0 \\ 0,001 & \text{falls } x \cdot y = 0 \end{cases}$, so ist f nicht in $(0, 0)$ stetig. Ceteris paribus hat f kein Minimum.*

Die Abwandlungen des Beispiels tragen aus ökonomischer Sicht natürlich erkennbar „pathologische Züge". Dennoch ist gerade die Nichtbeschränktheit oder Nichtabgeschlossenheit ein oft vorliegender Fakt, der mit Sorgfalt behandelt werden muss, etwa durch Einschränkung des zulässigen Bereiches $\mathbb{M}$. In den später noch behandelten Beispielen zur Lagrange-Methode wird hierauf eingegangen werden müssen.

8.2 Optimierungsaufgaben ohne Nebenbedingungen

Der Fall eines Optimierungsproblems ohne Nebenbedingungen ist zwar in der Ökonomie der seltener vorliegende – denn wann dürfen Ressourcen, als welche die Inputs einer Zielfunktion oftmals interpretiert werden können, schon bedingungslos eingesetzt werden –, zumal schon die Anforderung $x \geq 0$ an eine ökonomische Variable eine Nebenbedingung darstellt, die streng genommen im Modell explizit abgebildet werden muss. Dennoch lohnt es sich auch für diese Situation den Optimierungs-Kalkül zu behandeln, denn zum einen lässt sich die später erläuterte Lagrange-Methode für die Optimierung unter Nebenbedingungen zum Teil hier einbetten, zum anderen bietet das Thema Gelegenheit, auf das Konzept der Hesse-Matrix noch einmal einzugehen. Bis hierher sind schon des öfteren die Begriff „lokales" und „globales" Extremum verwendet worden.

Definition 8.1 (Lokales/Globales Extremum einer Funktion)
Sei $f : \mathbb{D} \to \mathbb{R}^1$, $\mathbb{D} \subseteq \mathbb{R}^n$ eine Funktion. Man sagt, f hat an der Stelle $x \in \mathbb{D}$ ein lokales Maximum (bzw. lokales Minimum), wenn es ein $\varepsilon > 0$ gibt, so dass gilt:

$$f(y) \leq f(x) \text{ (bzw. } f(y) \geq f(x)) \quad \text{für alle } y \in \mathbb{D} \text{ mit } \|y - x\| < \varepsilon$$

Man sagt, f hat an der Stelle $x \in \mathbb{D}$ ein globales Maximum (bzw. globales Minimum), wenn gilt

$$f(y) \leq f(x) \text{ (bzw. } f(y) \geq f(x)) \quad \text{für alle } y \in \mathbb{D}$$

Zuweilen findet sich in der Literatur zusätzlich die Anforderung an ein lokales Extremum, dass es innerer Punkt des Definitionsbereiches sein soll. Darauf soll an dieser Stelle verzichtet werden, da später stets von differenzierbaren Funktionen auf offenen Mengen ausgegangen wird. So weit dies technische Schwierigkeiten mit Randpunkten verursacht, wird am betreffenden Orte darauf eingegangen. Allerdings lenken derartige Überlegungen nur zu oft von der eigentlichen Aufgabe – der Umsetzung des Optimierungskalküls im konkreten ökonomischen Optimierungsproblem – ab.

Mit den genannten Begriffen sind sofort einige Überlegungen verbunden:

- Jedes globale Extremum ist ein lokales Extremum.

- Globale Extrema lassen sich prinzipiell wie folgt ermitteln:

  - Erst werden alle Kandidaten für lokale Extrema bestimmt (FOC).

  - Unter diesen wird derjenige mit dem größten bzw. kleinsten Funktionswert ermittelt.

  - Schließlich ist noch ein Randwerte-Vergleich mit allen „Randpunkten" des Definitionsbereichs $\mathbb{D}$ erforderlich.

8.2.1 Bestimmung kritischer Punkte

Mit dieser Vorgehensweise rückt die Bestimmung von Kandidaten für lokale Extrema in den Vordergrund des Interesses. Betrachtet man etwa die

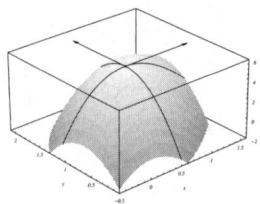

Abbildung 8.7: Lokales Maximum (x_0, y_0) einer Funktion zweier Variablen. Die Tangenten an den Graph von f im Punkt $(x_0|y_0|f(x_0, y_0))$ in y-Richtung ist horizontal ausgerichtet, die partiellen Ableitungen nach x, y sind dort gleich Null.

Maximierungsaufgaben, und ist $(x_1, \ldots, x_n)^T \in \mathbb{D}$ Stelle eines lokalen Maximums einer Funktion $f : \mathbb{D} \subseteq \mathbb{R}^n \to \mathbb{R}$, so bedeutet das für jede der n Input-Variablen, dass eine geringfügige Veränderung nur dieser einen Variablen zu einer Verringerung von f führt, d.h. für alle $i \in \{1, \ldots, n\}$ gibt es ein Intervall $J_i =]x_i - \delta_i, x_i + \delta_i[$, so dass $f(x_1, \ldots, x_{i-1}, y, x_{i+1}, \ldots, x_n) \leq f(x_1, \ldots, x_{i-1}, x_i, x_{i+1}, \ldots, x_n)$ für alle $y \in J_i$. Hält man also alle, bis auf die i-te Variable fest, so ergibt sich eine **SCHNITTFUNKTION** ⇨ Glossar, die in x_i ein lokales Maximum hat; damit muss deren Ableitung gleich Null sein. Dabei handelt es sich aber genau um die **PARTIELLE ABLEITUNG** ⇨ Glossar von f nach x_i, d.h. um $\frac{\partial f}{\partial x_i}$. Es müssen in einem lokalen Maximum von f also alle partiellen Ableitungen verschwinden, vgl. auch Abbildung 8.7.

Satz 8.2 (Notwendige Bedingungen für lokale Extrema; FOC)

Sei $f : \mathbb{D} \subseteq \mathbb{R}^n \to \mathbb{R}$ partiell differenzierbar in $\mathbb{D}$. Sei $x \in \mathbb{D}$ ein innerer Punkt von $\mathbb{D}$, so dass f in x ein lokales Extremum hat. Dann gilt: $\nabla f(x) = \bar{0}$, d.h. alle partiellen Ableitungen von f in x verschwinden. Jeder innere Punkt $x \in \mathbb{D}$ mit $\nabla f(x) = \bar{0}$ heißt **KRITISCHER PUNKT** ⇨ Glossar.

Beispiel 8.6:

Zu minimieren ist die Funktion $k : \mathbb{R}^2 \to \mathbb{R}$, $k(x,y) = x^2 + 2xy + 3(y-1)^2$. Diese hat den Gradient $\nabla k(x,y) = (2x + 2y, 2x + 6(y-1))^T$. Setzt man die partiellen Ableitungen gleich Null, so ergibt sich das (lineare) Gleichungssystem

$$2x + 2y = 0$$
$$2x + 6y = 6$$

Subtraktion der beiden Gleichungen voneinander führt zur Elimination von x und zur Gleichung $4y = 6 \Leftrightarrow y = \frac{3}{2}$. Rücksubstitution liefert dann $x = -\frac{3}{2}$.

An dieser Stelle kann noch nicht geschlossen werden, dass tatsächlich ein globales Minimum vorliegt. Man könnte z.B. nach einem Bereich $B_r(-\frac{3}{2}, \frac{3}{2})$ mit geeignet *großem Radius $r > 0$ suchen, außerhalb dessen nur noch Funktionswerte größer oder gleich $f(-\frac{3}{2}, \frac{3}{2})$ vorliegen. Das soll an dieser Stelle unterbleiben, weil später eine einfachere Argumentation behandelt wird.*

Beispiel 8.7 (Fortsetzung von Beispiel 5.3 ⇨ Seite 118):
Für das Regalbeispiel ergab sich der Deckungsbeitrag aus der Produktion der Regale Bill1 und Bill2 in Abhängigkeit von deren Preisen als

$$G(p, q) = -14p^2 - 3q^2 + 3pq + 2396p + 1197q - 120030$$

Die FOC lauten in diesem Fall

$$-28p + 3q + 2396 = 0$$
$$-6q + 3p + 1197 = 0$$

Die Umformung $II \to II + 2I$ ergibt $-53p + 5989 = 0 \Leftrightarrow p = 113$. Eingesetzt in die Gleichung I folgt $-28 \cdot 113 + 3q + 2396 = 0 \Leftrightarrow 3q = 768 \Leftrightarrow q = 256$. Auch hier soll die Argumentation, weshalb an dieser Stelle tatsächlich der maximale Deckungsbeitrag erzielt wird, zunächst zurückgestellt werden.

Beispiel 8.8 (Formeln der KQ-Methode ⇨ Seite 59):
Es soll eine Gerade der Form $y = ax + b$ durch Festlegung geeigneter $a, b \in \mathbb{R}$ so an Datensätze (x_1, y_1) angepasst werden, dass die Summe der Abweichungen geschätzter von beobachteten Werten minimal wird. Das bedeutet, dass die Funktion $f : \mathbb{R}^2 \to \mathbb{R}$, $f(a, b) = (y_1 - (ax_1 + b))^2 + \cdots + (y_n - (ax_n + b))^2$ in a, b minimiert werden muss. f ist differenzierbar mit

$$\nabla f(a, b) = -2(S_{xy} - aS_{x^2} - bS_x, n(\bar{y} - a\bar{x} + b))^T$$

wobei $S_x = \sum_{i=1}^{n} x_i$, $S_{x^2} = \sum_{i=1}^{n} x_i^2$, $S_{xy} = \sum_{i=1}^{n} x_i y_i$, $\bar{x} = \frac{1}{n}\sum_{i=1}^{n} x_i$ und $\bar{y} = \frac{1}{n}\sum_{i=1}^{n} y_i$. Setzt man die partiellen Ableitungen gleich Null, so folgt aus der zweiten der beiden Gleichungen $b = \bar{y} - a\bar{x}$. Eingesetzt in die erste Gleichung der FOC ergibt sich

$$S_{xy} - aS_{x^2} - bS_x = 0 \Rightarrow S_{xy} - aS_{x^2} - (\bar{y} - a\bar{x})n\bar{x} = 0 \Rightarrow a = \frac{S_{xy} - n\bar{x}\bar{y}}{S_{x^2} - n\bar{x}^2}$$

Es folgen also aus den FOC genau die auf Seite 60 angegebenen KQ-Formeln. Dass die Anpassung optimal ist, d.h. die Fehlerquadratsumme minimal wird, kann an dieser Stelle – wie schon in den anderen Beispielen – noch nicht gezeigt werden.

8.2.2 Hinreichende Bedingungen für lokale Extrema

Nicht in jedem Fall stellt ein berechneter kritischer Punkt auch schon ein lokales – oder gar globales – Extremum der zu optimierenden Funktion f dar. Stattdessen können auch so genannte Sattelpunkte auftreten, d.h. Punkte, in denen der Graph von f wie im nachstehenden Beispiel aussieht.

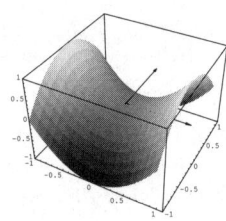

Abbildung 8.8: Graph der Funktion aus Beispiel 8.9

Beispiel 8.9:
Betrachtet werde die Funktion $f : \mathbb{R}^2 \to \mathbb{R}$, $f(x,y) = x^2 - y^2$. Der Graph von f ist in Abbildung 8.8 skizziert. Hier gilt $\nabla f(x,y) = (2x, -2y)^T$, d.h. der einzige kritische Punkt ist $(0,0)^T$; dort ist aber kein Extremum, sondern ein Sattelpunkt.

Entscheidend für das Nichtvorliegen eines Extremums ist i.d.R. das indifferente Krümmungsverhalten der Funktion. Wird etwa die Funktion $f(x,y) = x^2 - y^2$ in $(0,0)$ nur in x-Richtung betrachtet, so ergibt sich die nach oben geöffnete Parabel $g(x) = f(x,0) = x^2$. Bei Bewegung ausschließlich in y-Richtung ist die Parabel $h(y) = f(0,y) = -y^2$ nach unten geöffnet. Dieses Öffnungsverhalten liegt in jedem Punkt (x,y) des Definitionsbereiches vor. Solch eine Funktion kann kein Extremum haben; dazu ist ihr Krümmungsverhalten zu uneinheitlich.

Daher kann ein lokales Extremum von f in einem kritischen Punkt nur dann vorliegen, wenn die Richtungskrümmung von f in diesem Punkt in jeglicher Richtung dasselbe Vorzeichen hat, d.h. f in alle Richtungen gleich gekrümmt ist. Die Richtungskrümmung einer Funktion f in x in Richtung d hat aber dasselbe Vorzeichen wie $\langle d, H_f(x)d \rangle$, wenn $H_f(x)$ die Hesse-Matrix von f bezeichnet. Mithin basieren hinreichende Bedingungen für das Vorliegen eines lokalen Extremums offenbar auf der **DEFINITHEIT** ⇨ Glossar der Hesse-Matrix.

Satz 8.3 (Hinreichende Bedingungen für lokale Extrema)
Seien $f : \mathbb{D} \subseteq \mathbb{R}^n \to \mathbb{R}$ zweimal stetig partiell differenzierbar mit Hesse-Matrix $H_f(x)$, $x^* \in \mathbb{D}$ ein innerer Punkt von $\mathbb{D}$ mit $\nabla f(x^*) = \bar{0}$. Dann gilt:

- Wenn $H_f(x^*)$ positiv definit ist, so hat f in x^* ein lokales Minimum.

- Wenn $H_f(x^*)$ negativ definit ist, so hat f in x^* ein lokales Maximum.

- Wenn f in x^* ein lokales Minimum (bzw. Maximum) hat, so ist $H_f(x^*)$ positiv (bzw. negativ) semidefinit.

Insbesondere: Bei indefinitem $H_f(x^*)$ hat f in x^* kein lokales Extremum.

Beispiel 8.10 (Fortsetzung von Beispiel 8.6 ⇨ Seite 238**):**
Für die zu minimierende Funktion $k : \mathbb{R}^2 \to \mathbb{R}$, $k(x,y) = x^2 + 2xy + 3(y-1)^2$ ergibt sich der Gradient $\nabla k(x,y) = (2x + 2y, 2x + 6(y-1))^T$ und die Hesse-Matrix $H_k(x,y) = \begin{bmatrix} 2 & 2 \\ 2 & 6 \end{bmatrix}$. Berechnet wurde anhand der FOC der kritische Punkt $x = -\frac{3}{2}$, $y = \frac{3}{2}$. Die Hesse-Matrix hat – nicht nur im kritischen Punkt – die HAUPTUN-TERDETERMINANTEN ⇨ Glossar *2 und 8, ist nach dem Determinantenkriterium also positiv definit. Daher hat k im berechneten kritischen Punkt ein lokales Minimum. Dass dieses tatsächlich ein globales Minimum ist, kann an dieser Stelle noch nicht geschlossen werden. Später wird sich diese Argumentationslücke mit dem Konvexitätsbegriff schließen lassen.*

Beispiel 8.11 (Fortsetzung von Beispiel 8.7 ⇨ Seite 239**):**
Der Deckungsbeitrag aus der Produktion der Regale Bill1 und Bill2 beträgt in Abhängigkeit von den Preisen p, q dieser Regale

$$G(p,q) = -14p^2 - 3q^2 + 3pq + 2396p + 1197q - 120030$$

mit den FOC

$$-28p + 3q + 2396 = 0$$
$$-6q + 3p + 1197 = 0$$

sowie dem kritischen Punkt $p = 113$ und $q = 256$.

Die Hesse-Matrix lautet $H_G(p,q) = \begin{bmatrix} -28 & 3 \\ 3 & -6 \end{bmatrix}$ und hat die Hauptunterdeterminanten -28 und 159, ist daher negativ definit. Deshalb stellt der kritische Punkt bereits eine lokale Maximalstelle dar.

Beispiel 8.12 (Fortsetzung von Beispiel 8.8 ⇨ Seite 239**):**
Bei der Bestimmung der Geradenparameter nach der KQ-Methode ergibt sich in $a, b \in \mathbb{R}$ die Zielfunktion $f(a,b) = (y_1 - (ax_1 + b))^2 + \cdots + (y_n - (ax_n + b))^2$ mit Gradient $\nabla f(a,b) = -2(S_{xy} - aS_{x^2} - bS_x, S_y - aS_x + bn)^T$ und Hesse-Matrix $H_f(a,b) = 2 \begin{bmatrix} S_{x^2} & S_x \\ S_x & n \end{bmatrix}$.

Deren Hauptunterdeterminanten sind $2S_{x^2}$ und $4(S_{x^2} - n\bar{x}^2) = 4\sum_{i=1}^{n}(x_i - \bar{x})^2$. Wenn mindestens zwei verschiedene Inputwerte $x_i \neq x_j$ beobachtet wurden, so sind beide Hauptunterdeterminanten größer als Null. Dann liegt am berechneten kritischen Punkt ein lokales Minimum der Abweichungs-Zielfunktion f vor.

8.2.3 Optimierung konvexer Funktionen

Für **KONVEXE FUNKTIONEN** ⇨ Glossar ist die Minimierung besonders bequem, weil die Begründung für ein globales Minimum an einem kritischen

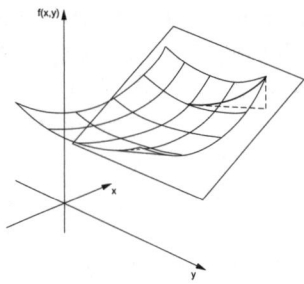

Abbildung 8.9: Stützebeneneigenschaft konvexer Funktionen

Punkt entfällt. Ursächlich hierfür ist das Stützebenenverhalten konvexer Funktionen.

Satz 8.4

Sei $\mathbb{D} \subseteq \mathbb{R}^n$ konvex und $f : \mathbb{D} \to \mathbb{R}^1$ konvex. Dann gilt:

- f ist stetig im Inneren von $\mathbb{D}$.

- Stützebenen an konvexe Funktionen: Falls f differenzierbar in $\mathbb{D}$ ist, so gilt $f(x) \geq f(x_0) + \langle \nabla f(x_0), (x - x_0) \rangle$ für alle $x_0, x \in \mathbb{D}$.

In Abbildung 8.9 ist dieses Verhalten illustriert. Der Nachweis ist kompliziert und soll an dieser Stelle unterbleiben. Hat man aber einen **KRITISCHEN PUNKT** ⇨ Glossar gefunden, so liegt die Stützebene horizontal unterhalb des Funktionsgraphen. In dem berechneten kritischen Punkt liegt alsdann ein globales Minimum vor:

Satz 8.5

Sei $\mathbb{D} \subseteq \mathbb{R}^n$ konvex, $f : \mathbb{D} \to \mathbb{R}$ differenzierbar und konvex. Für jeden inneren Punkt x_0 von $\mathbb{D}$ gilt:

$$\nabla f(x_0) = \bar{0} \quad \Longleftrightarrow \quad f \text{ hat in } x_0 \text{ ein globales Minimum}$$

Bei konkaver Funktion f liegt im kritischen Punkt ein globales Maximum vor.

Beispiel 8.13:

Zu minimieren ist die Funktion $f(x, y) = x^2 + 4xy + 5y^2$. *Es ist* $\nabla f(x, y) = \begin{pmatrix} 2x + 4y \\ 4x + 10y \end{pmatrix}$ *und* $H_f(x, y) = 2 \begin{bmatrix} 1 & 2 \\ 2 & 5 \end{bmatrix}$. *Die Hauptunterdeterminanten von* $H_f(x, y)$ *sind* 1 *und* 1. *Somit ist* $H_f(x, y)$ *stets positiv definit und* f *mithin konvex. Der einzige kritische Punkt ist* $x = 0, y = 0$. *Dort liegt wegen der Konvexität von* f *ein globales Minimum vor.*

Beispiel 8.14 (Fortsetzung von Beispiel 8.8 ⇨ Seite 239**):**

Bei der Anpassung einer Geraden $y = ax + b$ *an Datenpaare* $(x_1, y_1), \dots, (x_n, y_n)$

ergibt sich ein kritischer Punkt der Zielfunktion $f(a,b) = \sum_{i=1}^{n}(y_i - (ax_i + b))^2$.

In Beispiel 8.12 ⇨ Seite 241 wird die Hesse-Matrix zu $H_f(a,b) = 2\begin{bmatrix} S_{x^2} & S_x \\ S_x & n \end{bmatrix}$ berechnet und die positive Definitheit dieser Matrix unabhängig von den Werten a,b gezeigt. Damit ist f konvex und der kritische Punkt liefert ein globales Minimum von f.

Beispiel 8.15 (Fortsetzung von Beispiel 5.3 ⇨ Seite 118):
Der Deckungsbeitrag für die Produktion von Bill1 und Bill2 könnte gemäß Beispiel 8.7 ⇨ Seite 239 maximal für den kritischen Punkt $p = 113$ und $q = 256$ sein. Weil die Hesse-Matrix $H_G(p,q) = \begin{bmatrix} -28 & 3 \\ 3 & -6 \end{bmatrix}$ unabhängig von p,q negativ definit ist, ist G konkav. Also liegt im kritischen Punkt tatsächlich ein globales Deckungsbeitragsmaximum vor.

8.3 Optimierung unter Nebenbedingungen

Eine der wesentlichen ökonomischen Aufgaben, zu denen die Mathematik ihren Beitrag leistet, ist die Optimierung unter Restriktionen. Aus dem Sachzusammenhang wird eine Funktion $f(x_1, \ldots, x_n)$ von n Entscheidungsvariablen, die so genannte **ZIELFUNKTION** ⇨ Glossar modelliert, die zu maximieren bzw. zu minimieren ist. Die Variablen stellen zumeist ökonomische Inputs dar, d.h. es wird beispielsweise von $x_i \geq 0$ oder $x_i > 0$ ausgegangen. Im Gegensatz zum vorangegangenen Abschnitt können diese Inputs aber nicht unabhängig voneinander variieren, sondern sind durch Restriktionen aneinander gebunden. Diese Restriktion werden mathematisch als Gleichungen bzw. Ungleichungen der Form $g(x_1, \ldots, x_n) = 0$ bzw. $h(x_1, \ldots, x_n) \leq 0$ oder $h(x_1, \ldots, x_n) \geq 0$ erfasst. Im weiteren Verlauf sei stets angenommen, dass alle auftretenden Funktionen **DIFFERENZIERBAR** ⇨ Glossar auf dem durch die globalen ökonomischen Zusammenhänge festgelegten ökonomischen Definitionsbereich $\mathbb{D} \subseteq \mathbb{R}^n$ sind.

Durch Multiplikation der Zielfunktion f bzw. der $\geq$-Restriktionen mit -1 ist dieses Problem stets in die standardisierte Form überführbar, d.h. in

$$f(x_1, \ldots, x_n) \overset{!}{=} \min_{x \in \mathbb{D}} \quad \text{unter} \quad \begin{cases} g_1(x_1, \ldots, x_n) = 0 & h_1(x_1, \ldots, x_n) \leq 0 \\ \quad \vdots & \quad \vdots \\ g_m(x_1, \ldots, x_n) = 0 & h_k(x_1, \ldots, x_n) \leq 0 \end{cases}$$

Bei der Behandlung dieser Probleme sind einige Sprechweisen hilfreich. Zunächst nennt man Punkte des Definitionsbereiches, welche alle gegebenen

Nebenbedingungen erfüllen, ZULÄSSIG ⇨ Glossar. Weiter sucht man auch unter Restriktionen nach global optimalen Lösungen, indem zunächst lokal optimale Lösungen ermittelt werden.

Definition 8.2

- Man sagt, dass f in $x \in \mathbb{D}$ ein globales Minimum unter den Nebenbedingungen $g_1(x) = 0, \ldots, g_m(x) = 0$, $h_1(x) \leq 0, \ldots, h_k(x) \leq 0$ hat, wenn x zulässig (bzgl. $g_1 = 0, \ldots, g_m = 0, h_1 \leq 0, \ldots, h_k \leq 0$) ist und für alle zulässigen $y \in \mathbb{D}$ gilt: $f(y) \geq f(x)$.

- Man sagt, dass f in $x \in \mathbb{D}$ ein lokales Minimum unter den Nebenbedingungen $g_1(x) = 0, \ldots, g_m(x) = 0$, $h_1(x) \leq 0, \ldots, h_k(x) \leq 0$ hat, wenn x zulässig (bzgl. $g_1 = 0, \ldots, g_m = 0, h_1 \leq 0, \ldots, h_k \leq 0$) ist und es ein $\varepsilon > 0$ gibt, so dass für alle zulässigen $y \in \mathbb{D}$ mit $\|y - x\| < \varepsilon$ gilt: $f(y) \geq f(x)$.

Entsprechend lassen sich globale Maxima unter Nebenbedingungen erklären. Nach obiger Begriffsbildung sind globale Extrema unter Nebenbedingungen zugleich lokale Extrema unter Nebenbedingungen. Daher lässt sich analog zu unrestringierten Problemen wie folgt nach globalen Extrema unter Nebenbedingungen suchen:

- Zunächst werden alle lokalen Extrema ermittelt. Wenn sicher ist, dass das Problem überhaupt eine Lösung hat, reicht es auch, Kandidaten für solche Extrema auf dem Wege der FOC zu bestimmen.

- Unter allen bestimmten Kandidaten für lokale Extrema wird derjenige mit dem größten bzw. kleinsten Funktionswert gesucht.

- Schließlich ist eine Randdiskussion erforderlich, die sich auf „zulässige" RANDPUNKTE ⇨ Glossar des Definitionsbereiches beschränkt; gegebenenfalls ist der Randvergleich durch Grenzwertvorgänge zu untermauern.

Die Technik zur Lösung der ersten dieser Teilaufgaben heißt Lagrange-Methode. Sie wird nachfolgend schrittweise behandelt. Erst werden Funktionen unter lediglich einer Gleichungsrestriktion minimiert ⇨ Seite 244. Das Verfahren wird dann auf mehrere Gleichungsrestriktionen verallgemeinert ⇨ Seite 250, ehe Ungleichungen als Nebenbedingungen berücksichtigt werden ⇨ Seite 255, Seite 259. Im übrigen lassen sich auch hinreichende Bedingungen für lokale Extrema formulieren ⇨ Seite 264, die jedoch nur einen Zwischenschritt in der Argumentation für globale Extrema darstellen, welcher zudem meist ohne Nachteil ausgelassen werden kann.

8.3.1 Optimierung unter einer Nebenbedingung in Gleichungsform

Behandelt wird zunächst das Minimierungsproblem einer Zielfunktion in zwei Variablen unter einer Nebenbedingung in Gleichungsform, welches oft

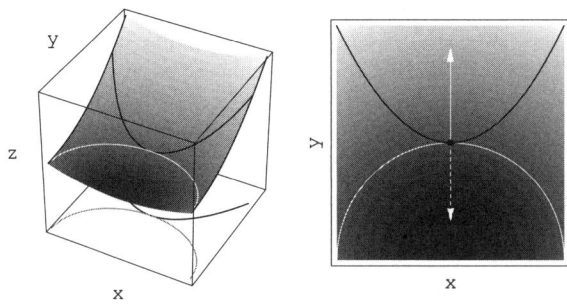

Abbildung 8.10: Optimierungsproblem $f(x, y) \overset{!}{=} \min\limits_{(x,y)^T \in \mathbb{D}}$ unter $g(x, y) = 0$

auch schon Gegenstand der Schulmathematik ist. Die Nebenbedingung wird dann nach einer der Variablen aufgelöst und diese Variable dann in der Zielfunktion ersetzt. Es entsteht ein Optimierungsproblem in nur noch einer Variable ohne Nebenbedingung, welches auch mit dem aus der Schule bekannten Optimierungskalkül behandelt werden kann. Diese so genannte SUBSTITU-TIONSMETHODE ⇨ Glossar ließe sich auch in allgemeineren Situationen anwenden. Sie soll hier aber aus verschiedenen Gründen nicht vertieft behandelt werden: Zum einen lässt sich längst nicht immer die Nebenbedingung nach einer der Variablen explizieren. Zum anderen wird diese Vorgehensweise für Probleme mit mehreren Nebenbedingungen rasch unübersichtlich. Schließlich gewinnt man mit der in der Ökonomie bevorzugten Lagrange-Methode die so genannten Lagrange-Multiplikatoren, welche sich ökonomisch interpretieren lassen.

Satz 8.6

Im Optimierungsproblem $f(x, y) \overset{!}{=} \min\limits_{(x,y)^T \in \mathbb{D}}$ unter $g(x, y) = 0$ seien f, g differenzierbar. (x_0, y_0) sei innerer Punkt von $\mathbb{D}$ und lokales Minimum von f unter der Nebenbedingung $g = 0$ mit $\nabla f(x_0, y_0) \neq \bar{0}$. Dann gibt es einen Skalar $\lambda \in \mathbb{R}$ mit

$$\nabla f(x_0, y_0) + \lambda \cdot \nabla g(x_0, y_0) = \bar{0}$$

Dieser Skalar wird **Lagrange-Multiplikator** genannt.

Zur Begründung: In Abbildung 8.10 sind Zielfunktion und Nebenbedingung drei- und zweidimensional dargestellt.

Eingezeichnet sind NIVEAULINIEN ⇨ Glossar von f und die Niveaulinie $g(x, y) = 0$ sowie die Funktionswerte der Zielfunktion f über dieser Niveaulinie. Wo immer die Niveaulinie $g(x, y) = 0$ eine Niveaulinie von f „kreuzt", kann der Zielwert noch unter Einhaltung der Zulässigkeitsbedingung verringert werden. Liegt umgekehrt in einem zulässigen, d.h. insbesondere auf der Niveaulinie $g(x, y) = 0$ gelegenen Punkt $(x_0, y_0)^T$ ein lokales Minimum vor, so müssen die beiden Niveaulinien durch diesen Punkt, d.h. die zu $g(x, y) = 0$ und die Niveaulinie von f zum Niveau $f(x_0, y_0)$ dort tangential verlaufen. Tangenten in (x_0, y_0) an diese Kurven liegen also kollinear.

Berücksichtigt man, dass gemäß Satz 7.18 ⇨ Seite 198 die GRADIENTEN ⇨ Glossar $\nabla f(x_0, y_0)$ und $\nabla g(x_0, y_0)$ senkrecht auf den Niveaulinien verlaufen, so müssen auch diese kollinear zueinander, d.h. linear abhängig sein. Es gibt also $\alpha, \beta \in \mathbb{R}$, nicht beide gleichzeitig Null, so dass

$$\alpha \nabla f(x_0, y_0) + \beta \nabla g(x_0, y_0) = \bar{0}$$

Diese Vektorgleichung wird auch FRITZ-JOHN-BEDINGUNGEN ⇨ Glossar genannt. Falls aber noch zusätzlich $\nabla g(x_0, y_0) \neq \bar{0}$, so muss $\alpha \neq 0$ sein. Die Vektorgleichung darf dann durch α dividiert werden. Mit $\lambda := \frac{\beta}{\alpha}$ folgt $\nabla f(x_0, y_0) + \lambda \cdot \nabla g(x_0, y_0) = \bar{0}$. Dieses Gleichungssystem nennt man auch KUHN-TUCKER-BEDINGUNGEN ⇨ Glossar.

Aufgrund der zentralen Bedeutung dieses Satzes für die Optimierung ökonomischer Funktionen soll neben der geometrischen Begründung noch eine weitere skizziert werden, die sich unmittelbar auf den Fall der Optimierung einer Funktionen von mehr als zwei Variablen bei mehr als einer Nebenbedingung übertragen lässt. Dabei wird die anfangs erwähnte Substitutionsmethode instrumentalisiert. Sei etwa angenommen, dass $D_2 g(x_0, y_0) \neq 0$. Für den zulässigen Punkt $(x_0, y_0) \in \mathbb{D}$ gibt es dann nach den Erläuterungen im Anschluss an Satz 7.21 ⇨ Seite 200 eine Funktion $h : I \to \mathbb{R}$ mit $(x, h(x)) \in \mathbb{D}$ sowie $g(x, h(x)) = 0$ für alle $x \in I$. Dabei ist $I =]x_0 - \delta, x_0 + \delta[$ mit $\delta > 0$ ein ausreichend kleines Intervall. Aufgrund der Minimaleigenschaft von (x_0, y_0) ist x_0 dann ein lokales Minimum der Funktion $F : I \to \mathbb{R}$, $F(x) = f(x, h(x))$. Demnach muss nach der Kettenregel 7.20 ⇨ Seite 200 gelten

$$0 = F'(x_0) = D_1 f(x_0, y_0) + D_2 f(x_0, y_0) h'(x_0)$$

Da aber $h'(x_0)$ die SUBSTITUTIONSGRENZRATE ⇨ Glossar von y und x in (x_0, y_0) ist, folgt $h'(x_0) = -\frac{D_1 g(x_0, y_0)}{D_2 f(x_0, y_0)}$ und somit

$$0 = F'(x_0) = D_1 f(x_0, y_0) - D_2 f(x_0, y_0) \frac{D_1 g(x_0, y_0)}{D_2 f(x_0, y_0)}$$

Mit $\lambda = -\frac{D_2 f(x_0, y_0)}{D_2 g(x_0, y_0)}$ gilt daher $D_1 f(x_0, y_0) + \lambda D_1 g(x_0, y_0) = 0$. Die andere zu zeigende Gleichung $D_2 f(x_0, y_0) + \lambda D_2 g(x_0, y_0) = 0$ folgt schon aufgrund der speziellen Gestalt von λ.

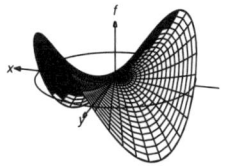 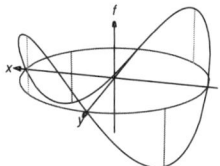

Funktion   eingeschränkte Funktion

Abbildung 8.11: Funktion und durch Nebenbedingung
eingeschränkte Funktion aus Beispiel 8.16

Kernpunkt der Lagrange-Methode im Falle zweier Variablen und einer
Nebenbedingung in Gleichungsform ist also das Gleichungssystem

$$\frac{\partial}{\partial x}f(x,y) + \lambda \cdot \frac{\partial}{\partial x}g(x,y) = 0$$

$$\frac{\partial}{\partial y}f(x,y) + \lambda \cdot \frac{\partial}{\partial y}g(x,y) = 0$$

$$g(x,y) = 0$$

in den Unbekannten x, y und λ, welches gelöst werden muss, um kritische
Punkte $(x_0, y_0)^T$ zu bestimmen.

Beispiel 8.16:
*Gesucht sind alle Maxima und Minima von $f(x,y) = x \cdot y$ für $(x,y)^T \in \mathbb{R}^2$ unter
der Nebenbedingung $x^2 + y^2 = 1$, d.h. $g(x,y) = x^2 + y^2 - 1 = 0$. f und g sind auf
$\mathbb{R}^2$ stetig partiell differenzierbar mit*

$$\nabla f(x,y) = (y,x)^T, \qquad \nabla g(x,y) = (2x, 2y)^T$$

Nach der Lagrange-Methode ist folgendes Gleichungssystem zu lösen:

$$\left\{ \begin{array}{rcl} \nabla f(x,y) + \lambda \nabla g(x,y) & = & 0 \\ g(x,y) & = & 0 \end{array} \right. \quad d.h. \quad \left\{ \begin{array}{rclcl} y & + & 2\lambda x & = & 0 \\ x & + & 2\lambda y & = & 0 \\ x^2 & + & y^2 & = & 1 \end{array} \right.$$

Multipliziert man die erste bzw. zweite Gleichung mit y bzw. x, so folgt

$$\left\{ \begin{array}{l} y^2 + 2\lambda xy = 0 \\ x^2 + 2\lambda xy = 0 \\ x^2 + y^2 = 1 \end{array} \right.$$

247

Subtraktion der ersten beiden Gleichungen voneinander führt zur Lösung des Lagrange-Gleichungssystems. Es ist dann nämlich

$$x^2 = y^2 \Rightarrow x^2 = \frac{1}{2} = y^2 \Leftrightarrow x = \pm\sqrt{\frac{1}{2}} = y$$

Also erhält man die Punkte

$$(\sqrt{\tfrac{1}{2}}, \sqrt{\tfrac{1}{2}})^T, \; (\sqrt{\tfrac{1}{2}}, -\sqrt{\tfrac{1}{2}})^T, \; (-\sqrt{\tfrac{1}{2}}, \sqrt{\tfrac{1}{2}})^T, \; und \; (-\sqrt{\tfrac{1}{2}}, -\sqrt{\tfrac{1}{2}})^T$$

als Kandidaten für lokale Extrema. Diese werden mit einer Randuntersuchung auf globale Extrema durchsucht:

- *Die Menge $\mathbb{M} = \{(x,y)^T \in \mathbb{R}^2 : g(x,y) = 0\}$ ist abgeschlossen und beschränkt (stetige Nebenbedingung in „="-Form, Rand des Einheitskreises ist beschränkt) und die Zielfunktion f ist stetig auf $\mathbb{M}$. Also besitzt f auf $\mathbb{M}$ ein (globales) Minimum und ein (globales) Maximum (Satz vom Maximum/Minimum). Dieses ist daher auch lokales Minimum bzw. Maximum.*

- *In diesem Beispiel hat der Definitionsbereich $\mathbb{R}^2$ nur innere Punkte. Also sind die lokalen Extrema zugleich innere Punkte; sie finden sich also unter den Kandidaten für lokale Extrema, die mit der Lagrange–Methode gefunden werden.*

Fazit: *Die globalen Extrema von f unter der Nebenbedingung liegen unter den mittels der Lagrange-Methode berechneten. Durch Vergleich der Funktionswerte erkennt man daher: In den Punkten $(\sqrt{\tfrac{1}{2}}, \sqrt{\tfrac{1}{2}})^T$, $(-\sqrt{\tfrac{1}{2}}, -\sqrt{\tfrac{1}{2}})^T$ liegt jeweils ein (globales) Maximum, in den Punkten $(\sqrt{\tfrac{1}{2}}, -\sqrt{\tfrac{1}{2}})^T$ und $(-\sqrt{\tfrac{1}{2}}, \sqrt{\tfrac{1}{2}})^T$ jeweils ein (globales) Minimum von f vor. Diese sind in Abbildung 8.11 dargestellt.*

Das Beispiel trägt bereits alle typischen Züge einer Rechnung auf Basis der Lagrange-Methode. Zunächst hat man sich durch den Lagrange-Ansatz eine zusätzliche Variable „aufgehalst", den Lagrange-Multiplikator. Sehr oft wird das Lagrange-Gleichungssystem zunächst so umgeformt, dass dieser sofort wieder eliminiert wird. Die sich ergebende Gleichung gibt neue Einsichten in die Nebenbedingung, die im letzten Beispiel ohne die Kenntnis von $x^2 = y^2$ etwa völlig anders hätte umgeformt werden müssen. Selbst in Situationen, wo die Nebenbedingung nicht explizierbar ist, kann man so noch auf eine konkrete Lösung hoffen.

Die Argumentation auf ein globales Minimum war im letzten Beispiel recht kurz, weil der zulässige Bereich sofort mit Hilfe des Satzes vom Maximum/Minimum behandelt werden konnte. Im nächsten Beispiel ist der zulässige Bereich nicht mehr beschränkt, daher muss die Schlussbegründung etwas anders erfolgen.

Beispiel 8.17 (Kostenminimierung unter Produktionsrestriktion):
Es sollen die Produktionskosten $k(x,y) = ax + by$ beim Einsatz zweier Faktoren minimiert werden. Das resultierende Produkt hat die Ausbringung $x^\alpha y^\beta$ und x, y sollen so gewählt sein, dass genau w Einheiten produziert werden. Die auf $\mathbb{D} =]0; \infty[\times]0; \infty[$ zu minimierende Zielfunktion ist also $k(x,y)$. Dazu ist die Nebenbedingung $g(x,y) = x^\alpha y^\beta - w = 0$ einzuhalten. Eine derartige parametrische Darstellung – a, b, α, β, w sollen nicht näher spezifizierte positive Zahlen sein – ist vielleicht zunächst ungewohnt, aber sie ermöglicht die Anpassung der gefundenen Lösung an zahlreiche Produktionsänderungen, etwa bei der Produktionsfunktion, den Produktionskosten oder der Sollproduktion. Sie ist zudem regelmäßig Gegenstand der komparativen Statik, die später noch genauer behandelt werden wird.

Nach Ableiten des Lagrange-Gleichungssystems ergibt sich

$$a + \lambda \alpha x^{\alpha-1} y^\beta = 0 \Leftrightarrow \frac{ax}{\alpha} + \lambda x^\alpha y^\beta = 0$$

$$b + \lambda \beta x^\alpha y^{\beta-1} = 0 \Leftrightarrow \frac{by}{\beta} + \lambda x^\alpha y^\beta = 0$$

$$x^\alpha y^\beta = w$$

Auch hier wird zunächst wieder aus den ersten beiden Gleichungen durch Gleichsetzen über $\lambda x^\alpha y^\beta$ der Lagrange-Multiplikator eliminiert. Dann erhält man

$$\frac{ax}{\alpha} = \frac{by}{\beta} \Longleftrightarrow x = \frac{\alpha}{a} \frac{b}{\beta} y$$

Eingesetzt in die Nebenbedingung ergibt sich

$$\left(\frac{\alpha}{a} \frac{b}{\beta} y \right)^\alpha y^\beta = w \Longleftrightarrow y^{\alpha+\beta} = w \left(\frac{a\beta}{b\alpha} \right)^\alpha \Longleftrightarrow y = w^{\frac{1}{\alpha+\beta}} \left(\frac{a\beta}{b\alpha} \right)^{\frac{\alpha}{\alpha+\beta}}$$

Völlig entsprechend erhält man $x = w^{\frac{1}{\alpha+\beta}} \left(\frac{b\alpha}{a\beta} \right)^{\frac{\beta}{\alpha+\beta}}$.

Der Lagrange-Multiplikator ergibt sich aus $\frac{ax}{\alpha} + \lambda x^\alpha y^\beta = 0$ und $x^\alpha y^\beta = w$ zu

$$\lambda = -\frac{ax}{\alpha w} = -w^{\frac{1-\alpha-\beta}{\alpha+\beta}} \left(\frac{a}{\alpha} \right)^{\frac{\alpha}{\alpha+\beta}} \left(\frac{b}{\beta} \right)^{\frac{\beta}{\alpha+\beta}}$$

Auf seine Bedeutung werden wir später allgemeiner eingehen ⇨ *Abschnitt 8.4, Seite 273.*

An dieser Stelle liegt nun tatsächlich auch ein globales Kostenminimum vor. Ganz kursorisch lautet die Begründung: Zum Rand des Definitionsbereiches hin ist die Kostenfunktion für zulässige Punkte nach oben unbeschränkt. Daher muss die Stelle eines Kostenminimums im Inneren des Definitionsbereiches liegen. Im Detail stecken dahinter folgende Überlegungen:

- *Der Rand des Definitionsbereiches $\mathbb{D}$ beider Funktionen k und g besteht aus allen Punkten (x, y), für die entweder $x = 0$ oder $y = 0$ gilt.*

- *Betrachtet man zulässige Folgen, die sich einem Randpunkt nähern, so gilt entweder $x \to 0$ oder $y \to 0$. Da solche Folgen aber aus zulässigen Punkten bestehen müssen, d.h. $x^\alpha y^\beta = w$ gilt, ergibt sich also für die betrachtete Folge entweder $x \to \infty$ oder $y \to \infty$. Dies liefert aber unbeschränkte Kosten $ax + by$.*

- *Zum* **RAND** $\Rightarrow$ *Glossar des Definitionsbereiches hin können also unter der Nebenbedingung keine Kostenminima vorliegen. Es gibt daher $x_0 \geq 0$ und $y_0 \geq 0$ derart, dass in keinem zulässigen Punkt (x, y) mit $x \leq x_0$ oder $y \leq y_0$ ein globales Minimum von f unter der Nebenbedingung vorliegen kann. Bei der Suche nach einem globalen Minimum kann man sich also auf Werte $x > x_0$ und $y > y_0$ beschränken.*

  Da aber stets auch die Gleichung $x^\alpha y^\beta = w \Leftrightarrow x = \left(\frac{w}{y^\beta}\right)^{\frac{1}{\alpha}} \Leftrightarrow y = \left(\frac{w}{x^\alpha}\right)^{\frac{1}{\beta}}$ erfüllt sein muss, gibt es auch Oberschranken für x, y, d.h. es finden sich $x_1 > x_0$, $y_1 > y_0$ derart, dass ein Minimum von f höchstens in einem zulässigen Punkt (x, y) mit $x_0 < x < x_1$ und $y_0 < y < y_1$ liegen kann.

- *Wenn man den zulässigen Bereich also derart verkleinert, dass nur noch Werte $x_0 \leq x \leq x_1$ und $y_0 \leq y \leq y_1$ betrachtet werden, d.h. übergeht zu $\mathbb{K} = \left\{(x, y) \in \mathbb{D} : x^\alpha y^\beta = w, x_0 \leq x \leq x_1, y_0 \leq y \leq y_1\right\}$, so ist $\mathbb{K}$* **ABGESCHLOSSEN** $\Rightarrow$ *Glossar (Nebenbedingungen in „= 0"-Form mit* **STETIGEM FUNKTIONSTERM** $\Rightarrow$ *Glossar auf der linken Seite) und* **BESCHRÄNKT** $\Rightarrow$ *Glossar.*

  Aufgrund des Satzes vom Maximum/Minimum gibt es ein globales Minimum von k auf $\mathbb{K}$ und damit auf $\mathbb{M}$. Auf dem Rand von $\mathbb{K}$, d.h. für $x = x_0$ oder $y = y_0$ kann dieses Minimum nicht angenommen werden (So wurden x_0, x_1 und y_0, y_1 gerade gewählt).

- *Die globale Minimalstelle von k auf $\mathbb{M}$ ist also ein innerer Punkt von $\mathbb{K}$ und somit ein lokales Minimum. Da oben nur ein Kandidat für ein lokales Minimum ermittelt wurde, muss dieser schon das globale Minimum sein.*

Der Kern der Argumentation, weshalb ein globales Minimum vorliegt, besteht in der korrekten Anwendung des Satzes von Maximum/Minimum. Hierzu muss der zulässige Bereich so verkleinert werden, dass er das globale Minimum weiterhin enthalten muss, sofern ein solches existiert. Für die Verkleinerung gibt es keine Patentrezepte, was die Methode zugegebenermaßen etwas unhandlich macht. Aber andere Ansätze – auf Basis der Hesse-Matrix – stellen nur lokale Extrema sicher und liefern daher ggf. falsche Ergebnisse.

8.3.2 Optimierung bei m Gleichungs-Nebenbedingungen

Liegt mehr als eine Nebenbedingung vor, so ist die Verfahrensweise von Satz 8.6 $\Rightarrow$ Seite 245 ebenfalls anwendbar. Allerdings benötigt man für jede Ne-

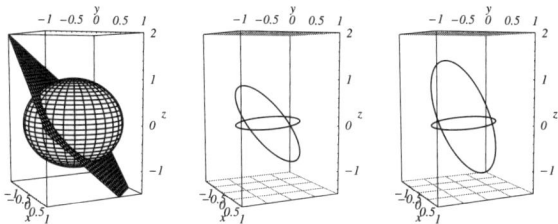

Abbildung 8.12: Zulässiger Bereich und Zielfunktion in Beispiel 8.18

benbedingung $g_i(x) = 0$ einen eigenen Lagrange-Multiplikator λ_i und die Lagrange-Vektorgleichung ist um den Summanden $\lambda_i \nabla g_i(x)$ zu erweitern:

Satz 8.7

Seien $f, g_1, \ldots, g_m : \mathbb{D} \subseteq \mathbb{R}^n \to \mathbb{R}$ differenzierbare Funktionen. Es sei x_0 innerer Punkt von $\mathbb{D}$ und ein lokales Extremum von f unter den Nebenbedingungen $g_1(x) = 0, \ldots, g_m(x) = 0$. Weiter seien $\nabla g_1(x_0), \ldots, \nabla g_m(x_0)$ **LINEAR UNABHÄNGIG** ⇨ Glossar. Dann gibt es $\lambda_1, \ldots, \lambda_m \in \mathbb{R}$, so dass

$$\nabla f(x_0) + \lambda_1 \nabla g_1(x_0) + \ldots + \lambda_m \nabla g_m(x_0) = \bar{0}$$

Die $\lambda_1, \ldots, \lambda_m$ heißen Lagrange-Multiplikatoren.

Ein ausführlicher Beweis findet sich in der Literatur [HEUSER, 1993[2], S. 341 f.]. Er folgt den Leitlinien des zweiten Nachweises von Satz 8.6 ⇨ Seite 246, wobei das Theorem über implizite Funktionen in Form von Satz 8.17 ⇨ Seite 284 benötigt wird.

Die Vektorgleichung der Lagrange-Methode wird auch **KUHN-TUCKER-BEDINGUNGUNG** ⇨ Glossar genannt. Die Forderung der linearen Unabhängigkeit von $\nabla g_1(x_0), \ldots, \nabla g_m(x_0)$ ist unmittelbare Verallgemeinerung von $\nabla g(x_0, y_0) \neq \bar{0}$ aus Satz 8.6 ⇨ Seite 245, denn ein Vektor ist für sich allein linear unabhängig genau dann, wenn er nicht der Nullvektor ist.

Beispiel 8.18:

Gesucht sind alle Extrema von $f(x, y, z) = x - y$ unter den Nebenbedingungen

$$g_1(x, y, z) = x + y + z = 0$$
$$g_2(x, y, z) = x^2 + y^2 + z^2 - 1 = 0$$

Im Übrigen dürfen x, y, z beliebige reelle Zahlen sein. Zur graphischen Veranschaulichung des Problems kann die Variable z „eliminiert" werden:

Der zulässige Bereich und die Zielfunktion sind in Abbildung 8.12 dargestellt. Die erste Nebenbedingung besagt, dass zulässige Punkte auf der Ebene $x+y+z = 0$ durch *den Ursprung liegen, während nach der zweiten Nebenbedingung $x^2 + y^2 + z^2 = 1$ die Punkte gleichzeitig auf einer Kugeloberfläche liegen. Beide geometrischen Gebilde sind in Abbildung 8.12 links skizziert. Als Schnittmenge ergibt sich eine Kreislinie im Raum, die im mittleren Graph skizziert ist. Von den drei Komponenten x, y, z werden in der Zielfunktion jedoch nur x und y benötigt. Daher ist z für die Optimierung nicht von Belang und kann auf einen angemessenen Wert gesetzt werden, etwa $z = 0$. Die Kreislinie als zulässiger Bereich wird also auf die Ebene der x- und y-Koordinaten „projiziert", was in der mittleren sowie der rechten Abbildung geschieht. Rechts kann nun der Graph der Funktion $f(x, y) = x - y$ über dieser projizierten Kreislinie dargestellt werden. Man erkennt – auch ohne explizite Rechnung – dass die Funktion ein globales Minimum und Maximum haben muss. Im Folgenden sollen beide berechnet werden.*

Die partiellen Ableitungen von f, g_1 und g_2 sind $\nabla f(x, y, z) = (1, -1, 0)^T$, $\nabla g_1(x, y, z) = (1, 1, 1)^T$, $\nabla g_2(x, y, z) = (2x, 2y, 2z)^T$. Das Lagrange-Gleichungssystem zur Berechnung kritischer Punkte lautet daher

$$1 + \lambda_1 + \lambda_2 2x = 0$$
$$-1 + \lambda_1 + \lambda_2 2y = 0$$
$$\lambda_1 + \lambda_2 2z = 0$$
$$x + y + z = 0$$
$$x^2 + y^2 + z^2 = 1$$

Klar ist daraufhin $\lambda_2 \neq 0$. Denn wäre $\lambda_2 = 0$, so würden die ersten beiden Gleichungen zu $1 + \lambda_1 = 0$ und $-1 + \lambda_1 = 0$ werden, was offensichtlich nicht vereinbar ist. Subtraktion der ersten von der zweiten Gleichung und der zweiten von der dritten Gleichung ergibt die beiden Gleichungen

$$\lambda_2(2x - 2y) = -2 \iff \lambda_2(y - x) = 1$$
$$\lambda_2(2y - 2z) = 1$$

Da $\lambda_2 \neq 0$, folgt hieraus $y - x = 2y - 2z \iff x + y - 2z = 0$. Aus dieser Gleichung und der Nebenbedingung $x + y + z = 0$ folgt sofort $z = 0$. Die dritte Ausgangsgleichung lässt dann auf $\lambda_1 = 0$ schließen. Es bleibt dann übrig

$$x + y = 0$$
$$x^2 + y^2 = 1$$

Die bisherige Rechnung dient - wie schon früher als grundsätzliche Methode angedeutet – der Eliminiation der Lagrange-Multiplikatoren. Das jetzt entstandene Gleichungssystem lässt sich durch Einsetzungsverfahren unmittelbar auflösen. Dabei ergeben sich zwei kritische Punkte:

$$x = \frac{1}{\sqrt{2}}, \qquad y = -\frac{1}{\sqrt{2}}, \qquad z = 0, \qquad \lambda_1 = 0, \qquad \lambda_2 = -\frac{1}{\sqrt{2}}$$
$$x = -\frac{1}{\sqrt{2}}, \qquad y = \frac{1}{\sqrt{2}}, \qquad z = 0, \qquad \lambda_1 = 0, \qquad \lambda_2 = \frac{1}{\sqrt{2}}$$

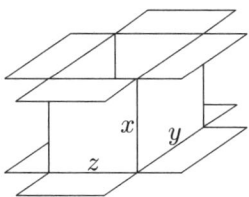

Abbildung 8.13: Bezeichnungen im Verpackungsproblem 8.19

Damit sind die einzigen Kandidaten für lokale Minima gefunden. Nach der obigen graphischen Erläuterung muss f ein globales Maximum bzw. Minimum haben, welche hier gleichzeitig lokale Extrema und innere Punkte von $\mathbb{D} = \mathbb{R}^3$ sind. Durch Funktionswertevergleich erkennt man den ersten Kandidaten als das globale Maximum, den zweiten hingegen als das globale Minimum. Ohne graphische Illustration wäre so zu argumentieren, dass der zulässige Bereich abgeschlossen und beschränkt ist (Kreislinie) und die Zielfunktion hierauf stetig. Daher ist die Existenz des globalen Maximums bzw. Minimums in einem randlosen Definitionsbereich gesichert. Diese Extrema müssen durch die kritischen Punkte realisiert werden.

Ohne Vorliegen eines kompakten zulässigen Bereiches ist die Begründung des globalen Extremums etwas komplizierter:

Beispiel 8.19 (Verpackungsproblem):
Es soll ein Karton gemäß Abbildung 8.13 mit gegebenem Volumen $xyz = v$ so hergestellt werden, dass der Materialbedarf (gemessen durch die Oberfläche $f(x, y, z) = 2xy + 2xz + 4yz$) minimal wird. Zu beachten ist hierbei, daß Boden und Deckel des Kartons doppelten Materialbedarf haben. Die Volumenrestriktion wird in die Nebenbedingung $g(x, y, z) = xyz - v = 0$ überführt. Damit ist auch klar, dass als ökonomischer Definitionsbereich nur solche Werte $x, y, z > 0$ sinnvoll sind. Der zulässige Bereich ist $\mathbb{M} := \{(x, y, z)^T \in \mathbb{R}^3 : x, y, z > 0, xyz = v\}$. Dieser Bereich ist zwar abgeschlossen, aber nicht beschränkt, was sich gleich auf die „Lokal-Global"-Argumentation auswirkt. Zunächst wird aber der kritische Punkt mittels Lagrange-Methode ermittelt. Die benötigten Gradienten lauten

$$\nabla f(x, y, z) = (2y + 2z, 2x + 4z, 2x + 4y)^T, \quad \nabla g(x, y, z) = (yz, xz, xy)^T$$

Das Lagrange-Gleichungssystem lautet daher

$$2y + 2z + \lambda yz = 0$$
$$2x + 4z + \lambda xz = 0$$
$$2x + 4y + \lambda xy = 0$$
$$xyz = v$$

Multipliziert man die ersten drei Gleichungen jeweils mit x, y bzw. z, so folgt

$$2xy + 2xz + \lambda xyz = 0$$
$$2xy + 4yz + \lambda xyz = 0$$
$$2xz + 4yz + \lambda xyz = 0$$
$$xyz = v$$

Die ersten drei Gleichungen können über den gemeinsamen Term λxyz gleichgesetzt werden, wobei zwei Gleichungen ohne Lagrange-Multiplikator entstehen:

$$2xy + 2xz = 2xy + 4yz \qquad\qquad \Longleftrightarrow x = 2y$$
$$2xy + 4yz = 2xz + 4yz \qquad\qquad \Longleftrightarrow y = z$$

Setzt man dies in die vierte Gleichung ein, so erhält man

$$xyz = v \Longleftrightarrow 2y^3 = v \Longleftrightarrow y = \sqrt[3]{\frac{v}{2}}$$

Der kritische Punkt lautet also

$$x = 2\sqrt[3]{\frac{v}{2}}, z = \sqrt[3]{\frac{v}{2}}, \lambda = -\frac{2}{z} - \frac{2}{y} = -\frac{4}{y} = -\frac{4}{\sqrt[3]{\frac{v}{2}}}$$

Er ist bereits Stelle eines globalen Minimums, denn:

- *Im zulässigen Bereich $\mathbb{M}$ gilt wegen $xyz = v \Leftrightarrow xy = \frac{v}{z} \Leftrightarrow xz = \frac{v}{y} \Leftrightarrow yz = \frac{v}{x}$*

$$f(x, y, z) = 2xy + 2xz + 4yz = v\left(\frac{2}{z} + \frac{2}{y} + \frac{4}{x}\right)$$

und daher $\displaystyle\lim_{x \to 0, \infty} f(x, y, z) = \lim_{y \to 0, \infty} f(x, y, z) = \lim_{z \to 0, \infty} f(x, y, z) = +\infty$

- *Daher findet man einen geeignet großen Quader $Q = [a_1; b_1] \times [a_2; b_2] \times [a_3; b_3]$ $(0 < a_i < b_i < \infty)$, außerhalb dessen und auf dessen Rand keine Minima von f in $\mathbb{M}$ liegen können und innerhalb dessen der berechnete kritische Punkt liegt.*
- *Nach dem Satz vom Maximum/Minimum hat die auf der abgeschlossenen und beschränkten Menge $\mathbb{M} \cap Q$ stetige Funktion f ein globales Minimum, welches nicht auf dem Rand von Q liegt und so der berechnete kritische Punkt ist.*

Die Lagrange-Methode für Nebenbedingungen in Gleichungsform lässt sich auch als nichtrestringierter Optimierungsansatz auffassen:

Lagrange-Ansatz bei Nebenbedingungen in Gleichungsform: Man bilde die Lagrange–Funktion:

$$L(x_1, \ldots, x_n, \lambda_1, \ldots, \lambda_m) := f(x_1, \ldots, x_n) + \sum_{i=1}^{m} \lambda_i g_i(x_1, \ldots, x_n)$$

und löse das Gleichungssystem $\nabla L(x, \lambda) = \bar{0}$.

Denn hierzu ist das Gleichungssystem der Lagrange–Methode

$$\left.\begin{array}{ll} \nabla f(x) + \sum\limits_{i=1}^{m} \lambda_i \nabla g_i(x) = & \bar{0} \\ g_1(x) = 0 \quad \ldots \quad g_m(x) = & 0 \end{array}\right\}$$

gleichwertig. Man kann sich die Lagrange-Methode also auch so vorstellen, dass die Nebenbedingungen in Form von „Straftermen" der Zielfunktion zugeschlagen werden, wodurch scheinbar ein Optimierungsproblem ohne Nebenbedingungen entsteht.

Die Lagrange-Methode erweist sich in zahlreichen Anwendungssituationen als erste Wahl bei der Optimierung unter Nebenbedingungen, allerdings nicht bei linearer Zielfunktion und linearen Restriktionen.

Beispiel 8.20:
Es ist $f(x,y) = 2x + 3y$ zu minimieren auf $\mathbb{D} = [0; \infty[\times [0; \infty[$ unter der Nebenbedingung $x + y = 1$. Substituiert man die Nebenbedingung als $y = 1 - x$ in die Zielfunktion, so ergibt sich $f(x, 1-x) = 2x + 3(1-x) = 3 - x$ und dieser Ausdruck wird minimal für maximales x, wobei $x \le 1$ gelten muss wegen $y = 1 - x \ge 0$. Die Optimallösung findet sich also für $x = 1$, $y = 0$, d.h. auf einem Randpunkt des Definitionsbereiches. Das ist typisch für lineare Optimierungsprobleme. Es sollte nicht verwundern, dass die Lagrange-Methode in diesem Beispiel auch keinen kritischen inneren Punkt findet. Die Kuhn-Tucker-Gleichungen lauten nämlich

$$2 + \lambda = 0, \quad 3 + \lambda = 0, \quad x + y = 1$$

und sind nicht lösbar. Das Optimum liegt in diesem Fall auf dem Rand des Definitionsbereiches, genauer gesagt in einer „Ecke" des zulässigen Bereiches.

Effektiv arbeiten in solchen linearen Optimierungsproblemen Verfahren, die die Probleme „diskretisieren", indem sie in nur noch diese Ecken absuchen. Das leistet z.B. der Simplex-Algorithmus, dessen Grundidee exemplarisch in Abschnitt 2.3 ⇨ Seite 30 vorgestellt wurde.

8.3.3 Optimierung unter einer Ungleichungsrestriktion

Auch wenn Nebenbedingungen in Ungleichungsform vorliegen, ist die Lagrange-Methode anwendbar – mit Konsequenzen für das Vorzeichenverhalten des Lagrange-Multiplikators jeder Restriktion. Problematisch ist dabei, dass eine Ungleichungsrestriktion nicht mehr einfach aufgelöst werden kann. In einem lokalen Minimum könnte die Nebenbedingung zu $h(x_0) < 0$ konkretisiert sein.

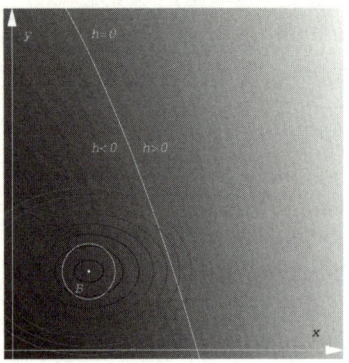 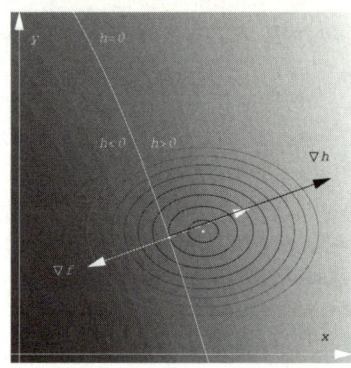

inaktive Nebenbedingung   aktive Nebenbedingung

Abbildung 8.14: Optimierungsproblem $f(x, y) \overset{!}{=} \min$ unter $h(x, y) \leq 0$

Eine durch einen zulässigen Punkt nicht voll ausgeschöpfte Nebenbedingung heißt **INAKTIV** ⇨ Glossar für x_0. Wird die Nebenbedingung ausgeschöpft, so heißt sie **AKTIV** ⇨ Glossar.

Die aktiven Nebenbedingungen sind allerdings die technisch anspruchsvollen, denn mit ihnen muss die Lagrange-Methode gerechnet werden, während man inaktive Nebenbedingungen prinzipiell erst einmal ignorieren kann, um dann später zu prüfen, ob sie überhaupt erfüllt sind.

Weil von vorneherein nicht bekannt ist, ob in einem lokalen Minimum eine Nebenbedingung aktiv sein muss, sind bei Optimierungsproblemen unter Nebenbedingungen in Ungleichungsform Fallunterscheidungen erforderlich. Am einfachsten sind diese bei nur einer Nebenbedingung und zwei Variablen.

Satz 8.8 (Lokale Minima unter einer Ungleichungsrestriktion)
Falls (x_0, y_0) innerer Punkt von $\mathbb{D}$ mit $\nabla h(x_0, y_0) \neq \bar{0}$ und ein lokales Minimum von f unter der Nebenbedingung $h(x_0, y_0) \leq 0$ ist, so gibt es ein $\mu \geq 0$, so dass

$$\nabla f(x_0, y_0) + \mu \nabla h(x_0, y_0) = \bar{0},$$

und es gilt $\mu = 0$ oder $h(x_0, y_0) = 0$ bzw. gleichwertig $\mu h(x_0, y_0) = 0$. Diese Gleichung wird **BEDINGUNG VOM KOMPLEMENTÄREN SCHLUPF** ⇨ Glossar genannt.

Zur Begründung: Es sind zwei Fälle zu unterscheiden, die in Abbildung 8.14 dargestellt sind:

- Die Nebenbedingung ist inaktiv, d.h. $h(x_0, y_0) < 0$. Dargestellt ist in der Abbildung links ein Kontur-Diagramm von h, in dem die **NIVEAULINIE**

⇨ Glossar $h(x,y) = 0$ hervorgehoben ist. Diese teilt den Definitionsbereich in zwei Bereiche: im linken Teil liegen alle Punkte $(x,y) \in \mathbb{D}$ mit $h(x,y) < 0$, also auch der Punkt (x_0, y_0), im rechten Teil entsprechend die Punkte (x,y) mit $h(x,y) > 0$. Um den Punkt (x_0, y_0) sind zusätzlich die Niveaulinien von f skizziert, die darstellen, dass in (x_0, y_0) tatsächlich ein lokales Minimum liegt. Man kann nun – auch mathematisch exakt unter geeigneter Verkleinerung des betrachteten Bereiches – schließen, dass sich um den Punkt (x_0, y_0) eine ganze Umgebung $B = B_r(x_0, y_0)$ finden lässt mit $r > 0$ (begrenzt von der in Abbildung 8.14 links dargestellten Kreislinie), innerhalb derer die Nebenbedingung – sogar inaktiv – erfüllt ist und die Funktion den Minimalwert $f(x_0, y_0)$ hat. (x_0, y_0) ist somit schon Stelle eines lokalen Minimums von f ohne Nebenbedingungen und hat daher die notwendige Eigenschaft $\nabla f(x_0, y_0) = \bar{0}$,. Setzt man aber $\mu = 0$, so gilt auch $\nabla f(x_0, y_0) + \mu \nabla h(x_0, y_0) = \bar{0}$, d.h. es gilt wieder die Kuhn-Tucker-Bedingung. Bei inaktiver Nebenbedingung ist der Lagrange-Multiplikator $\mu = 0$, denn es ist $\nabla h(x_0, y_0) \neq \bar{0}$ vorausgesetzt und $\nabla f(x_0, y_0) = \bar{0}$ geschlussfolgert, was $\mu \neq 0$ unmöglich macht.

- Die Nebenbedingung ist aktiv, d.h. $h(x_0, y_0) = 0$. Damit verschiebt sich die Lage des lokalen Minimums auf die oben angesprochene Begrenzungslinie $h(x,y) = 0$, wie in Abbildung 8.14 rechts, skizziert. Es ist dann (x_0, y_0) auch lokale Minimalstelle unter der Nebenbedingung $h(x,y) = 0$ und nach den Überlegungen zur Optimierung unter Gleichungsrestriktionen müssen die Kuhn-Tucker-Bedingungen erfüllt sein, d.h. es gibt ein $\mu \in \mathbb{R}$ mit $\nabla f(x_0, y_0) + \mu \nabla h(x_0, y_0) = \bar{0}$.

Zusätzlich kann man schließen, dass $\mu \geq 0$ ist, mithin $\nabla f(x_0, y_0)$ und $\nabla h(x_0, y_0)$ in entgegengesetzte Richtungen zeigen (also nicht wie in Abbildung 8.14 rechts, der gestrichelte Pfeil). Wäre nämlich $\mu < 0$, so hätten f und g eine gemeinsame Abstiegsrichtung, nämlich $-\nabla f(x_0, y_0) = \mu \nabla h(x_0, y_0)$. Dann könnte (x_0, y_0) zulässig verbessert werden, wäre also keine lokale Minimalstelle, was aber im Widerspruch zur Annahme steht.

Das Verfahren wird anhand eines populären, in Beispiel 5.1 ⇨ Seite 115 mit der Substitutionsmethode behandelten Problems illustriert.

Beispiel 8.21:
Es soll die Oberfläche $O(r,h) = 2\pi r^2 + 2\pi rh \overset{!}{=} \min$ einer zylindrischen Konservendose minimiert werden. Das Mindestvolumen der Dose soll $\pi r^2 h \geq 500$ betragen. Dabei stellt r den Radius und h die Höhe des Zylinders dar. Als Nebenbedingung erhält man also $g(r,h) = 500 - \pi r^2 h \leq 0$. Die Funktionen O, g sind stetig partiell differenzierbar in $\mathbb{D} = \{(r,h)^T \in \mathbb{R}^2 : r > 0, h > 0\}$ mit

$$\nabla O(r,h) = (4\pi r + 2\pi h 2\pi r)^T, \quad \nabla g(r,h) = (-2\pi rh - \pi r^2)^T$$

Notwendig für ein lokales Minimum in (r, h) ist nach Satz 8.8, dass es ein $\lambda \geq 0$ gibt derart, dass

$$
\begin{aligned}
\nabla O(r, h) + \lambda \cdot \nabla g(r, h) &= 0 \\
g(r, h) &\leq 0 \\
\lambda = 0 \quad \textit{oder} \quad g(r, h) &= 0
\end{aligned}
$$

d.h.

$$
4\pi r + 2\pi h - 2\lambda\pi r h = 0
$$

$$
2\pi r - \lambda\pi r^2 = 0
$$

$$
\pi r^2 h \geq 500
$$

$$
\lambda = 0 \quad \textit{oder} \quad \pi r^2 h = 500
$$

Aufgrund der zweiten Gleichung folgt $\lambda \neq 0$ und die Nebenbedingung ist aktiv. Teilt man zudem die erste Gleichung durch 2π und die zweite Gleichung durch πr, was wegen $r > 0$ erlaubt ist, so ergibt sich das äquivalente System

$$
2r + h - \lambda r h = 0
$$

$$
\lambda r = 2
$$

$$
\pi r^2 h = 500
$$

Substituiert man $\lambda r = 2$ in die erste Gleichung, so ergibt sich $h = 2r$. Mit der dritten Gleichung folgt $r = \sqrt[3]{\frac{500}{2\pi}} \approx 4,30$, $h = 2\sqrt[3]{\frac{500}{2\pi}} \approx 8,60$ und $\lambda = 2/\sqrt[3]{\frac{500}{2\pi}}$.

Dieser Punkt muss nun noch durch Randwertevergleich darauf geprüft werden, ob in ihm ein globales Minimum vorliegt. Für zulässige Punkte (r, h) gilt

$$
\pi r^2 h \geq 500 \iff \pi r h \geq \frac{500}{r} \iff \pi r^2 \geq \frac{500}{h}
$$

Bei Einsetzen der letzten beiden Ungleichungen lässt sich die Oberfläche bei einer zulässigen Lösung nach unten abschätzen zu

$$
O(r, h) = 2\pi r^2 + 2\pi r h \geq \frac{1000}{h} + \frac{1000}{r}
$$

Die Oberflächenfunktion in ihrer Ausgangsform gewährleistet, dass r und h im Rahmen der zulässigen Punkte nicht zu groß werden dürfen; sonst besitzt die betreffende Dose eine zu große Oberfläche. Also kann der Definitionsbereich der Oberflächenfunktion auf ein hinreichend großes Rechteck $[0, r_2] \times [0, h_2]$ begrenzt werden, ohne dass dabei ein möglicher Kandidat für ein globales Minimum verloren geht. In der abgeschätzten Form erkennt man, dass auch die Fälle $r \to 0$ bzw. $h \to 0$ unverhältnismäßig große Oberflächenwerte ergeben. Deshalb kann man den Definitionsbereich auf $[r_1, r_2] \times [h_1, h_2]$ mit geeigneten Werten $0 < r_1 < r_2$ und $0 < h_1 < h_2$ derart beschränkten, dass kein mögliches globales Minimum von O

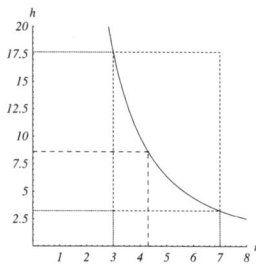

Abbildung 8.15: Verkleinerung des zulässigen Bereiches in Beispiel 8.21, welche den kritischen Punkt beinhaltet

verloren geht und gleichzeitig der oben berechnete kritische Punkt im verkleinerten Bereich liegt. Diese Verkleinerung ist in Abbildung 8.15 exemplarisch mit $r_1 = 3$, $r_2 = 7$, $h_1 \approx 3,25$, $h_2 \approx 17,68$ skizziert. Nach der Beschränkung existiert ein globales Extremum, welches zugleich lokales Extremum und innerer Punkt des verkleinerten zulässigen Bereiches ist. Der berechnete kritische Punkt ist daher Stelle eines globalen Minimums.

8.3.4 Optimierung unter k Ungleichungsbedingungen

Wenn mehrere Ungleichungen das Optimierungsproblem restringieren, so wird für jede Nebenbedingung ein – vorzeichenbeschränkter – Lagrange-Multiplikator erklärt, der zusammen mit dem Gradienten dieser Nebenbedingung Aufnahme in die Kuhn-Tucker-Gleichungen findet. Die Bedingung vom komplementären Schlupf gilt dann für jede Nebenbedingung, was sich auf verschiedene Arten ausdrücken lässt.

Satz 8.9 (FOC für lokale Minima unter Ungleichungen)
Seien f, $h_1, \ldots, h_k : \mathbb{D} \subseteq \mathbb{R}^n \to \mathbb{R}$ differenzierbare Funktionen. Es sei x_0 innerer Punkt von $\mathbb{D}$ und ein lokales Minimum von f unter den Nebenbedingungen $h_1(x) \leq 0, \ldots, h_k(x) \leq 0$. Weiter seien $\nabla h_1(x_0), \ldots, \nabla h_k(x_0)$ linear unabhängig. Dann gibt es $\mu_1, \ldots, \mu_k \geq 0$, so dass

$$\nabla f(x_0) + \mu_1 \nabla h_1(x_0) + \cdots + \mu_k \nabla h_k(x_0) = \bar{0}$$
$$\mu_1 h_1(x_0) + \cdots + \mu_k h_k(x_0) = 0$$

Auch hier spricht man von den Kuhn-Tucker-Bedingungen. Man beachte die Vorzeichenbeschränkung $\mu_j \geq 0$. Soll ein lokales Maximum bestimmt werden, so überführt man dies entweder durch Übergang zu $-f$ in die Minimierungsform nebst Anwendung des vorstehenden Satzes oder akzeptiert im obigen Lagrange-Ansatz nur diejenigen kritischen Punkte mit $\mu_j \leq 0$.

Die Gleichung $\mu_1 h_1(x_0) + \cdots + \mu_k h_k(x_0) = 0$ heißt wiederum Bedingung vom komplementären Schlupf. Sie besagt folgendes: Die darin auftretende Summe ist stets kleiner oder gleich Null, denn die Multiplikatoren sind nicht-negativ und die Werte $h_i(x)$ sind stets kleiner oder gleich Null, mithin sind alle Summanden kleiner oder gleich Null. Der Fall Null tritt für die Summe genau dann ein, wenn jeder Summand $\mu_i h_i(x)$ Null ist. Mithin muss jeweils entweder der Multiplikator Null sein, oder die betreffende Nebenbedingung wird voll ausgeschöpft, d.h. ist aktiv. Manchmal sind auch beide Eigenschaften gleichzeitig erfüllt. Das ist aber eher selten der Fall.

Praktische Umsetzung der Bedingung vom komplementären Schlupf: es werden auf alle möglichen Arten Nebenbedingungen ausgewählt und als aktiv festlegt und dann abhängig von dieser Festlegung

- die Lagrange-Multiplikatoren der übrigen inaktiven Nebenbedingungen gleich Null gesetzt,

- die inaktiven Nebenbedingungen erst ignoriert und zu den aktiven Nebenbedingungen mit der Lagrange-Methode kritische Punkte ermittelt,

- geprüft, ob die kritischen Punkte nichtnegative Lagrange-Multiplikatoren haben und die inaktiven Nebenbedingungen erfüllen.

Alle gefundenen kritischen Punkte werden dann miteinander verglichen.

Weil für jede Nebenbedingung zwei Entscheidungen möglich sind und diese Entscheidungen unabhängig voneinander getroffen werden können, gibt es bei k Nebenbedingungen in Ungleichungsform prinzipiell 2^k grundsätzlich verschiedene Optimierungs-Teil-Probleme zu lösen. Von Vorteil kann dabei sein, wenn durch eine Zusatzüberlegung sofort klar gestellt werden kann, welche Nebenbedingungen in einem kritischen Punkt überhaupt aktiv sein müssen, damit dieser Aussicht darauf hat, ein globales Extremum zu werden. Dies ist im folgenden Beispiel der Fall.

Beispiel 8.22:
Es sei der Ertrag aus der Veräußerung dreier Produkte in den Quantitäten $x, y, z \geq 0$ von der Form $f(x, y, z) = 2xy + 3yz$. Die dabei eingesetzten Rohstoffe ergeben sich aus der Materialverflechtung zu

$$x + y \leq 6 \Leftrightarrow h_1(x, y, z) = x + y - 6 \leq 0$$
$$3y + z \leq 18 \Leftrightarrow h_2(x, y, z) = 3y + z - 18 \leq 0$$

Zunächst gilt: Beide Nebenbedingungen müssen im Maximum voll ausgeschöpft sein. Gilt nämlich z.B. $x_0 + y_0 < 6$ und $3y_0 + z_0 \leq 18$, so kann man durch Vergrößerung von x_0 den Output noch zulässig erhöhen, ohne dass die zweite Neben-

bedingung verletzt wird. Die Bestimmungsgrößen der Lagrange-Methode sind nun

$$\nabla f(x,y,z) = (2y, 2x+3z, 3y)^T, \nabla h_1(x,y,z) = (1,1,0)^T, \nabla h_2(x,y,z) = (0,3,1)^T$$

Kritische Punkte erfüllen demnach das Gleichungs/Ungleichungssystem

$$2y + \mu_1 = 0 \qquad \Longleftrightarrow \mu_1 = -2y$$
$$2x + 3z + \mu_1 + 3\mu_2 = 0$$
$$3y + \mu_2 = 0 \qquad \Longleftrightarrow \mu_2 = -3y$$
$$x + y \leq 6$$
$$3y + z \leq 18$$
$$\mu_1(x+y-6) + \mu_2(3y+z-18) = 0$$

Aufgrund der Vorüberlegung kann nur der Fall, dass beide Nebenbedingungen aktiv sind, zu einem Maximum führen. Substituiert man mit Hilfe der ersten und dritten Gleichung die Multiplikatoren in der zweiten Gleichung, so ergibt sich zusammen mit der vierten und fünften Ungleichung, die als Gleichungen geschrieben werden dürfen, das lineare Gleichungssystem

$$2x - 11y + 3z = 0$$
$$x + y = 6 \qquad \Longleftrightarrow x = 6 - y$$
$$3y + z = 18 \qquad \Longleftrightarrow z = 18 - 3y$$

Einsetzen der letzten beiden Gleichungen in die erste Gleichung ergibt

$$2(6-y) - 11y + 3(18-3y) = 0 \Leftrightarrow -22y = -66 \Leftrightarrow y = 3$$

Hieraus ergibt sich $x = 3, y = 3, z = 9$ und $\lambda_1 = -6, \lambda_2 = -9$. Da von einem Maximierungsproblem ausgegangen wurde, kommt dieser kritische Punkt als lokales Maximum zunächst in Frage. Er ist aber auch schon ein globales Maximum, denn

- *der zulässige Bereich ist abgeschlossen und beschränkt, die Zielfunktion ist stetig. Daher hat sie ein globales Maximum auf dem zulässigen Bereich.*

- *Dieses Maximum ist entweder innerer Punkt (d.h. der oben berechnete kritische Punkt) oder zulässiger Randpunkt.*

- *Zulässige Randpunkte liegen hier vor, wenn wenigstens eine der Variablen Null wird. Ferner sind nur Punkte, in denen beide Nebenbedingungen aktiv sind, zu untersuchen, da diese die größtmöglichen Erträge erzielen können. Damit müssen beide Nebenbedingungen als Gleichungen erfüllt sein. Von den Randpunkten des Definitionsbereiches erfüllen nur $(0,6,0)$ und $(6,0,18)$ die Nebenbedingungen. Beide liefern den Zielwert 0, welcher geringer als der des kritischen Punktes ist ($f(3,3,9) = 99$).*

Eine derartige Argumentation, nach der alle Nebenbedingungen im lokalen Extremum aktiv sind, ist jedoch nur in Ausnahmefällen möglich. In der Regel müssen alle Möglichkeiten, Nebenbedingunen zu aktivieren oder inaktiv zu lassen, „ausprobiert" werden, wie das folgende Beispiel zeigt:

Beispiel 8.23:

Betrachtet werde das Optimierungsproblem

$$2x^2 + 4y^2 \overset{!}{=} \min$$
$$x^2 + y^2 \le 2 \qquad d.h.\ h_1(x,y) = x^2 + y^2 - 2 \le 0$$
$$x + y \ge 1 \qquad d.h.\ h_2(x,y) = 1 - x - y \le 0$$

Dabei sei $\mathbb{D} = \mathbb{R}^2$. *Notwendig für ein lokales Minimum in* $(x,y)^T$ *ist, dass es* $\mu_1, \mu_2 \ge 0$ *gibt mit*

$$4x + \mu_1 2x - \mu_2 = 0$$
$$8y + \mu_1 2y - \mu_2 = 0$$
$$x^2 + y^2 \le 2$$
$$x + y \ge 1$$
$$\mu_1 = 0 \ \text{oder} \ x^2 + y^2 = 2$$
$$\mu_2 = 0 \ \text{oder} \ x + y = 1$$

Aus den ersten beiden Gleichungen folgt

$$4x + \mu_1 2x = 8y + \mu_1 2y \Leftrightarrow \mu_1(y - x) = 2(x - 2y) \Leftrightarrow \mu_1 = \frac{2(x - 2y)}{y - x}$$

Nun müssen vier Fälle überprüft werden:

- *Keine aktive Nebenbedingung: Das Gleichungs-Ungleichungssystem vereinfacht sich zu* $4x = 0, 8y = 0$. *Der hieraus berechnete kritische Punkt* $x = y = 0$ *ist jedoch nicht zulässig, da die zweite Nebenbedingung* $x + y \ge 1$ *verletzt ist.*

- *Beide Nebenbedingungen sind aktiv: Das bedeutet* $x^2 + y^2 = 2, x + y = 1 \Rightarrow$ $x^2 + (1 - x)^2 = 2$. *Lösungen sind* $(x_1, y_1) = (\frac{1}{2} + \frac{\sqrt{3}}{2}, \frac{1}{2} - \frac{\sqrt{3}}{2})$ *und* $(x_2, y_2) =$ $(\frac{1}{2} - \frac{\sqrt{3}}{2}, \frac{1}{2} + \frac{\sqrt{3}}{2})$. *In beiden Fällen liegt aber kein lokales Minimum vor, denn der Lagrange-Multiplikator* $\mu_1 = \frac{2(x-2y)}{y-x}$ *ist jeweils negativ:*

$$\mu_1 = 2 \frac{\frac{1}{2} + \frac{\sqrt{3}}{2} - 2(\frac{1}{2} - \frac{\sqrt{3}}{2})}{\frac{1}{2} - \frac{\sqrt{3}}{2} - (\frac{1}{2} + \frac{\sqrt{3}}{2})} = \frac{-1 + 3\sqrt{3}}{-\sqrt{3}} < 0$$

$$bzw.\ \mu_1 = 2 \frac{\frac{1}{2} - \frac{\sqrt{3}}{2} - 2(\frac{1}{2} + \frac{\sqrt{3}}{2})}{\frac{1}{2} + \frac{\sqrt{3}}{2} - (\frac{1}{2} - \frac{\sqrt{3}}{2})} = \frac{-1 - 3\sqrt{3}}{\sqrt{3}} < 0$$

- *Nur die erste Nebenbedingung ist aktiv (d.h. die zweite Nebenbedingung ist inaktiv, d.h. $\mu_2 = 0$): Das Gleichungs-Ungleichungssystem vereinfacht sich dann zu*

$$4x + \mu_1 2x = 0 \qquad d.h. \ x(4 + 2\mu_1) = 0$$
$$8y + \mu_1 2y = 0 \qquad d.h. \ y(8 + 2\mu_1) = 0$$
$$x^2 + y^2 = 2$$

Dann können nicht x, y gleichzeitig Null sein. Ist z.B. $x = 0$, so folgt $y = \pm\sqrt{2}$, und dann $\mu_1 < 0$; der Fall $y = 0$ führt ebenso zu einem Widerspruch. Es ergibt sich also auch in diesem Fall kein lokales Minimum.

- *Nur die zweite Nebenbedingung ist aktiv (d.h. die erste Nebenbedingung ist inaktiv, d.h. $\mu_1 = 0$): Das Gleichungs-Ungleichungssystem vereinfacht sich zu*

$$4x - \mu_2 = 0, \qquad 8y - \mu_2 = 0 \qquad x + y = 1$$

Hieraus folgt $4x = 8y \Leftrightarrow x = 2y$ und $x = \frac{2}{3}$, $y = \frac{1}{3}$ sowie $\mu_2 = 4x = \frac{8}{3} > 0$. Zu prüfen ist schließlich, ob der ermittelte Punkt die erste Nebenbedingung erfüllt. Dies ist aber der Fall, denn $x^2 + y^2 = \frac{4}{9} + \frac{1}{9} = \frac{5}{9} \leq 2$

Nur der vierte Fall führt also zu einem Kandidaten für ein lokales Minimum. Der berechnete Punkt $(x, y) = (\frac{2}{3}, \frac{1}{3})$ ist aber schon ein globales Minimum:

- *Der zulässige Bereich ist aufgrund der Nebenbedingung $x^2 + y^2 \leq 2$ beschränkt und aufgrund der Stetigkeit der Nebenbedingungsfunktionen abgeschlossen. Die Zielfunktion ist stetig.*

- *Konsequenz: im zulässigen Bereich liegt ein globales und damit auch lokales Minimum. Hierfür wurde nur ein Kandidat berechnet.*

- *Eine Randuntersuchung ist hier nicht erforderlich, da $\mathbb{D} = \mathbb{R}^2$ randlos ist.*

In diesem Beispiel waren alle vier Fälle zu prüfen, da sonst ein kritischer Punkt hätte übersehen werden können, der beim Wertevergleich am Ende möglicherweise gefehlt hätte. Das vorliegende Optimierungsproblem erfüllt aber die Voraussetzungen des weiter unten stehenden Satzes 8.14 von Kuhn-Tucker ⇨ Seite 269. Nach deren Überprüfung reicht es, **einen** kritischen Punkt zu finden.

Der Vollständigkeit halber sei noch die eher seltene Situation behandelt, dass sowohl Gleichungen als auch Ungleichungen als Nebenbedingungen auftreten. In diesem Fall sind die Kuhn-Tucker-Bedingungen über alle Nebenbedingungsgradienten aufzustellen. Für die Lagrange-Multiplikatoren der Ungleichungsrestriktionen müssen die Bedingungen vom komplementären Schlupf erfüllt sein.

Satz 8.10 (Allgemeine Lagrange-Methode, FOC)

Seien $f, g_1, \ldots, g_m, h_1, \ldots, h_k : \mathbb{D} \subseteq \mathbb{R}^n \to \mathbb{R}$ differenzierbare Funktionen. Es sei x_0 innerer Punkt von $\mathbb{D}$ und ein lokales Minimum von f unter den Nebenbedingungen $g_1(x) = 0, \ldots, g_m(x) = 0, h_1(x) \leq 0, \ldots, h_k(x) \leq 0$. Weiter seien $\nabla g_1(x), \ldots, \nabla g_m(x), \nabla h_1(x_0), \ldots, \nabla h_k(x_0)$ linear unabhängig. Dann gibt es $\lambda_1, \ldots, \lambda_m \in \mathbb{R}$ und $\mu_1, \ldots, \mu_k \geq 0$, so dass

$$\nabla f(x_0) + \sum_{j=1}^{m} \lambda_j \nabla g_j(x_0) + \sum_{i=1}^{k} \mu_i \nabla h_i(x_0) = \bar{0}$$

$$\mu_1 h_1(x_0) + \cdots + \mu_k h_k(x_0) = 0$$

Diese Gleichungen werden Kuhn-Tucker-Bedingungen genannt.

8.3.5 Hinreichende Bedingungen für lokale Extrema unter Nebenbedingungen

In diesem Abschnitt sollen – analog den bisher behandelten Klassen von Optimierungsproblemen – hinreichende Bedingungen für lokale Extrema unter Nebenbedingungen genannt und diskutiert werden.

Da aber die Suche nach globalen Extrema in jedem Fall noch die oben behandelte Randwertuntersuchung unter geeigneter Verwendung des Satzes vom Maximum/Minimum erforderlich macht, sind die nachstehenden Erläuterungen und Beispiele eher als Ergänzung für das Eigenstudium gedacht.

Es ist nicht überraschend, dass die hinreichenden Bedingungen auf der Hesse-Matrix aufbauen, allerdings wird nicht die pauschale Definitheit der Hesse-Matrix zur Zielfunktion benötigt. Diese ist auch in der Regel gar nicht gegeben:

Beispiel 8.24:

Es sei die Funktion $f(x,y) = x^2 - y^2$ in $\mathbb{D} = \mathbb{R}^2$ unter der Nebenbedingung $g(x,y) = y = 0$ zu minimieren. Ein unrestringiertes Minimum hat die Funktion nicht; das ist schon an der Indefinitheit der Hesse-Matrix von f, $H_f(x,y) = \begin{bmatrix} 2 & 0 \\ 0 & -2 \end{bmatrix}$ zu erkennen. Betrachtet man allerdings die Funktion längs der Nebenbedingung $y = 0$, so lautet die Zielfunktion auf dieser Linie $f(x,0) = x^2$ und hat dort sehr wohl ein globales Minimum für $x = 0$. Man kann sich auch auf den Standpunkt stellen, dass dies an dem konvexen Krümmungsverhalten von f auf der Nebenbedingungslinie $y = 0$ liegt. Die Richtung dieser Linie steht senkrecht auf $\nabla g(0,0) = (0,1)^T$, kann also gleich $(1,0)^T$ gewählt werden. Damit ist die Richtungskrümmung von f in $(0,0)^T$ in Richtung $(1,0)^T$, d.h. der Richtung der Nebenbedingungslinie gleich

$$\left\langle \begin{pmatrix} 0 \\ 1 \end{pmatrix}, \begin{bmatrix} 2 & 0 \\ 0 & -2 \end{bmatrix} \begin{pmatrix} 0 \\ 1 \end{pmatrix} \right\rangle = 2 > 0.$$

Deshalb wird man in restringierten Problemen nicht mehr die Definitheit von H_f, sondern nur noch eine „eingeschränkte" Definitheit in Richtungen fordern, welche im kritischen Punkt in Richtung der Nebenbedingungs-Niveaulinien liegen, d.h. senkrecht zu den Nebenbedingungsgradienten liegen. Um die betreffenden Richtungen zu ermitteln, wird den Nebenbedingungen des Optimierungsproblems ein lineares Gleichungssystem $Gx = \bar{0}$ zugeordnet, wobei die Zeilen von G mit den Gradienten der Nebenbedingungsfunktionen in den kritischen Punkten übereinstimmen.

Definition 8.3 (Definitheit unter Nebenbedingungen)
Es sei $\mathbb{K}$ ein Untervektorraum des $\mathbb{R}^n$. Eine quadratische $n \times n$-Matrix H heißt positiv definit auf $\mathbb{K}$, wenn für alle $x \in \mathbb{K}$ mit $x \neq \bar{0}$ gilt: $x^T H x > 0$.
Ist dabei $\mathbb{K} = \text{Kern}(G) = \{x \in \mathbb{R}^n : Gx = \bar{0}\}$ ⇨ Glossar mit einer $r \times n$-Matrix G, so sagt man auch: H ist positiv definit unter $Gx = \bar{0}$.
Die Matrix H heißt negativ definit auf $\mathbb{K}$, wenn für alle $x \in \mathbb{K}$ mit $x \neq \bar{0}$ gilt: $x^T H x < 0$ (entsprechend: negativ definit unter $Gx = \bar{0}$)

Wie bei der „pauschalen" Definitheit gibt es verschiedene Möglichkeiten, Definitheit unter Nebenbedingungen zu überprüfen. Eine Methode expliziert die Lösungsmenge des **HOMOGENEN LINEAREN GLEICHUNGSSYSTEMS** $Gx = \bar{0}$ ⇨ Glossar, eine andere verwendet **DETERMINANTEN** ⇨ Glossar.

Satz 8.11
Mit dem nachstehenden Verfahren kann nachgewiesen werden, dass eine symmetrische Matrix $H \in \mathbb{R}^{n \times n}$ definit unter der Nebenbedingung $Gx = \bar{0}$ ist:

- Man bestimme – z.B. mit dem Gauß'schen Eliminationsverfahren – eine **BASIS** ⇨ Glossar von $\text{Kern}(G)$ (bestehend aus ℓ Vektoren ($\ell \leq n - r$)) und setze diese zu einer $n \times \ell$-Matrix A zusammen. Jeder Vektor $a \in \mathbb{L}$ lässt sich dann in der Form $a = Ab$ mit $b \in \mathbb{R}^\ell$ darstellen. Wegen $a^T H a = b^T(A^T H A)b$ reicht es, folgendes zu zeigen:

- Man überprüfe mit den herkömmlichen Methoden, dass die Matrix $A^T H A$ **DEFINIT** ⇨ Glossar ist (z.B. mit dem Determinantenkriterium).

Beispiel 8.25:

Es soll die Definitheit von $H = \begin{bmatrix} 2 & 3 & 1 \\ 3 & 1 & 0 \\ 1 & 0 & 1 \end{bmatrix}$ *unter der Nebenbedingung* $Gx = \bar{0}$ *mit* $G = \begin{bmatrix} 0, & 1, & \frac{1}{2} \end{bmatrix}$ *geprüft werden. Eine Basis von* $\text{Kern}(G)$ *ist* $(1,0,0)^T$ *und* $(0,1,-2)^T$. *Damit ergibt sich die positiv definite Matrix*

$$\begin{bmatrix} 1 & 0 & 0 \\ 0 & 1 & -2 \end{bmatrix} \begin{bmatrix} 2 & 3 & 1 \\ 3 & 1 & 0 \\ 1 & 0 & 1 \end{bmatrix} \begin{bmatrix} 1 & 0 \\ 0 & 1 \\ 0 & -2 \end{bmatrix} = \begin{bmatrix} 2 & 1 \\ 1 & 5 \end{bmatrix}$$

Beispiel 8.26:

Es soll die Definitheit von $H = \begin{bmatrix} 2 & 3 & 1 \\ 3 & 1 & 0 \\ 1 & 0 & 1 \end{bmatrix}$ *unter der Nebenbedingung* $Gx = \bar{0}$

mit $G = \begin{bmatrix} 1 & 1 & 0 \\ 0 & 1 & \frac{1}{2} \end{bmatrix}$ *geprüft werden. Eine* ZEILENUMFORMUNG ⇨ *Glossar von G*

ergibt die ZEILENSTUFENFORM ⇨ *Glossar* $\begin{bmatrix} 1 & 0 & -\frac{1}{2} \\ 0 & 1 & \frac{1}{2} \end{bmatrix}$. *Eine Basis von* Kern(G)

ist also $(1, -1, 2)^T$. *Damit ergibt sich die positiv definite Matrix*

$$\begin{bmatrix} 1 & -1 & 2 \end{bmatrix} \begin{bmatrix} 2 & 3 & 1 \\ 3 & 1 & 0 \\ 1 & 0 & 1 \end{bmatrix} \begin{bmatrix} 1 \\ -1 \\ 2 \end{bmatrix} = \begin{bmatrix} 5 \end{bmatrix}$$

Ohne genauere Begründung sei noch ein weiteres von MANN gefundenes Kriterium auf Basis von Determinanten genannt [MANN, 1943].

Satz 8.12 (Kriterium der geränderten Hesse-Matrix)
- Man bilde die GERÄNDERTE HESSE-MATRIX ⇨ Glossar, d.h. die $(r+n)$-zeilige und $(r+n)$-spaltige Block-Matrix $R_{H,G} = \left[\begin{array}{c|c} \mathbf{0}_{r \times r} & G \\ \hline G^T & H \end{array} \right]$.
- Wenn alle Hauptunterdeterminanten der geränderten Hesse-Matrix $R_{H,G}$ zu einer Zeilen- und Spaltenzahl größer als $2r$ das Vorzeichen $(-1)^r$ haben, so ist H positiv definit unter $Gx = \bar{0}$.

Beispiel 8.27 (Fortsetzung von Beispiel 8.25):

Für $H = \begin{bmatrix} 2 & 3 & 1 \\ 3 & 1 & 0 \\ 1 & 0 & 1 \end{bmatrix}$ *und* $G = \begin{bmatrix} 0, & 1, & \frac{1}{2} \end{bmatrix}$ *ist* $R_{H,G} = \begin{bmatrix} 0 & 0 & 1 & \frac{1}{2} \\ 0 & 2 & 3 & 1 \\ 1 & 3 & 1 & 0 \\ \frac{1}{2} & 1 & 0 & 1 \end{bmatrix}$. *Zu be-*

rechnen sind det $\begin{bmatrix} 0 & 0 & 1 \\ 0 & 2 & 3 \\ 1 & 3 & 1 \end{bmatrix} = -2 < 0$ *und* det $\begin{bmatrix} 0 & 0 & 1 & \frac{1}{2} \\ 0 & 2 & 3 & 1 \\ 1 & 3 & 1 & 0 \\ \frac{1}{2} & 1 & 0 & 1 \end{bmatrix} = -\frac{5}{2} - \frac{1}{2}(-\frac{1}{2}) =$

$-\frac{9}{4} < 0$. *H ist also positiv definit auf* $Gx = \bar{0}$.

Beispiel 8.28 (Fortsetzung von Beispiel 8.26):

Für $H = \begin{bmatrix} 2 & 3 & 1 \\ 3 & 1 & 0 \\ 1 & 0 & 1 \end{bmatrix}$ *und* $G = \begin{bmatrix} 1 & 1 & 0 \\ 0 & 1 & \frac{1}{2} \end{bmatrix}$ *ist* $R_{H,G} = \begin{bmatrix} 0 & 0 & 1 & 1 & 0 \\ 0 & 0 & 0 & 1 & \frac{1}{2} \\ 1 & 0 & 2 & 3 & 1 \\ 1 & 1 & 3 & 1 & 0 \\ 0 & \frac{1}{2} & 1 & 0 & 1 \end{bmatrix}$ *mit der*

(einzig zu berechnenden) Determinante $\frac{5}{4} > 0$. *H ist also positiv definit unter den Nebenbedingungen.*

Beide Kriterien liefern ein Werkzeug, für die kritischen Punkte restringierter Probleme hinreichende Bedingungen zu überprüfen.

Satz 8.13 (Hinreichende Bedingungen für lokale Minima)
Sei $\mathbb{D} \subseteq \mathbb{R}^n$ und $f, g_1, \ldots, g_m, h_1, \ldots, h_k : \mathbb{D} \to \mathbb{R}$ zweimal stetig partiell differenzierbar. Sei $x_0 \in \mathbb{D}$ ein innerer Punkt von $\mathbb{D}$ mit folgenden Eigenschaften:

- $g_1(x_0) = \ldots = g_m(x_0) = 0$, $h_1(x_0) \leq 0, \ldots, h_k(x_0) \leq 0$.

- Es gibt $\lambda_1, \ldots, \lambda_m \in \mathbb{R}$ und $\mu_1, \ldots, \mu_k \geq 0$, so dass die Kuhn-Tucker-Bedingungen erfüllt sind:

$$\nabla f(x_0) + \sum_{j=1}^{m} \lambda_j \nabla g_j(x_0) + \sum_{i=1}^{k} \mu_i \nabla h_i(x_0) = \bar{0}$$

$$\sum_{i=1}^{k} \mu_i h_i(x_0) = 0$$

- Mit den Bezeichungen $J = \{1, \ldots, m\}$, $I = \{i \in \{1, \ldots, k\} : h_i(x_0) = 0, \mu_i > 0\}$ ist die Matrix

$$H_{L,\lambda,\mu}(x_0) := H_f(x_0) + \sum_{j \in J} \lambda_j H_{g_j}(x_0) + \sum_{i \in I} \mu_i H_{h_i}(x_0)$$

positiv definit auf $\mathbb{K} := Kern(G)$, wobei die Zeilen von G aus allen Gradientenvektoren $\nabla g_j(x_0), \nabla h_i(x_0)$ mit $i \in I, j \in J$ bestehen.

Dann hat f in x_0 ein lokales Minimum unter den Nebenbedingungen $g_1(x) = 0, \ldots, g_m(x) = 0$, $h_1(x) \leq 0, \ldots, h_k \leq 0$.

Dieses Kriterium ist i.d.R. nur für Optimierungsprobleme mit wenigen Nebenbedingungen – die zudem alle in Gleichungs- oder alle in Ungleichungsform vorliegen – anzuwenden.

Beispiel 8.29 (Fortsetzung von Beispiel 8.21 ⇨ Seite 257)**:**
Es soll die Zylinderoberfläche $O(r,h) = 2\pi r^2 + 2\pi rh$ unter der Volumen-Nebenbedingung $g(r,h) = 500 - \pi r^2 h \leq 0$ minimiert werden. In Beispiel 8.21 ergab sich der kritische Punkt $r = \sqrt[3]{\frac{500}{2\pi}}, h = 2r, \lambda = \frac{2}{r} = \frac{4}{h}$. Die Nebenbedingung ist aktiv, der Multiplikator von Null verschieden, daher lautet die Hesse-Matrix

$$H_{L,\lambda}(r,h) = H_O(r,h) + \lambda H_g(r,h)$$

$$= \begin{bmatrix} 4\pi & 2\pi \\ 2\pi & 0 \end{bmatrix} - \lambda \begin{bmatrix} 2\pi h & 2\pi r \\ 2\pi r & 0 \end{bmatrix} = 2\pi \begin{bmatrix} -2 & -1 \\ -1 & 0 \end{bmatrix}$$

Diese Matrix ist pauschal indefinit. Es muss daher Definitheit unter Nebenbedin-

gungen überprüft werden. Hier liegt eine aktive Nebenbedingung vor mit Gradient

$$\nabla g(r, h) = -\left(\begin{array}{c} 2\pi r h \\ \pi r^2 \end{array}\right) = -\left(\begin{array}{c} 4\pi r^2 \\ \pi r^2 \end{array}\right) = -\pi r^2 \left(\begin{array}{c} 4 \\ 1 \end{array}\right)$$

Betrachtet werden muss hier die Definitheit auf Kern(G) für $G = \left[\begin{array}{cc} 4 & 1 \end{array}\right]$. Dieser Vektorraum hat den Basisvektor $(1, -4)^T$ und es gilt hierfür

$$\left[\begin{array}{cc} 1 & -4 \end{array}\right] \left[\begin{array}{cc} -2 & -1 \\ -1 & 0 \end{array}\right] \left[\begin{array}{c} 1 \\ -4 \end{array}\right] = [6]$$

was eine positiv definite 1×1-Matrix ist. Im berechneten Punkt (r, h) liegt daher ein lokales Oberflächenminimum unter der Volumenrestriktion vor.

Beispiel 8.30 (Fortsetzung von Beispiel 8.19 ⇨ Seite 253):

Bei der Verpackungsoptimierung aus Beispiel 8.19 ist der Materialverbrauch, d.h. $f(x, y, z) = 2xy + 2xz + 4yz$ unter der Volumenrestriktion $g(x, y, z) = xyz - v = 0$ zu minimieren. Als kritischer Punkt ist

$$x = 2\sqrt[3]{\frac{v}{2}}, z = \sqrt[3]{\frac{v}{2}}, \lambda = -\frac{2}{z} - \frac{2}{y} = -\frac{4}{y} = -4/\sqrt[3]{\frac{v}{2}}$$

ausgewiesen. Dafür ergibt sich die Hesse-Matrix:

$$H_{L,\lambda}(x, y, z) = \left[\begin{array}{ccc} 0 & 2 & 2 \\ 2 & 0 & 4 \\ 2 & 4 & 0 \end{array}\right] + \lambda \left[\begin{array}{ccc} 0 & z & y \\ z & 0 & x \\ y & x & 0 \end{array}\right] = \left[\begin{array}{ccc} 0 & -2 & -2 \\ -2 & 0 & -4 \\ -2 & -4 & 0 \end{array}\right]$$

Definitheit muß für solche Vektoren $(a, b, c)^T$ überprüft werden, für die

$$\left\langle \nabla g(x, y, z), (a, b, c)^T \right\rangle = 0$$

gilt (Definitheit auf $\mathbb{K}$). Dieses homogene LGS hat die Koeffizientenmatrix

$$\left[\begin{array}{ccc} yz & xz & xy \end{array}\right] = \left[\begin{array}{ccc} y^2 & 2y^2 & 2y^2 \end{array}\right] \xrightarrow{1/y^2} \left[\begin{array}{ccc} 1 & 2 & 2 \end{array}\right]$$

Eine Basis von $\mathbb{K}$ lautet, zu einer Matrix zusammengefasst $A = \left[\begin{array}{ccc} -2 & 1 & 0 \\ -2 & 0 & 1 \end{array}\right]^T$. Hieraus ergibt sich die Matrix

$$A^T H_{L,\lambda} A = \left[\begin{array}{ccc} -2 & 1 & 0 \\ -2 & 0 & 1 \end{array}\right] \left[\begin{array}{ccc} 0 & -2 & -2 \\ -2 & 0 & -4 \\ -2 & -4 & 0 \end{array}\right] \left[\begin{array}{cc} -2 & -2 \\ 1 & 0 \\ 0 & 1 \end{array}\right] = \left[\begin{array}{cc} 8 & 4 \\ 4 & 8 \end{array}\right]$$

Diese Matrix ist, wie man anhand der Haupt-Unterdeterminanten 8 bzw. 48 erkennt, positiv definit, d.h. $H_{L,\lambda}$ ist positiv definit auf $\mathbb{K}$. Im kritischen Punkt liegt ein lokales Minimum der Oberflächenfunktion unter der Volumenrestriktion vor.

8.3.6 Optimierung konvexer Funktionen unter Nebenbedingungen

Schon in der unrestringierten Optimierung stellen konvexe bzw. konkave Ziel-funktionen einen besonders günstigen Spezialfall dar; denn dort ist es mög-lich, für kritische Punkte, d.h. unter ausschließlicher Voraussetzung der not-wendigen Bedingungen auf das Vorliegen eines globalen Extremums zu schlie-ßen. Auch in der restringierten Optimierung lässt sich solch eine Schlusswei-se verwenden. Dabei ist aber eine Beschränkung auf Optimierungsprobleme unter Ungleichungsrestriktionen erforderlich.

Satz 8.14 (Satz von Kuhn-Tucker)
Es soll die Funktion $f : \mathbb{D} \subseteq \mathbb{R}^n \to \mathbb{R}$ minimiert werden unter k Nebenbedingun-gen $h_1(x) \leq 0, \ldots, h_k(x) \leq 0$. Dabei sei $\mathbb{D}$ konvex und $f, h_1, \ldots, h_k : \mathbb{D} \to \mathbb{R}$ seien konvexe, differenzierbare Funktionen. Außerdem sei die SLATER-BEDINGUNG ⇒ Glossar erfüllt, d.h. es gibt ein $\tilde{x} \in \mathbb{D}$ mit ausschließlich inaktiven Nebenbedin-gungen $h_1(\tilde{x}) < 0, \ldots, h_k(\tilde{x}) < 0$.
Dann gilt: $x_0 \in \mathbb{D}$ ist genau dann Lösung des Optimierungsproblems, wenn die Kuhn–Tucker–Bedingungen erfüllt sind, d.h. wenn es $\mu_1, \ldots, \mu_k \geq 0$ gibt, so dass

$$\nabla f(x_0) + \mu_1 \nabla h_1(x_0) + \cdots + \mu_k \nabla h_k(x_0) = \bar{0}$$
$$\mu_1 h_1(x_0) + \cdots + \mu_k h_k(x_0) = 0$$

Es sind lediglich zwei zusätzliche Überlegungen, welche die Vorgehens-weise beim Satz von Kuhn-Tucker von derjenigen aus Satz 8.9 ⇒ Seite 259 unterscheiden:

- alle auftretenden Funktionen müssen als konvex nachgewiesen werden

- die Slater-Bedingung muss erfüllt sein

Hat man sich mit der grundsätzlichen Bestimmung lokaler Extrema in der Situation von Satz 8.9 vertraut gemacht, so stellt die Anwendung des Sat-zes von Kuhn-Tucker nur eine geringfügige Anforderung und im Vergleich zu den bisher erforderlichen Randdiskussionen eine wesentliche Standardisie-rung der Argumentation auf globale Extrema dar. Dies soll anhand einiger Beispiele verdeutlicht werden.

Beispiel 8.31:
Gesucht sind alle Minima von $f(x,y) = \frac{x+y+1}{xy}$ *für* $x > 0, y > 0$ *unter der Ne-benbedingung* $g(x,y) = x^2 + y^2 - 1 \leq 0$. f *ist zweimal stetig partiell differenzierbar mit*

$$D_1 f(x,y) = \frac{xy - (x+y+1)y}{x^2 y^2} = -\frac{y+1}{x^2 y}, \quad D_2 f(x,y) = -\frac{x+1}{xy^2}$$

269

sowie $H_f(x,y) = \begin{bmatrix} 2\frac{y+1}{x^3 y} & \frac{1}{x^2 y^2} \\ \frac{1}{x^2 y^2} & 2\frac{x+1}{xy^3} \end{bmatrix}$. *Die Matrix ist für alle* $x, y > 0$ *positiv definit:*
ihre Hauptunterdeterminanten lauten $2\frac{y+1}{x^3 y} > 0$ *und* $\frac{4xy+4x+4y+3}{x^4 y^4} > 0$. *Auch g ist*
konvex mit Gradient $(2x, 2y)^T$ *und Hesse-Matrix* $\begin{bmatrix} 2 & 0 \\ 0 & 2 \end{bmatrix}$.

Die Slater-Bedingung ist erfüllt, denn beispielsweise für $x = \frac{1}{2}, y = \frac{1}{2}$ *gilt*
$g(\frac{1}{2}, \frac{1}{2}) = -\frac{1}{2} < 0$, *d.h. die Nebenbedingung ist inaktiv.*

Also hat f in (x,y) *genau dann ein Minimum unter* $g(x,y) \leq 0$, *wenn es ein*
$\lambda \geq 0$ *gibt, so daß die Kuhn-Tucker-Bedingungen gelten:*

$$D_1 f(x,y) + \lambda D_1 g(x,y) = 0$$
$$D_2 f(x,y) + \lambda D_2 g(x,y) = 0$$
$$g(x,y) \leq 0$$
$$\lambda g(x,y) = 0$$

Das bedeutet hier

$$2\lambda x = \frac{y+1}{x^2 y}$$
$$2\lambda y = \frac{x+1}{xy^2}$$
$$x^2 + y^2 \leq 1$$
$$\lambda = 0 \ oder \ x^2 + y^2 = 1$$

Aus den ersten beiden Gleichungen folgt aber schon, dass $\lambda \neq 0$, *d.h. die Nebenbe-*
dingung voll ausgeschöpft wird. Es muß also gelten

$$2\lambda x = \frac{y+1}{x^2 y} \iff 2\lambda xy = \frac{y+1}{x^2}$$
$$2\lambda y = \frac{x+1}{xy^2} \iff 2\lambda xy = \frac{x+1}{y^2}$$
$$x^2 + y^2 = 1$$

Gleichsetzen der ersten beiden Gleichungen über $2\lambda xy$ *ergibt* $\frac{y+1}{x^2} = \frac{x+1}{y^2} \iff$
$x^2(x+1) - y^2(y+1) = 0$. *Aus dieser Gleichung folgt schon* $x = y$ *(z.B. wegen*
$x^2(x+1) - y^2(y+1) = x^3 - y^3 + x^2 - y^2 = (x-y)(x^2 + xy + y^2 + x + y)$).

Es folgt $x = y = \sqrt{\frac{1}{2}}$ *und* $\lambda = \frac{1+\sqrt{\frac{1}{2}}}{2 \cdot \frac{1}{4}} = 2 + \sqrt{2} > 0$. *Die Kuhn-Tucker-*
Bedingungen sind also erfüllt. Nach dem Satz von Kuhn-Tucker liegt ein globales
Minimum vor.

Beispiel 8.32 (Optimale Verbrauchspläne):
In einem Unternehmen sollen die Abteilungen durch ein globales leitungsbasiertes
DV-Netzwerk verbunden werden. Hierzu steht ein Budget $B \geq 0$ *zur Verfügung.*

Die insgesamt n Leitungen dieses Netzes werden mit Kapazitäten $x_1, \ldots, x_n > 0$ ausgestattet. Je nach Länge und Streckenführung der einzelnen Leitungen sind die Kosten jeweils proportional zur Leitungskapazität, so dass die Gesamtkosten sich als lineare Funktion $k(x_1, \ldots, x_n) = c_1 x_1 + c_2 x_2 + \cdots + c_n x_n$ darstellen lassen mit Kostenkoeffizienten $c_1, \ldots, c_n \geq 0$.

Das Netzwerk soll eine möglichst gute Performance aufweisen. Dies lässt sich beispielsweise auf Basis der mittleren Verweildauer von zu transportierenden Datenpaketen in diesem Netz erfassen. Nach den Prinzipien der Warteschlangentheorie kann man für diese Kennzahl eines leitungsbasierten Systems die Formel

$$f(x_1, \ldots, x_n) = \frac{a_1}{x_1 - b_1} + \frac{a_2}{x_2 - b_2} + \cdots + \frac{a_n}{x_n - b_n}$$

herleiten [PFLUG, 1986]. $a_k, b_k > 0$ ergeben sich dabei aus Bestimmungsgrößen des Netzwerkes wie

* *Nachrichtenübermittlungsdauer und Nachrichtenübermittlungshäufigkeiten*

* *Leitungsrelevanzen (z.B. bei Alternativ-Verbindungen)*

Insbesondere ist b_k die Mindest-Leitungskapazität, die für störungsfreien Nachrichtenfluss auf der k-ten Leitung angesetzt werden muss. Durch Übergang von x_k und b_k zu x_k/a_k und b_k/a_k bzw. von c_k zu $a_k c_k$ lässt sich das zu lösende Optimierungsproblem in die folgende Form bringen:

Man finde eine Performance-optimale Verwendung des Budgets, d.h. ein globales Minimum von $f(x_1, \ldots, x_n) = \sum_{k=1}^{n} \frac{1}{x_k - b_k}$ unter der Budget-Restriktion $h(x_1, \ldots, x_n) = \sum_{k=1}^{n} c_k x_k - B \leq 0$. Für die Leitungskapazitäten muss gelten: $x_k > b_k$, d.h. $\mathbb{D} = \left\{ (x_1, \ldots, x_n)^T \in \mathbb{R}^n : x_1 > b_1, \ldots, x_n > b_n \right\}$ ist der – konvexe – Definitionsbereich.

Im ersten Schritt werden die partiellen Ableitungen erster und zweiter Ordnung von f und h bestimmt:

$$\frac{\partial}{\partial x_i} \sum_{k=1}^{n} \frac{1}{x_k - b_k} = -\frac{1}{(x_k - b_k)^2}$$

$$\frac{\partial}{\partial x_j} \frac{\partial}{\partial x_i} \sum_{k=1}^{n} \frac{1}{x_k - b_k} = \begin{cases} \dfrac{2}{(x_i - b_i)^3} & \text{falls } i = j \\ 0 & \text{falls } i \neq j \end{cases}$$

*Für $x \in \mathbb{D}$ ist $H_f(x)$ eine **DIAGONALMATRIX** ⇨ Glossar mit positiven Hauptdiagonalelementen und nach Determinantenkriterium daher positiv definit. f ist also konvex auf $\mathbb{D}$. h ist als affin-lineare Funktion insbesondere konvex.*

Falls $\sum_{k=1}^{n} c_k b_k < B$, so ist die Slater-Bedingung erfüllt. Dann lassen sich nämlich Leitungskapazitäten $(b_1 + \varepsilon, \ldots, b_n + \varepsilon)^T$ mit geeignetem $\varepsilon > 0$ finden, so dass

$$\sum_{k=1}^{n} c_k (b_k + \varepsilon) = \left(\sum_{k=1}^{n} c_k b_k \right) + \varepsilon \sum_{k=1}^{n} c_k < B$$

271

Falls $\sum\limits_{k=1}^{n} c_k b_k \geq B$, so gibt es keine zulässige Lösung. In diesem Fall kann wenigstens eine der Mindest-Leitungskapazitäten $b_1, \ldots, b_n$ durch das Budget nicht aufgebaut werden. Diese Leitung ist dann im Betriebszustand in der Regel blockiert. (Dieses Problem kann nur durch eine Aufstockung des Budgets oder ggf. eine andere Leitungstopologie gelöst werden.)

Es kann also nur unter der Annahme, dass das Budget für die Minimalkonfiguration des Systems mehr als ausreicht, der Satz von Kuhn-Tucker angewendet werden. Angenommen, dies ist der Fall, so muss man nach dem Satz von Kuhn-Tucker Leitungskapazitäten $x_1, \ldots, x_n$ und ein $\mu \geq 0$ finden, so dass gilt

$$\nabla f(x_1, \ldots, x_n) + \mu \nabla h(x_1, \ldots, x_n) = \bar{0}$$
$$h(x_1, \ldots, x_n) \leq 0$$
$$h(x_1, \ldots, x_n) = 0 \ oder \ \mu = 0$$

Die ersten Gleichungen lauten ausgeschrieben für $k = 1, \ldots, n$

$$-\frac{1}{(x_k - b_k)^2} + \mu c_k = 0 \Longleftrightarrow \mu = \frac{1}{c_k (x_k - b_k)^2}$$

Also gilt in einem zulässigen Punkt $\mu > 0$ und daher auch $h(x_1, \ldots, x_n) = 0$, d.h.

$$\sum_{k=1}^{n} c_k x_k = B$$

Setzt man die Lagrange-Gleichungen über μ gleich, so gilt

$$\frac{1}{c_1 (x_1 - b_1)^2} = \frac{1}{c_2 (x_2 - b_2)^2} = \cdots = \frac{1}{c_n (x_n - b_n)^2}$$

bzw. nach Wurzelziehen (wegen $x_k > b_k$ eine Äquivalenzumformung) und Kehrbruchbildung $\sqrt{c_1}\,(x_1 - b_1) = \sqrt{c_2}\,(x_2 - b_2) = \cdots = \sqrt{c_n}\,(x_n - b_n)$. Somit folgt für $k = 1, \ldots, n$

$$x_k = \sqrt{\frac{c_1}{c_k}}\,(x_1 - b_1) + b_k$$

Aufgrund der Nebenbedingung ergibt sich dann

$$B = \sum_{k=1}^{n} c_k \left(\sqrt{\frac{c_1}{c_k}}\,(x_1 - b_1) + b_k \right) = (x_1 - b_1) \sum_{k=1}^{n} \sqrt{c_1 c_k} + \sum_{k=1}^{n} c_k b_k$$

d.h. $x_1 = \dfrac{B - \sum\limits_{k=1}^{n} c_k b_k}{\sum\limits_{k=1}^{n} \sqrt{c_1 c_k}} + b_1$. Dies kann nun rücksubstituiert werden und ergibt für

$i = 1, \ldots, n$ *die Lösung*

$$x_i = \sqrt{\frac{c_1}{c_i}}\, (x_1 - b_1) + b_i = \sqrt{\frac{c_1}{c_i}} \left(\frac{B - \sum\limits_{k=1}^{n} c_k b_k}{\sum\limits_{k=1}^{n} \sqrt{c_1 c_k}} + b_1 - b_1 \right) + b_i$$

$$= b_i + \frac{\sqrt{c_i}}{\sum\limits_{k=1}^{n} \sqrt{c_k}} \times \frac{B - \sum\limits_{k=1}^{n} c_k b_k}{c_i}$$

und dies liefert nach den obigen Überlegungen eine globale Minimalstelle von f unter den Nebenbedingungen. Diese Lösung lässt sich wie folgt interpretieren:

- *Jeder Leitung L_i wird zunächst die Mindestkapazität b_i zugeteilt. Es verbleibt ein Restbudget $R := B - \sum\limits_{k=1}^{n} c_k b_k$.*

- *Vom Restbudget wird zum Aufstocken der Leitungskapazität der Leitung L_i jeweils ein Anteil $p_i = \frac{\sqrt{c_i}}{\sum\limits_{k=1}^{n} \sqrt{c_k}}$ verwendet*
  (d.h. Aufteilung des Restbudgets proportional zu $\sqrt{c_1}, \ldots, \sqrt{c_n}$).

- *Für die Leitung L_i ergibt sich dann die zusätzliche Kapazität $\frac{p_i R}{c_i}$ und somit die Gesamtkapazität $b_i + \frac{p_i R}{c_i}$.*

Man kann einwenden, dass die Rechnung unter Verwendung konkreter Zahlen für ein spezifisches leitungsbasiertes System wesentlich einfacher wäre. Dem steht entgegen, dass die gefundene Lösung universell einsetzbar ist, d.h. bei Erweiterung des konkreten Netzwerkes um verschiedene Leitungen sofort neu berechnet werden kann. Überdies erlaubt die Lösung eine Diskussion des Ergebnisses in Abhängigkeit von den möglicherweise veränderlichen Netzgrößen c_i, b_i. Beispielsweise lässt sich unmittelbar nachrechnen, um wieviel sich die optimale Performance näherungsweise verändert, wenn die Netzparameter variiert werden. Die Grundlagen derartiger Sensitivitätsanalysen sind Gegenstand des letzten Abschnitts zur Optimierung.

8.4 Komparative Statik

In wirtschaftswissenschaftlichen Fragestellungen wird oft die Suche nach einer in einem geeigneten Sinne optimalen Lösung thematisiert. Diese Lösung ist jedoch nur in den seltensten Fällen absolut, sondern muss sich Änderungen des Problemkontextes stellen. Neben den durch das Optimierungs-

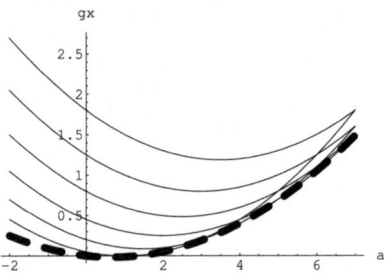

Abbildung 8.16: Kurvenschar g_a aus Beispiel 8.33

problem geeignet festzulegenden Entscheidungsvariablen, die man auch **EN-DOGEN** ⇨ Glossar nennt, sind also Umweltparameter zu berücksichtigen, die **EXOGENE VARIABLEN** ⇨ Glossar heißen. Beispiele solcher Variablen sind

- nicht (unmittelbar) kontrollierbar: Inflationsrate, Bruttosozialprodukt, Arbeitsmarktzahlen, Preise von Komplementärgütern anderer Anbieter, Aktienkurs des Unternehmens,...

- (unmittelbar) kontrollierbar: Gesamtbudget für Investitionen

Auf den Punkt gebracht wird der Zusammenhang zwischen exogenen und endogenen Variablen durch die Betrachtung von Änderungsraten, d.h. Substitutionsgrenzraten und Optimalwertveränderungen. Erstere werden mit dem Satz über implizite Funktionen, letztere mittels des Envelopetheorems behandelt. Die Bezeichnung „envelope" (engl.: Umschlag) stammt daher, dass die im Theorem behandelte Optimalwertfunktion eine Art „Einhüllende" der gegebenen Kurvenschar ist.

Beispiel 8.33:
Die Funktion $f_a(x) = \frac{(x-a)^2 + ax - a}{20}$ wird bei festem $a \in \mathbb{R}$ minimal in $x_a = a/2$ mit Wertfunktion $V(a) := f_a(x_a) = \frac{a(3a-4)}{80}$. Zeichnet man die Funktionenschar $g_x(a) := f_a(x)$ in Abhängigkeit von x, wie in Abbildung 8.16 dargestellt, so hüllt die Wertfunktion V die Funktionenschar von unten ein.

Das Envelope-Theorem macht eine Aussage über das Änderungsverhalten der Einhüllenden; es wird insbesondere in Optimierungsproblemen unter Nebenbedingungen verwendet.

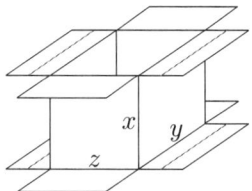

Abbildung 8.17: Geänderte Gestalt des Kartons im Verpackungsproblem; je zwei Flügel in Boden und Deckel sind gekürzt.

8.4.1 Ein Verpackungsproblem mit exogenen Variablen

Dass sich der Optimalwert eines Optimierungsproblems unter Nebenbedingungen verändert, wenn sich exogene Größen verändern, sollte grundsätzlich klar sein. Hier soll anhand des früher bereits behandelten Problems der optimalen Gestaltung eines Kartons diese Änderung auch quantitativ erfasst werden. Wie in Beispiel 8.19 ⇨ Seite 253 wird ein Karton mit gegebenem Volumen v gesucht, dessen Materialbedarf minimal ist. Hier sollen aber Boden und Deckel bei der Materialbedarfsberechung nicht doppelt gezählt werden, sondern je zwei „Flügel" des Kartons werden auf den a-ten Teil der Länge aus Beispiel 8.19 gekürzt, wie dies in Abbildung 8.17 dargestellt ist. Dabei ist $a \in [0; 1]$ zunächst fest vorgegeben – im Ausgangsbeispiel ist $a = 1$ – und es soll später untersucht werden, wie sich zum einen die optimalen Abmessungen des Kartons, zum anderen der minimale Materialverbrauch mit Variation von a ändern.

Der Materialbedarf lässt sich jetzt in der Form $f(x, y, z) = 2xy + 2xz + 2(1 + a)yz$ darstellen. Wie ändert sich der minimale Materialbedarf nun, wenn sich entweder das Volumen v oder das „Design", d.h. der Wert a gegenüber der Standardform $a = 1$ verändert? Die Frage wird zunächst durch direktes Nachrechnen beantwortet, wobei der Fokus auf den notwendigen Bedingungen für lokale Extrema unter Nebenbedingungen liegt. Das Lagrange-Gleichungssystem lautet

$$2y + 2z + \lambda yz = 0 \qquad\qquad 2xy + 2xz + \lambda xyz = 0$$
$$2x + 2(1 + a)z + \lambda xz = 0 \quad \Rightarrow \quad 2xy + 2(1 + a)yz + \lambda xyz = 0$$
$$2x + 2(1 + a)y + \lambda xy = 0 \qquad\qquad 2xz + 2(1 + a)yz + \lambda xyz = 0$$
$$xyz = v \qquad\qquad\qquad xyz = v$$

Es folgt $x = (1 + a)y$, $z = y$. Eingesetzt in $xyz = v$ folgt $y = \sqrt[3]{\frac{v}{1+a}}$. sowie

$\lambda = -\frac{2}{z} - \frac{2}{y} = -\frac{4}{y} = -4\sqrt[3]{\frac{1+a}{v}}$. Die optimalen Abmessungen lauten

$$x_{av} = (1+a)\left(\frac{v}{1+a}\right)^{\frac{1}{3}}, \quad y_{av} = \left(\frac{v}{1+a}\right)^{\frac{1}{3}}, \quad z_{av} = \left(\frac{v}{1+a}\right)^{\frac{1}{3}}.$$

Der minimale Verpackungsaufwand (Optimalwert) beträgt

$$V(a,v) = f(x_{av}, y_{av}, z_{av}) = 2x_{av}y_{av} + 2x_{av}z_{av} + 2(1+a)y_{av}z_{av}$$

$$= 6(1+a)\left(\frac{v}{1+a}\right)^{\frac{2}{3}} = 6(1+a)^{\frac{1}{3}}v^{\frac{2}{3}}$$

Die Optimalwertänderung bei Variation der Parameter a (Design) und v (Volumen) lässt sich nun durch Differenzierung der Optimalwertfunktion nach a bzw. v bestimmen: Bei Änderung des Volumens v ergibt sich

$$\frac{\partial V(a,v)}{\partial v} = \frac{\partial}{\partial v}\left(6(1+a)^{\frac{1}{3}}v^{\frac{2}{3}}\right) = 6(1+a)^{\frac{1}{3}} \cdot \frac{2}{3}v^{-\frac{1}{3}} = 4\left(\frac{v}{1+a}\right)^{-\frac{1}{3}} = -\lambda_{av}$$

Der negative Lagrange-Multiplikator ist also die marginale Optimalwert-Änderung. Dahinter steckt eine allgemeine Eigenschaft des Lagrange-Multiplikators. Bei Änderung des „Design-Parameters" a ergibt sich

$$\frac{\partial V(a,v)}{\partial a} = \frac{\partial}{\partial a}\left(6(1+a)^{\frac{1}{3}}v^{\frac{2}{3}}\right) = 2\left(\frac{v}{1+a}\right)^{\frac{2}{3}}$$

Gegenüber dem Standardkarton mit $a = 1$ ergibt also die Verringerung der Skalierung in Boden und Deckel um eine marginale Einheit eine Material-verringerung um näherungsweise $2^{\frac{1}{3}}v^{\frac{2}{3}}$ Einheiten.

Die durchgeführte Rechnung ist im Gegensatz zur Rechnung in Beispiel 8.19 etwas komplizierter, da ein weiterer Parameter mit im Spiel ist. Wenn man nur von der Optimalwertänderung für den „Standard-Karton" mit $a = 1$ ausgeht, so lässt sich die Änderungsrate auch schon mit Hilfe der hierfür in Beispiel 8.19 gefundenen Optimallösung berechnen: Man stellt zunächst die Lagrange-Funktion für den parametrischen Fall, d.h. mit allgemeinem a auf.

$$L_{a,v}(x,y,z,\lambda) = 2xy + 2xz + 2(1+a)yz + \lambda(xyz - v)$$

Dann leitet man die Lagrange-Funktion nach v bzw. a und setzt in das Ergebnis die für den Fall $a = 1$ mit der Lagrange-Methode gefundenen optimalen Werte für x, y, z, λ ein:

$$\frac{\partial}{\partial v}L_{a,v}(x,y,z,\lambda) = -\lambda = \frac{\partial V(a,v)}{\partial v}$$

$$\frac{\partial}{\partial a}L_{a,v}(x,y,z,\lambda) = 2yz = 2\left(\frac{v}{2}\right)^{\frac{1}{3}}\left(\frac{v}{2}\right)^{\frac{1}{3}} = 2^{\frac{1}{3}}v^{\frac{2}{3}} = \frac{\partial V(a,v)}{\partial a}$$

8.4.2 Das Envelope-Theorem

Hintergrund der Vorgehensweise im Verpackungsproblem ist das Envelope-Theorem, welches gerade diese Vorgehensweise in allgemeinen Optimierungsproblemen mit oder ohne Nebenbedingungen – in Gleichungsform – thematisiert. Das Envelope-Theorem wird in folgender Situation angewandt:

- Es liegt eine Schar von Optimierungsproblemen $f(x, \alpha) \overset{!}{=} \min\limits_{x}$ unter $g_1(x, \alpha) - y_1 = 0, \ldots, g_K(x, \alpha) - y_K = 0$ vor (alle Funktionen in x und α differenzierbar).

- $L(x, \lambda, \alpha, y) = f(x, \alpha) + \sum\limits_{k=1}^{K} \lambda_k(g_k(x, \alpha) - y_k)$ sei die Lagrange-Funktion.

- Für vorgegebene Werte $\alpha = (\alpha, \ldots, \alpha_m), y = (y_1, \ldots, y_K)$ sei mit der Lagrange-Methode eine Lösung $x^*(\alpha, y), \lambda^*(\alpha, y)$ bestimmt.

- Der zugehörige Optimalwert lautet: $V(\alpha, y) = f(x^*(\alpha, y), \alpha)$.

- Gesucht ist das Änderungsverhalten des Optimalwertes, d.h. $\frac{\partial V(\alpha, y)}{\partial \alpha_j}$ bzw. $\frac{\partial V(\alpha, y)}{\partial y_k}$.

Zu erwarten wäre eigentlich, dass eine Änderung von α in der Wertfunktion $f(x^*(\alpha, y), \alpha)$ sich additiv aus einer Änderung von α und einer Änderung von x^* zusammensetzt. Das so genannte Envelope-Theorem besagt aber, dass der letztere Einfluss (marginal) vernachlässigt werden kann.

Satz 8.15 (Envelope-Theorem)
- Die marginale Änderung der Wertfunktion im exogenen Parameter α_j ist gleich der Ableitung der Lagrange-Funktion nach α_j, ausgewertet im Optimum $x = x^*(\alpha, y)$, $\lambda = \lambda^*(\alpha, y)$, in Formeln

$$\frac{\partial V}{\partial \alpha_j} = \frac{\partial L}{\partial \alpha_j}\bigg|_{\substack{x = x^*(\alpha, y) \\ \lambda = \lambda^*(\alpha, y)}} = \frac{\partial f}{\partial \alpha_j}\bigg|_{\substack{x = x^*(\alpha, y) \\ \lambda = \lambda^*(\alpha, y)}} + \sum_{k=1}^{K} \lambda_k^*(\alpha, y) \frac{\partial g_k}{\partial \alpha_j}\bigg|_{\substack{x = x^*(\alpha, y) \\ \lambda = \lambda^*(\alpha, y)}}$$

- Die marginale Änderung der Wertfunktion im exogenen Restriktions-Parameter y_k entspricht dem negativen Lagrange-Multiplikator dieser NB im Optimum, in Formeln: $\frac{\partial V}{\partial y_k} = -\lambda_k^*(\alpha, y)$.

- In einem Optimierungsproblem ohne Nebenbedingungen lautet die Änderungsrate $\frac{\partial V}{\partial \alpha_j} = \frac{\partial f}{\partial \alpha_j}\big|_{x=x^*(\alpha)}$

Das Envelope-Theorem macht Aussagen über partielle Ableitungen in einzelnen exogenen Variablen. Wegen der Annahme total differenzierbarer Funktionen lassen sich aber auch Änderungsraten für **RICHTUNGSABLEI-TUNGEN** ⇨ Glossar bei gleichzeitiger Veränderung mehrerer dieser Variablen oder das **DIFFERENTIAL** ⇨ Glossar der Wertfunktion bestimmen. Von den Aussagen des Envelope-Theorems ist die zweite die am häufigsten verwendete, weil sie die Lagrange-Multiplikatoren aus dem Lagrange-Ansatz mathematisch interpretiert und in einen Zusammenhang zu dem ökonomischen Ziel der Optimierung setzt. Dies soll an einem einfacheren Optimierungsbeispiel noch einmal illustriert werden.

Beispiel 8.34:

Es soll die Funktion $f(x,y) = 3x^2 + 2y^2$ auf $\mathbb{R}^2$ minimiert werden unter der Nebenbedingung $g(x,y) = \frac{1}{2}x + \frac{1}{3}y - 10 = 0$. Die partiellen Ableitungen lauten $\nabla f(x,y) = (6x, 4y)^T$ und $\nabla g(x,y) = \left(\frac{1}{2}, \frac{1}{3}\right)^T$. Das Lagrange-Gleichungssystem lautet daher $6x + \lambda\frac{1}{2} = 0$, $4y + \lambda\frac{1}{3} = 0$, $\frac{1}{2}x + \frac{1}{3}y = 10$ und löst sich zu $x = 12$, $y = 12$, $\lambda = -144$. An dieser Stelle liegt ein globales Minimum der Zielfunktion vor (Zielwert $f(12,12) = 720$), denn der kritische Punkt löst auch das Optimierungsproblem, wenn der zulässige Bereich von der $= 0$-Form zur ≤ 0-Form erweitert wird. In diesem Fall sind alle Voraussetzungen des Satzes von Kuhn-Tucker erfüllt, wie übungshalber nachgerechnet werden sollte.

Jetzt wird anstelle dieses Problems ein so genanntes „gestörtes" Problem betrachtet, bei dem die Nebenbedingung von der „$= 0$"-Form in die „$= t$"-Form gebracht wird. Es wird also das Problem

$$f(x,y) = 3x^2 + 2y^2 \overset{!}{=} \min$$

$$g(x,y) = \frac{1}{2}x + \frac{1}{3}y - 10 = t$$

mit dem exogenen Störparameter $t \in \mathbb{R}$ betrachtet. Dann lautet das Lagrange-Gleichungssystem $6x + \lambda\frac{1}{2} = 0$, $4y + \lambda\frac{1}{3} = 0$, $\frac{1}{2}x + \frac{1}{3}y = 10 + t$ und hat die Lösung $x_t = \frac{6}{5}(10 + t)$, $y_t = \frac{6}{5}(10 + t)$, $\lambda_t = -\frac{72}{5}(10 + t)$ mit Minimalwert

$$h(t) = f(x_t, y_t) = 3x_t^2 + 2y_t^2 = 3\left(\frac{6}{5}(10 + t)\right)^2 + 2\left(\frac{6}{5}(10 + t)\right)^2 = \frac{36}{5}(10 + t)^2$$

Diese Minimalwertfunktion ist quadratisch und hat in $t = 0$ die Linearisierung

$$h(t) \approx h(0) + (-\lambda_0)(t - 0) = 720 + 144t$$

Erkennbar ist die Steigung 144 der Tangente in $t = 0$. Diese stimmt mit dem negativen Lagrange-Multiplikator des Ausgangsproblems überein. Rechnerisch stellt dieser also die negative Änderungsrate der Optimalwertfunktion dar. Bei Änderung der Nebenbedingung um den Störterm Δ_t ändert sich der minimale Zielwert für das Ausgangsproblem ($t = 0$) etwa um $144\Delta_t$. In Abbildung 8.18 ist die Linearisierung noch einmal skizziert.

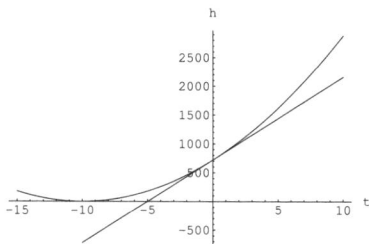

Abbildung 8.18: Lagrange-Multiplikator als negative Tangentensteigung der Optimalwertfunktion in Beispiel 8.34

Den Lagrange-Multiplikator bezeichnet man aufgrund seiner Eigenschaft aus dem Envelope-Theorem auch als **SCHATTENPREIS** ⇨ Glossar der Restriktion. Er beschreibt den Zugewinn – oder auch Verlust – den man durch die Lockerung oder Straffung einer Restriktion erhält.

Bei mehreren Nebenbedingungen ist auch das Änderungsverhalten des Optimalwertes gegebenenfalls von der Änderung aller Nebenbedingungen abhängig. Die Optimalwertfunktion hat dann als Differential den Vektor der negativen Lagrange-Multiplikatoren, der für Simultanänderungen mehrerer Nebenbedingungen in eine spezielle Richtungsableitung übergeht.

Satz 8.16

Im Optimierungsproblem $f(x) \stackrel{!}{=} \min\limits_{x \in \mathbb{D}} / \max\limits_{x \in \mathbb{D}}$ unter den Nebenbedingungen $g_1(x) = 0, \ldots, g_m(x) = 0$ seien Zielfunktion und Restriktions-Funktionen differenzierbar. Falls $(x_1^*, \ldots, x_n^*)^T$ eine Lösung des Optimierungsproblems mit den zugehörigen Lagrange–Multiplikatoren $\lambda_1^*, \ldots, \lambda_m^*$ ist, so ändert sich der Minimal–/Maximalwert $f(x_1^*, \ldots, x_n^*)$ näherungsweise um $-\sum\limits_{i=1}^{m} \lambda_i^* \cdot h_i$, wenn die Nebenbedingungen von $g_i(x_1, \ldots, x_n) = 0$ auf $g_i(x_1, \ldots, x_n) = h_i$ abgeändert werden.

Beispiel 8.35:

In dem Verpackungsproblem aus Beispiel 8.19 ⇨ Seite 253 *ergibt sich mit der Lagrange-Methode ein Karton mit quadratischer Grundfläche, d.h. gemäß Abbildung 8.13 gilt für die Optimallösung $\frac{y}{z} = 1$. Man kann sich nun die Frage stellen, wie sich der Materialverbrauch $2xy + 2xz + 4yz$ verändert, wenn man von diesem Design abweicht und ein festes Größenverhältnis der Grundfläche fordert, etwa durch die zusätzliche Nebenbedingung $\frac{z}{y} = d = 1 + \Delta$ mit $\Delta > 0$. Gleichzeitig soll aber auch noch die Änderung des vorgegebenen Volumens $xyz = v$ berücksichtigt werden. Rechnerisch ist das Differential der Optimalwertfunktion in den exogenen Größen v, d zu bestimmen. Die Optimalwertfunktion wird auch hier zunächst mit der Lagrange-Methode ermittelt:*

279

$$2y + 2z + \lambda_1 yz = 0 \qquad\qquad 2xy + 2xz + \lambda_1 xyz = 0$$

$$2x + 4z + \lambda_1 xz - \lambda_2 z/y^2 = 0 \qquad 2xy + 4yz + \lambda_1 xyz - \lambda_2 z/y = 0$$

$$2x + 4y + \lambda_1 xy + \lambda_2/y = 0 \quad\Rightarrow\quad 2xz + 4yz + \lambda_1 xyz + \lambda_2 z/y = 0$$

$$xyz = v \qquad\qquad\qquad xyz = v$$

$$z = dy \qquad\qquad\qquad z = dy$$

Wieder durch Gleichsetzen folgt $2xz - 4yz = -\lambda_2 z/y$ und $2xy - 2xz = 2\lambda_2 z/y$.
Gleichsetzen über $\lambda_2 z/y$ ergibt die Gleichung $xy - 4yz + xz = 0$. Nutzt man $xyz = v$
und $z = dy$ aus, so ergibt sich $\frac{v}{dy} - 4dy^2 + \frac{v}{y} = 0 \Rightarrow y = v^{\frac{1}{3}}(d+1)^{\frac{1}{3}}2^{-\frac{2}{3}}d^{-\frac{2}{3}}$.
Daraus folgt $x = 2(2dv)^{\frac{1}{3}}(1+d)^{-\frac{2}{3}}$, $z = v^{\frac{1}{3}}(d+1)^{\frac{1}{3}}2^{-\frac{2}{3}}d^{\frac{1}{3}}$ mit dem Optimalwert
$3(2(1+d)v)^{\frac{2}{3}}d^{-\frac{1}{3}}$ und $\lambda_1 = -2(2(1+d))^{\frac{2}{3}}(dv)^{-\frac{1}{3}}$, $\lambda_2 = -(2(d-1))^{\frac{2}{3}}d^{-\frac{4}{3}}(d+1)^{-\frac{1}{3}}$.

Als Ergebnis dieser Rechnung ist festzuhalten: Der Minimalwert beträgt $V(v, d) = 3(2(1+d)v)^{\frac{2}{3}}d^{-\frac{1}{3}}$. Leitet man nach d bzw. v ab, so ergibt sich mit einigen Umformungen $\nabla V(v, d) = (-\lambda_1, -\lambda_2)$. Ändert man also d zu $d + h_1$ und v zu $v + h_2$ so beträgt die Änderung des Optimalwertes näherungsweise $\langle \nabla V(v, d), (h_1, h_2)^T \rangle = -\lambda_1 h_1 - \lambda_2 h_2$

8.4.3 Ein Kostenproblem

Neben der Angabe der Optimalwertänderung sollen in ökonomischen Fragestellungen oft auch die Änderungen der zugehörigen endogenen Variablen in Abhängigkeit von den exogenen Größen angegeben werden. Das wichtigste mathematische Hilfsmittel stellt dabei der schon früher angesprochene Satz über implizite Funktionen dar. Im Folgenden wird hierzu ein typisches Beispiel zur Kostenminimierung im Produktionskontext ausführlicher behandelt:

Ein Gut werde unter Einsatz von Arbeit und Kapital erstellt. Dabei bezeichnen $x_1 \geq 0$ den Arbeitseinsatz und $w_1 > 0$ (exogen) den Lohn je Einheit sowie $x_2 \geq 0$ den Kapitaleinsatz und w_2 (exogen) den Kapital-Zinssatz.

Weiter sei $f(x_1, x_2) \geq 0$ der Output dieses Gutes, y die (exogene) Soll-Produktion. Von der Produktionsfunktion soll nur angenommen werden, dass sie zweimal stetig partiell differenzierbar und in jeder Variable monoton steigend ist. Ihr Gradient und ihre Hesse-Matrix sollen im folgenden mit $\nabla f = \begin{pmatrix} f_1 \\ f_2 \end{pmatrix}$ und $H_f = \begin{bmatrix} f_{11} & f_{12} \\ f_{21} & f_{22} \end{bmatrix}$ abgekürzt werden, wobei $f_1, f_2, f_{11}, \ldots, f_{22}$ Funktionen von Arbeitseinsatz und Kapitaleinsatz sind.

Gefragt ist nun, wie für die kostenminimale Produktion, d.h. x_1^*, x_2^* und

$K(x_1^*, x_2^*)$ als Minimum des Problems

$$K(x_1, x_2) = w_1 x_1 + w_2 x_2 \overset{!}{=} \min_{x_1, x_2 \geq 0} \text{ unter } f(x_1, x_2) - y = 0$$

bei einer Änderung von Lohnkosten w_1 bzw. Zins w_2 bzw. Soll-Produktion y verändern.

Es handelt sich hierbei um eine typische Fragestellung der Volkswirtschaftslehre, denn das Problem ist – mangels weiterer Informationen – sehr unvollständig formuliert. Es fehlt vor allem eine Information über die genauere Struktur der zugrundeliegenden Produktionsfunktion, bei der man nicht unbedingt davon ausgehen kann, dass sie etwa eine COBB-DOUGLAS-FUNKTION ⇨ Glossar ist – für diesen Fall haben wir die Problemstellung bereits in Beispiel 8.17 ⇨ Seite 249 behandelt. Die Frage nach der Änderung der endogenen Variablen ist also losgelöst vom spezifischen Typ der Produktionsfunktion dahin gehend zumindest qualitativ zu beantworten, wobei Lohn, Kapitalzins und Soll-Produktion als exogene Variablen interpretiert werden müssen. Konkrete Werte dieser Größen sind nicht bekannt; vielmehr würden sie eine vollständige „What-If"-Analyse des Modells verhindern. Darüber hinaus sucht man nach qualitativen Aussagen hinsichtlich der Änderung der endogenen Variablen, wenn beispielsweise die Produktionsfunktion zwar bekannt, aber das Lagrange-Gleichungssystem weder explizit noch numerisch zu lösen ist. Allerdings ist auch für grundsätzliche Betrachtungen das Lagrange-Gleichungssystem zunächst aufzustellen und eine Bezeichnung der Optimallösungen vorzunehmen. In unserem Beispiel lauten die Lagrange-Gleichungen (FOC)

$$w_1 + \lambda f_1(x_1, x_2) = 0, \qquad w_2 + \lambda f_2(x_1, x_2) = 0$$

Durch Gleichsetzen ergibt sich

$$\frac{w_1}{f_1(x_1, x_2)} = \frac{w_2}{f_2(x_1, x_2)} \Leftrightarrow w_2 f_1(x_1, x_2) - w_1 f_2(x_1, x_2) = 0$$

Angenommen, es lassen sich Lösungen $x_1^* = x_1^*(w_1, w_2, y)$, $x_2^* = x_2^*(w_1, w_2, y)$ des Gleichungssystems

$$h_1(x_1, x_2, w_1, w_2, y): \qquad = w_2 f_1(x_1, x_2) - w_1 f_2(x_1, x_2) = 0$$
$$h_2(x_1, x_2, w_1, w_2, y): \qquad = f(x_1, x_2) - y = 0$$

finden. Dann lautet der zugehörige Lagrange-Multiplikator

$$\lambda^* = \lambda^*(w_1, w_2, y) = -\frac{w_i}{f_i(x_1^*, x_2^*)} < 0$$

Die Gesamtkosten betragen $K(x_1^*, x_2^*) = w_1 x_1^*(w_1, w_2, y) + w_2 x_2^*(w_1, w_2, y)$

Wenn hier tatsächlich ein Kostenminimum vorliegt, so ist die Hesse-Matrix der Lagrange-Funktion, d.h.

$$H_{L,\lambda^*}(x_1^*, x_2^*) = H_K(x_1^*, x_2^*) + \lambda^* H_f(x_1^*, x_2^*) = \lambda^* H_f(x_1^*, x_2^*)$$

positiv definit auf allen senkrecht zu $\nabla f = (f_1, f_2)^T$ stehenden Richtungen [LUENBERGER, 1984, S. 306], d.h. es gilt insbesondere

$$\left\langle \begin{pmatrix} f_2 \\ -f_1 \end{pmatrix}, \lambda^* \begin{bmatrix} f_{11} & f_{12} \\ f_{21} & f_{22} \end{bmatrix} \begin{pmatrix} f_2 \\ -f_1 \end{pmatrix} \right\rangle > 0$$

Wie verändern sich nun die endogenen Variablen bei Änderung der exogenen Variable w_1 („Stundenlohn")? Es gilt das Gleichungssystem

$$h_1(x_1^*, x_2^*, w_1, w_2, y) := w_2 f_1(x_1^*, x_2^*) - w_1 f_2(x_1^*, x_2^*) = 0$$
$$h_2(x_1^*, x_2^*, w_1, w_2, y) := f(x_1^*, x_2^*) - y = 0$$

Mit der **KETTENREGEL** ⇨ Glossar ergibt sich

$$0 = \frac{\partial h_1(x_1^*, x_2^*, w_1, w_2, y)}{\partial w_1} = \frac{\partial h_1}{\partial x_1}\frac{\partial x_1^*}{\partial w_1} + \frac{\partial h_1}{\partial x_2}\frac{\partial x_2^*}{\partial w_1} + \frac{\partial h_1}{\partial w_1}$$
$$0 = \frac{\partial h_2(x_1^*, x_2^*, w_1, w_2, y)}{\partial w_1} = \frac{\partial h_2}{\partial x_1}\frac{\partial x_1^*}{\partial w_1} + \frac{\partial h_2}{\partial x_2}\frac{\partial x_2^*}{\partial w_1} + \frac{\partial h_2}{\partial w_1}$$

d.h. in Matrix-Schreibweise

$$\frac{\partial h}{\partial x} \cdot \frac{\partial x^*}{\partial w_1} = -\frac{\partial h}{\partial w_1}$$

wobei

$$\frac{\partial h}{\partial x} = \begin{bmatrix} \frac{\partial h_1}{\partial x_1} & \frac{\partial h_1}{\partial x_2} \\ \frac{\partial h_2}{\partial x_1} & \frac{\partial h_2}{\partial x_2} \end{bmatrix} = \begin{bmatrix} w_2 f_{11} - w_1 f_{21} & w_2 f_{12} - w_1 f_{22} \\ f_1 & f_2 \end{bmatrix}$$
$$\frac{\partial x^*}{\partial w_1} = \begin{pmatrix} \frac{\partial x_1^*}{\partial w_1} \\ \frac{\partial x_2^*}{\partial w_1} \end{pmatrix}$$
$$\frac{\partial h}{\partial w_1} = \begin{pmatrix} \frac{\partial h_1}{\partial w_1} \\ \frac{\partial h_2}{\partial w_1} \end{pmatrix} = \begin{pmatrix} f_2 \\ 0 \end{pmatrix}$$

Mit der Cramer-Regel erhält man (falls $\frac{\partial h}{\partial x}$ invertierbar ist) z.B. die Lösung

$$\frac{\partial x_1^*(w_1, w_2, y)}{\partial w_1} = -\frac{\frac{\partial h_1}{\partial w_1}\frac{\partial h_2}{\partial x_2} - \frac{\partial h_1}{\partial x_2}\frac{\partial h_2}{\partial w_1}}{\det \frac{\partial h}{\partial x}} = \frac{f_2^2}{\det \frac{\partial h}{\partial x}}$$

$$\frac{\partial x_2^*(w_1, w_2, y)}{\partial w_1} = -\frac{\frac{\partial h_1}{\partial x_1}\frac{\partial h_2}{\partial w_1} - \frac{\partial h_2}{\partial x_1}\frac{\partial h_1}{\partial w_1}}{\det \frac{\partial h}{\partial x}} = -\frac{f_1 f_2}{\det \frac{\partial h}{\partial x}}$$

Dabei lautet der Nenner wegen $w_i = -\lambda f_i$ (Lagrange-Gleichungssystem)

$$\det \frac{\partial h}{\partial x} = (w_2 f_{11} - w_1 f_{21}) f_2 - (w_2 f_{12} - w_1 f_{22}) f_1$$

$$= (-\lambda)\left((f_2 f_{11} - f_1 f_{21}) f_2 - (f_2 f_{12} - f_1 f_{22}) f_1\right)$$

$$= -\left\langle \begin{pmatrix} f_2 \\ -f_1 \end{pmatrix}, \lambda \begin{bmatrix} f_{11} & f_{12} \\ f_{21} & f_{22} \end{bmatrix} \begin{pmatrix} f_2 \\ -f_1 \end{pmatrix} \right\rangle \qquad < 0$$

Das Vorzeichen folgt aufgrund der oben erwähnten Definitheit unter Nebenbedingungen. Insgesamt lässt sich folgern:

$$\frac{\partial x_1^*(w_1, w_2, y)}{\partial w_1} = \frac{f_2^2}{\det \frac{\partial h}{\partial x}} < 0, \qquad \frac{\partial x_2^*(w_1, w_2, y)}{\partial w_1} = -\frac{f_1 f_2}{\det \frac{\partial h}{\partial x}} > 0$$

Also gilt in sehr allgemeinem Zusammenhang, dass bei Erhöhung der Lohnkosten Arbeit durch Kapital substituiert werden sollte, um die Kosten minimal zu halten. Das gilt umgekehrt auch bei Erhöhung der Kapitalzinsen.

8.4.4 Das Theorem impliziter Funktionen

Sämtlichen Überlegungen des vorangegangenen Beispiels liegt zugrunde, dass die interessierenden ökonomischen Größen – in diesem Fall die endogenen Optimalwerte – durch implizite Gleichungen festgelegt werden. Mittels der Kettenregel wird zumindest deren Änderungsrate explizit gemacht. Das allgemeine technische Hilfsmittel bei solchen Rechnungen ist der Satz über implizite Funktionen. Die dahinter steckende Rechnung wurde bereits bei der Bestimmung von **SUBSTITUTIONSGRENZRATEN** ⇨ Glossar verwendet. An dieser Stelle soll das zentrale Ergebnis noch einmal dargestellt werden. Hierzu benötigen wir das schon früher angesprochene Konzept der **JACOBI-MATRIX**: einer differenzierbaren vektorwertigen Funktion $f : \mathbb{D} \to \mathbb{R}^m$ mit $\mathbb{D} \subseteq \mathbb{R}^n$, $f = (f_1, \ldots, f_m)^T$, (d.h. die $\mathbb{R}$-wertigen Funktionen $f_1, \ldots, f_m$ sind differenzierbar) der Variablen $x_1, \ldots, x_n$. Es bezeichne $x_B = (x_{i_1}, \ldots, x_{i_k})^T$

eine Auswahl von k verschiedenen dieser Variablen. Dann versteht man unter $\frac{\partial f}{\partial x_B}$ die Jacobi-Matrix

$$\frac{\partial f}{\partial x_B} = \begin{bmatrix} \frac{\partial f_1}{\partial x_{i_1}} & \cdots & \frac{\partial f_1}{\partial x_{i_k}} \\ \vdots & & \vdots \\ \frac{\partial f_m}{\partial x_{i_1}} & \cdots & \frac{\partial f_m}{\partial x_{i_k}} \end{bmatrix}$$

Satz 8.17 (Theorem impliziter Funktionen – Teil 1)
Es sei $f : \mathbb{D} \to \mathbb{R}^m$ mit $\mathbb{D} \subseteq \mathbb{R}^n$, $f = (f_1, \ldots, f_m)^T$ eine differenzierbare vektorwertige Funktion von $x \in \mathbb{R}^m, \alpha \in \mathbb{R}^{n-m}$.
Weiter seien $g_1, \ldots, g_m : \mathbb{E} \subseteq \mathbb{R}^m \to \mathbb{R}$ differenzierbare Funktionen derart, dass $\forall i \in \{1, \ldots, m\}$ gilt

$$f_i(g_1(\alpha_1, \ldots, \alpha_{n-m}), \ldots, g_m(\alpha_1, \ldots, \alpha_{n-m}), \alpha_1, \ldots, \alpha_{n-m}) = 0$$

Dann gilt (mit $g = (g_1, \ldots, g_m)^T$, $\alpha = (\alpha_1, \ldots, \alpha_{n-m})^T$) aufgrund der Kettenregel

$$\left. \frac{\partial f}{\partial x} \right|_{x=g(\alpha)} \cdot \frac{\partial g}{\partial \alpha} = -\frac{\partial f}{\partial \alpha}$$

Falls $\frac{\partial f}{\partial x}$ in $x = g(\alpha)$ invertierbar ist, so ergibt sich

$$\frac{\partial g}{\partial \alpha} = -\left(\left. \frac{\partial f}{\partial x} \right|_{x=g(\alpha)} \right)^{-1} \cdot \frac{\partial f}{\partial \alpha}$$

Das Theorem ist wie folgt zu interpretieren: Unter speziellen Voraussetzungen an ein nichtlineares Gleichungssystem

$$f_1(x_1, \ldots, x_m, \alpha_1, \ldots, \alpha_{n-m}) = 0$$

$$\vdots$$

$$f_m(x_1, \ldots, x_m, \alpha_1, \ldots, \alpha_{n-m}) = 0$$

kann man „lokal" die Werte von $x_1, \ldots, x_m$ als von den übrigen Werten $\alpha_1, \ldots, \alpha_{n-m}$ abhängig explizieren.

Dabei lassen sich i.d.R. die explizierenden Funktionen $x_i^*(\alpha_1, \ldots, \alpha_{n-m}) = g_i(\alpha_1, \ldots, \alpha_{n-m})$ nicht bestimmen. Das implizite Funktionentheorem ermöglicht allerdings die Bestimmung der partiellen Ableitungen dieser Funktionen.

Zur Sicherstellung der (lokalen) **Existenz** solcher Funktionen g_i ist neben der Differenzierbarkeit von f lediglich eine spezielle Lösung $x_1^*, \ldots, x_m^*, \alpha_1^*, \ldots, \alpha_{n-m}^*$ sowie die Invertierbarkeit der Jacobi-Matrix $\left. \frac{\partial f}{\partial x} \right|_{x=x^*}$ vorauszusetzen (Theorem impliziter Funktionen – Teil 2).

Aufgaben

1. Untersuchen Sie die folgenden Matrizen auf Definitheit

a) mittels Definition: $\begin{bmatrix} 1 & -1 \\ -1 & 1 \end{bmatrix}$, $\begin{bmatrix} -1 & 1 & 0 \\ 1 & -1 & 0 \\ 0 & 0 & -1 \end{bmatrix}$, $\begin{bmatrix} -1 & 1 & 0 \\ 1 & -1 & 0 \\ 0 & 0 & 1 \end{bmatrix}$

b) mit Determinanten: $\begin{bmatrix} -7 & 4 \\ 4 & -6 \end{bmatrix}$, $\begin{bmatrix} 1 & -1 \\ -1 & 1 \end{bmatrix}$, $\begin{bmatrix} 1 & 1 & 1 \\ 1 & 2 & 2 \\ 1 & 2 & 3 \end{bmatrix}$, $\begin{bmatrix} 1 & 3 & 1 \\ 3 & 7 & 1 \\ 1 & 1 & -4 \end{bmatrix}$

c) mit Eigenwerten: $\begin{bmatrix} 1 & 2 \\ 2 & 4 \end{bmatrix}$, $\begin{bmatrix} -3 & 1 & 0 \\ 1 & -3 & 0 \\ 0 & 0 & -1 \end{bmatrix}$, $\begin{bmatrix} -3 & 1 & 0 \\ 1 & -3 & 0 \\ 0 & 0 & 1 \end{bmatrix}$

2. Untersuchen Sie die folgenden Funktionen auf lokale Extremstellen:

a) $f(x,y) = x^2 + y^2$

b) $g(x,y) = -2x^2 + 2xy - \frac{3}{2}y^2$

c) $h(x,y) = 2x^2 + 3xy - y^2$

d) $k(x,y,z) = -4x^2 - 2y^2 - \frac{1}{2}x^2 + 4xy + yz + 100z$

Welche Aussagen können über das Krümmungsverhalten der Funktionen getroffen werden? Überlegen Sie außerdem, wie der Graph von f aussieht.

3. Bestimmen Sie die Extrema der Funktion $f(x,y) = 2(x-1)^2 - y^3 - y^2$.

4. Ist die Hesse-Matrix einer Funktion f semidefinit in einem Punkt, in dem der Gradient null ist, so lassen sich keine Aussagen über die Art von gegebenenfalls vorliegenden Extrema machen. Zeigen Sie dies anhand folgender Funktionen:

a) $f(x,y) = x^4 + y^2$

b) $f(x,y) = -2y^2$

c) $f(x,y) = x^2 + y^3$

5. Gegeben sei die Funktion

$$f(x_1, x_2) = 10\sqrt{x_1} + 20\ln(x_2 + 1) + 50 \quad ; \quad x_1, x_2 > 0$$

die die Absatzwirkung eines Produkts in Abhängigkeit zweier Werbebudgets x_1, x_2 angibt. Ermitteln Sie mit Hilfe der Lagrangemethode die Kombination x_1, x_2, für die die Absatzwirkung unter der Bedingung $10x_1 + 20x_2 = 30$ maximal wird.

6. Eine Bankkundin möchte ihr Geld so auf drei zur Auswahl stehenden Kapitalanlagen verteilen, dass ihr dabei eingegangenes Risiko minimal wird. Das Risiko werde über die Funktion $f(x, y, z) = 2x^2 + y^2 + \frac{3}{2}z^2$ gemessen, wobei die Variablen x, y, z den Anteil am jeweiligen Portfolio angeben und die Renditen der einzelnen Anlagemöglichkeiten mit 9%, 8% und 7% veranschlagt werden. Insgesamt soll eine Rendite von 8.5% erreicht werden. Lösen Sie das Problem mit Hilfe der Lagrange-Methode.

7. Gegeben sei die Funktion $f(x, y) = 4x^2 - 3xy$

   a) Überprüfen Sie die Funktion auf lokale Extrema.

   b) Bestimmen Sie die globalen Extrema von $f(x, y)$ auf der Kreisscheibe $K := \{(x, y) \in \mathbb{R} : x^2 + y^2 \leq 1\}$ mit Hilfe der Lagrange-Methode.

8. Es seien $x, y \geq 0$.

   a) Minimieren Sie die Kostenfunktion $k(x, y) = x^2 - 20x + 130 + y^2 - 10y$ unter der Kapazitätsrestriktion $g(x, y) = 2x + 3y \leq 22$.

   b) Wie ändert sich das Ergebnis, wenn die Kapazitätsrestriktion $g(x, y) = 2x + 3y \leq 48$ lautet?

9. (K) Die wiwinesische Kokonata-Faser-AG verkauft die von ihr produzierte Kokosfaser, die im Gebäude-Innenausbau Verwendung findet, auf den wiwinesischen Nachbarinseln Costania und Pescadora zu unterschiedlichen Preisen. Die Produktionskapazität ist für die nächsten Jahre auf höchstens 240 Tonnen Kokosfaser pro Jahr begrenzt ohne Einschränkungen auf der Absatzseite. Die Kosten bei der Herstellung $z = x + y$ Tonnen Kokosfaser in Kokonata betragen $K(z) = \frac{1}{4}z^2 + 400z + 9200$, wobei x Tonnen in Costania zum Preis $p(x) = 1000 - x$ je Tonne und y Tonnen zum Preis $q(y) = 1600 - 2y$ je Tonne in Pescadora abgesetzt werden. Ermitteln Sie mit Hilfe der Lagrange-Methode diejenigen Absatzmengen x, y, für die der Jahres-Gewinn $G(x, y) = xp(x) + yq(y) - K(x + y)$ maximal wird unter der Nebenbedingung $x + y \leq 240$.

10. Maximieren Sie die Funktion $f(x, y, z) = 4z - x^2 - y^2 - z^2$ unter den beiden Nebenbedingungen $xy \geq z$ und $x^2 + y^2 + z^2 \leq 3$. Begründen Sie, weshalb ein globales Maximum existiert.

11. (K) Ein Produkt wird aus zwei Rohstoffen hergestellt. Setzt man diese in den Quantitäten $x \geq 0, y \geq 0$ ein, so fällt dabei ein Nebenprodukt in der Quantität $f(x, y) = (4x + y - 86)^2 + (4x + 8y - 128)^2 + 1$ an, welches als Schadstoff kostenaufwändig entsorgt werden muss. Das Hauptprodukt wird dann in der Quantität $h(x, y) = 2(x + y)$ ausgebracht.

a) Berechnen Sie Gradient und Hesse-Matrix von f und untersuchen Sie das Krümmungsverhalten von f.

b) Begründen Sie, dass sich bei $x = 20, y = 6$ die schadstoffminimale Produktion ergibt.

c) In der kommenden Produktionsperiode sollen 102 Einheiten des Hauptproduktes so gefertigt werden, dass der Schadstoffausstoß minimal ist. Weisen Sie mit der Lagrange-Methode den Punkt $x = 49, y = 2$ als kritischen Punkt des Optimierungsproblems unter einer Nebenbedingung

$$f(x,y) := (4x + y - 86)^2 + (4x + 8y - 128)^2 + 1 \overset{!}{=} \min_{x,y \geq 0}$$

$$h(x,y) := 2(x+y) = 102$$

nach. Berechnen Sie auch den zugehörigen Lagrange-Multiplikator.

d) Begründen Sie mit dem Satz von Kuhn-Tucker, weshalb der zuvor genannte kritische Punkt schon die Stelle eines globalen Minimums unter der Produktionsrestriktion ist.

e) Um wieviel ändert sich die minimale Schadstoffausbringung näherungsweise, wenn sich die Ausbringung des Hauptproduktes um eine Einheit erhöht?

12. Nachstehend finden Sie eine Reihe von Optimierungsproblemen, zu denen jeweils die Lösung mit der Lagrange-Methode angegeben ist. Außerdem werden jeweils mehrere modifizierte Zielfunktionen oder Nebenbedingungen angegeben. Bestimmen Sie für jedes der Optimierungsprobleme mit Hilfe des Envelope-Theorems jeweils die marginale Änderung des Optimalwertes bei Übergang zu den modifizierten Optimierungsproblemen.

a) Ausgangsproblem: $f(x,y) = xy \overset{!}{=} \max\limits_{x,y \in \mathbb{R}}$ unter $g(x,y) = x^2 + y^2 - 1 = 0$.

Lösung: $x = \sqrt{\frac{1}{2}}, y = \sqrt{\frac{1}{2}}, \lambda = -\frac{1}{2}$

a1) $f_a(x,y) = xy^a \overset{!}{=} \max\limits_{x,y \in \mathbb{R}}$ unter $g(x,y) = x^2 + y^2 - 1 = 0$. Dabei sei $a > 0, a \approx 1$ (d.h. a liegt in der Nähe von 1).

a2) $f(x,y) = xy \overset{!}{=} \max\limits_{x,y \in \mathbb{R}}$ unter $g_a(x,y) = x^2 + y^2 - 1 = a$. Dabei sei $a \approx 0$

b) Ausgangsproblem: $f(x,y) = x^2 + y^2 \overset{!}{=} \min\limits_{x,y \geq 0}$ unter $g(x,y) = x + y - 1 = 0$.
Lösung: $x = \frac{1}{2}, y = \frac{1}{2}, \lambda = -1$

b1) $f_a(x,y) = x^{2+a} + y^{2+a} \overset{!}{=} \min\limits_{x,y \geq 0}$ unter $g(x,y) = x + y - 1 = 0$. Dabei sei $a > 0, a \approx 1$

b2) $f(x,y) = x^2 + y^2 \overset{!}{=} \min_{x,y\geq 0}$ unter $g_a(x,y) = ax + y - 1 = 0$. Dabei sei $a > 0$, $a \approx 1$

b3) $f_a(x,y) = x^{2+a} + y^{2+a} \overset{!}{=} \min_{x,y\geq 0}$ unter $g_a(x,y) = ax+y-1 = 0$. Dabei sei $a > 0$, $a \approx 1$

b4) $f(x,y) = x^2 + y^2 \overset{!}{=} \min_{x,y\geq 0}$ unter der Nebenbedingung $g_a(x,y) = x + y - 1 = a$. Dabei sei $a \approx 0$.

c) Ausgangsproblem $f(x,y,z) = \log(xyz) \overset{!}{=} \max_{x,y,z>0}$ unter $g(x,y,z) = x + 2y + 2z - 1 = 0$. Lösung: $x = \frac{1}{3}, y = \frac{1}{6}, z = \frac{1}{6}, \lambda = -3$

c1) $f_a(x,y,z) = \log((xyz)^a) \overset{!}{=} \max_{x,y,z>0}$ unter $g(x,y,z) = x+2y+2z-1 = 0$. Dabei sei $a > 0$, $a \approx 1$.

c2) $f(x,y,z) = \log(xyz) \overset{!}{=} \max_{x,y,z>0}$ unter $g_a(x,y,z) = x+2y+az-1 = 0$. Dabei sei $a > 0$, $a \approx 2$.

c3) $f_a(x,y,z) = \log((xyz)^a) \overset{!}{=} \max_{x,y,z>0}$ unter $g_a(x,y,z) = x + 2y + (1+a)z - 1 = 0$. Dabei sei $a > 0$, $a \approx 1$.

c4) $f(x,y,z) = \log(xyz) \overset{!}{=} \max_{x,y,z>0}$ unter $g_a(x,y,z) = x+2y+2z-1 = a$. Dabei sei $a \approx 0$.

Lösungen

Kapitel 1

1. Benennen Sie mit x_1, x_2, x_3 die drei Nikolausgrößen (in Anzahlen gemessen) und mit y_1, y_2 die Schokoladensorten (in Kilogramm gemessen). Zwischen Nikoläusen und Schokoladen besteht der Input-Output-Zusammenhang

$$\frac{1}{5}x_1 + \frac{1}{5}x_2 + \frac{3}{5}x_3 = y_1$$

$$\frac{2}{5}x_2 + \frac{2}{5}x_3 = y_2$$

Eine mögliche Fragestellung könnte darin bestehen, für eine konkrete Bestellung an Nikoläusen den Schokoladenbedarf zu berechnen. Zum anderen könnte ein vorgegebener Schokoladen-Vorrat z.B. ertragsmaximal aufzubrauchen sein.

2. Ein Zusammenhang betrifft den Zuschnitt der Figuren aus den Platten. Wenn $x_1, x_2, x_3, x_4, x_5, x_6$ die Anzahlen bezeichnen, mit denen die jeweiligen Verschnittmuster angewendet werden, und mit y_1, y_2, y_3, y_4 die daraus produzierten Figurenzahlen gemeint sind, so gilt

$$
\begin{array}{rrrrrrl}
x_1 & +2x_2 & +2x_3 & & & & = y_1 \\
2x_1 & & & +x_4 & +x_5 & & = y_2 \\
& x_2 & & +x_4 & & +x_6 & = y_3 \\
& & x_3 & & +x_5 & +x_6 & = y_4
\end{array}
$$

Der andere Zusammenhang betrifft die Zuordnung der Mobileanzahlen z_1, z_2, z_3 zu den benötigten Figurenanzahlen y_1, y_2, y_3, y_4

$$
\begin{array}{rrrl}
z_1 & +z_2 & +z_3 & = y_1 \\
z_1 & & +z_3 & = y_2 \\
& z_2 & +z_3 & = y_3 \\
z_1 & & +z_3 & = y_4
\end{array}
$$

Eine mögliche Problemstellung ist die gewinnoptimale Herstellung der Mobiles, d.h. die Maximierung des Gewinns $5z_1 + 4z_2 + 6z_3 - \frac{1}{2}(x_1 + x_2 + x_3 + x_4 + x_5 + x_6)$ unter den Produktions-Nebenbedingungen

$$
\begin{array}{rrrrrrlrrr}
x_1 & +2x_2 & +2x_3 & & & & = z_1 & +z_2 & +z_3 \\
2x_1 & & & +x_4 & +x_5 & & = z_1 & & +z_3 \\
& x_2 & & +x_4 & & +x_6 & = & z_2 & +z_3 \\
& & x_3 & & +x_5 & +x_6 & = z_1 & & +z_3
\end{array}
$$

Sicher ist dieses Problem nur dann lösbar, wenn für die verwendeten Ressourcen, d.h. hier die Spanplatten, eine Kapazitätsgrenze vorliegt. Anderenfalls lässt sich durch Erhöhung der Produktion der Gewinn beliebig steigern.

3. Sind x_1, x_2 und x_3 die Anteile der Klausuren vor der Umverteilung und y_1, y_2, y_3 die Anteile danach, so lautet der Zusammenhang $y_1 = \frac{3}{5}x_1 + \frac{1}{4}x_3$, $y_2 = \frac{1}{5}x_1 + \frac{3}{5}x_2 + \frac{1}{4}x_3$, $y_3 = \frac{1}{5}x_1 + \frac{2}{5}x_2 + \frac{1}{2}x_3$. Neben der Frage nach der neuen Klausurverteilung für eine gegebene konkrete Anfangsverteilung könnte der so genannte steady-state von Interesse sein, d.h. eine Aufteilung der Klausuren, die sich durch die Aktionen der drei Professoren nicht verändert.

Kapitel 2

1. a) $\mathbb{L} = \{(\frac{37}{11}, \frac{1}{11})\}$ b) $\mathbb{L} = \{(-\frac{1}{2}, \frac{1}{2})\}$ c) $\mathbb{L} = \{\}$

    d) $\mathbb{L} = \{(3, -7, -5)\}$ e) $\mathbb{L} = \{(2b - 2, 2 - b)\}$

    f) Möglichkeit 1: $a = -\frac{1}{2}, b = -\frac{1}{2}$. Dann ist $\mathbb{L} = \{(x, y) : x \in \mathbb{R}, y \in \mathbb{R}, x = b - ay\} = \{(b - ay, y) : y \in \mathbb{R}\}$. Möglichkeit 2: $a = -\frac{1}{2}, b \neq -\frac{1}{2}$. Dann ist $\mathbb{L} = \{\}$. Möglichkeit 3: $a \neq -\frac{1}{2}$. Dann ist $\mathbb{L} = \{(\frac{b-a}{2a+1}, \frac{2b+1}{2a+1})\}$

2. Man kann zunächst davon ausgehen, dass $a \neq 0$. Dann lautet die erste Gleichung umgeschrieben $x = \frac{e}{a} - \frac{b}{a}y$. Eingesetzt in die zweite Gleichung folgt $c(\frac{e}{a} - \frac{b}{a}y) + dy = f$ bzw. $(d - \frac{bc}{a})y = f - c\frac{e}{a}$ bzw. $\frac{ad-bc}{a}y = \frac{af-ec}{a}$ Diese Gleichung – und damit das LGS – ist genau dann lösbar, wenn $ad - bc \neq 0$. Der Ausdruck $ad - bc$ wird auch Determinante der Koeffizientenmatrix genannt.

3. Wenn sich die Klausuranteile durch die Umverteilung nicht verändert haben, so bedeutet das

$$x_1 = \frac{3}{5}x_1 + \frac{1}{4}x_3 \Leftrightarrow -\frac{2}{5}x_1 + \frac{1}{4}x_3 = 0$$
$$x_2 = \frac{1}{5}x_1 + \frac{3}{5}x_2 + \frac{1}{4}x_3 \Leftrightarrow \frac{1}{5}x_1 - \frac{2}{5}x_2 + \frac{1}{4}x_3 = 0$$
$$x_3 = \frac{1}{5}x_1 + \frac{2}{5}x_2 + \frac{1}{2}x_3 \Leftrightarrow \frac{1}{5}x_1 + \frac{2}{5}x_2 - \frac{1}{2}x_3 = 0$$

Das ergibt $x_3 = \frac{8}{5}x_1$ und dies eingesetzt in die anderen beiden Gleichungen

$$0 = \frac{1}{5}x_1 - \frac{2}{5}x_2 + \frac{1}{4}x_3 = \frac{1}{5}x_1 - \frac{2}{5}x_2 + \frac{1}{4}\frac{8}{5}x_1 = \frac{3}{5}x_1 - \frac{2}{5}x_2$$
$$0 = \frac{1}{5}x_1 + \frac{2}{5}x_2 - \frac{1}{2}x_3 = \frac{1}{5}x_1 + \frac{2}{5}x_2 - \frac{1}{2}\frac{8}{5}x_1 = -\frac{3}{5}x_1 + \frac{2}{5}x_2$$

Das ergibt die Gleichung $x_2 = \frac{3}{2}x_1$ Wenn man annimmt, dass sich alle Anteile zu 820 Klausuren summieren, so muss gelten $820 = x_1 + x_2 + x_3 = x_1 + \frac{3}{2}x_1 + \frac{8}{5}x_1 = \frac{41}{10}x_1$. Damit ist $x_1 = \frac{10}{41}820 = 200$, $x_2 = \frac{3}{2}x_1 = 300$, $x_3 = \frac{8}{5}x_1 = 320$.

4.
$$\left[\begin{array}{ccccc|c} 1 & 2 & -1 & 1 & 1 & 1 \\ 2 & -1 & 1 & -2 & -1 & 3 \\ 1 & 1 & -1 & -1 & 1 & 3 \\ 4 & 2 & -1 & -2 & 1 & 7 \\ -1 & 3 & -2 & 3 & 2 & -2 \end{array}\right] \longrightarrow \left[\begin{array}{ccccc|c} 1 & 0 & 0 & -1 & 0 & 2 \\ 0 & 1 & 0 & 2 & 0 & -2 \\ 0 & 0 & 1 & 2 & -1 & -3 \\ 0 & 0 & 0 & 0 & 0 & 0 \\ 0 & 0 & 0 & 0 & 0 & 0 \end{array}\right]$$

Die Lösungsmenge besteht aus allen $(x_1, x_2, x_3, x_4, x_5)$ mit $x_1 = 2 + x_4$, $x_2 = -2 - 2x_4$, $x_3 = -3 - 2x_4 + x_5$ wobei $x_4 \in \mathbb{R}, x_5 \in \mathbb{R}$

5. Gleichungsmatrix und Umformungen zur Staffelform bzw. Zeilenstufenform lauten

$$\left[\begin{array}{cccccc|c} 1 & 1 & 0 & 0 & 0 & 0 & 1440 \\ 1 & 0 & 3 & 2 & 1 & 0 & 2160 \\ 0 & 1 & 0 & 1 & 3 & 4 & 1080 \end{array}\right] \begin{array}{l} II - I \\ II \leftrightarrow III \\ III + II \end{array} \xrightarrow{} \left[\begin{array}{cccccc|c} 1 & 1 & 0 & 0 & 0 & 0 & 1440 \\ 0 & 1 & 0 & 1 & 3 & 4 & 1080 \\ 0 & 0 & 1 & 1 & \frac{4}{3} & \frac{4}{3} & 600 \end{array}\right]$$

$$\xrightarrow{I - II} \left[\begin{array}{cccccc|c} 1 & 0 & 0 & 0 & -3 & -4 & 360 \\ 0 & 1 & 0 & 1 & 3 & 4 & 1080 \\ 0 & 0 & 1 & 1 & \frac{4}{3} & \frac{4}{3} & 600 \end{array}\right]$$

Die Lösungsmenge besteht aus allen $(x_1, \ldots, x_6) \in [0; \infty[^6$ mit $x_1 = 360 + 3x_5 + 4x_6$, $x_2 = 1080 - x_4 - 3x_5 - 4x_6$, $x_3 = 600 - x_4 - \frac{4}{3}x_5 - \frac{4}{3}x_6$.

Eine spezielle Lösung ist $x_1 = 360$, $x_2 = 1080$, $x_3 = 600$, $x_4 = x_5 = x_6 = 0$. Diese benötigt 2040 Rollen. Substitution der Pivot-Variablen in der Verschnittfunktion ergibt

$$x_1 + x_2 + x_3 + x_4 + x_5 + x_6 = 2040 - x_4 - \frac{1}{3}x_5 - \frac{1}{3}x_6$$

Jede Einführung eines der anderen Schnittmuster verringert den Verschnitt. Beispielsweise könnte man Schnittmuster 4 maximal 600mal verwenden. Für $x_4 = 600$, $x_5 = x_6 = 0$ ergibt sich $x_1 = 360$, $x_2 = 480$, $x_3 = 0$ und ein Verschnitt von 1440 Rollen.

Kapitel 3

1. a) $(3,5)^T, (1,1)^T, -, (3,5), (1,1), -, -$ und $(9,15)^T, (2,2)^T, (5,10,15)^T, -$

b) Zu c und d: Vektoren x mit $x_1 + 2x_2 + x_3 = 0$ lassen sich linear kombinieren. Die Lösung ist dann immer eindeutig: $x = (-3x_1 + 2x_2) \cdot c + (2x_1 - x_2) \cdot d$. Das bedeutet, dass c und d linear unabhängig sind. Für a und b: Jeder Vektor x lässt sich auf genau eine Art linear kombinieren, nämlich als $x = (-3x_1 + 2x_2) \cdot a + (2x_1 - x_2) \cdot b$. a und b bilden eine Basis des $\mathbb{R}^2$.

c) Zur Abstandsminimierung mit a: Gesucht ist ein Vektor αa, dessen Abstand zu b minimal ist. Wie in Abbildung 3.10 zu erkennen ist, muss dann $b - \alpha a$ senkrecht zu a stehen. Es muss also gelten

$$\left\langle \begin{pmatrix} 2 \\ 3 \end{pmatrix} - \alpha \begin{pmatrix} 1 \\ 2 \end{pmatrix}, \begin{pmatrix} 1 \\ 2 \end{pmatrix} \right\rangle = 0 \Leftrightarrow 8 - 5\alpha = 0 \Leftrightarrow \alpha = \frac{8}{5}$$

Für die Abstandsminimierung mit c und d muss ein entsprechender Vektor $\alpha c + \beta d$ gefunden werden, dessen Abstand zu $(1,1,1)^T$ minimal ist. Hierzu gehören zwei „Projektionsgleichungen"

$$\left\langle \begin{pmatrix} 1 \\ 1 \\ 1 \end{pmatrix} - \left(\alpha \begin{pmatrix} 1 \\ 2 \\ 3 \end{pmatrix} + \beta \begin{pmatrix} 2 \\ 3 \\ 4 \end{pmatrix} \right), \begin{pmatrix} 1 \\ 2 \\ 3 \end{pmatrix} \right\rangle = 0$$

$$\left\langle \begin{pmatrix} 1 \\ 1 \\ 1 \end{pmatrix} - \left(\alpha \begin{pmatrix} 1 \\ 2 \\ 3 \end{pmatrix} + \beta \begin{pmatrix} 2 \\ 3 \\ 4 \end{pmatrix} \right), \begin{pmatrix} 2 \\ 3 \\ 4 \end{pmatrix} \right\rangle = 0$$

Ausgeschrieben sind das die Gleichungen

$$14\alpha + 20\beta = 6$$
$$20\alpha + 29\beta = 9$$

mit der eindeutigen Lösung $\alpha = -1, \beta = 1$. Setzt man diese ein, so ist der nächstliegende Vektor $\alpha c + \beta d = (1,1,1)^T$, d.h. $(1,1,1)^T$ ist schon eine Linearkombination von c und d. Sie erkennen an diesem Beispiel, dass die Abstandsminimierung auch zur Ermittlung von LK eingesetzt werden kann. Ist der optimale Abstand Null, so hat man die LK gefunden, anderenfalls eine LK, die dem vorgegebenen Vektor so nah wie möglich kommt.

2. Für alle drei Gleichungsmatrizen wird zunächst die ZSF hergeleitet. Aus dieser wird eine spezielle Lösung und eine Basis von $Kern(A)$ abgelesen. Die Lösungsmenge wird dann in der Punkt-Richtungs-Darstellung mit der speziellen Lösung als Ortsvektor und den Basisvektoren von $Kern(A)$ angegeben.

$$\begin{bmatrix} 1 & 2 & -3 & 2 \\ 2 & 1 & 0 & 1 \\ 3 & 1 & 1 & 1 \end{bmatrix} \longrightarrow \begin{bmatrix} 1 & 0 & 1 & 0 \\ 0 & 1 & -2 & 1 \\ 0 & 0 & 0 & 0 \end{bmatrix}; \; \mathbb{L} = \left\{ \begin{pmatrix} 0 \\ 1 \\ 0 \end{pmatrix} + \alpha \begin{pmatrix} 1 \\ -2 \\ -1 \end{pmatrix} : \alpha \in \mathbb{R} \right\}$$

$$\begin{bmatrix} 1 & 2 & -1 & 2 \\ 2 & 1 & 1 & 1 \\ 3 & 1 & 2 & t \end{bmatrix} \longrightarrow \begin{bmatrix} 1 & 0 & 1 & 0 \\ 0 & 1 & -1 & 1 \\ 0 & 0 & 0 & t-1 \end{bmatrix}; \; \mathbb{L} = \left\{ \begin{pmatrix} 0 \\ 1 \\ 0 \end{pmatrix} + \alpha \begin{pmatrix} 1 \\ -2 \\ -1 \end{pmatrix} : \alpha \in \mathbb{R} \right\},$$

wenn $t = 1$. Anderenfalls ist $\mathbb{L} = \emptyset$

$$\begin{bmatrix} 1 & 0 & 0 & 2 & 0 & 1 & 4 \\ -2 & 3 & 0 & -1 & 0 & 7 & -5 \\ -2 & 1 & 2 & 1 & 0 & 9 & -1 \\ -1 & -3 & 3 & 1 & 2 & 4 & 6 \end{bmatrix} \longrightarrow \begin{bmatrix} 1 & 0 & 0 & 2 & 0 & 1 & 4 \\ 0 & 1 & 0 & 1 & 0 & 3 & 1 \\ 0 & 0 & 1 & 2 & 0 & 4 & 3 \\ 0 & 0 & 0 & 0 & 1 & 1 & 2 \end{bmatrix}$$

Damit ist $\mathbb{L} = \left\{ \begin{pmatrix} 4 \\ 1 \\ 3 \\ 0 \\ 2 \\ 0 \end{pmatrix} + \alpha_1 \begin{pmatrix} 2 \\ 1 \\ 2 \\ -1 \\ 0 \\ 0 \end{pmatrix} + \alpha_2 \begin{pmatrix} 1 \\ 3 \\ 4 \\ 0 \\ 2 \\ -1 \end{pmatrix} \right\}$

3. a) Sind p_1 und p_2 die mutmaßlichen kg-Preise für Bananen bzw. Orangen, so sind beobachtete und erwartete Gesamtpreis-Vektor

$$x(p) = p_1 \begin{pmatrix} 3 \\ 2 \\ 4 \\ 1 \\ 2 \end{pmatrix} + p_2 \begin{pmatrix} 2 \\ 1 \\ 0 \\ 1 \\ 1 \end{pmatrix} \qquad y = \begin{pmatrix} 2,6 \\ 1,8 \\ 2,7 \\ 1,7 \\ 1,8 \end{pmatrix}$$

zu vergleichen. Dabei werden die Bananen- bzw. Orangengewichte in Vektoren $b = (3,2,4,1,2)^T$ und $a = (2,1,0,1,1)^T$ gebündelt.

b) Damit $x(p)$ und y einander so gut wie möglich entsprechen, sind p_1 und p_2 nach der KQ-Methode so zu bestimmen, dass $\|x(p) - y\|$ minimal wird. Mathematisch sucht man die Projektion $x(p)$ des beobachteten Preisvektors auf die von den Gewichtsvektoren b, a erzeugte Ebene. Hierzu gehören die Projektionsgleichungen

$$\langle p_1 b + p_2 a - y, b \rangle = 0 \quad \Leftrightarrow \quad 34p_1 + 11p_2 - 27,5 = 0$$
$$\langle p_1 b + p_2 a - y, a \rangle = 0 \quad \Leftrightarrow \quad -268,5p_1 - 181,5p_2 + 288,75 = 0$$

Lösung ist $p_1 = 0,65812$, $p_2 = 0,46581$

c) Etwa 1,12 ägyptische Pfund.

4. a) Falsch! Die Summe der Komponenten ist dann nicht mehr 1.

b) Falsch! Wenn etwa a, b linear unabhängig sind und $c = b$, so ist c LK von a, b, aber a ist nicht LK von b, c.

c) Richtig! $\alpha x + \beta(x + y) = \bar{0} \Leftrightarrow (\alpha + \beta)x + \beta y = 0 \Leftrightarrow \alpha + \beta = 0 = \beta \Leftrightarrow \alpha = 0 = \beta$.

d) Falsch! $1(x - y) + (-1)x + 1y = \bar{0}$ ist eine nichttriviale LK von $\bar{0}$.

e) Richtig! $\|x + y\|^2 = \|x\|^2 + 2\langle x, y \rangle + \|y\|^2$. Das ist übrigens der Satz von Pythagoras, zu dem auch die Umkehrung richtig ist; d.h. gilt die Gleichung, so sind x, y orthogonal.

f) Richtig! Schreiben Sie $\|x\|^2 = \langle x, x \rangle$, ersetzen Sie ein x durch die Darstellung $x = \langle x, u \rangle u + \langle x, v \rangle v + \langle x, w \rangle w$ und lösen Sie das Skalarprodukt auf, so ergibt sich die Gleichung.

g) Richtig! $\|x - y\|^2 = \|x + y\|^2 \Leftrightarrow \|x\|^2 - 2\langle x, y \rangle + \|y\|^2 = \|x\|^2 + 2\langle x, y \rangle + \|y\|^2 \Leftrightarrow -2\langle x, y \rangle = \langle x, y \rangle \Leftrightarrow \langle x, y \rangle = 0$

h) Falsch! Es könnte einer der Vektoren der Nullvektor sein. Ein System, welches den Nullvektor beinhaltet, kann niemals linear abhängig sein.

Kapitel 4

1. a) $\begin{bmatrix} 14 & -32 \\ -32 & 77 \end{bmatrix}$, $\begin{bmatrix} 17 & -22 & 27 \\ -22 & 29 & -36 \\ 27 & -36 & 45 \end{bmatrix}$, n. def., $\begin{bmatrix} -7 & -1 & -10 \\ 8 & -1 & 11 \\ -9 & 3 & -12 \end{bmatrix}$,

$\begin{bmatrix} 1 & -1 \\ 9 & -21 \end{bmatrix}$, n. def., $\begin{bmatrix} 1 & -4 & 9 \\ -4 & 10 & -18 \end{bmatrix}$, $\begin{bmatrix} 1 & -4 \\ -4 & 10 \\ 9 & -18 \end{bmatrix}$, $\begin{bmatrix} 7 & -10 \\ 25 & -52 \end{bmatrix}$

b) $(-7, 8, -9)^T$, $-33, 39, 194$, $x^2 + 2y^2 + 3z^2$

2. $S \cdot A = \begin{bmatrix} 2 & 6 & 4 & 8 \\ 2 & 6 & 3 & 3 \\ 4 & 2 & 1 & 0 \end{bmatrix}$, 1. Zeile wird verdoppelt, 2. und 3. Zeile verändern sich

nicht.

$Q \cdot A = \begin{bmatrix} 1 & 3 & 2 & 4 \\ 10 & 10 & 5 & 3 \\ 4 & 2 & 1 & 0 \end{bmatrix}$, 1. und 3. Zeile verändern sich nicht, 2faches der 3.

zur 2. Zeile addieren.

$P \cdot A = \begin{bmatrix} 1 & 3 & 2 & 4 \\ 4 & 2 & 1 & 0 \\ 2 & 6 & 3 & 3 \end{bmatrix}$, 1. Zeile verändert sich nicht, 2. und 3. Zeile werden

vertauscht.

$S \cdot (Q \cdot (P \cdot A)) = \begin{bmatrix} 2 & 6 & 4 & 8 \\ 8 & 14 & 7 & 6 \\ 2 & 6 & 3 & 3 \end{bmatrix}$, Verdoppelung der 1. Zeile, dann eine Ad-

dition, dann Zeilenvertauschung.

Durch Matrixmultiplikation mit derartigen Elementarmatrizen kann man also elementare Zeilenumformungen darstellen.

3. a) Stellt man die Zusammenhänge mit den Matrizen $A = \begin{bmatrix} 4 & 2 & 1 \\ 1 & 3 & 0 \end{bmatrix}$ und

$B = \begin{bmatrix} 3 & 1 \\ 0 & 3 \\ 2 & 4 \end{bmatrix}$ dar, so ergibt sich die gesuchte Matrix zu $C = A \cdot B$

mit $C = \begin{bmatrix} 14 & 14 \\ 3 & 10 \end{bmatrix}$. Das bedeutet, dass man zur Herstellung von P_1 14 Bauteile T_1 und 3 von T_2 benötigt etc.

b) Mit den Rohstoffpreisen $q_1 = 2$ und $q_2 = 3$ rechnet man $(q_1, q_2) \cdot C = (37, 58)$, also Einkaufskosten von 37 für P_1 und 58 für P_2.

c) $C \cdot (10, 5)^T = (210, 80)^T$. Es werden also 210 bzw. 80 Stück der Bauteile benötigt.

4. a) $10A = \begin{bmatrix} 10 & 20 & 0 \\ 20 & 60 & 30 \\ 0 & 30 & 50 \end{bmatrix}$ stellt die Materialverflechtungsmatrix dar, wenn

die Rohstoffe mit Bezug auf je 10 Industriepaletten Luftschlangen der drei

Typen angegeben werden soll. $A + B = \begin{bmatrix} 3 & 2 & 0 \\ 2 & 9 & 8 \\ 0 & 3 & 10 \end{bmatrix}$ hat keine ökonomi-

sche Interpretation im Aufgabenkontext, ebenso nicht $A^2 = \begin{bmatrix} 5 & 14 & 6 \\ 14 & 49 & 33 \\ 6 & 33 & 34 \end{bmatrix}$.

Das Produkt von A und B stellt die Materialverflechtungsmatrix für den Fall der farbintensiveren Luftschlangen dar (Produktmengen jeweils wieder eine Industriepalette. Es ist $AB = \begin{bmatrix} 2 & 6 & 0 \\ 4 & 18 & 15 \\ 0 & 9 & 25 \end{bmatrix}$. Weiter ist $A^{-1} =$

$\begin{bmatrix} 21 & -10 & 6 \\ -10 & 5 & -3 \\ 6 & -3 & 2 \end{bmatrix}$. Weil A die Zuordnung der Produkte zu den benötig-

ten Rohstoffen beschreibt und invertierbar ist, lassen sich die Rohstoffe auch eindeutig den Produkten zuordnen. Dies leistet A^{-1}. Zu beachten ist aber, dass nicht jede Rohstoffkombination $y \in \mathbb{R}^3$ zu einer ökonomisch sinnvollen Produktkombination $A^{-1}y$ führt (z.B. nicht $y = (1, 0, 0)^T$).

b) $\det(A) = \det \left(\begin{bmatrix} 1 & 2 & 0 \\ 2 & 6 & 3 \\ 0 & 3 & 5 \end{bmatrix} \right) = 30 - 20 - 9 = 1$

$\det(B) = \det \left(\begin{bmatrix} 2 & 0 & 0 \\ 0 & 3 & 0 \\ 0 & 0 & 5 \end{bmatrix} \right) = 2 \cdot 3 \cdot 5 = 30$ (Wertung: 1P)

Daher ist $\det(AB) = \det(A) \det(B) = 1 \cdot 30 = 30$

c) Es ist

$$(AB)C = (AB)(B^{-1}A^{-1}) = A(BB^{-1})A^{-1} = AI_3A^{-1} = AA^{-1} = I_3$$

also ist $C = B^{-1}A^{-1}$ die inverse Matrix zu AB

5. $AB = \begin{bmatrix} 1 & 0 & 0 \\ a+b & 2a+3b+\frac{1}{4} & 4a+2b+\frac{3}{2} \\ 0 & 0 & 1 \end{bmatrix}$. Wenn $A = B^{-1}$ sein soll, so muss

AB die Einheitsmatrix sein. Vergleicht man die mittlere Zeile von AB mit derjenigen der Einheitsmatrix, so ergeben sich drei Gleichungen in a, b, die sich – zum Glück – zu $a = -\frac{3}{4}$, $b = \frac{3}{4}$ lösen lassen. Man könnte natürlich auch die Matrix B invertieren und dann a und b ablesen.

6. i) $\frac{1}{6} \begin{bmatrix} -3 & 6 & -3 \\ 18 & -30 & 6 \\ -13 & 22 & -3 \end{bmatrix}$

iii) $\frac{1}{40} \begin{bmatrix} -5 & 5 & 5 \\ 11 & -3 & 5 \\ -3 & 19 & -5 \end{bmatrix}$

ii) nicht invertierbar

iv) $\frac{1}{3} \begin{bmatrix} 1 & 1 & 1 & -2 \\ 1 & 1 & -2 & 1 \\ 1 & -2 & 1 & 1 \\ -2 & 1 & 1 & 1 \end{bmatrix}$

7. a) 0, b) -19, c) 7, d) 16, e) $\left(\frac{1-a_1-a_1-a_3-a_4}{x_1 x_2 x_3 x_4}\right) \cdot \left(\frac{a_1 a_2 a_3 a_4}{x_1 x_2 x_3 x_3}\right)$ Lösungshinweis: Zeilenumformungen: zunächst möglichst viele gemeinsame Faktoren aus Zeilen ausklammern. Anschließend Summation der zweiten bis vierten Spalte zur ersten Spalte, schließlich alle Einträge unterhalb der 1. Zeile, 1. Spalte durch Additionsschritte zu Null machen und nach dieser Spalte entwickeln. Vgl. auch Beispiel 7.34 ⇨ Seite 212.

8. Es gilt laut Aufgabenstellung: Zeile = Sitzordnung für einen Tag. Somit beträgt die Zeilensumme für jede Zeile $1+2+3+4+5+6+7 = 28$ (Die Summanden treten alle auf, nur deren Reihenfolge steht nicht fest). Addiert man nun auf die erste **Spalte** alle anderen Spalten auf, so erhält man die Matrix

$$\begin{bmatrix} 28 & a_{1,2} & a_{1,3} & a_{1,4} & a_{1,5} & a_{1,6} & a_{1,7} \\ 28 & a_{2,2} & a_{2,3} & a_{2,4} & a_{2,5} & a_{2,6} & a_{2,7} \\ 28 & a_{3,2} & a_{3,3} & a_{3,4} & a_{3,5} & a_{3,6} & a_{3,7} \\ 28 & a_{4,2} & a_{4,3} & a_{4,4} & a_{4,5} & a_{4,6} & a_{4,7} \\ 28 & a_{5,2} & a_{5,3} & a_{5,4} & a_{5,5} & a_{5,6} & a_{5,7} \\ 28 & a_{6,2} & a_{6,3} & a_{6,4} & a_{6,5} & a_{6,6} & a_{6,7} \\ 28 & a_{7,2} & a_{7,3} & a_{7,4} & a_{7,5} & a_{7,6} & a_{7,7} \end{bmatrix}$$

Die Determinante verändert sich dabei nicht. Jetzt zieht man die erste **Zeile** von allen anderen Zeilen ab, und erhält eine Matrix der Form:

$$\begin{bmatrix} 28 & a_{1,2} & a_{1,3} & a_{1,4} & a_{1,5} & a_{1,6} & a_{1,7} \\ 0 & * & * & * & * & * & * \\ 0 & * & * & * & * & * & * \\ 0 & * & * & * & * & * & * \\ 0 & * & * & * & * & * & * \\ 0 & * & * & * & * & * & * \\ 0 & * & * & * & * & * & * \end{bmatrix}$$

die $*$-Sternchen stehen für beliebige, natürlich nicht notwendigerweise gleiche, Einträge, welche aber (Differenzen ganzer Zahlen) wiederum ganze Zahlen sind. Die Determinante der Matrix ändert sich wiederum nicht. Die Determinante dieser Matrix ist nun aber wegen der Entwicklungsformel ein ganzzahlig Vielfaches von 28 (denn die Determinante der Rest-$*$-Matrix ist eine Summe von Produkten ganzer Zahlen, also wiederum eine ganze Zahl – übrigens ist auch 0 eine mögliche Lösung). Daher kann ein Sitzplan in Form einer Matrix mit $\det(A) = 7$ nicht erreicht werden.

9. i) $\det(A - \lambda I) = \lambda^2 - 4\lambda - 1 \Rightarrow \lambda_{1,2} = 2 \pm \sqrt{5}$

ii) $\det(A - \lambda I) = \lambda^3 - 4\lambda^2 + 4\lambda - 1 \Rightarrow \lambda_1 = 1 \vee \lambda_{2,3} = \frac{3}{2} \pm \frac{1}{2}\sqrt{5}$

iii) $\det(A - \lambda I) = \lambda^4 - 6\lambda^2 - 8\lambda - 3 \Rightarrow \lambda_1 = 3 \vee \lambda_2 = -1$

10. a) $\det(A - \lambda I) = \lambda^2 - (t+1)\lambda + t^2 + t \Rightarrow \lambda_{1,2} = \frac{t+1}{2} \pm \sqrt{\frac{(t+1)^2}{4} - t^2 - t} =$

$\frac{t+1}{2} \pm \sqrt{\frac{-3t^2 - 2t + 1}{4}}$

$\Rightarrow$ ein Eigenwert: $t_1 = -1 \vee t_2 = \frac{1}{3}$

$\Rightarrow$ zwei Eigenwerte: $t \in\,]-1, \frac{1}{3}[$

$\Rightarrow$ kein Eigenwert: sonst

b) $\det(A - \lambda I) = \lambda^2 - (a+c)\lambda + ac - b^2 \Rightarrow \lambda_{1,2} = \frac{a+c}{2} \pm \sqrt{\frac{(a+c)^2}{4} - ac + b^2} = \frac{a+c}{2} \pm \sqrt{\frac{(a-c)^2}{4} + b^2}$

$\Rightarrow$ Wurzel nie kleiner als null, also existieren nur reelle Eigenwerte!

11. a) $A := \frac{1}{100} \begin{bmatrix} 80 & 20 & 15 \\ 10 & 65 & 5 \\ 10 & 15 & 80 \end{bmatrix}$ b) $A\frac{1}{100}\begin{pmatrix} 45 \\ 30 \\ 25 \end{pmatrix} = \begin{pmatrix} 45,75\% \\ 25,25\% \\ 29,00\% \end{pmatrix}$

c) $A^2 = \frac{1}{10000}\begin{bmatrix} 6750 & 3125 & 2500 \\ 1500 & 4500 & 875 \\ 1750 & 2375 & 6625 \end{bmatrix} = \begin{bmatrix} \frac{27}{40} & \frac{5}{16} & \frac{1}{4} \\ \frac{3}{20} & \frac{9}{20} & \frac{7}{80} \\ \frac{7}{40} & \frac{19}{80} & \frac{53}{80} \end{bmatrix}$

$A^2 \frac{1}{100}\begin{pmatrix} 45 \\ 30 \\ 25 \end{pmatrix} = \begin{pmatrix} 46,00\% \\ 22,44 \\ 31,56\% \end{pmatrix}$

d) Die Marktaufteilung ändert sich nicht, wenn $Ax = x \Leftrightarrow Ax - I_3 x = \bar{0} \Leftrightarrow (A - I_3)x = \bar{0}$ Man bestimme also einen Vektor $x \in Kern(A - I_3)$ mit $x_1 + x_2 + x_3 = 1$ (Marktanteile!)

$A - I_3 = \begin{bmatrix} -\frac{1}{5} & \frac{1}{5} & \frac{3}{20} \\ \frac{1}{10} & -\frac{7}{20} & \frac{1}{20} \\ \frac{1}{10} & \frac{3}{20} & -\frac{1}{5} \end{bmatrix}$, Zeilenstufenform: $\begin{bmatrix} 1 & 0 & -\frac{5}{4} \\ 0 & 1 & -\frac{1}{2} \\ 0 & 0 & 0 \end{bmatrix}$

D.h. $x = \lambda(5, 2, 4)^T \Rightarrow x = (\frac{5}{11}, \frac{2}{11}, \frac{4}{11})^T$

12. a) Aus den Output-Input-Gleichungen folgt für die Leontief-Inverse

$(I - A)^{-1} = \begin{bmatrix} 2 & 1 & 1 \\ 2 & 4 & 3 \\ 2 & 3 & 4 \end{bmatrix} \Leftrightarrow (I - A) = \begin{bmatrix} \frac{7}{10} & -\frac{1}{10} & -\frac{1}{10} \\ -\frac{1}{5} & \frac{3}{5} & -\frac{2}{5} \\ -\frac{1}{5} & -\frac{2}{5} & \frac{3}{5} \end{bmatrix}$

$\Leftrightarrow A = I - \begin{bmatrix} \frac{7}{10} & -\frac{1}{10} & -\frac{1}{10} \\ -\frac{1}{5} & \frac{3}{5} & -\frac{2}{5} \\ -\frac{1}{5} & -\frac{2}{5} & \frac{3}{5} \end{bmatrix} = \begin{bmatrix} \frac{3}{10} & \frac{1}{10} & \frac{1}{10} \\ \frac{1}{5} & \frac{2}{5} & \frac{2}{5} \\ \frac{1}{5} & \frac{2}{5} & \frac{2}{5} \end{bmatrix}$

b) Produktiv ist das Leontief-Modell für x, wenn $y = (I - A)x$ nur nicht-negative Einträge hat, von denen wenigstens einer positiv ist. Weil die Leontief-Inverse aber bereits bekannt ist, kann man für jeden beliebigen Output-Vektor y einen Input-Vektor x mittels $x = (I - A)^{-1}y$ berechnen. Dieser muss lediglich noch die Produktionsrestriktionen erfüllen, d.h. darf die Produktionskapazitäten der drei Anbieter nicht übersteigen. Beispielsweise sind solche Produktionsvektoren

$$\begin{bmatrix} 2 & 1 & 1 \\ 2 & 4 & 3 \\ 2 & 3 & 4 \end{bmatrix} \begin{pmatrix} 100 \\ 0 \\ 0 \end{pmatrix} = \begin{pmatrix} 200 \\ 200 \\ 200 \end{pmatrix}, \begin{bmatrix} 2 & 1 & 1 \\ 2 & 4 & 3 \\ 2 & 3 & 4 \end{bmatrix} \begin{pmatrix} 0 \\ 200 \\ 0 \end{pmatrix} = \begin{pmatrix} 200 \\ 800 \\ 600 \end{pmatrix}$$

$$\begin{bmatrix} 2 & 1 & 1 \\ 2 & 4 & 3 \\ 2 & 3 & 4 \end{bmatrix} \begin{pmatrix} 0 \\ 0 \\ 200 \end{pmatrix} = \begin{pmatrix} 200 \\ 600 \\ 800 \end{pmatrix}, \begin{bmatrix} 2 & 1 & 1 \\ 2 & 4 & 3 \\ 2 & 3 & 4 \end{bmatrix} \begin{pmatrix} 50 \\ 50 \\ 50 \end{pmatrix} = \begin{pmatrix} 200 \\ 450 \\ 450 \end{pmatrix}$$

Kapitel 5

1. a) Eine quadratische Nachfragefunktion hat die allgemeine Gestalt $f(p) = ap^2 + bp + c$ mit Parametern $a, b, c \in \mathbb{R}$ und der Ableitung $f'(p) = 2ap + b$. Aus den drei Forderungen ergibt sich

$$0,16a + 0,4b + c = 360$$
$$4,84a + 2,2b + c = 0$$
$$4,4a + b = 0 \Leftrightarrow b = -4,4a$$

Daraus ergeben sich (LGS) $a = \frac{1000}{9}$, $b = -\frac{4400}{9}$, $c = \frac{4840}{9}$. Es ergibt sich also die Nachfragefunktion $f(p) = \frac{1}{9}(1000p^2 - 4400p + 4840)$.

b) Die Gewinnfunktion hat die Form

$$G(p) = pf(p) - k(f(p))$$
$$= \frac{1}{9}(1000p^3 - 4400p^2 + 4840p) - 10 - \frac{1}{9}(400p^2 - 1760p + 1936)$$
$$= \frac{1}{9}(1000p^3 - 4800p^2 + 6600p - 2026)$$

c) Es ergibt sich die erste Ableitung

$$G'(p) = \frac{1}{9}(3000p^2 - 9600p + 6600) = \frac{200}{9}(15p^2 - 48p + 33)$$

Nullstelle der ersten Ableitung:

$$15p^2 - 48p + 33 = 0 \Leftrightarrow p^2 - 2 \cdot \frac{24}{15}p + \frac{33}{15} = 0$$
$$\Leftrightarrow (p - \frac{24}{15})^2 = \frac{576}{225} - \frac{33}{15} = \frac{81}{225} \Leftrightarrow p = \pm\frac{9}{15} + \frac{24}{15}$$

Also ist $G'(p) = 0$ genau dann wenn $p = 1$ oder $p = \frac{33}{15} = 2,2$. Außerdem beschreibt die Ableitungsfunktion eine nach oben geöffnete Parabel, die links von der linken Nullstelle größer als Null und zwischen den Nullstellen kleiner als Null ist. Daher ergibt sich $G'(p)$ für $p \leq 1$ und $G'(p) \leq 0$ für $1 \leq p \leq 2,2$. Damit ist G auf $[0,4; 1]$ monoton wachsend und auf $[1; 2,2]$

monoton fallend. Im Punkt $p = 1$ liegt also ein globales Gewinnmaximum. Der maximale Gewinn beträgt dann $G(1) = \frac{1}{9}(1000 - 4800 + 6600 - 2026)$ $= \frac{774}{9} = 86$. Es werden $f(1) = \frac{1}{9}(1000 - 4400 + 4840) = \frac{1440}{9} = 160$ Brötchen verkauft.

2. a) $K(x) = \sqrt{\sqrt{x^3} + 5} = (x^{\frac{3}{2}} + 5)^{\frac{1}{2}}$

$K'(x) = \frac{1}{2}(x^{\frac{3}{2}} + 5)^{-\frac{1}{2}} \frac{3}{2} x^{\frac{1}{2}}$

$\epsilon_K(x) = \frac{K'(x)}{K(x)} x = \frac{\frac{1}{2}(x^{\frac{3}{2}}+5)^{-\frac{1}{2}} \frac{3}{2} x^{\frac{1}{2}}}{(x^{\frac{3}{2}}+5)^{\frac{1}{2}}} x = \frac{3x^{\frac{3}{2}}}{4(x^{\frac{3}{2}}+5)}$

b) $\frac{3 \cdot 10^{\frac{3}{2}}}{4(10^{\frac{3}{2}}+5)} = \frac{3\sqrt{1000}}{4(5+\sqrt{1000})} = 0,6476$. Ergibt eine Änderung um etwa $1,295\%$

c) $D(x) = \frac{K(x)}{x}$

$D'(x) = \frac{K'(x)x - K(x)}{x^2} = \frac{K(x)\epsilon_K(x) - K(x)}{x^2} = \frac{K(x)}{x^2}(\epsilon_K(x) - 1)$

$\epsilon_D(x) = \frac{D'(x)}{D(x)} x = \frac{\frac{K(x)}{x^2}(\epsilon_K(x)-1)}{\frac{K(x)}{x}} x = \epsilon_K(x) - 1$

d) $2(0,6476 - 1) = -0,7048\%$

3. f_1 ist homogen vom Grad 2, f_3 ist CD-Funktion, homogen vom Grad $\frac{4}{3}$, f_4 ist homogen vom Grad -1, f_6 ist linear homogene CES-Funktion. f_2 und f_4 sind nicht homogen: Begründung für f_2: In Frage kommt wegen $f_2(\lambda x, 0, 0) = \lambda x = \lambda f_2(x, 0, 0)$ nur lineare Homogenität. Allerdings ist $f_2(2, 2, 2) = 10$, aber $2f_2(1, 1, 1) = 6$. Begründung für f_4: Wegen $f_4(0, 0, -z) = z = -f(0, 0, z)$ kommt auch hier nur der Homogenitätsgrad $r = 1$ in Frage. Auch hier gilt beispielsweise $f_4(2, 2, 2) = 6$, aber $2f_4(1, 1, 1) = 0$

4. $50 = f(x(y), y) = (4x(y) + y - 86)^2 + (4x(y) + 8y - 128)^2 + 1$ ergibt differenziert nach y, wenn man $y = 7$ und $x = x(7) = 18$ einsetzt

$$0 = 2(4x(y) + y - 86)(4x'(y) + 1) + 2(4x(y) + 8y - 128)(4x'(y) + 8)$$
$$= -14(4x'(7) + 1) + 0(4x'(7) - 128)$$

Also $x'(7) = -\frac{1}{4}$. Erhöht man den Einsatz von Rohstoff 2 um Δy Einheiten, so muss der Einsatz des Rohstoffes 1 näherungsweise um $0,25\Delta y$ Einheiten verringert werden, wenn der aktuelle Schadstoffausstoß gehalten werden soll.

Kapitel 6

1. a) A: arithmetrische Folge, $a_n = \frac{5}{4}n$, monoton wachsend; nach unten beschränkt. B: geometrische Folge, $b_n = \frac{27}{8} \cdot \left(\frac{2}{3}\right)^n$, monoton fallend; nach oben beschränkt. C: geometrische Folge, $c_n = (-1)^{n-1} \cdot \left(\frac{4}{5}\right)^n$, nicht monoton; nach oben und nach unten beschränkt.

b) $a_1 = 200$, $q = 0,8$, $a_5 = 81,92$

c) $a_n = a_1 + (n-1)8 = 9 + 8(n-1) = 8n+1$, $a_5 = 41$, $s_4 = 84$

2. Aus dem Gespräch kann man folgern:

$$l_2 = d_2 - 2100 \Leftrightarrow k - 2b = k\left(\frac{4}{5}\right)^2 - 2100 \Leftrightarrow k - 2b = \frac{16}{25}k - 2100$$

$$\Leftrightarrow \frac{9}{25}k - 2b = -2100 \Leftrightarrow b = \frac{9}{50}k + 1050$$

$$l_3 = d_4 \Leftrightarrow k - 3b = k\left(\frac{4}{5}\right)^4 \Leftrightarrow k - 3b = \frac{256}{625}k \Leftrightarrow b = \frac{369}{1875}k$$

Gleichsetzen ergibt

$$\frac{9}{50}k + 1050 = \frac{369}{1875}k \Leftrightarrow \left(\frac{369}{1875} - \frac{9}{50}\right)k = 1050 \Leftrightarrow \frac{21}{1250}k = 1050 \Leftrightarrow k = 62500$$

Eingesetzt ergibt sich $b = \frac{9}{50} \cdot 62500 + 1050 = 18 \cdot 625 + 1050 = 12300$. Der Anfangswert betrug 62500€. Jährlich wurden 12300€ linear abgeschrieben.

3. $y_{n+1} - y_n = 5i_n = 5s_n = 5\frac{1}{10}y_n = \frac{1}{2}y_n$. Daraus ergibt sich $y_{n+1} = (1 + \frac{1}{2})y_n = \frac{3}{2}y_n$. Speziell also $y_n = \frac{3}{2}y_{n-1} = \left(\frac{3}{2}\right)^2 y_{n-2} = \cdots = \left(\frac{3}{2}\right)^n y_0 = \left(\frac{3}{2}\right)^n$

4. Durch rückwärts Einsetzen ergibt sich

$$p_n = 1 + \frac{1}{2}p_{n-1} = 1 + \frac{1}{2}(1 + \frac{1}{2}p_{n-2}) = 1 + \frac{1}{2} + \left(\frac{1}{2}\right)^2 p_{n-2}$$

$$= 1 + \frac{1}{2} + \left(\frac{1}{2}\right)^2\left(1 + \frac{1}{2}p_{n-3}\right) = 1 + \frac{1}{2} + \left(\frac{1}{2}\right)^2 + \left(\frac{1}{2}\right)^3 p_{n-3}$$

$$\vdots$$

$$= 1 + \frac{1}{2} + \left(\frac{1}{2}\right)^2 + \cdots + \left(\frac{1}{2}\right)^{n-1} + \left(\frac{1}{2}\right)^n p_0$$

$$= \frac{1 - \left(\frac{1}{2}\right)^n}{1 - \frac{1}{2}} + \left(\frac{1}{2}\right)^n = 2 - 2\left(\frac{1}{2}\right)^n + \left(\frac{1}{2}\right)^n = 2 - \left(\frac{1}{2}\right)^n$$

Die Folge ist konvergent (geometrische Folge zu $p = \frac{1}{2}$ hat den Grenzwert 0) mit Grenzwert 2.

5. Zum Vergleich der Folgeglieder:

$$\sqrt{n + 1000} - \sqrt{n} > \sqrt{n + \sqrt{n}} - \sqrt{n} > \sqrt{n + \frac{n}{1000}} - \sqrt{n}$$

$$\Leftrightarrow \sqrt{n + 1000} > \sqrt{n + \sqrt{n}} > \sqrt{n + \frac{n}{1000}}$$

$$\Leftrightarrow n + 1000 > n + \sqrt{n} > n + \frac{n}{1000} \Leftrightarrow 1000 > \sqrt{n} > \frac{n}{1000} \Leftrightarrow n < 1000000$$

Die noch fehlenden Konvergenzuntersuchungen:

$$\sqrt{n+1000} - \sqrt{n} = \frac{\sqrt{n+1000} - \sqrt{n}}{\sqrt{n+1000} + \sqrt{n}}(\sqrt{n+1000} + \sqrt{n})$$

$$= \frac{n+1000-n}{\sqrt{n+1000} + \sqrt{n}} = \frac{1000}{\sqrt{n+1000} + \sqrt{n}} \to 0 \text{ für } n \to \infty$$

Schließlich ist $\sqrt{n + \frac{n}{1000}} - \sqrt{n} = \sqrt{n}(\sqrt{1 + \frac{1}{1000}} - 1)$ unbeschränkt.

6. Es ist stets $a_n \geq 1$, denn $a_1 = 1$ und für $n \geq 1$ ist $a_{n+1} = 1 + \frac{1}{a_n} \geq 1$, da offenbar alle Folgeglieder nichtnegativ sind. Besitzt die Folge einen Grenzwert a, so kann dieser also nicht gleich Null sein. Dann liefern die Grenzwertsätze:

$$a = \lim_{n\to\infty} a_n = \lim_{n\to\infty} a_{n+1} = \lim_{n\to\infty}(1 + \frac{1}{a_n}) = 1 + \frac{1}{\lim_{n\to\infty} a_n} = 1 + \frac{1}{a}$$

Es ergibt sich also

$$a = 1 + \frac{1}{a} \Leftrightarrow \overset{a>0}{a^2} = a + 1 \Leftrightarrow a^2 - a - 1 = 0$$

Lösungen dieser quadratischen Gleichung sind $a = \frac{1}{2} + \frac{1}{2}\sqrt{5}$, und $a = \frac{1}{2} - \frac{1}{2}\sqrt{5}$. Letzterer Wert ist aber negativ und kommt aufgrund des oben Gesagten nicht in Frage.

7. Folgeglieder sind $a_0 = 0$, $a_1 = 1$, $a_2 = \frac{1}{2}$, $a_3 = \frac{3}{4} = 1 - \frac{1}{2} \cdot \frac{1}{2}$, $a_4 = \frac{5}{8} = 1 - \frac{1}{2} \cdot \frac{3}{4}$
Man liest folgendes Muster ab, das dann iteriert wird:

$$a_n = 1 - \frac{1}{2}a_{n-1} = 1 - \frac{1}{2}(1 - \frac{1}{2}a_{n-2}) = 1 - \frac{1}{2} + \frac{1}{4}a_{n-2}$$

$$= 1 - \frac{1}{2} + \left(\frac{1}{2}\right)^2 - \left(\frac{1}{2}\right)^3 a_{n-3} = 1 - \frac{1}{2} + \left(-\frac{1}{2}\right)^2 - \cdots + \left(-\frac{1}{2}\right)^{n-1}$$

$$= \frac{1 - \left(-\frac{1}{2}\right)^n}{1 + \frac{1}{2}} = \frac{2}{3}(1 - \left(-\frac{1}{2}\right)^n) \to \frac{2}{3}$$

Herleitung mittels **ERZEUGENDER FUNKTIONEN** ⇨ Glossar

$$f(x) = 0 + 1x + a_2 x^2 + a_3 x^3 + \cdots$$

$$= a_0 + a_1 x + \frac{1}{2}a_0 x^2 + \frac{1}{2}a_1 x^2 + \frac{1}{2}a_1 x^3 + \frac{1}{2}a_2 x^3 + \cdots$$

$$= a_0 + a_1 x + \frac{1}{2}x^2(a_0 + a_1 x + \cdots) + \frac{1}{2}x(a_1 x + a_2 x^2 + \cdots)$$

$$= x + \frac{1}{2}x^2 f(x) + \frac{1}{2}x f(x)$$

Auflösung nach $f(x)$ ergibt mittels Partialbruchzerlegung und Einsetzen der geometrischen Reihen $\frac{1}{1-x} = \sum_{n=0}^{\infty} x^n$ und $\frac{1}{1+\frac{x}{2}} = \sum_{n=0}^{\infty} (-\frac{1}{2})^n x^n$

$$f(x) = \frac{x}{(1 - \frac{1}{2}x^2 - \frac{1}{2}x)} = \frac{x}{(1 + \frac{x}{2})(1 - x)}$$

$$= \frac{2}{3}\frac{1}{1-x} - \frac{2}{3}\frac{1}{1+\frac{x}{2}} = \sum_{n=0}^{\infty} \left(\frac{2}{3} - \frac{2}{3}(-\frac{1}{2})^n\right) x^n$$

Koeffizientenvergleich ergibt den Folgenterm $a_n = \frac{2}{3} - \frac{2}{3}(-\frac{1}{2})^n$.

Allgemeines Schema für $b_0 = a$, $b_1 = b$ und $b_n = \frac{b_{n-1} + b_{n-2}}{2}$ ist

$$b_0 = a + (b-a)0 = a + (b-a)a_0$$
$$b_1 = a + (b-a)1 = a + (b-a)a_1$$
$$b_2 = \frac{b_0 + b_1}{2} = \frac{a + (b-a)a_0 + a + (b-a)a_1}{2} = a + (b-a)\frac{1}{2}$$
$$= a + (b-a)a_2$$
$$b_3 = \frac{b_1 + b_2}{2} = \frac{a + (b-a)a_1 + a + (b-a)a_2}{2} = a + (b-a)\frac{a_1 + a_2}{2}$$
$$= a + (b-a)a_3$$

Es ergibt sich als n-tes Folgeglied stets

$$b_n = a + (b-a)a_n = a + \frac{2}{3}(b-a)(1 - (-\frac{1}{2})^n)$$

Grenzwert ist $a + \frac{2}{3}(b-a)$

8. Zunächst wird die Potenzsumme $\sum_{i=1}^{n+1} i^4$ aufgespalten:

$$\sum_{i=1}^{n+1} i^4 = 1 + \sum_{i=1}^{n}(i+1)^4 = 1 + \sum_{i=1}^{n}\left(i^4 + 4i^3 + 6i^2 + 4i + 1\right)$$

$$= 1 + \sum_{i=1}^{n} i^4 + 4\sum_{i=1}^{n} i^3 + 6\sum_{i=1}^{n} i^2 + 4\sum_{i=1}^{n} i + \sum_{i=1}^{n} 1$$

$$= 1 + \sum_{i=1}^{n} i^4 + 4\sum_{i=1}^{n} i^3 + 6\frac{n(n+1)(2n+1)}{6} + 4\frac{n(n+1)}{2} + n$$

Umstellen nach der Potenzsumme $\sum_{i=1}^{n+1} i^3$ ergibt dann:

$$\sum_{i=1}^{n} i^3 = \frac{1}{4}\left((n+1)^4 - (n+1) - n(n+1)(2n+1) - 2n(n+1)\right)$$

$$= \frac{1}{4}(n+1)\left((n+1)^3 - 1 - n(2n+1) - 2n\right) = \frac{n^2(n+1)^2}{4}$$

9. Sämtliche Reihen müssen in die Form der unendlichen geometrischen Reihe überführt werden: $\sum_{i=0}^{\infty} p^i = \frac{1}{1-p}$ für $|p| < 1$

a) $\frac{1}{x} + \frac{1}{x^2} + \frac{1}{x^3} + \ldots = (\frac{1}{x})^1 + (\frac{1}{x})^2 + (\frac{1}{x})^3 + \ldots = \sum_{i=1}^{\infty}(\frac{1}{x})^i$
$= -1 + 1 + \sum_{i=1}^{\infty}(\frac{1}{x})^i = -1 + \sum_{i=0}^{\infty}(\frac{1}{x})^i = -1 + \frac{1}{1-\frac{1}{x}} = \frac{1}{x-1}$
für $|p| := |\frac{1}{x}| < 1 \iff |x| > 1$

b) $x + \sqrt{x} + 1 + \frac{1}{\sqrt{x}} + \ldots = x^1 + x^{1/2} + x^0 + x^{-1/2} + \ldots$
$= x(x^0 + x^{-1/2} + x^{-2/2} + x^{-3/2} + \ldots)$
$= x[(x^{-1/2})^0 + (x^{-1/2})^1 + (x^{-1/2})^2 + (x^{-1/2})^3 + \ldots]$
$= x\sum_{i=0}^{\infty}(x^{-1/2})^i = x\frac{1}{1-x^{-1/2}} = x\frac{1}{1-\frac{1}{\sqrt{x}}} = \frac{\sqrt{x}x}{\sqrt{x}-1}$
für $|p| := |\frac{1}{\sqrt{x}}| < 1 \iff x > 1$

c) $\sum_{n=1}^{\infty} x^{2n} = \sum_{n=1}^{\infty}(x^2)^n = -1 + \sum_{n=0}^{\infty}(x^2)^n = -1 + \frac{1}{1-x^2} = \frac{x^2}{1-x^2}$
für $|p| := |x^2| < 1 \iff |x| < 1$

d) $1 + \frac{1}{1+x} + \frac{1}{(1+x)^2} + \ldots = (\frac{1}{1+x})^0 + (\frac{1}{1+x})^1 + (\frac{1}{1+x})^2 + \ldots = \sum_{i=0}^{\infty}(\frac{1}{1+x})^i$
$= \frac{1}{1-\frac{1}{1+x}} = \frac{1}{x} + 1$
für $|p| := |\frac{1}{1+x}| < 1 \iff (x > 0 \lor x < -2)$

Kapitel 7

1. C ist Ableitung von F, D ist Ableitung von A und E ist Ableitung von D.

2. a) i) $f'(x) = 3\cos(3x+2)$ iv) $i'(x) = \ln(2) \cdot 2^{x-1}$

ii) $g'(x) = \frac{x^2+8x+3}{(x+4)^2}$ v) $j'(x) = \frac{1}{1-\sin(x)}$

iii) $h'(x) = 18x - 11 + \frac{18}{x^2} - \frac{4}{x^3} - \frac{9}{x^4}$ vi) $k'(x) = 4x^2 e^{-x}(3\ln(x) + 1 - x\ln(x))$

b) i) $f'(x) = -ab\sin(bx+c)$ ii) $g'(x) = -abe^{-bx+c}$
$f''(x) = -ab^2\cos(bx+c)$ $g''(x) = ab^2 e^{-bx+c}$
$f'''(x) = ab^3\sin(bx+c)$ $g'''(x) = -ab^3 e^{-bx+c}$

3. a) $\epsilon_f(x) = x\frac{f'(x)}{f(x)} = \frac{1}{x}, x > 0$
$\Rightarrow \int \frac{f'(x)}{f(x)}dx = \int \frac{1}{x^2}dx \iff \ln|f(x)| = -\frac{1}{x} + c_1$
$\iff |f(x)| = e^{-\frac{1}{x}+c_1} = e^{c_1}e^{-\frac{1}{x}} = c_2 e^{-\frac{1}{x}}, c_2 > 0$
$\iff f(x) = \pm c_2 e^{-\frac{1}{x}} = ce^{-\frac{1}{x}}, c \neq 0$

b) $f(1) = ce^{-1} = \frac{c}{e} = 1 \Rightarrow c = e \Rightarrow f(x) = ee^{-\frac{1}{x}} = e^{1-\frac{1}{x}}$

4. Es ist stets anzusetzen

$$g(x) = f'(x_0)(x - x_0) + f(x_0)$$
$$h(x) = \frac{1}{2}f''(x_0)(x - x_0)^2 + f'(x_0)(x - x_0) + f(x_0)$$

a) $f(7) = 17$, $f'(x) = 2$, $f''(x) = 0$

Linearisierung: $g(x) = 2(x - 7) + 17 = 2x + 3 = f(x)$

2. Ordnung: $h(x) = \frac{1}{2} \cdot 0 \cdot (x - 7)^2 + 2(x - 7) + 17 = 2x + 3 = f(x)$.

Bei linearen Funktionen gewinnt man also in beiden Approximationen die Funktion zurück

b) $f(2) = -4$, $f'(x) = 2x - 5$, $f'(2) = -1$, $f''(x) = 2$

$g(x) = (-1)(x - 2) + (-4) = -x - 2$

$h(x) = \frac{1}{2} \cdot 2 \cdot (x - 2)^2 + (-1)(x - 2) + (-4) = x^2 - 5x + 2 = f(x)$

Bei quadratischen Funktionen führt die Taylor-Entwicklung offensichtlich zurück auf die Ausgangsfunktion.

c) $f(0) = -1$, $f'(x) = -\frac{2}{(x-1)^2}$, $f'(0) = -2$, $f''(x) = \frac{4}{(x-1)^3}$, $f''(0) = -4$

$g(x) = (-2) \cdot x + (-1) = -2x - 1$

$h(x) = \frac{1}{2} \cdot (-4) \cdot x^2 + (-2) \cdot x + (-1) = -2x^2 - 2x - 1$

d) $f(3) = 2$, $f'(x) = \frac{1}{2\sqrt{x+1}}$, $f'(3) = \frac{1}{4}$, $f''(x) = -\frac{1}{4(x+1)^{\frac{3}{2}}}$, $f''(3) = -\frac{1}{32}$

$g(x) = \frac{1}{4}(x - 3) + 2 = \frac{1}{4}x + \frac{5}{4}$

$h(x) = \frac{1}{2} \cdot \left(-\frac{1}{32}\right)(x - 3)^2 + \frac{1}{4}(x - 3) + 2 = -\frac{1}{64}x^2 + \frac{11}{32}x + \frac{71}{64}$

e) $f(\sqrt{e}) = \ln(e) = 1$, $f'(x) = \frac{2}{x}$, $f'(\sqrt{e}) = \frac{2}{\sqrt{e}}$, $f''(x) = -\frac{2}{x^2}$, $f''(\sqrt{e}) = -\frac{2}{e}$

$g(x) = \frac{2}{\sqrt{e}}(x - \sqrt{e}) + 1 = \frac{2}{\sqrt{e}}x - 1$

$h(x) = \frac{1}{2}(-\frac{2}{e})(x - \sqrt{e})^2 + \frac{2}{\sqrt{e}}(x - \sqrt{e}) + 1 = -\frac{1}{e}x^2 + \frac{4}{\sqrt{e}}x - 2$

5. Das Newton-Verfahren generiert aus den Ausgangswert x_0 den nächsten Näherungswert $x_1 = x_0 - \frac{x_0^3 - 5x_0}{3x_0^2 - 5}$. Das ergibt für $x_0 = 1$ den Folgewert $x_1 = 1 - \frac{1-5}{3-5} = 1 - 2 = -1$ und für $x_1 = -1$ den Folgewert $x_2 = -1 - \frac{-1-5\cdot(-1)}{3-5} = 1 = x_0$. Das Verfahren wiederholt also nur die Werte -1 und 1, von denen keiner eine Nullstelle ist. Zeichnet man die Tangenten für die ersten beiden Iterationen an den Graph von f, so erkennt man die Besonderheit der Situation.

6. Ansatz $f(p) = a + bp + cp^2$ mit $f'(p) = b + 2cp$. Die Aufgabenstellung ergibt:

$$2000 = f(30) = a + 30b + 900c$$
$$0 = f(160) = a + 160b + 25600c$$
$$0 = f'(160) = b + 320c \Leftrightarrow b = -320c$$

Einsetzen der dritten in die zweite und erste Gleichung

$$2000 = a - 9600c + 900c$$
$$0 = a - 51200c + 25600c$$

Das LGS löst sich zu $a = \frac{512\,000}{169}, c = \frac{20}{169}$ und eingesetzt $b = -\frac{6400}{169}$. Also

$$f(p) = \frac{512\,000}{169} - \frac{6400}{169}p + \frac{20}{169}p^2 = \frac{20}{169}(p-160)^2$$

7. a) Da die Reihe für alle $x \in]-1;1[$ konvergiert, so ergibt sich

$$\frac{\partial}{\partial x}\ln(x+1) = \sum_{k=1}^{\infty}\frac{\partial}{\partial x}\left((-1)^{k-1}\frac{x^k}{k}\right) = \sum_{k=1}^{\infty}(-1)^{k-1}x^{k-1} = \frac{1}{1+x}$$

Weiter ist $g(x) = \ln(x) = f(x-1)$. Nach der Kettenregel ist $g'(x) = f'(x-1) = \frac{1}{x}$. Die Ableitungsregel $\frac{\partial \ln(x)}{x} = \frac{1}{x}$ lässt sich auf alle $x > 0$ erweitern.

b) $\sum_{k=1}^{\infty}k(x+1)^{k-1} = \sum_{k=1}^{\infty}\frac{\partial}{\partial y}y^k\Big|_{y=x+1} = \frac{\partial}{\partial y}\left(\sum_{k=1}^{\infty}y^k\right)\Big|_{y=x+1}$

$= \frac{\partial}{\partial y}\left(\sum_{k=0}^{\infty}y^k\right)\Big|_{y=x+1} = \frac{\partial}{\partial y}\left(\frac{1}{1-y}\right)\Big|_{y=x+1} = \frac{1}{(1-(x+1))^2} = \frac{1}{x^2}$

$\sum_{k=2}^{\infty}k(k-1)x^{k-2} = \sum_{k=2}^{\infty}\frac{\partial}{\partial x}(\frac{\partial}{\partial x}x^k) = \frac{\partial}{\partial x}(\frac{\partial}{\partial x}\sum_{k=2}^{\infty}x^k)$

$= \frac{\partial}{\partial x}(\frac{\partial}{\partial x}\sum_{k=0}^{\infty}x^k) = \frac{\partial}{\partial x}(\frac{\partial}{\partial x}\frac{1}{1-x}) = \frac{2}{(1-x)^3}$

$\sum_{k=2}^{\infty}k^2 x^{k-2} = \sum_{k=2}^{\infty}\left(k(k-1)+k\right)x^{k-2} = \sum_{k=2}^{\infty}k(k-1)x^{k-2}$
$+ \sum_{k=2}^{\infty}kx^{k-2} = \frac{2}{(1-x)^3} + x^{-1}\sum_{k=2}^{\infty}kx^{k-1} = \frac{2}{(1-x)^3}$

$+ x^{-1}\left(\sum_{k=1}^{\infty}kx^{k-1} - 1\right) = \frac{2}{(1-x)^3} + x^{-1}\left(\frac{1}{(1-x)^2} - 1\right) = \frac{x^2-3x+4}{(1-x)^3}$

8. a) $x = \sqrt[3]{7}$

b) $f'(x) = \frac{x^4+3x^2+14x}{(x^2+1)^2}$. Nullstellen von f' sind -2 und 0. f ist (streng) monoton steigend auf $[-6;-2]$ und $[0;6]]$, (streng) monoton fallend auf $[-2;0]$

c) f hat globales Minimum bei $x = 0$, lokales Minimum bei $x = -6$, lokales Maximum bei $x = -2$, globales Maximum bei $x = 6$.

d) $f''(x) = \frac{-2x^3-42x^2+6x+14}{(x^2+1)^3}$. Wendestellen in $[-6,6]$ sind Stellen, wo der Zähler von $f''(x)$ gleich Null ist und einen Vorzeichenwechsel durchläuft. Mit dem Newton-Verfahren kann man folgende zwei Nullstellen von f''

bestimmen:

x	$h(x) = -2x^3 - 42x^2 + 6x + 14$	$h'(x) = -6x^2 - 84x + 6$	$x - \frac{h(x)}{h'(x)}$
1	-24	-84	0,7143
0,7143	$-3,8717$	$-57,0612$	0,6464
0,6464	$-0,2125$	$-50,8077$	0,6423
0,6423	$-0,0008$	$-50,4241$	0,6422
0,6422	0	$-50,4226$	0,6422
0	14	6	$-2,3333$
$-2,3333$	$-203,2593$	$169,3333$	$-1,133$
$-1,133$	$-43,8025$	$93,4687$	$-0,6644$
$-0,6644$	$-7,9368$	$59,1572$	$-0,5302$
$-0,5302$	$-0,6891$	$48,849$	$-0,5161$
$-0,5161$	$-0,0077$	$47,7526$	$-0,5159$

Durch Einsetzen verschiedener Werte x in $f''(x)$ innerhalb der Intervalle $[-6; -0,5159]$, $[-0,5159; 0,6422]$ und $[0,6422; 6]$ erhält man (streng) konvexen Verlauf von f in $[-0,5159; 0,6422]$ und (streng) konkaven Verlauf in den beiden anderen Intervallen

e)

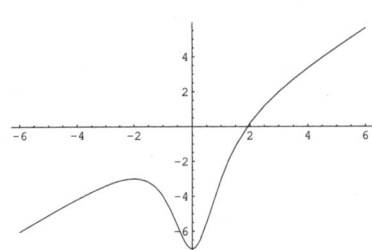

9. a) $K(x) = 9x^2 - 7x + \frac{100}{9}$

b) Nullstellen: keine. Monotonie: monoton fallend in $\left[\frac{2}{9}; \frac{7}{18}\right[$, monoton steigend in $\left]\frac{7}{18}; 10\right]$. Krümmung: K ist konvex auf $\left[\frac{2}{9}; 10\right]$. Extrema: lokales und globales Minimum in $\left(\frac{7}{18} \middle| \frac{39}{4}\right)$. Graph von K: rechts

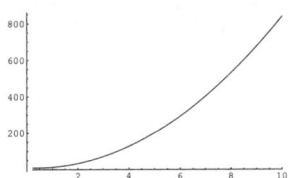

c) $\epsilon_K(x) = \frac{18x^2 - 7x}{9x^2 - 7x + \frac{100}{9}}$. $\epsilon_K(x) = 1$ für $x_1 = \frac{10}{9} \in \mathbb{D}$ und $x_2 = -\frac{10}{9} \notin \mathbb{D}$

10. a) $f_a(x) = x(ax^2 + x - \frac{1}{a})$ $\Rightarrow x_1 = 0$. $ax^2 + x - \frac{1}{a} = 0 \Leftrightarrow x_{2,3} = -\frac{1}{2a} \pm \frac{1}{2a}\sqrt{5}$ $x_i \neq x_j$ für alle $i \neq j$ mit $i, j \in \{1, 2, 3\}$

b) $f_a'(x) = 3ax^2 + 2x - \frac{1}{a}$, $f_a''(x) = 6ax + 2$, $f_a'(x) = 0 \Leftrightarrow x_1 = \frac{1}{3a} \vee x_2 = -\frac{1}{a}$, $f_a''(x_1) = 4 > 0 \Rightarrow$ Tiefpunkt, $f_a''(x_2) = -4 < 0 \Rightarrow$ Hochpunkt

11. a) Gesuchte Nachfragefunktion (linear): $X(p) = 35000 - 1400p$. Gesuchte Nachfragefunktion (quadr.): $X(p) = 70p^2 - 3500p + 43750$

b) lineare Nachfrage: Kostenfunktion: $K(x) = 57300 + 9x$, Gewinnfunktion: $G(x) = -1400p^2 + 47600p - 372300$, Gewinnmaximum bei $p = 17$.

quadratische Nachfrage: Kostenfunktion wie oben, Gewinnfunktion: $G(x) = 70p^3 - 4130p^2 + 75250p - 451050$, Gewinnmaximum bei $p = 14,3022...$

12. a) 31, 25

b) $16 \ln 2 + 16 \ln 3 - 16 \ln 4$.
Dabei   Partialbruchzerlegung:
$\frac{21}{x^2-1} = \frac{21}{2(x-1)} - \frac{21}{2(x+1)}$

c) $\ln 27 - \ln 34$

d) $\ln 57 - \ln 28$

e) $\int_0^{\frac{\pi}{2}} t \sin(t)\,dt$
$= -t\cos t\big|_{t=0}^{t=\frac{\pi}{2}} + \int_0^{\frac{\pi}{2}} \cos t\,dt = 1$

f) $\int_{-\pi}^{\pi} t\cos(t)\,dt$
$= t\sin(t)\big|_{t=-\pi}^{t=\pi} - \int_{-\pi}^{\pi} \sin t\,dt = 0$

g) $\int_{-2}^{2} 2ze^{-z^2}\,dz = \int_4^4 e^{-y}\,dy = 0$

h) $\int_0^2 3ze^{-z^2}\,dz = \int_0^4 \frac{3}{2}e^{-y}\,dy$
$= \frac{3}{2} - \frac{3}{2}e^{-4}$

i) $\int \frac{3x-1}{x^2-1}\,dx = \int \left(\frac{1}{x-1} + \frac{2}{x+1}\right)dx =$
$\ln(x-1) + 2\ln(x+1)$

j) $\int \frac{2x-1}{x^2-2x+1}\,dx$ $=$
$\int \left(\frac{2}{x-1} + \frac{1}{(x-1)^2}\right)dx$ $=$
$2\ln(x-1) - \frac{1}{x-1}$

k) $\int_1^2 \frac{x^2+4x+4}{x+2}\,dx = \frac{7}{2}$

l) $\int 5\cos(x)\sin(x)\,dx$ $=$
$5\sin^2 x - \int 5\cos x \sin x\,dx$. Also
$\int 5\cos(x)\sin(x)\,dx = \frac{5}{2}\sin^2(x)$.
Ergebnis ist $\frac{5}{2}\sin^2 \pi = 0$

13. $\nabla f(x,y,z) = \begin{pmatrix} y + z + \frac{yz}{x} + \ln(xyz)(y+z) \\ x + \frac{xz}{y} + z + \ln(xyz)(x+z) \\ \frac{xy}{z} + x + y + \ln(xyz)(x+y) \end{pmatrix}$

14. a) $\nabla f(x,y) = \frac{1}{\sqrt{1+2x^2-3y^2}}(2x, -3y)^T$

b) $\nabla f(x,y) = \begin{pmatrix} e^{x-y^2} + \cos(x+y) - \sqrt{1+y^2} \\ -2ye^{x-y^2} + \cos(x+y) - \frac{xy}{\sqrt{1+y^2}} \end{pmatrix}$

c) $\nabla f(x,y) = \left(\ln\frac{y}{z}, \frac{x}{y}, -\frac{x}{z}\right)^T$

d) $\nabla f(x,y) = x^{\frac{y}{z}}\left(\frac{y}{z}x^{-1}, \frac{1}{z}\ln(x), -\frac{y}{z^2}\ln(x)\right)^T$

15. a) $\frac{dP}{dA} = \alpha\beta A^{\beta-1}K^\gamma = \beta\alpha\frac{A^\beta}{A}K^\gamma = \beta\frac{P}{A}$

b) $\frac{dP}{dK} = \alpha A^\beta \gamma K^{\gamma-1} = \gamma\alpha A\frac{K^\gamma}{K} = \gamma\frac{P}{K}$

c) $A\frac{dP}{dA} + K\frac{dP}{dK} = \beta P + \gamma P = P$
Interpretation: Die Summe der Produkte aus Grenzproduktivität und Wert jedes Faktors ergibt den Funktionswert der Produktionsfunktion.

16. a) $\nabla f(x,y) = \left(\frac{1}{x}, \frac{1}{y}\right)^T$

$\frac{\partial^2}{\partial x^2}f(x,y) = -\frac{1}{x^2}$ $\quad \frac{\partial^2}{\partial y\partial x}f(x,y) = \frac{\partial^2}{\partial x\partial y}f(x,y) = 0$ $\quad \frac{\partial^2}{\partial y^2}f(x,y) = -\frac{1}{y^2}$

b) $\nabla f(x,y,z) = \left(10x, -9y^2, 12z^3\right)^T$

$\frac{\partial^2}{\partial x^2} f(x,y,z) = 10 \quad \frac{\partial^2}{\partial y \partial x} f(x,y,z) = \frac{\partial^2}{\partial x \partial y} f(x,y) = 0$

$\frac{\partial^2}{\partial z \partial x} f(x,y,z) = \frac{\partial^2}{\partial x \partial z} f(x,y) = 0 \quad \frac{\partial^2}{\partial y^2} f(x,y,z) = -18y$

$\frac{\partial^2}{\partial z \partial y} f(x,y,z) = \frac{\partial^2}{\partial y \partial z} f(x,y) = 0 \quad \frac{\partial^2}{\partial z^2} f(x,y,z) = 36z^2$

c) $\nabla f(x,y,z) = \left(\frac{4x^3}{yz}, -\frac{x^4}{y^2 z}, -\frac{x^4}{yz^2}\right)^T$

$\frac{\partial^2}{\partial x^2} f(x,y,z) = \frac{12x^2}{yz}, \quad \frac{\partial^2}{\partial y \partial x} f(x,y,z) = \frac{\partial^2}{\partial x \partial y} f(x,y,z) = -\frac{4x^3}{y^2 z}$

$\frac{\partial^2}{\partial z \partial x} f(x,y,z) = \frac{\partial^2}{\partial x \partial z} f(x,y,z) = -\frac{4x^3}{yz^2}$

$\frac{\partial^2}{\partial y^2} f(x,y,z) = \frac{2x^4}{y^3 z} \quad \frac{\partial^2}{\partial z \partial y} f(x,y,z) = \frac{\partial^2}{\partial y \partial z} f(x,y,z) = \frac{x^4}{y^2 z^2}$

$\frac{\partial^2}{\partial z^2} f(x,y,z) = \frac{2x^4}{yz^3}$

d) $\nabla f(x,y,z) = \left(yze^{xyz}, xze^{xyz}, yze^{xyz}\right)^T$

$\frac{\partial^2}{\partial x^2} f(x,y,z) = y^2 z^2 e^{xyz}$

$\frac{\partial^2}{\partial y \partial x} f(x,y,z) = \frac{\partial^2}{\partial x \partial y} f(x,y,z) = (1+xyz)ze^{xyz}$

$\frac{\partial^2}{\partial z \partial x} f(x,y,z) = \frac{\partial^2}{\partial x \partial z} f(x,y,z) = (1+xyz)ye^{xyz}$

$\frac{\partial^2}{\partial y^2} f(x,y,z) = x^2 z^2 y e^{xyz}$

$\frac{\partial^2}{\partial z \partial y} f(x,y,z) = \frac{\partial^2}{\partial y \partial z} f(x,y,z) = (1+xyz)xe^{xyz}$

$\frac{\partial^2}{\partial z^2} f(x,y,z) = x^2 y^2 e^{xyz}$

17. a) $\nabla f(x_1, x_2) = \left(-x_1^{-\alpha-1}\alpha e^{\beta x_2}, x_1^{-\alpha}\beta e^{\beta x_2}\right)^T$

b) $\epsilon_{f,1}(x_1, x_2) = -\alpha, \; \epsilon_{f,2}(x_1, x_2) = \beta x_2$

18. a) $\epsilon_{f,x}(x,y) = \frac{3}{2} + \frac{x}{2(x+y^2)}, \epsilon_{f,y}(x,y) = \frac{y^2}{x+y^2}$,

$\epsilon_{f,x}(100,10) = 1,75, \epsilon_{f,y}(100,10) = 0,5$

b) Relative Erhöhung von x: $\frac{\Delta x}{x_0} = 0.01$: Relative Erhöhung von z: $\frac{\Delta z}{z} \approx$
$\epsilon_{f,x}(x_0, y_0) \cdot \frac{\Delta x}{x_0} = 0.0175$. Prozentuale Erhöhung von z etwa $1{,}75\%$.

c) Prozentuale Erhöhung von y: $100 \cdot \frac{\Delta y}{y_0} = 3\%$. Prozentuale Erhöhung von z etwa $1{,}5\%$.

d) Prozentuale Erhöhung von z etwa $\left\langle \left(\epsilon_{f,x}(x_0,y_0), \epsilon_{f,y}(x_0,y_0)\right), \left(\frac{\Delta x}{x_0}, \frac{\Delta y}{y_0}\right) \right\rangle$
$= \langle (1.75, 0.5), (0.01, 0.01) \rangle = 0.0175 + 0.005 = 0.0225 = 2{,}25\%$

19. a) Zunächst mit Produktionsniveau $K = 425000$ die Gleichung $f(x,y) = 150x + \frac{1}{10}xy + 300y = K$ nicht umstellen nach $x(y) = \frac{K - 300y}{150 + \frac{1}{10}y}$, sondern den Satz über implizite Funktionen benutzen! Damit erhält man: der Produzent muß den Einsatz des ersten Faktors um $\frac{7}{5}$ Tonnen erhöhen.

b) Da Ableitungen für nicht-lineare Funktionen die Steigung dieser nur lokal bestimmen, gilt obiger Wert nur für „kleine" Änderungen von y. Verringert man y um 50% (=500 t) und erhöht x um $\frac{7}{5}500 = 700$ t, so ergibt sich mit $f(1200, 500) = 390000$ ein signifikant anderes Produktionsniveau.

20. a) Die partiellen Ableitungen lauten

$$\nabla f(x,y,z) = \left(-\frac{y^2}{z(x+y)^2}, \ \frac{2y(x+y)-y^2}{z(x+y)^2} = \frac{y^2+2xy}{z(x+y)^2}, \ -\frac{y^2}{z^2(x+y)} \right)^T$$

b) Aufgrund von a) erhält man durch wiederholtes Ableiten $\frac{\partial^2}{\partial x^2}\left(\frac{y^2}{z(x+y)}\right) =$
$\frac{2y^2}{(x+y)^3}$, $\frac{\partial^2}{\partial y^2}\left(\frac{y^2}{z(x+y)}\right) = \frac{\partial}{\partial y}\left(\frac{y^2+2xy}{z(x+y)^2}\right) = \frac{2x^2}{z(x+y)^3}$ und $\frac{\partial^2}{\partial x \partial y}\left(\frac{y^2}{z(x+y)}\right) =$
$\frac{\partial}{\partial y}\frac{\partial}{\partial x}\left(\frac{y^2}{z(x+y)}\right) = \frac{-2xy}{(x+y)^3}$. Die zweite gemischt-partielle Ableitung ergibt sich analog. Insgesamt ist

$$H_f(x,y) = \begin{bmatrix} \frac{2y^2}{z(x+y)^3} & \frac{-2xy}{z(x+y)^3} \\ \frac{-2xy}{z(x+y)^3} & \frac{2x^2}{z(x+y)^3} \end{bmatrix} = \frac{2}{z(x+y)^3}\begin{bmatrix} y^2 & -xy \\ -xy & x^2 \end{bmatrix}$$

c) Für $\lambda > 0$ (Untersuchung auf positive Homogenität reicht in diesem Zusammenhang) gilt $f(\lambda x, \lambda y, \lambda z) = \frac{(\lambda y)^2}{\lambda z(\lambda x + \lambda y)} = \frac{\lambda^2 y^2}{\lambda^2 z(x+y)} = \frac{y^2}{x+y}$. f ist also Null-homogen. Die partiellen Elastizitäten lauten hier $\varepsilon_{f,1}(x,y) = -\frac{x}{x+y}$, $\varepsilon_{f,2}(x,y) = \frac{y+2x}{x+y}$, $\varepsilon_{f,3}(x,y,z) = -1$. In der Summe ergibt sich

$$-\frac{x}{x+y} + \frac{y+2x}{x+y} - 1 = \frac{-x+y+2x}{x+y} - 1 = 0$$

d) Definitheit von $H_g(x,y)$ ist gleichwertig mit Definitheit von $M(x,y) = \begin{bmatrix} y^2 & -xy \\ -xy & x^2 \end{bmatrix}$. Für einen beliebigen Vektor $(a,b)^T \in \mathbb{R}^2$ gilt nun

$$(a,b)\begin{bmatrix} y^2 & -xy \\ -xy & x^2 \end{bmatrix}\begin{pmatrix} a \\ b \end{pmatrix} = a^2y^2 - 2abxy + b^2x^2 = (ay-bx)^2 \geq 0$$

Also ist $H_f(x,y)$ für alle $x,y > 0$ positiv semidefinit. Die Funktion g ist daher in ihrem Definitionsbereich konvex.

21. a) positiv definit, indefinit, negativ definit, negativ definit, indefinit

b) Die Matrix ist positiv definit für $0 < a < 1$

22. a) $2\pi(r-1)$, b) $\frac{14}{3}$, c) $\frac{25}{6}$

Kapitel 8

1. a) $(\ x\ \ y\ )\begin{bmatrix} 1 & -1 \\ -1 & 1 \end{bmatrix}\begin{pmatrix} x \\ y \end{pmatrix} = -2xy+x^2+y^2 = (y-x)^2 \geq 0$. Also ist die Matrix positiv semidefinit.

$$(\begin{matrix} x & y & z \end{matrix}) \begin{bmatrix} -1 & 1 & 0 \\ 1 & -1 & 0 \\ 0 & 0 & -1 \end{bmatrix} \begin{pmatrix} x \\ y \\ z \end{pmatrix} = -(y-x)^2 - z^2 \leq 0.$$ Also ist die

Matrix negativ semidefinit.

$$(\begin{matrix} x & y & z \end{matrix}) \begin{bmatrix} -1 & 1 & 0 \\ 1 & -1 & 0 \\ 0 & 0 & 1 \end{bmatrix} \begin{pmatrix} x \\ y \\ z \end{pmatrix} = -(y-x)^2 + z^2.$$ Das Vorzeichen-

verhalten ist indifferent: z.B. für $x = y = 0, z = 1$ ist der Wert positiv, für $x = 1, y = z = 0$ negativ. Die Matrix ist indefinit.

b) $\begin{bmatrix} -7 & 4 \\ 4 & -6 \end{bmatrix}$ hat Hauptminoren $-7 < 0$, $26 > 0$, ist negativ definit.

$\begin{bmatrix} 1 & -1 \\ -1 & 1 \end{bmatrix}$ hat die Hauptminoren 1 und 0, ist nach dem erweiterten Determinantenkriterium für 2×2-Matrizen positiv semidefinit.

$\begin{bmatrix} 1 & 1 & 1 \\ 1 & 2 & 2 \\ 1 & 2 & 3 \end{bmatrix}$ ist positiv definit, denn alle Hauptminoren sind Eins.

$\begin{bmatrix} 1 & 3 & 1 \\ 3 & 7 & 1 \\ 1 & 1 & -4 \end{bmatrix}$ ist indefinit, denn det $\begin{bmatrix} 1 & 3 \\ 3 & 7 \end{bmatrix} = -2 < 0$.

c) det $\begin{bmatrix} 1-\lambda & 2 \\ 2 & 4-\lambda \end{bmatrix} = \lambda^2 - 5\lambda = \lambda(\lambda - 5)$. Die Eigenwerte lauten 0 und $5 > 0$. Die Matrix ist positiv semidefinit

det $\begin{bmatrix} -3-\lambda & 1 & 0 \\ 1 & -3-\lambda & 0 \\ 0 & 0 & -1-\lambda \end{bmatrix} = -(\lambda+4)(\lambda+2)(\lambda+1)$. Die Ei-

genwerte lauten $-1, -2$ und -4. Die Matrix ist daher negativ definit.

det $\begin{bmatrix} -3-\lambda & 1 & 0 \\ 1 & -3-\lambda & 0 \\ 0 & 0 & 1-\lambda \end{bmatrix} = -(\lambda-1)(\lambda+4)(\lambda+2)$. Die Eigen-

werte lauten $1, -2$ und -4. Die Matrix ist indefinit.

2. a) globales Minimum bei $(0,0)$, f ist konvex. b) globales Maximum bei $(0,0)$, g ist konkav. c) keine Extrema, h ist weder konkav noch konvex (Hesse-Matrix stets indefinit). d) keine Extrema. (Hesse-Matrix hat Hauptunterdeterminanten -9, 20, 9, ist also stets indefinit), k ist weder konkav noch konvex. Die vierte Funktion lässt sich nicht skizzieren. Die Graphen der ersten drei Funktionen sehen wie folgt aus:

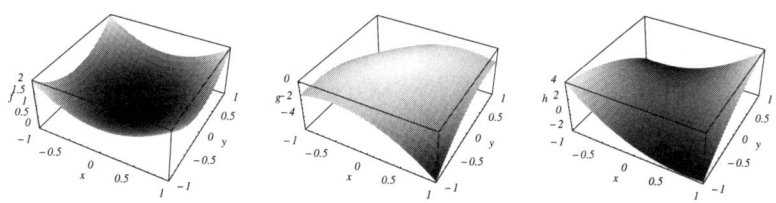

3. $\nabla f(x,y) = \begin{pmatrix} 4(x-1) \\ -3y^2 - 2y \end{pmatrix} = \vec{0} \Leftrightarrow x = 1 \wedge y = 0 \vee x = 1 \wedge y = -\frac{2}{3}$

$H_f(x,y) = \begin{pmatrix} 4 & 0 \\ 0 & -6y-2 \end{pmatrix}$. Daher $H_f(1,0) = \begin{pmatrix} 4 & 0 \\ 0 & -2 \end{pmatrix} \Rightarrow$indefinit$\Rightarrow$

kein Extremum, sondern Sattelpunkt. $H_f(1,-\frac{2}{3}) = \begin{pmatrix} 4 & 0 \\ 0 & 2 \end{pmatrix} \Rightarrow$positiv definit

$\Rightarrow$ lokales Minimum

4. a) $H_f(0,0) = \begin{bmatrix} 0 & 0 \\ 0 & 2 \end{bmatrix}$ ist positiv semidefinit nach Definition. $f(x,y) \geq 0 \forall x,y \in$

$\mathbb{R} \Rightarrow f$ hat in $(0,0)$ globales Minimum

b) $H_f(x,y) = \begin{bmatrix} 0 & 0 \\ 0 & -4 \end{bmatrix}$ ist negativ semidefinit nach Definition. $f(x,y) \leq$

$0 \forall x,y \in \mathbb{R} \Rightarrow f$hat in $(t,0)$ globales, aber nicht isoliertes Maximum

c) $H_f(0,0) = \begin{bmatrix} 2 & 0 \\ 0 & 0 \end{bmatrix}$ ist positiv semidefinit nach Definition. Es existieren in

jeder Umgebung von $(0,0)$ größere und kleinere Werte als $f(0,0)$.

5. Die Lagrangefunktion zu diesem Problem lautet:
$L(x_1, x_2, \lambda) = 10\sqrt{x_1} + 20\ln(x_2+1) + 50 + \lambda(10x_1 + 20x_2 - 30)$. Es ist folgendes Lagrange-Gleichungssystem zu lösen:

$$\begin{array}{rcrcl} \frac{5}{\sqrt{x_1}} & + & 10\lambda & = & 0 \\ \frac{20}{x_2+1} & + & 20\lambda & = & 0 \\ 10x_1 & + & 20x_2 & = & 30 \end{array}$$

Lösung ist $x_1 = 1, x_2 = 1$ mit einer Werbewirkung von 73,86 (gerundet). Das Optimum könnte jedoch auch auf dem Rand liegen, so dass dieser näher zu betrachten ist. Die Untersuchung des Randes liefert mit $f(0, \frac{3}{2}) = 68,33$ und $f(3,0) = 67,32$ jedoch ein schlechteres Ergebnis.

6. Zu lösen: Minimiere $f(x,y,z) = 2x^2 + y^2 + 1,5z^2$ unter $g_1(x,y,z) = x+y+z-1 = 0$ und $g_2(x,y,z) = 9x + 7y + 8z - 8,5 = 0$. Die FOC lauten:

$$4x + \lambda + 9\mu = 0$$

$$2y + \lambda + 7\mu = 0$$

$$3z + \lambda + 8\mu = 0$$

$$x + y + z = 1$$

$$9x + 7y + 8z = 8,5$$

Lösung ist $x = \frac{5}{9}, y = \frac{1}{18}, z = \frac{7}{18}, \lambda = \frac{131}{18}, \mu = -\frac{19}{18}$. Da $H_L(x,y,z) =$
$\begin{bmatrix} 4 & 0 & 0 \\ 0 & 2 & 0 \\ 0 & 0 & 3 \end{bmatrix}$ pos. def. ist, liegt ein lokales Minimum vor.

7. Es liegen keine unrestringierten lokalen Extrema vor, sondern ein Sattelpunkt in $(0,0)^T$. Auf der Kreisscheibe hat f die globalen Minima $\pm(1/\sqrt{10}, 3/\sqrt{10})$ (Lagrange-Multiplikator $-\frac{1}{2}$) und globalen Maxima $\pm(3/\sqrt{10}, -1/\sqrt{10})$ (Lagrange-Multiplikator $\frac{9}{2}$).

8. $\nabla k = \begin{pmatrix} 2x - 20 \\ 2y - 10 \end{pmatrix}, H_k = \begin{bmatrix} 2 & 0 \\ 0 & 2 \end{bmatrix}, \nabla g = \begin{pmatrix} 2 \\ 3 \end{pmatrix}, H_g = \begin{bmatrix} 0 & 0 \\ 0 & 0 \end{bmatrix}$

   a) 1. Fall Nebenbedingung aktiv: $\nabla L = \begin{pmatrix} 2x - 20 + 2\lambda \\ 2y - 10 + 3\lambda \end{pmatrix} \Leftrightarrow x = 8, y = 2, \lambda = 2 > 0$. H_L ist pos. def. nach Determinantenkriterium $\Rightarrow$ in $(8,2)$ liegt lokales Minimum vor.

   2. Fall Nebenbedingung inaktiv, d. h. $\lambda = 0$. $\nabla k(x,y) = 0 \Leftrightarrow x = 10, y = 5$ Aber kritischer Punkt erfüllt nicht die NB.

   3. Randwertvergleich
   Da $x, y \geq 0$ folgt: Da $f(8,2) = 18$ kleiner ist als $f(11,0) = 31$ und $f(0, \frac{22}{3}) = 110.\overline{4}$ liegt in $(8,2)$ ein globales Minimum vor.

   b) analog zu (a). Allerdings erfüllt der Punkt $(10,5)$ nun die NB, der sich durch $H_k = H_L$ als Minimum erweist. Da $f(10,5) = 5$ ist dieser Punkt jetzt globales Minimum und $(8,2)$ nur noch ein Lokales.

9. Optimierungsproblem: $G(x,y) = -\frac{5}{4}x^2 - \frac{9}{4}y^2 - \frac{1}{2}xy + 600x + 1200y - 9200 \overset{!}{=} \max$ unter $x + y \leq 240$. Gewinnmaximum in $x = 60$, $y = 180$

10. Das Problem lautet: Minimiere $f(x,y,z) = -4z + x^2 + y^2 + z^2$ unter $h_1(x,y,z) = z - xy \leq 0$ und $h_2(x,y,z) = x^2 + y^2 + z^2 - 3 \leq 0$

   i) Zunächst: Finden aller kritischen Punkte mittels Lagrange-Methode. Notwendige Bedingungen:
   $\nabla f(x,y,z) + \mu_1 \nabla h_1(x,y,z) + \mu_2 \nabla h_2(x,y,z) = 0$
   $\mu_1 h_1(x,y,z) = 0$ und $\mu_1 \geq 0$ und natürlich $h_1(x,y,z) \leq 0$ ($\Leftrightarrow (\mu_1 = 0$ und $h_1(x,y,z) \leq 0)$ oder $(h_1(x,y,z) = 0$ und $\mu_1 \geq 0))$
   $\mu_2 h_2(x,y,z) = 0$ und $\mu_2 \geq 0$ und natürlich $h_2(x,y,z) \leq 0$ ($\Leftrightarrow (\mu_2 = 0$ und $h_2(x,y,z) \leq 0)$ oder $(h_2(x,y,z) = 0$ und $\mu_2 \geq 0))$
   hier in konkreten Werten also das Gleichungs-Ungleichungssystem:

   I) $2x - \mu_1 y + 2\mu_2 x = 0$ IV) $\mu_1(z - xy) = 0$ und $\mu_1 \geq 0$ und $z - xy \leq 0$

   II) $2y - \mu_1 x + 2\mu_2 y = 0$

   III) $-4 + 2z + \mu_1 + 2\mu_2 z = 0$ V) $\mu_2(x^2 + y^2 + z^2 - 3) = 0$ und $\mu_2 \geq 0$ und $x^2 + y^2 + z^2 - 3 \leq 0$

Aufgrund der verschiedenen Kombinationsmöglichkeiten von IV) und V) erhält man vier Fälle: 1.Fall: $\mu_1 = 0$ und $\mu_2 = 0$ und 2.Fall: $\mu_1 = 0$ und $h_2(x, y, z) = 0$: Einsetzen in Gleichungssystem ergibt keine kritischen Punkte! 3.Fall: $h_1(x, y, z) = 0$ und $\mu_2 = 0$: Einsetzen in Gleichungssystem ergibt: drei kritische Punkt: $(x, y, z) = (0, 0, 0)$ mit $\mu_1 = 4$ und $\mu_2 = 0$ und Zielwert 0 sowie $(x, y, z) = (1, 1, 1)$ (Zielwert: -1) und $(x, y, z) = (-1, -1, 1)$ (Zielwert -1) 4.Fall: $h_1(x, y, z) = 0$ und $h_2(x, y, z) = 0$: Einsetzen in Gleichungssystem ergibt nochmals dieselben kritischen Punkte $(x, y, z) = (1, 1, 1)$ (Zielwert: -1) und $(x, y, z) = (-1, -1, 1)$ (Zielwert -1). Die auch noch in Frage kommenden Punkte $(-1, 1, -1)$ und $(1, -1, -1)$ haben negative Lagrange-Multiplikatoren zur ersten Nebenbedingung, können also keine lokalen Minima sein.

ii) Hinreichende Bedingungen mittels Nutzen des Satzes vom Min/Max: Die Zielfunktion ist stetig, der zulässige Bereich ist abgeschlossen und beschränkt $\Rightarrow$ es existiert ein globales Minimum. Dieses wird durch die Lagrange-Methode auf jeden Fall als kritischer Punkt gefunden, also müssen wir nur die Funktionswerte der kritischen Punkte vergleichen. Da wir in Standardform das globale Minimum suchen, sind die Punkte $(x, y, z) = (1, 1, 1)$ und $(x, y, z) = (-1, -1, 1)$ unsere gesuchten Minima. Der Zielfunktionswert für unsere ursprünglich gesuchten globalen Maxima beträgt aber (Rück-Umformen nötig!): $\tilde{f}(1, 1, 1) = f(-1, -1, 1) = -(-1) = 1$.

11. a) $\nabla f(x, y) = (64x + 72y - 1712, 72x + 130y - 2220)^T$

$H_f(x, y) = \begin{bmatrix} 64 & 72 \\ 72 & 130 \end{bmatrix}$ hat die Hauptunterdeterminanten $64 > 0$ und $64 * 130 - 72^2 = 3136 > 0$. Also ist $H_f(x, y)$ für alle x, y positiv definit. f ist also konvex.

b) Da f konvex ist, ist jeder kritische Punkt von f ein globales Minimum. Kritische Punkte ergeben sich durch Nullsetzen des Gradienten, d.h. aus dem LGS

$$64x + 72y - 1712 = 0 \Leftrightarrow 8x + 9y - 214 = 0 \Leftrightarrow 72x + 81y - 1926 = 0$$
$$72x + 130y - 2220 = 0$$

Subtraktion der ersten von der zweiten Gleichung liefert $49y = 294 \Leftrightarrow y = 6$. Eingesetzt in die Gleichung $8x + 9y - 214 = 0$ ergibt sich

$$8x + 54 - 214 = 0 \Leftrightarrow 8x = 160 \Leftrightarrow x = 20$$

c) Ansatz ist das Lagrange-Gleichungssystem

$$\begin{array}{rcl} \frac{\partial f}{\partial x} + \lambda \frac{\partial h}{\partial x} & = & 0 \\ \frac{\partial f}{\partial y} + \lambda \frac{\partial h}{\partial y} & = & 0 \\ h(x, y) & = & 0 \end{array} \quad \text{d.h.} \quad \begin{array}{rcl} 64x + 72y - 1712 + 2\lambda & = & 0 \\ 72x + 130y - 2220 + 2\lambda & = & 0 \\ 2(x + y) & = & 102 \end{array}$$

313

Gleichsetzen über 2λ ergibt das Gleichungssystem

$$64x + 72y - 1712 = 72x + 130y - 2220$$
$$x + y = 51$$

bzw. $8x + 58y = 508$, $x + y = 51$ bzw. nach Subtraktion des achtfachen der zweiten von der ersten Gleichung $50y = 100 \Leftrightarrow y = 2$ sowie $x + y = 51 \Leftrightarrow x = 49$. Der Lagrange-Multiplikator hierzu lautet

$$2\lambda = -(64x + 72y - 1712) \Leftrightarrow \lambda = -\frac{1}{2}(64 * 49 + 2 * 72 - 1712) = -784$$

d) Voranstehend wurde nachgerechnet: $x = 49, y = 2, \lambda = -784$ ist kritischer Punkt des Optimierungsproblems

$$f(x,y) := (4x + y - 86)^2 + (4x + 8y - 128)^2 + 1 \stackrel{!}{=} \min_{x,y \geq 0}$$
$$h(x,y) := 2(x + y) = 102$$

Diese Rechnung lässt sich mit kleinen Modifikationen auf Optimierungsprobleme übertragen, bei denen die Nebenbedingung mit -1 multipliziert wird bzw. als Ungleichung vorliegt (Dabei ändert der Multiplikator ggf. sein Vorzeichen). Dann ergibt sich: $x = 49, y = 2, \lambda = 784 > 0$ ist kritischer Punkt des Optimierungsproblems

$$f(x,y) := (4x + y - 86)^2 + (4x + 8y - 128)^2 + 1 \stackrel{!}{=} \min_{x,y \geq 0}$$
$$\tilde{h}(x,y) := 102 - 2(x + y) = 0$$

und auch des Optimierungsproblems

$$f(x,y) := (4x + y - 86)^2 + (4x + 8y - 128)^2 + 1 \stackrel{!}{=} \min_{x,y \geq 0}$$
$$\tilde{h}(x,y) := 102 - 2(x + y) \leq 0$$

In diesem letzten Problem erfüllt der kritische Punkt aber alle Voraussetzungen des Satzes von Kuhn-Tucker:

1. f ist konvex (s.o.). $\tilde{h}$ ist linear, also konvex.
2. Die Slater-Bedingung ist erfüllt, z.B. $\tilde{h}(52, 52) = -2 < 0$
3. Der Punkt $x = 49, y = 2, \lambda = 784 > 0$ erfüllt gemäß Rechnung in a) die Kuhn-Tucker-Bedingungen.

Er liefert also ein globales Minimum für das zuletzt genannte Optimierungsproblem. Weil er zusätzlich für das ursprüngliche Problem zulässig ist, muss er auch ein globales Minimum des Ausgangsproblems sein.

e) Die marginale minimale Schadstoffausbringung stimmt mit dem negativen Lagrange-Multiplikator aus a) überein. Also erhöht sich die Schadstoffausbringung näherungsweise um 784 Einheiten, wenn die Ausbringung des Hauptproduktes um 1 Einheit erhöht wird (Schattenpreis des Hauptproduktes).

12. Es bezeichne $V(a)$ jeweils den Optimalwert des modifizierten Problems. Vorgehensweise generell: Man berechnet die Lagrange-Funktion des modifizierten Problems, leitet nach dem Parameter a ab und setzt in das Ergebnis die Optimallösung des Ausgangsproblems und dessen zugehörigen Parameter ein.
Das Resultat hiervon ist nach dem Envelope-Theorem die marginale Änderung des Optimalwertes, d.h. $V'(a)$ für denjenigen Wert von a, der zum Ausgangsproblem führt.
Speziell bei solchen modifizierten Problemen, bei denen sich nur der Wert der Nebenbedingung verändert, ergibt sich der negative Lagrange-Multiplikator als Lösung.

a1) Lagrange-Funktion $L_a(x, y, \lambda) = xy^a + \lambda(x^2 + y^2 - 1) = xe^{a\log(y)} + \lambda(x^2 + y^2 - 1)$
$\frac{\partial}{\partial a} L_a(x, y, \lambda) = xy^a \log(y)$

$$V'(1) = \frac{\partial}{\partial a} L_a(x, y, \lambda) \bigg|_{\substack{x = \sqrt{\frac{1}{2}} \\ y = \sqrt{\frac{1}{2}} \\ \lambda = -\frac{1}{2} \\ a = 1}} = \frac{1}{2} \log \sqrt{\frac{1}{2}} = \frac{1}{4} \log 2 \approx 0,173\,29$$

a2) Da hier der Wert der Nebenbedingung verändert wird, ist $V'(0) = -\lambda = \frac{1}{2}$.

b1) Lagrange-Funktion $L_a(x, y, \lambda) = x^{2+a} + y^{2+a} + \lambda(x + y - 1) = e^{(2+a)\log x} + e^{(2+a)\log y} + \lambda(x + y - 1)$
$\frac{\partial}{\partial a} L_a(x, y, \lambda) = x^{(2+a)} \log x + y^{(2+a)} \log y$

$$V'(1) = \frac{\partial}{\partial a} L_a(x, y, \lambda) \bigg|_{\substack{x = \frac{1}{2} \\ y = \frac{1}{2} \\ \lambda = -1 \\ a = 1}} = 2\left(\frac{1}{2}\right)^3 \cdot \log \frac{1}{2}$$

b2) Lagrange-Funktion $L_a(x, y, \lambda) = x^2 + y^2 + \lambda(ax + y - 1)$
$\frac{\partial}{\partial a} L_a(x, y, \lambda) = \lambda x$

$$V'(1) = \frac{\partial}{\partial a} L_a(x, y, \lambda) \bigg|_{\substack{x = \frac{1}{2} \\ y = \frac{1}{2} \\ \lambda = -1 \\ a = 1}} = -\frac{1}{2}$$

b3) Lagrange-Funktion $L_a(x, y, \lambda) = x^{2+a} + y^{2+a} + \lambda(ax + y - 1)$
$\frac{\partial}{\partial a} L_a(x, y, \lambda) = x^{(2+a)} \log x + y^{(2+a)} \log y + \lambda x$

$$V'(1) = \left.\frac{\partial}{\partial a} L_a(x, y, \lambda)\right|_{\substack{x = \frac{1}{2} \\ y = \frac{1}{2} \\ \lambda = -1 \\ a = 1}} = 2\left(\tfrac{1}{2}\right)^3 \log \tfrac{1}{2} - \tfrac{1}{2}$$

b4) Da hier der Wert der Nebenbedingung verändert wird ist $V'(0) = -\lambda = 1$

c1) Lagrange-Funktion $L_a(x, y, z, \lambda) = \log((xyz)^a) + \lambda(x + 2y + 2z - 1) = a \log(xyz) + \lambda(x + 2y + 2z - 1)$

$\frac{\partial}{\partial a} L_a(x, y, z, \lambda) = \log(xyz)$

$$V'(1) = \left.\frac{\partial}{\partial a} L_a(x, y, z, \lambda)\right|_{\substack{x = \frac{1}{3} \\ y = \frac{1}{6} \\ z = \frac{1}{6} \\ \lambda = -3 \\ a = 1}} = \log(\tfrac{1}{3}\tfrac{1}{6}\tfrac{1}{6}) = -\log 108$$

c2) Lagrange-Funktion $L_a(x, y, z, \lambda) = \log(xyz) + \lambda(x + 2y + az - 1)$

$\frac{\partial}{\partial a} L_a(x, y, z, \lambda) = \lambda z$

$$V'(2) = \left.\frac{\partial}{\partial a} L_a(x, y, z, \lambda)\right|_{\substack{x = \frac{1}{3} \\ y = \frac{1}{6} \\ z = \frac{1}{6} \\ \lambda = -3 \\ a = 2}} = -\tfrac{1}{2}$$

c3) Lagrange-Funktion $L_a(x, y, z, \lambda) = \log((xyz)^a) + \lambda(x + 2y + (1+a)z - 1) = a \log(xyz) + \lambda(x + 2y + (1+a)z - 1)$

$\frac{\partial}{\partial a} L_a(x, y, z, \lambda) = \log(xyz) + \lambda z$

$$V'(1) = \left.\frac{\partial}{\partial a} L_a(x, y, z, \lambda)\right|_{\substack{x = \frac{1}{3} \\ y = \frac{1}{6} \\ z = \frac{1}{6} \\ \lambda = -3 \\ a = 1}} = -\log(108) - \tfrac{1}{2}$$

c4) Da nur der Wert der Nebenbedingung verändert wird, ist $V'(0) = -\lambda = 3$.

Glossar

ABGESCHLOSSENE MENGE Eine Menge, die jeden ihrer **RANDPUNK-TE** ⇨ Glossar enthält ⇨ 232

ABLEITUNG EINER FUNKTION Die Steigung der Tangenten an den Graphen einer Funktion f in einem speziellen Punkt. Die Ableitungsfunktion ist die Funktion, welche sich durch Zuordnung von Punkten x aus dem Definitionsbereich von f zu der Ableitung $f'(x)$ ergibt ⇨ 160

ABLEITUNG EINER FUNKTION EINER VARIABLEN Grenzwert des Differenzenquotienten der Funktion, welcher die Änderung vom Output der Funktion im Verhältnis zur Inputänderung beschreibt ⇨ 112

ABLEITUNG HÖHERER ORDNUNG Entsteht, wenn die **ABLEITUNGS-FUNKTION** ⇨ Glossar nochmals ggf. mehrfach hintereinander abgeleitet wird ⇨ 170

ABSATZ-PREIS-FUNKTION So wird die Umkehrfunktion einer **PREIS-ABSATZ-FUNKTION** ⇨ Glossar genannt ⇨ 108

AKTIVE NEBENBEDINGUNG Liegen in einem Optimierungsproblem eine oder mehrere **RESTRIKTIONEN** ⇨ Glossar in Ungleichungsform vor, und ist für einen speziellen zulässigen Punkt eine dieser Nebenbedingungen ausgeschöpft, so nennt man die Restriktion aktiv für diesen Punkt ⇨ 256

ARITHMETISCHE FOLGE Eine **FOLGE** ⇨ Glossar, bei der sukzessive Differenzen stets den gleichen Wert annehmen ⇨ 131

BASIS EINES VEKTORRAUMS Ein System **LINEAR UNABHÄNGIGER** ⇨ Glossar **VEKTOREN** ⇨ Glossar, welches den **VEKTORRAUM** ⇨ Glossar aufspannt. Auch in der linearen Optimierung spricht man von einer Basis. Gemeint ist dann ein Bündel von Variablen, deren zugehörige Spalten der **KOEFFIZIENTENMATRIX** ⇨ Glossar der m Nebenbedingungen eine Basis des $\mathbb{R}^m$ bilden ⇨ 48

BEDINGUNG VOM KOMPLEMENTÄREN SCHLUPF In einem Minimierungsproblem unter Ungleichungsrestriktionen bezeichnet dies die Forderung, dass in einem kritischen Punkt jede **RESTRIKTION** ⇨ Glossar entweder aktiv ist oder den **LAGRANGE-MULTIPLIKATOR** ⇨ Glossar Null hat ⇨ 256

BERNOULLI-UNGLEICHUNG Eine elementare Ungleichung: Für alle rellen Zahlen $x \geq -1, x \neq 0$ und alle natürlichen Zahlen $n \geq 2$ gilt $(1+x)^n > 1 + nx$ ⇨ 137

BESCHRÄNKTE FOLGE Eine **FOLGE** ⇨ Glossar, deren Glieder innerhalb eines geeigneten Intervalles $[a; b]$ liegen ⇨ 140

BESCHRÄNKTE MENGE Eine Punktmenge, die sich nicht über ein geeignetes – mehrdimensionales – Rechteck begrenzter Abmessung hinaus ausdehnt ⇨ 230

BESTIMMTES INTEGRAL Flächeninhalt bzw. Volumen einer geometrischen Figur, die vertikal vom Graph einer Funktion und den Koordinatenachsen der Inputvariablen dieser Funktion begrenzt wird. In der horizontalen Ausdehnung ist die Figur durch Restriktionen an die Inputvariablen begrenzt (z.B. Intervalle) ⇨ 182

BINOMIALKOEFFIZIENT Die Anzahl aller k-elementigen Teilmengen einer n-elementigen Menge ⇨ 147

CARDANO-FORMELN Lösungsformeln für die Nullstellen von Polynomen dritten und vierten Grades. Diese sind nach ihrem Entdecker GEROLAMO CARDANO (1501-1576) benannt. Für Gleichungen 4. Grades stammen die Formeln von CARDANOS Assistent LODOVICO FERRARI (1522-1565) ⇨ 124

CES-FUNKTION Eine Funktion $f(x_1, \ldots, x_n) = \sqrt[p]{a_0 + a_1 x_1^p + \cdots + a_n x_n^p}$ mit fest vorgegebenen reellen Parametern $a_0, a_1, \ldots, a_n > 0$ und $p \neq 0$. Werden vorwiegend zur Modellierung von **PRODUKTIONSFUNKTIONEN** ⇨ Glossar verwendet ⇨ 120

CHARAKTERISTISCHES POLYNOM Für eine $n \times n$-**MATRIX** A ⇨ Glossar ist damit das Polynom $\det(A - \lambda I_n)$ gemeint. Seine Nullstellen sind genau die Eigenwerte von A ⇨ 88

COBB-DOUGLAS-FUNKTION Eine Funktion $f(x_1, \ldots, x_n) = c x_1^{a_1} \cdots x_n^{a_n}$ mit fest vorgegebenen reellen Parametern $c > 0, a_1, \ldots, a_n$. Werden vorwiegend zur Modellierung von **PRODUKTIONSFUNKTIONEN** ⇨ Glossar verwendet, wobei dann $a_i > 0$ und meist $a_1 + \cdots + a_n = 1$ ⇨ 120

COURNOT-PUNKT Im Ertrags-Preis-Koordinatensystem den Gewinn maximierender Punkt auf dem Graphen der **NACHFRAGEFUNKTION** ⇨ Glossar ⇨ 110

CRAMER'SCHE REGEL Formel, mit der die Komponenten des Lösungsvektors in einem **LINEAREN GLEICHUNGSSYSTEM** ⇨ Glossar mit quadratischer, invertierbarer **KOEFFIZIENTENMATRIX** ⇨ Glossar einzeln auf Basis von **DETERMINANTEN** ⇨ Glossar bestimmt werden können ⇨ 84

DELTA-WERT Koeffizient einer Variable, der in einem linearen Optimierungsproblem angibt, wie sich der aktuelle Zielwert verändert, wenn die Variable in die Basis geht ⇨ 31

DETERMINANTE Kennzahl einer **QUADRATISCHEN MATRIX** ⇨ Glossar, die u.a. Auskunft darüber gibt, ob die Matrix invertierbar ist ⇨ 79

DIAGONALMATRIX Eine quadratische **MATRIX** A ⇨ Glossar mit Einträgen $a_{i,j}$, für die gilt $a_{i,j} = 0$, falls $i \neq j$ ⇨ 75

DIFFERENTIAL Der Vektor bzw. die Matrix, welche das Änderungsverhalten einer Funktion mehrerer Variablen bei Änderungen einzelner Variablen durch die betreffenden **PARTIELLEN ABLEITUNGEN** ⇨ Glossar und darüber hinaus die Linearisierung der Funktion beschreibt ⇨ 194

DIFFERENZENGLEICHUNGEN Implizite Darstellungen von **FOLGEN** ⇨ Glossar, bei denen für die Differenzen von je zwei aufeinander folgenden Gliedern eine explizite Form annehmen oder auf die Ausgangsfolge zurückgeführt werden können ⇨ 131

DIFFERENZIERBARE FUNKTION MEHRERER VARIABLEN Eine linearisierbare Funktion, d.h. eine Funktion, die sich in einem Entwicklungspunkt wie eine affin lineare Funktion verhält, insbesondere hinsichtlich ihres Änderungsverhaltens. Differenzierbare Funktionen sind partiell differenzierbar ⇨ 194

DIFFERENZIERBARKEIT Zu einer Funktion mit dieser Eigenschaft lässt sich das Änderungsverhalten dieser Funktion lokal durch Tangenten bzw. Tangentialebenen an den Funktionsgraphen beschreiben ⇨ 160

DIMENSION Eine Kennzahl eines **UNTERVEKTORRAUMES** ⇨ Glossar, die angibt, wie viele Koordinatenachsen bzw. **LINEAR UNABHÄNGIGE** ⇨ Glossar **VEKTOREN** ⇨ Glossar man benötigt, um ihn als **LINEARE HÜLLE** ⇨ Glossar dieser Vektoren darzustellen ⇨ 48

DIMENSIONSFORMEL Gibt die **DIMENSION** ⇨ Glossar des **KERNS** ⇨ Glossar einer **MATRIX** ⇨ Glossar $A \in \mathbb{R}^{m \times n}$ in Abhängigkeit von der Anzahl p der **PIVOT-SPALTEN** ⇨ Glossar dieser Matrix an: $\dim(Kern(A)) = n - p$ ⇨ 48

DIVERGENTE FOLGE Eine **FOLGE** ⇨ Glossar, die nicht **KONVERGENT** ⇨ Glossar ist ⇨ 135

DOPPELINTEGRAL Die Darstellung eines Zweifachintegrals mittels Hintereinanderausführung zweier Integrale zu Funktionen einer Variablen ⇨ 214

EIGENWERT Kennzahl λ einer **MATRIX** A ⇨ Glossar, zu der es einen vom **NULLVEKTOR** ⇨ Glossar $\bar{0}$ verschiedenen **VEKTOR** x ⇨ Glossar gibt mit $Ax = \lambda x$; diesen nennt man dann Eigenvektor. Wenn man sich vorstellt, dass Matrizen als lineare Abbildungen typischerweise eine Kombination von Rotation und Stauchung bewirken, so sind Eigenvektoren mit Koordinatenachsen zu identifizieren, die bei Transformation mittels A abgesehen von einer Verschiebung der Skala unverändert bleiben ⇨ 87

EINHEITSMATRIX Eine $n \times n$-**MATRIX** I_n ⇨ Glossar mit Einträgen $a_{i,j} = 0$ für $i \neq j$ und $a_{i,i} = 1$. Das Matrix-Produkt $I_n B$ bzw. $B I_n$ ist – falls es gebildet werden kann – stets gleich B. In diesem Sinne wird I_n auch als neutrales Element der Matrixmultiplikation bezeichnet ⇨ 75

EINHEITSVEKTOR Der i-te Einheitsvektor im im Vektorraum $\mathbb{R}^n$ ist der **VEKTOR** ⇨ Glossar $e^{(i)} = (0, \ldots, 0, 1, 0, \ldots, 0)^T$, wobei die Eins an der i-ten Stelle steht. Die Einheitsvektoren legen das Standard-Koordinatensystem fest und werden deshalb auch als Koordinaten-Einheitsvektoren bezeichnet ⇨ 40

ELASTIZITÄT Einheitenunabhängiger Wert, der die näherungsweise prozentuale Änderung eines ökonomischen Output in Abhängigkeit von einer einprozentigen Änderung eines ökonomischen Input angibt ⇨ 114

ELASTIZITÄTSGRADIENT Vektor der **PARTIELLEN ELASTIZITÄTEN** ⇨ Glossar einer Funktion mehrerer Variablen ⇨ 199

ELIMINATIONSVERFAHREN NACH GAUSS Standard-Methode zur Lösung linearer Gleichungssysteme. Durch Additionsschritte wird systematisch die Anzahl der Variablen in den Gleichungen so lange verringert, bis sich eine Form ergibt, in der sich zwei Gruppen von Variablen zeigen: die einen Variablen dürfen frei gewählt werden, die anderen stellen sich als lineare Funktionen der freien Variablen dar ⇨ 22

ENDNACHFRAGE In einem Leontief-Modell die Abgabe von Gütern an den Markt nach Abzug aller Anteile, welche die Sektoren untereinander wechselseitig benötigen ⇨ 92

ENDOGENE VARIABLE Variablen, die innerhalb des gegebenen ökonomischen Modells vom Betrachter veränderbar sind ⇨ 274

ENGPASS In einem linearen Optimierungsproblem der Maximalwert, den eine in die Basis gehende Nichtbasisvariable annehmen kann, damit alle anderen Variablen nichtnegativ bleiben ⇨ 30

ENTWICKLUNGSFORMEL FÜR DETERMINANTEN Eine Vorschrift, welche die DETERMINANTE ⇨ Glossar einer $n \times n$-MATRIX A ⇨ Glossar durch eine geeignet gewichtete Summe von n Determinanten zu $(n-1) \times (n-1)$-Matrizen darstellt. Die Entwicklung kann nach einer beliebigen Zeile oder Spalte erfolgen ⇨ 82

ERLÖSFUNKTION Funktion, die den quantitativen Zusammenhang zwischen abgesetzter Gütermenge bzw. Stückpreis und hieraus erzieltem Umsatz beschreibt. Wird auch Umsatzfunktion genannt ⇨ 108

ERZEUGENDE FUNKTION EINER FOLGE Die einer FOLGE (a_n) ⇨ Glossar zugeordnete POTENZREIHE ⇨ Glossar in der Variablen x, d.h. KOEFFIZIENT ⇨ Glossar zu x^n ist gerade das n-te Folgenglied a_n ⇨ 152

EULER-FORMEL Formel für spezielle RICHTUNGSABLEITUNGEN ⇨ Glossar HOMOGENER FUNKTIONEN ⇨ Glossar ⇨ 202

EXOGENE VARIABLEN Variablen, die innerhalb des gegebenen ökonomischen Modells vom Betrachter nicht veränderbar sind, höchstens unter Einnahme eines höheren Standpunktes ⇨ 274

EXPLIZIT Ökonomische Variablen hängen meist unmittelbar voneinander ab. Wird die eine fixiert, so ergibt sich die andere auf mehr oder weniger komplizierte Weise hieraus. Eine Formel, bei der eine Variable sich als Funktion der anderen ergibt, nennt man explizite Gleichung ⇨ 29

EXPLIZITE FORM EINER FOLGE Eine Darstellung des Bildungsgesetzes einer **FOLGE** ⇨ Glossar durch einen Term in n, dem **FOLGENINDEX** ⇨ Glossar ⇨ 131

EXPONENTIALFUNKTION Schreibweise $\exp(x)$: die **POTENZREIHE** ⇨ Glossar, deren n-ter **KOEFFIZIENT** ⇨ Glossar der Kehrwert der n-ten Fakultät ist ⇨ 151

FAKULTÄT Zu gegebener natürlicher Zahl n das Produkt der ersten n natürlichen Zahlen ⇨ 147

FALK-SCHEMA Schematisches Verfahren zum **MATRIX-PRODUKT** ⇨ Glossar, bei dem die beiden miteinander zu multiplizierenden **MATRIZEN** ⇨ Glossar zusammen mit der Ergebnis-Matrix in einem horizontal gespiegelten „L"-Schema aufgestellt werden, um die Zeilen- und Spaltenzugehörigkeiten besser erkennen zu können ⇨ 72

FIBONACCI-FOLGE Eine Folge, bei der jedes Folgenglied Summe der beiden vorangehenden Folgenglieder ist ⇨ 132

FIXE KOSTEN Kosten, die unabhängig vom Produktionsertrag entstehen, z.B. Personalkosten, Zinsaufwand in der Finanzierung der Produktionsstätte etc. ⇨ 107

FOLGE Eine unendliche Sequenz reeller Zahlen bzw. **VEKTOREN** ⇨ Glossar. Im ersten Fall spricht man auch von einer Zahlenfolge, im letzten von einer Punktfolge ⇨ 130

FOLGENGLIED Ein spezifischer Eintrag in einer **FOLGE** ⇨ Glossar ⇨ 130

FOLGENINDEX Mathematische Variable, die zu einer gegebenen **FOLGE** ⇨ Glossar eine spezielle Stelle dieser Folge auswählt ⇨ 130

FRITZ-JOHN-BEDINGUNG Eine Darstellung der FOC in der Lagrange-Methode ⇨ 246

FUNKTION Unter einer Funktion $f : \mathbb{D} \to \mathbb{E}$ versteht man eine Zuordnungsvorschrift, die jedem Element x der Menge $\mathbb{D}$ genau ein Element y der Menge $\mathbb{E}$ zuweist. Dieses wird mit $f(x)$ bezeichnet. Üblich ist bei allgemeinen Definitions- und Wertebereichen eher der Begriff „Abbildung", während „Funktion" für $\mathbb{D} \subseteq \mathbb{R}^n$ und $\mathbb{E} \subseteq \mathbb{R}^m$ verwendet wird ⇨ 13

GEOMETRISCHE FOLGE Eine **FOLGE** ⇨ Glossar, bei der Quotienten aufeinanderfolgender **FOLGENGLIEDER** ⇨ Glossar stets denselben Wert annehmen ⇨ 131

GEOMETRISCHE REIHE Die **REIHE** ⇨ Glossar, welche als Summanden die Glieder der **GEOMETRISCHEN FOLGE** ⇨ Glossar hat ⇨ 149

GERÄNDERTE HESSE-MATRIX Die in einem restringierten Optimierungsproblem an den Rändern mit den **GRADIENTEN** ⇨ Glossar der Nebenbedingungsfunktionen erweiterte **HESSE-MATRIX** ⇨ Glossar zur **LAGRANGE-FUNKTION** ⇨ Glossar des Problems ⇨ 266

GESCHLOSSENE FORM EINER SUMME Eine Darstellung einer Summe, deren Berechnungsaufwand nicht mit der Anzahl der Summanden steigt ⇨ 132

GESCHLOSSENES LEONTIEF-MODELL Ein **LEONTIEFMODELL** ⇨ Glossar mit einem Produktionsvektor, zu dem kein Konsum ensteht ⇨ 94

GEWINNFUNKTION Differenzfunktion aus einer **ERLÖSFUNKTION** ⇨ Glossar und einer **KOSTENFUNKTION** ⇨ Glossar ⇨ 108

GLEICHUNGSMATRIX Die um eine Spalte mit den Koeffizienten auf der rechten Seite der Gleichungen erweiterte Koeffizientenmatrix des **LINEAREN GLEICHUNGSSYSTEMS** ⇨ Glossar ⇨ 22

GLOBALES EXTREMUM Stelle einer Funktion, wo diese ihren absolut kleinsten (Minimum) bzw. absolut größten (Maximum) Wert annimmt ⇨ 177

GLOBALES EXTREMUM EINER FUNKTION Eine Stelle im Definitionsbereich oder ein Punkt auf dem Funktionsgraphen, der sich – mit Bezug auf die Formulierung des zugehörigen Optimierungsproblems – nicht verbessern lässt ⇨ 237

GOLDENER SCHNITT Ein in der Kunst und Architektur verwendetes Teilungsverhältnis für Linien ⇨ 132

GRADIENT Vektor der **PARTIELLEN ABLEITUNGEN** ⇨ Glossar erster Ordnung aller Variablen einer **PARTIELL DIFFERENZIERBAREN** ⇨ Glossar Funktion ⇨ 188

GRENZWERT EINER FOLGE Eine Zahl a mit der Eigenschaft, dass in jeder Umgebung dieser Zahl fast alle **FOLGENGLIEDER** ⇨ Glossar liegen ⇨ 135

HÄUFUNGSPUNKT ist eine Teilfolge einer **FOLGE** $(a_n) \Rightarrow$ Glossar konvergent, so nennt man den **GRENZWERT** $\Rightarrow$ Glossar einen Häufungspunkt von $(a_n) \Rightarrow 136$

HARMONISCHE REIHE Eine **UNENDLICHE REIHE** $\Rightarrow$ Glossar, deren Summanden Kehrwerte von Potenzen natürlicher Zahlen sind $\Rightarrow 149$

HAUPT-UNTERDETERMINANTE Zu einer **QUADRATISCHEN MATRIX** $\Rightarrow$ Glossar die **DETERMINANTEN** $\Rightarrow$ Glossar der von links oben nach rechts unten mit wachsender Zeilen- und Spaltenzahl sukzessive gebildeten Teilmatrizen; die Matrizen werden auch Haupt-Untermatrizen, die Determinanten auch Hauptminoren genannt $\Rightarrow 209$

HAUPTACHSENTRANSFORMATION Eine Methode zur Bestimmung einer **BASIS** $\Rightarrow$ Glossar des $\mathbb{R}^n$, welche Eigenvektoren zu den **EIGENWERTEN** $\Rightarrow$ Glossar einer gegebenen symmetrischen $n \times n$-**MATRIX** $A \Rightarrow$ Glossar besteht $\Rightarrow 90$

HESSE-MATRIX EINER FUNKTION Die **MATRIX** $\Rightarrow$ Glossar der **PARTIELLEN ABLEITUNGEN ZWEITER ORDNUNG** $\Rightarrow$ Glossar einer zweimal stetig partiell differenzierbaren Funktion mehrerer Variablen $\Rightarrow 204$

HOMOGENE FUNKTION Eine Funktion $f : \mathbb{D} \subseteq \mathbb{R}^n \to \mathbb{R}$, zu der es eine reelle Zahl r gibt, so dass für alle $x \in \mathbb{D}$ und $\lambda \in \mathbb{R}$ mit $\lambda x \in \mathbb{D}$ gilt: $f(\lambda x) = \lambda^r f(x) \Rightarrow 121$

IMPLIZIT Ökonomische Variablen hängen meist unmittelbar voneinander ab. Wird die eine fixiert, so ergibt sich die andere auf mehr oder weniger komplizierte Weise hieraus. Eine Formel, bei der die Variablen so aneinander gebunden sind, dass nicht durch einfaches Umstellen sich die eine Variable als Formel der anderen ergibt, nennt man implizite Gleichung $\Rightarrow 29$

IMPLIZITE FORM EINER FOLGE Eine Darstellung des Bildungsgesetzes einer **FOLGE** $\Rightarrow$ Glossar durch eine oder mehrere Gleichungen in sukzessiven Gliedern der Folge $\Rightarrow 131$

INAKTIVE NEBENBEDINGUNG Liegen in einem Optimierungsproblem eine oder mehrere **RESTRIKTIONEN** $\Rightarrow$ Glossar in Ungleichungsform vor, und ist für einen speziellen zulässigen Punkt eine dieser Nebenbedingungen nicht ausgeschöpft, so nennt man die Restriktion inaktiv für diesen Punkt $\Rightarrow 256$

INDEX Mathematische Variable, mit der die Komponente eines **VEKTORS** ⇨ Glossar oder ein spezielles Glied einer **FOLGE** ⇨ Glossar festgelegt wird. Der Begriff wird auch für bestimmte Typen statistischer Kennzahlen verwendet ⇨ 129

INNERER PUNKT Ein Punkt x einer Menge, der samt einer – ausreichend kleinen – Kreisumgebung $B_r(x)$ mit $r > 0$ in der Menge liegt ⇨ 194

INPUT-MATRIX Anderer Begriff für die **TECHNOLOGISCHE MATRIX** ⇨ Glossar ⇨ 93

INPUT-OUTPUT-TABELLE Eine Tabelle, in der die Güterbewegungen der Sektorenverflechtung eines Leontief-Modells dargestellt werden ⇨ 92

INVERSE MATRIX Zu einer quadratischen $n \times n$-**MATRIX** A ⇨ Glossar ist B die inverse Matrix, falls die **MATRIXPRODUKTE** ⇨ Glossar AB und BA gebildet werden können und jeweils die **EINHEITSMATRIX** I_n ⇨ Glossar ergeben. A heißt dann invertierbar ⇨ 76

INVERSES ELEMENT siehe: **NEUTRALES ELEMENT** ⇨ Glossar ⇨ 39

JACOBI-MATRIX Zu einem Funktionsvektor $(f_1, \ldots, f_m)$ die Matrix, deren i-te Zeile aus den sukzessiven **PARTIELLEN ABLEITUNGEN** ⇨ Glossar von f besteht ⇨ 189

KEPLERSCHE FASSREGEL Regel zur numerischen Approximation von Integralen auf Basis von Flächen unter Parabelsegmenten. Sie ist nach dem Astronom und Mathematiker **KEPLER** benannt, der sie zur Bestimmung des Volumens von Weinfässern verwendet haben soll. ⇨ 185

KERN EINER MATRIX A Menge aller **VEKTOREN** ⇨ Glossar x mit $Ax = \bar{0}$; auch Nullraum genannt ⇨ 48

KLEINSTE-QUADRATE-METHODE Verfahren zur Anpassung einer Funktionenschar, $f_a : \mathbb{R}^n \to \mathbb{R}$, $a \in \mathbb{R}^d$, an gegebene Datensätze. Sie hat ihren Namen daher, dass die Summe der Abstandsquadrate zwischen beobachteten und durch die Funktion f_a prognostizierten Werten gebildet wird. Die ideale **FUNKTION** ⇨ Glossar f_{a^*} wird durch Minimierung dieser Summe in dem Schar-Parameter a ermittelt. Der populärste Spezialfall ist die einfache lineare Regression mit einer affinen Gerade $y = f_{a,b}(x) = ax + b$ ⇨ 43

KOEFFIZIENT meist: Vorfaktor einer Potenz in einem Polynom bzw. einer Polynomgleichung oder einer **POTENZREIHE** ⇨ Glossar einer oder mehrerer Variablen, insbesondere auch in linearen Termen und Gleichungen ⇨ 22

KOEFFIZIENTENMATRIX EINES LGS Matrix, welche die Koeffizienten der **LINEAREN GLEICHUNGEN** ⇨ Glossar zeilenweise je Gleichung abbildet. Jede Spalte ist dabei den **KOEFFIZIENTEN** ⇨ Glossar genau einer Variable zugeordnet ⇨ 22

KOMPAKTE MENGE Eine Punktmenge, die sowohl **ABGESCHLOSSEN** ⇨ Glossar als auch **BESCHRÄNKT** ⇨ Glossar ist ⇨ 234

KOMPLEMENTÄRGÜTER Zwei oder mehr Güter, bei denen die **NACHFRAGE** ⇨ Glossar nach einem der Güter fällt, wenn der Preis eines der andern Güter steigt ⇨ 118

KONKAVE FUNKTION EINER VARIABLEN Eine Funktion, deren Funktionsgraph stets oberhalb einer Verbindungslinie zwischen zwei Punkten des Funktionsgraphen liegt ⇨ 175

KONTUR-DIAGRAMM Eine zweidimensionale Darstellung einer Funktion von zwei Variablen. Der Definitionsbereich der Funktion wird dargestellt und wie eine topographische Karte je nach Funktioswert-Niveau eingefärbt. Exemplarisch werden meist noch Linien gleichen Funktionswertes, die **NIVEAU-LINIEN** ⇨ Glossar eingezeichnet ⇨ 123

KONVERGENTE FOLGE Eine **FOLGE** ⇨ Glossar, die gegen einen **GRENZWERT** ⇨ Glossar strebt ⇨ 135

KONVERGENTE REIHE Eine konvergente Partialsummenfolge ⇨ 148

KONVEXE FUNKTION EINER VARIABLEN Eine Funktion, deren Funktionsgraph stets unterhalb einer Verbindungslinie zwischen zwei Punkten des Funktionsgraphen liegt ⇨ 175

KONVEXE MENGE Eine Punktmenge, für die die Verbindungslinie je zwei beliebiger Punkte der Menge stets vollständig in der Menge liegt ⇨ 206

KOORDINATENFOLGE Wählt man aus einer Punkt-**FOLGE** ⇨ Glossar zu jedem Folgenglied die i-te Komponente aus, so bilden diese Zahlen eine Koordinatenfolge ⇨ 144

KOSTENFUNKTION IN DER PRODUKTION Funktion, welche den Zusammenhang zwischen Produktionsertrag und Kosten der Produktion beschreibt. ⇨ 107

KRITISCHER PUNKT EINES OPTIMIERUNGSPROBLEMS Punkt im Definitionsbereich des Optimierungsproblems, in dem die FOC erfüllt sind ⇨ 238

KUHN-TUCKER-BEDINGUNGEN Eine Darstellung der FOC in der Lagrange-Methode ⇨ 246

L'HOSPITAL'SCHE REGEL Regel für **GRENZWERTE** ⇨ Glossar von Funktionsquotienten, wenn Zähler und Nenner gegen Null streben ⇨ 161

LAGRANGE-FUNKTION Zu der Zielfunktion f und den Nebenbedingungsfunktionen $g_1, \ldots, g_m$ eines durch m Gleichungen restringierten Optimierungsproblems in dem Variablenvektor x ist dies die Funktion $L(\lambda_1, \ldots, \lambda_m, x) = f(x) + \lambda_1 g_1(x) + \cdots + \lambda_m g_m(x)$. Nullsetzen des Gradienten der Lagrange-Funktion ist die Lagrange-Methode ⇨ 226

LAGRANGE-METHODE Verfahren zur Einbindung von Nebenbedingungen bei der Herleitung **KRITISCHER PUNKTE** ⇨ Glossar in restringierten Optimierungsproblemen ⇨ 226

LAGRANGE-MULTIPLIKATOR Schattenpreis der Restriktion eines ökonomischen Optimierungsproblems. Gleichzeitig technische Größe zur Bestimmung kritischer Punkte in einem Optimierungsproblem mit Hilfe der Lagrange-Methode ⇨ 225

LEONTIEF-INVERSE Zur **TECHNOLOGISCHEN MATRIX** A ⇨ Glossar die Matrix $(I_n - A)^{-1}$. Sie dient zur Berechnung der Produktion, die für einen gegebenen Konsum in einem **LEONTIEF-MODELL** ⇨ Glossar erforderlich ist ⇨ 94

LEONTIEF-MODELL Ein Modell zur Analyse von Verflechtungsbeziehungen zwischen Wirtschafts-**SEKTOREN** ⇨ Glossar mittels linearer Abbildungen ⇨ 91

LINEAR ABHÄNGIG Ein System von **VEKTOREN** ⇨ Glossar, von denen wenigstens einer eine **LINEARKOMBINATION** ⇨ Glossar der anderen ist. Danach ist z.B. jedes System, welches den **NULLVEKTOR** ⇨ Glossar beinhaltet, linear abhängig ⇨ 46

LINEAR UNABHÄNGIG Ein System von **VEKTOREN** ⇨ Glossar, bei dem keiner der Vektoren eine **LINEARKOMBINATION** ⇨ Glossar der anderen ist ⇨ 46

LINEAR-HOMOGENE FUNKTION Funktion, die homogen vom Grad 1 ist ⇨ 121

LINEARE ABBILDUNG Eine Abbildung $f : V \to W$ zwischen zwei **VEKTORRÄUMEN** V, W ⇨ Glossar, bei der Vektoraddition und Skalarmultiplikation in beiden Vektorräumen mit der Abbildung f verträglich im folgenden Sinne ist: $f(x + y) = f(x) + f(y)$ sowie $f(\alpha x) = \alpha f(x)$ für alle $x, y \in V$ und alle **SKALARE** ⇨ Glossar α. Lineare Abbildungen zwischen Vektorräumen von **TUPELN** ⇨ Glossar lassen sich immer als Matrix-Vektor-Produkte, d.h. in der Form $f(x) = Ax$ mit einer $m \times n$-**MATRIX** A ⇨ Glossar darstellen. ⇨ 68

LINEARE DIFFERENZENGLEICHUNGEN Differenzengleichungen, bei denen zu einer Folge eine Differenz geeigneter Ordnung als lineare Funktion der Folge dargestellt werden kann ⇨ 133

LINEARE FUNKTION Eine Abbildung $f : \mathbb{R}^n \to \mathbb{R}^m$ mit den Eigenschaften $f(x + y) = f(x) + f(y)$ und $f(ax) = af(x)$ für alle $x, y \in \mathbb{R}^n$ und alle $a \in \mathbb{R}$ ⇨ 13

LINEARE HÜLLE Sind **VEKTOREN** $a^{(1)}, \ldots, a^{(m)}$ ⇨ Glossar gegeben, so kann man diese als Koordinatenachsen auffassen. Die Menge aller Vektoren, die in diesem Koordinatensystem – nicht unbedingt eindeutig – dargestellt werden kann, ist die Lineare Hülle von $a^{(1)}, \ldots, a^{(m)}$ ⇨ 43

LINEARES GLEICHUNGSSYSTEM Ein System von Gleichungen der Form $a_1 x_1 + \cdots + a_n x_n = b$ in den Unbekannten $x_1, \ldots, x_n$, wobei $a_1, \ldots, a_n, b$ reelle Zahlen sind. Wenn den rechten Seiten aller Gleichungen Null steht, spricht man von einem homogenen linearen Gleichungssystem ⇨ 19

LINEARKOMBINATION zu gegebenen **VEKTOREN** ⇨ Glossar $a^{(1)}, \ldots, a^{(m)}$ des $\mathbb{R}^n$ eine Vektorsumme der Form $\alpha_1 a^{(1)} + \cdots + \alpha_m a^{(m)}$, wobei α_i **SKALARE** ⇨ Glossar sind ⇨ 43

LOKALES EXTREMUM EINER FUNKTION Eine Stelle im Definitionsbereich oder ein Punkt auf dem Funktionsgraphen, der sich – mit Bezug auf die Formulierung des zugehörigen Optimierungsproblems – in einer ausreichend kleinen Umgebung dieses Punktes nicht verbessern lässt ⇨ 237

MAJORANTENKRITERIUM Ein Kriterium zum Nachweis der Konvergenz einer **REIHE** ⇨ Glossar, bei dem eine komponentenweise größere konvergente Reihe zum Vergleich herangezogen wird ⇨ 150

MARGINALANALYSE Kurvendiskussion einer ökonomischen Funktion mit ökonomischer Interpretation des Kurvenverlaufes ⇨ 112

MARGINALE ÄNDERUNGSRATE EINER FUNKTION Die Ableitung einer Funktion ⇨ 112

MARKOFF-KETTE Ein System mit n Zuständen, die sich periodisch verändern können, wobei die Wahrscheinlichkeit für die Veränderung vom Zustand i in den Zustand j nur von diese aktuellen und zukünftigen Zuständen und nicht von den vergangenen Zuständen abhängt. Homogen ist die Markoff-Kette, wenn diese Wahrscheinlichkeit für jeden Zustandswechsel auch zeitunabhängig stets dieselbe ist ⇨ 96

MATRIX Ein Rechtecksschema reeller Zahlen. Entsteht in der Ökonomie typischerweise aus einem Verflechtungsansatz zwischen zwei ökonomischen Profilen (z.b. Materialverflechtung zwischen Produkten und Rohstoffen, Übergangsmodelle für Marktanteile,... ⇨ 67

MATRIX-PRODUKT Rechnerische Verknüpfung AB zweier **MATRIZEN** ⇨ Glossar A und B, bei denen die Spaltenzahl von A mit der Zeilenzahl von B übereinstimmt. Die resultierende Matrix C hat so viele Zeilen wie A und Spalten wie B. Ihre Spalten ergeben sich als Matrix-Vektor-Produkt der Matrix A mit den sukzessiven Spalten von B. Das Matrix-Produkt lässt sich häufig im Sachkontext interpretieren, etwa als Verflechtungsmodell der mehrstufigen Produktion oder Mehr-Schritt-Übergangsmatrix in Marktforschungsmodellen ⇨ 71

MATRIX-VEKTOR-PRODUKT Verknüpfung einer n-spaltigen **MATRIX** A ⇨ Glossar mit einem $n - elementigen$ Spalten-**VEKTOR** x ⇨ Glossar. Ergebnis ist ein m-elementiger Vektor y, dessen i-te Komponente die Produktsumme von x mit der i-ten Zeile von A ist ⇨ 66

METRIK Funktion zur Abstandsmessung zwischen **VEKTOREN** ⇨ Glossar ⇨ 58

MITTERNACHTSFORMEL Eine Formel, an die man sich auch mitten in der Nacht erinnern sollte ⇨ 147

MONOTONE FOLGE Eine **FOLGE** ⇨ Glossar mit sukzessive zunehmenden Gliedern (monoton wachsend) oder abnehmenden Gliedern (monoton fallend) ⇨ 140

MONTE-CARLO-METHODEN Simulationsexperimente auf Basis von Zufallszahlen, mit denen deterministische, d.h. vom Zufall nicht beeinflusste Fragestellungen wie z.B. Integralberechnungen oder Optimierungsprobleme näherungsweise beantwortet werden ⇨ 214

NACHFRAGEFUNKTION Funktion, die den Zusammenhang zwischen Preis eines Produktes bzw. Preisen von Produkten und dem Absatz eines oder mehrerer dieser Produkte beschreibt ⇨ 107

NEUTRALES ELEMENT Element in einer Menge mit einer additiven (bzw. einer multiplikativen) Verknüpfung, das den Wert, zu dem es addiert (bzw. mit dem es multipliziert) wird, nicht verändert. Ergeben zwei Elemente – multiplikativ oder additiv – miteinander verknüpft das neutrale Element, so bezeichnet man das eine als inverses Element des anderen ⇨ 39

NEWTON-VERFAHREN Ein numerisches Verfahren zur Nullstellen-Approximation bzw. Extremwertbestimmung ⇨ 163

NIVEAU-LINIE allgemeiner: Niveau-Menge oder Iso-Höhen-Linie. Zu gegebener Funktion f und gegebenem Funktionswert y ist eine Niveau-Menge die Menge derjenigen x im Definitionsbereich von f, für die $f(x) = y$. Für Funktionen von zwei Variablen können Niveaulinien bzw. Flächen im KONTUR-DIAGRAMM ⇨ Glossar dargestellt werden ⇨ 123

NORM, EUKLIDISCHE Zu einem VEKTOR x ⇨ Glossar der Abstand zwischen x und dem NULLVEKTOR ⇨ Glossar, welcher sich gemäß dem Satz von Pythagoras ergibt ⇨ 53

NULLFOLGE Eine KONVERGENTE FOLGE ⇨ Glossar mit GRENZWERT ⇨ Glossar Null ⇨ 135

NULLVEKTOR Ein VEKTOR ⇨ Glossar mit lauter Null-Einträgen ⇨ 39

OFFENE MENGE Eine Menge, die nur INNERE PUNKTE ⇨ Glossar hat ⇨ 194

ORTHOGONALE VEKTOREN Das sind Paare von VEKTOREN ⇨ Glossar, deren SKALARPRODUKT ⇨ Glossar Null ist. Solche Vektoren stehen im geometrischen Sinne senkrecht aufeinander ⇨ 53

ORTHONORMALE VEKTOREN zueinander **ORTHOGONALE** ⇨ Glossar Vektoren mit der euklidischen **NORM** 1 ⇨ Glossar. Mit solchen Vektoren lassen sich Koordinatensysteme erklären ⇨ 53

PARTIALSUMMENFOLGE Die **FOLGE** ⇨ Glossar, die sich durch fortlaufende Summation der ersten 1, 2, 3, und allgemein n Glieder der Ausgangsfolge ergibt ⇨ 145

PARTIELL DIFFERENZIERBARE FUNKTION Eine Funktion, deren partielle Ableitungen existieren ⇨ 188

PARTIELLE ABLEITUNG ERSTER ORDNUNG Ableitung der **SCHNITTFUNKTION** ⇨ Glossar zu einer gegebenen Variablen der Ausgangsfunktion ⇨ 188

PARTIELLE ABLEITUNGEN ZWEITER ORDNUNG Die **PARTIELLEN ABLEITUNGEN** ⇨ Glossar aller partiellen Ableitungen erster Ordnung einer gegebenen Funktion mehrerer Variablen ⇨ 203

PARTIELLE ELASTIZITAT Die **ELASTIZITÄT** ⇨ Glossar der **SCHNITTFUNKTION** ⇨ Glossar einer gegebenen Funktion mehrerer Variablen zu einer gegebenen Variable ⇨ 199

PIVOT-SPALTE Fasst man die Spalten einer **MATRIX** A ⇨ Glossar als **VEKTOREN** ⇨ Glossar auf, so erzeugen diese einen **UNTERVEKTORRAUM** ⇨ Glossar. Eine Auswahl von Spalten, die zugleich Basis dieses Untervektorraumes ist, nennt man Pivot-Spalten. Solche lassen sich z.B. aus der Stellung der **EINHEITSVEKTOREN** ⇨ Glossar als Spalten in der **ZEILENSTUFENFORM** ⇨ Glossar von A ablesen ⇨ 25

POLARKOORDINATEN Ein gegebener Punkte (x, y) der Ebene lässt sich durch einen Abstand r vom Ursprung und einen Winkel $\phi \in [0; 360°[$ mit dem durch $(1,0)$ gegebenen Vektor eindeutig beschreiben; dies nennt man die Polarkoordinatendarstellung von (x, y) ⇨ 218

POSITIV DEFINIT UNTER NEBENBEDINGUNGEN Bezeichnung für eine **SYMMETRISCHE** ⇨ Glossar Matrix H, für die die $x^T H x$ nur für die von $\bar{0}$ verschwindenden Lösungen x eines homogenen LGS größer als Null ist ⇨ 265

POSITIV DEFINITE MATRIX Eine **SYMMETRISCHE MATRIX** ⇨ Glossar H für die der Wert $x^T A x$ stets – d.h. für jeden Vektor $x \neq \bar{0}$ – größer als Null ist ⇨ 208

POSITIV-HOMOGENE FUNKTION Funktion, bei der die Homogenitätseigenschaft nur für $\lambda > 0$ erklärt ist; das sind in der Regel alle ökonomischen Funktionen, da bei ihnen vorwiegend nichtnegative reelle Zahlen als Wertebereiche der Inputvariablen in Frage kommen ⇨ 121

POTENZREIHE Eine **REIHE** ⇨ Glossar mit Summanden der Form $a_n x^n$ mit einer Variable x. a_n heißt dann **KOEFFIZIENT** ⇨ Glossar zur Potenz x^n. Die n-ten **PARTIALSUMMEN** ⇨ Glossar sind also Polynome in x ⇨ 151

PREIS-ABSATZ-FUNKTION Eine andere Bezeichnung für die **NACHFRAGEFUNKTION** ⇨ Glossar ⇨ 107

PRODUKTIONSFUNKTION EINER VARIABLEN Funktion, die den quantitativen Zusammenhang zwischen Produktions-Input bzw. ProduktionsInputs und -Output beschreibt ⇨ 106

PRODUKTIVES LEONTIEF-MODELL ein **LEONTIEFMODELL** ⇨ Glossar mit einem Produktionsvektor, zu dem alle Sektoren nichtnegative **ENDNACHFRAGE** ⇨ Glossar haben ⇨ 94

PUNKT-STEIGUNGSFORM EINER GERADEN Eine Gerade g in der Anschauungsebene lässt sich auf mehrere Arten durch eine Gleichung darstellen. Die bekanntesten Methoden sind die Normalform $(x_2 - x_1)(y - y_1) + (y_2 - y_1)(x - x_1) = 0$, wenn die Gerade durch die zwei verschiedenen Punkte $P(x_1; y_1)$ und $Q(x_2; y_2)$ verläuft (mit dieser Darstellung können auch vertikale Geraden beschrieben werden); des weiteren die Steigungs-Achsenabschnittsform $y = mx + n$ für eine Gerade mit Steigung m, welche den y-Achsenabschnitt $P(0; n)$ hat und allgemeiner die Punkt-Steigungsform $y = m(x - x_0) + y_0$, wobei m die Steigung und $P(x_0; y_0)$ ein beliebiger Punkt auf der Geraden ist ⇨ 161

QUADRATISCHE MATRIX Eine **MATRIX** ⇨ Glossar, deren Zeilen- und Spaltenzahl übereinstimmt ⇨ 75

QUOTIENTENKRITERIUM Ein Konvergenzkriterium für **REIHEN** ⇨ Glossar, bei dem Quotienten sukzessiver Summanden langsamer wachsen als bei einer geeigneten konvergenten **GEOMETRISCHEN REIHE** ⇨ Glossar ⇨ 150

RAND EINER MENGE Die Gesamtheit aller **RANDPUNKTE** ⇨ Glossar der Menge ⇨ 231

RANDPUNKT EINER MENGE Ein Punkt, dem man sich sowohl aus der Menge heraus als auch von außerhalb der Menge aus beliebig genau annähern kann ⇨ 231

REIHE siehe: **UNENDLICHE REIHE** ⇨ Glossar ⇨ 148

REKURSIVE FOLGE Eine Folge, bei der jedes Folgenglied durch eines oder mehrere vorangehende Folgenglieder bestimmt ist ⇨ 131

RESTRIKTION Eine zumeist ökonomisch motivierte Bedingung, die von der Lösung eines Optimierungsproblems erfüllt werden muss. Die meisten Restriktionen lassen sich als Gleichungen oder Ungleichungen in den gegebenen Entscheidungsvariablen formulieren ⇨ 243

RICHTUNGSABLEITUNG Für eine Funktion f mehrerer Variablen wird durch einen spezifischen Punkt x_0 des Definitionsbereiches eine Gerade in Richtung des Vektors d gelegt, längs der das Werteverhalten von f durch eine **SCHNITTFUNKTION** ⇨ Glossar $g(t) = f(x_0 + td)$ einer Variablen beschreibbar ist. Die Inputvariablen von f ändern sich dabei simultan. Die Ableitung dieser Funktion $g'(0)$ heißt Richtungsableitung von f in x_0 in Richtung d ⇨ 192

RICHTUNGSELASTIZITÄT Analog zur **RICHTUNGSABLEITUNG** ⇨ Glossar erklärte **ELASTIZITÄT** ⇨ Glossar einer Funktion mehrerer Variablen in einem gegebenen Punkt und in eine gegebenen Richtung ⇨ 199

RICHTUNGSKRÜMMUNG Analog zur **RICHTUNGSABLEITUNG** ⇨ Glossar die **ABLEITUNG ZWEITER ORDNUNG** ⇨ Glossar einer gegebenen Funktion mehrerer Variablen in einem gegebenen Punkt und in einer gegebenen Richtung ⇨ 204

SARRUS-REGEL Formel, mit der die **DETERMINANTE** ⇨ Glossar einer 3×3-**MATRIX** ⇨ Glossar berechnet werden kann ⇨ 81

SATZ ÜBER IMPLIZITE FUNKTIONEN Mathematisches Theorem, welches für die Ableitung einer durch eine Gleichung der Form $f(x, g(x)) = 0$ implizit erklärte Funktion g zu einer gegebenen Funktion f das Ableitungsverhalten von g beschreibt. Dabei kann x ein Variablenvektor und f ein Funktionsvektor sein ⇨ 201

SCHATTENPREIS Zu einer Lösung eines restringierten Optimierungsproblems ist dies der Wert des **LAGRANGE-MULTIPLIKATORS** ⇨ Glossar einer **RESTRIKTION** ⇨ Glossar; dieser beschreibt den Zugewinn bzw.

Verlust bei der Zielfunktion durch Lockerung der dem Multiplikator zugehörigen Restriktion ⇨ 279

SCHLUPFVARIABLE Eine Variable mit nichtnegativem Definitionsbereich, mit der man aus einer Ungleichung eine Gleichung macht. So wird aus der Ungleichung $x + 2y \geq 7$ durch Einführen der Schlupfvariable $z \geq 0$ die Gleichung $x + 2y - z = 7$ ⇨ 16

SCHNITTFUNKTION Wenn man bei einer Funktion mehrerer Variablen alle bis auf eine Variable fixiert, so entsteht eine Funktion der verbleibenden Variable. Diese wird als Schnittfunktion bezeichnet. Solche Schnittfunktionen lassen sich auch bilden, wenn sich die Inputvariablen simultan verändern. Der Begriff stammt von der räumlichen Vorstellung für Funktionen in zwei Variablen, bei denen sich der resultierende Funktionsgraph als Querschnitt in Richtung der betreffenden Variable zeichnen lässt ⇨ 187

SEKTOR Teil eines Wirtschaftsbereiches, der für sich ein spezifisches Gut herstellt und dies anderen Sektoren – aber auch sich selbst – zur Verfügung stellt ⇨ 92

SIMPSON-REGEL Regel zur numerischen Approximation von Integralen auf Basis zusammengesetzter Parabelsegmente ⇨ 185

SKALAR Bezeichnung für eine reelle Zahl beim Rechnen mit **VEKTOREN** ⇨ Glossar ⇨ 38

SKALARPRODUKT $x_1 y_1 + \cdots + x_n y_n$, wobei $(x_1, \ldots, x_n)^T, (y_1, \ldots, y_n)^T \in \mathbb{R}^n$. Führt zu Winkelmaß zwischen **VEKTOREN** ⇨ Glossar ⇨ 53

SLATER-BEDINGUNG Gegeben ein Minimierungsproblem unter Ungleichungsrestriktionen, ist die Slater-Bedingung erfüllt, wenn es einen **ZULÄSSIGEN PUNKT** ⇨ Glossar gibt, in dem alle Nebenbedingungen **INAKTIV** ⇨ Glossar sind ⇨ 269

SPALTENVEKTOR Darstellung eines Bündels reeller Zahlen in Form einer geklammerten Spalte ⇨ 36

STAFFELFORM EINER MATRIX Eine durch elementare Zeilenumformungen aus einer Gleichungsmatrix hergeleitete Form des LGS, bei der von oben nach unten sukzessive die Anzahl der Variablen abnimmt, so dass eine Treppengestalt entsteht. Die Variablen zu den Stufen der Staffelform heißen Basisvariablen bzw. Pivotvariablen ⇨ 25

STAMMFUNKTION Zu einer gegebenen Funktion f diejenige Funktion F, deren **ABLEITUNGSFUNKTION** ⇨ Glossar wieder f ist ⇨ 180

STAMMFUNKTION IN MEHREREN VARIABLEN Eine Funktion mehrerer Variablen, deren **GRADIENT** ⇨ Glossar ein vorgegebener Vektor von Funktionen ist ⇨ 216

STARTVERTEILUNG EINER MARKOFF-KETTE Anfangsverteilung für die Systemzustände in einer **MARKOFF-KETTE** ⇨ Glossar ⇨ 96

STATIONÄRER PUNKT anderer Begriff für: **KRITISCHER PUNKT** ⇨ Glossar ⇨ 226

STETIG DIFFERENZIERBARE FUNKTION Eine differenzierbare Funktion mit **STETIGEN** ⇨ Glossar **PARTIELLEN ABLEITUNGEN** ⇨ Glossar ⇨ 194

STETIG PARTIELL DIFFERENZIERBARE FUNKTION Partiell differenzierbare Funktion mit **STETIGEN** ⇨ Glossar **PARTIELLEN ABLEITUNGEN** ⇨ Glossar ⇨ 196

STETIGE FUNKTION Eine Funktion, deren Grenzwertverhalten in jedem Punkt ihres Definitionsbereiches mit ihrem Werteverhalten übereinstimmt; anschaulich lassen sich stetige Funktion ohne Lücken, Klippen oder Sprungstellen zeichnen ⇨ 233

STOCHASTISCHE MATRIX Eine **QUADRATISCHE MATRIX** ⇨ Glossar mit positiven Einträgen, die sich entweder zeilenweise oder spaltenweise zu Eins summieren ⇨ 95

STOCHASTISCHER VEKTOR Ein **VEKTOR** ⇨ Glossar mit nichtnegativen Komponenten, die sich zu Eins summieren ⇨ 37

SUBSTITUTIONSGÜTER Zwei oder mehr Güter, bei denen die **NACHFRAGE** ⇨ Glossar nach einem der Güter mit dem Preis eines der anderen Güter steigt ⇨ 117

SUBSTITUTIONSGRENZRATE Soll das Niveau $w = f(x,y)$ einer Funktion f zweier ökonomischer Variablen x, y gehalten werden, so führt eine Veränderung von x zur einer Veränderung von y. y wird also zu einer Funktion der Variablen x, die man als $y(x)$ schreibt. Die Ableitung dieser Funktion nach x wird als Substitutionsgrenzrate von f zwischen y und x bezeichnet ⇨ 124

SUBSTITUTIONSMETHODE Ein Verfahren zur Behandlung von durch Gleichungen restringierten Optimierungsproblemen, welches das implizite System der Restriktionen nach einzelnen Variablen expliziert und dies dann in die Zielfunktion einsetzt ⇨ 245

SYMMETRISCHE MATRIX Eine quadratische $n \times n$-**MATRIX** ⇨ Glossar A mit Einträgen $a_{i,j}$, für die $a_{i,j} = a_{j,i}$ gilt ⇨ 75

TANGENTENGLEICHUNG Die Gleichung der Form $y = f(x_0) + f'(x_0)(x - x_0)$, die zu einer gegebenen differenzierbaren Funktion die Gleichung der Tangente an den Graph von f im Punkt x_0 beschreibt. Für Funktionen mehrerer Variablen hat diese Gleichung unter Verwendung des Gradienten $\nabla f(x_0)$ die Form $y = f(x_0) + < \nabla f(x_0), x - x_0 >$ und ihr Graph heist Tangentialebene ⇨ 162

TAYLOR-ENTWICKLUNG EINER FUNKTION Die Approximation einer Funktion durch ein Polynom ersten, zweiten, ... Grades, so dass jeweils die ersten, die ersten und zweiten, ... Ableitungen der Funktion mit den entsprechenden Ableitungen des Polynoms in einem vorgegebenen Punkt übereinstimmen ⇨ 171

TECHNOLOGISCHE MATRIX im **LEONTIEF-MODELL** ⇨ Glossar diejenige **MATRIX** ⇨ Glossar, welche die Anteile der Produktion angibt, die innerhalb des Wirtschaftsbereiches zur Produktion benötigt werden und nicht in den Konsum eingehen ⇨ 93

TRANSPOSITION Das Kippen von Vektoren oder Matrizen, wodurch Zeilen und Spalten vertauscht werden ⇨ 36

TRANSZENDENTE GLEICHUNG Eine Gleichung in einer Variablen, deren Lösungen sich nicht mehr als Nullstellen von Polynomen mit ganzzahligen **KOEFFIZIENTEN** ⇨ Glossar darstellen lassen ⇨ 163

TRAPEZ-REGEL Regel zur numerischen Approximation von Integralen auf Basis von Trapezflächen ⇨ 185

TUPEL Bündel von n-reellen Zahlen, die Reihenfolge der Zahlen spielt zumeist eine Rolle, deshalb auch oft als geordnetes n-Tupel bezeichnet ⇨ 36

ÜBERGANGSMATRIX Gegebene Objekte (etwa Kunden,...) mögen einen von n verschiedenen Zuständen (etwa Markenwahl,...) aufweisen. Eine $n \times n$-**MATRIX** A ⇨ Glossar, bei welcher der Eintrag $a_{i,j}$ in der i-ten

Zeile und j-ten Spalte einen Wechselanteil der Objekte (in Form einer theoretischen Wahrscheinlichkeit oder empirischen Häufigkeit) von Zustand i in Zustand j innerhalb eines Einheitszeitraums darstellt, wird Übergangsmatrix genannt ⇨ 67

UNBESTIMMTES INTEGRAL Andere Bezeichnung für die **STAMMFUNKTION** ⇨ Glossar einer gegebenen Funktion einer Variablen ⇨ 180

UNBESTIMMTES INTEGRAL EINER FUNKTION ZWEIER VARIABLEN Eine zweimal **STETIG PARTIELL DIFFERENZIERBARE** ⇨ Glossar Funktion F zweier Variablen, deren gemischte partielle Ableitungen zweiter Ordnung eine gegebene Funktion f zweier Variablen ergeben. Mit ihrer Hilfe lassen sich Zweifachintegrale von f über Rechteckbereichen durch Auswertung von F bestimmen ⇨ 216

UNENDLICHE REIHE Eine **PARTIALSUMMENFOLGE** ⇨ Glossar, auch der **GRENZWERT** ⇨ Glossar dieser Folge heißt so. Wird auch oft kurz als Reihe bezeichnet ⇨ 148

UNTERVEKTORRAUM Eine Teilmenge eines **VEKTORRAUMES** ⇨ Glossar, in der man die Vektorraumoperationen des Vektorraumes wie Addition und skalare Multiplikation ausführen kann, ohne diese Menge zu verlassen. Insbesondere ist der **NULLVEKTOR** ⇨ Glossar immer in einem Untervektorraum enthalten ⇨ 48

VARIABLE KOSTEN IN DER PRODUKTION Kosten, die sich abhängig von der produzierten Menge ergeben ⇨ 107

VEKTOR Zeilenvektor oder Spaltenvektor ⇨ 36

VEKTORRAUM Eine Menge von **VEKTOREN** ⇨ Glossar, für die die Operationen der Vektoraddition und Skalarmultiplikation nicht aus dieser Menge hinaus führen und Verträglichkeitsregeln vom Typ der Kommutativ-, Assoziativ- und Distributivgesetze zwischen diesen Operationen gelten ⇨ 39

ZEILENSTUFENFORM Eine **STAFFELFORM** ⇨ Glossar, bei der jede Pivot-Variable in genau einer Gleichung auftritt, d.h. die Stufenspalten entsprechen **EINHEITSVEKTOREN** ⇨ Glossar. Die Zeilenstufenform erlaubt durch Auflösen der Gleichungen nach den Pivot-Variablen eine explizite Darstellung der Lösungsmenge ⇨ 28

ZEILENUMFORMUNGEN Umformungen der Gleichungsmatrix eines **LINEAREN GLEICHUNGSSYSTEMS** ⇨ Glossar, bei denen sich die Lösungsmenge des Gleichungssystems nicht verändert. Zu den elementaren Zeilenumformungen gehören die Zeilenvertauschung, die Multiplikation einer Zeile mit einer von Null verschiedenen Konstanten und die Addition des Vielfachen einer Zeile zu einer anderen Zeile ⇨ 23

ZEILENVEKTOR Darstellung eines Bündels reeller Zahlen in Form eines geordneten n-Tupels ⇨ 36

ZIELFUNKTION Eine Funktion einer oder mehrerer Entscheidungsvariablen, die zu minimieren oder maximieren ist ⇨ 243

ZULÄSSIGER PUNKT Ein Punkt im Definitionsbereich eines restringierten Optimierungsproblems, welcher die Restriktionen einhält ⇨ 244

ZUSTANDSGRAPH Ein gerichteter Graph, in dem die Knoten gerade die Objekte des Zustandsraumes sind. Kanten zwischen Knoten signalisieren, dass der Übergang zwischen diesen Zuständen mit positiver Wahrscheinlichkeit erfolgt. Die Kanten werden mit genau diesen Wahrscheinlichkeiten bewertet ⇨ 96

ZUSTANDSRAUM EINER MARKOFF-KETTE Menge der möglichen Zustände, die bei einer **MARKOFF-KETTE** ⇨ Glossar angenommen werden können. In einem Marktforschungsmodell kann ein Zustand beispielsweise die Wahl des Anbieters durch einen Kunden sein ⇨ 96

ZWEIFACHINTEGRAL Ein Volumenintegral bzw. **BESTIMMTES INTEGRAL** ⇨ Glossar zu einer Funktion zweier Variablen ⇨ 214

ZWEIMAL PARTIELL DIFFERENZIERBARE FUNKTION Eine Funktion, deren **PARTIELLE ABLEITUNGEN** ⇨ Glossar wieder **PARTIELL DIFFERENZIERBARE** ⇨ Glossar Funktionen darstellen. Sind deren Ableitungen auch noch **STETIG** ⇨ Glossar, so spricht man von zweimal stetig partiell differenzierbaren Funktionen ⇨ 203

Abbildungen

Tabellen

Symbole und Abkürzungen

$f'(x)$	Ableitung der Funktion f an der Stelle $x \Rightarrow 160$
$\lvert x \rvert$	Absolutbetrag der reellen Zahl x
$B_r(x)$	(auch $B(x,r)$) offener Ball um x mit Radius $r \Rightarrow 57$
$\binom{n}{k}$	Binomialkoeffizient $\Rightarrow 147$
CD	Cobb-Douglas $\Rightarrow 120$
$Df(x)$	Differential der Funktion f im Punkt $x \Rightarrow 194$
$A \setminus B$	Mengentheoretische Differenz der Mengen A und B. Alle Elemente von A, die nicht in B enthalten sind
$e^{(i)}$	Einheitsvektor, der an der i-ten Stelle eine Eins und an allen anderen Stellen eine Null hat $\Rightarrow 40$
$\mathbf{1}$	Einsvektor; Spaltenvektor mit lauter Eins-Komponenten $\Rightarrow 60$
$\exists$	Kurzschreibweise „es gibt"
$n!$	Fakultät der Zahl $n \Rightarrow 147$
FOC	aus d. Engl.: First Order Conditions $\Rightarrow 225$
$\forall$	Kurzschreibweise „für alle"
$\mathbb{Z}$	Menge der ganzen Zahlen
GEV	Gauß'sches Eliminationsverfahren $\Rightarrow 22$
$\nabla f(x)$	Gradient der Funktion f im Punkt $x \Rightarrow 188$
$\lim_{n \to \infty} a_n$	Grenzwert der Folge $(a_n)_{n \in \mathbb{N}} \Rightarrow 135$
$\lim_{x \to x_0}$	Grenzwert der Funktion $f(x)$ mit $x \to x_0$. Auch im uneigentliche Sinne, d.h. für $x_0 = \infty$ verwendet $\Rightarrow 136$
$H_f(x)$	Hesse-Matrix der Funktion f an der Stelle $x \Rightarrow 204$
$\mathbf{1}_S(x)$	Indikatorfunktion der Menge S. Nimmt den Wert Eins an, wenn $x \in S$ und Null sonst $\Rightarrow 219$
$[a;b]$	abgeschlossenes Intervall mit den Grenzen a und b
$]a;b[$	offenes Intervall mit den Grenzen a, b
$\int_a^b f(x)dx$	bestimmtes Integral der Funktion f in den Grenzen von a bis $b \Rightarrow 182$
$\int f(x)dx$	unbestimmtes Integral (Stammfunktion) der Funktion f $\Rightarrow 180$
A^{-1}	Inverse der Matrix $A \Rightarrow 76$

$J_f(x)$	Jacobi-Matrix der partiellen Ableitungen des Funktionsvektors f nach den Variablen des Vektors $x \Rightarrow 189$
$\frac{\partial f}{\partial x}$	Jacobi-Matrix von f nach den Variablen $x \Rightarrow 190$
$\cos(x)$	Kosinus der reellen Zahl $x \Rightarrow 151$
KQ	Kleinste Quadrate $\Rightarrow 59$
A^C	Komplement der Menge A mit Bezug auf eine Obermenge M (meist $\mathbb{R}$ oder $\mathbb{R}^n$). Alle Punkte, die nicht in A enthalten sind
l.a.	linear abhängig $\Rightarrow 46$
l.u.	linear unabhängig $\Rightarrow 46$
LGS	Lineares Gleichungssystem $\Rightarrow 19$
LK	Linearkombination $\Rightarrow 43$
$\log(x)$	Logarithmus der reellen Zahl x zur Basis $e = 2,71827\ldots$ (der Euler'schen Zahl). Andere Schreibweise $\ln(x)$. Der Logarithmus zur Basis $a \in \mathbb{R}$ wird mit $\log_a(x)$ bezeichnet
AB	Produkt der Matrizen A, B. Auch mit $A \cdot B$ bezeichnet $\Rightarrow 72$
$\mathbb{N}$	Menge der natürlichen Zahlen (ohne Null). Mit $\mathbb{N}_0$ wird die Menge der natürlichen Zahlen inklusive der Null bezeichnet.
$\|x\|$	euklidische Norm des Vektors $x \Rightarrow 53$
$\bar{0}$	Nullvektor $\Rightarrow 39$
$x \perp y$	Die Vektoren x und y sind orthogonal $\Rightarrow 53$
$D_i f(x)$	partielle Ableitung der Funktion f nach ihrer i-ten Variablen $\Rightarrow 188$
$\frac{\partial f}{\partial x}$	partielle Ableitung der Funktion f nach der Variablen x $\Rightarrow 190$
∂A	Rand der Menge $A \Rightarrow 231$
$\mathbb{R}$	Menge der reellen Zahlen
$Df(x,d)$	Richtungsableitung der Funktion f im Punkt x in Richtung $d \Rightarrow 192$
$\sin(x)$	Sinus der reellen Zahl $x \Rightarrow 151$
$\langle x, y \rangle$	Skalarprodukt der Vektoren x und $y \Rightarrow 53$
$\mathbb{R}^n$	Menge aller Spaltenvektoren mit n reellen Zahlen $\Rightarrow 36$
$\sum_{i=1}^n a_i$	Summe der Folgenglieder $a_1,\ldots,a_n \Rightarrow 145$
A^T	Transponierte der Matrix $A \Rightarrow 74$
$\sum_{i=1}^\infty a_i$	unendliche Reihe der $a_i \Rightarrow 148$
ZSF	Zeilenstufenform $\Rightarrow 28$
$\mathbb{R}_n$	Menge aller Zeilenvektoren mit n reellen Zahlen. Auch: geordnete n-Tupel $\Rightarrow 36$

Literatur

AARTS,E./KORST, J. [1989]: Simulated Annealing and Boltzmann Machines, Chichester

FORSTER, O. [1983]: Analysis 1, 4. Aufl., Braunschweig

GROSSMANN, C./TERNO, J. [1997]: Numerik der Optimierung, 2. Aufl., Stuttgart

HEUSER, H. [1993^1]: Lehrbuch der Analysis, Teil 1, 10. Aufl., Stuttgart

HEUSER, H. [1993^2]: Lehrbuch der Analysis, Teil 2, 8. Aufl., Stuttgart

KRUSCHWITZ, L. [1995]: Finanzmathematik, 2. Aufl., München

LUENBERGER, D.G. [1984]: Linear and Nonlinear Programming, Second Edition, Reading Massachusetts

MANN, H.B. [1943]: Quadratic Forms with linear constraints, American Mathematical Monthly, 50, S. 430-433

MÜLLER-FUNK, U./KATHÖFER,U. [2005]: BWL-Crash-Kurs Operations Research, Konstanz

NISSEN, V. [1997]: Einführung in Evolutionäre Algorithmen, Braunschweig

PFLUG, G. [1986]: Stochastische Modelle in der Informatik, Stuttgart

ROMMELFANGER, H. [1986]: Differenzengleichungen, Mannheim

SCHIRA, J. [2003]: Statistische Methoden der VWL und BWL, München

SCHNEIDER, W. [2006]: BWL-Crash-Kurs Kosten- und Leistungsrechnung, Konstanz

Index